全国高等职业教育药品类专业
国家卫生健康委员会"十三五"规划教材

供药学类、药品制造类、食品药品管理类、食品工业类专业用

生物化学

第 **3** 版

主　编　李清秀

副主编　晁相蓉　刘观昌　赵红霞　李玉白

编　者　（以姓氏笔画为序）

成　亮　（山西药科职业学院）　　　　张春蕾　（黑龙江中医药大学佳木斯学院）

刘观昌　（菏泽医学专科学校）　　　　陆海波　（江苏万邦生化医药集团有限责任公司）

孙革新　（黑龙江护理高等专科学校）　尚喜雨　（南阳医学高等专科学校）

李　霞　（天津职业大学）　　　　　　赵红霞　（新疆昌吉职业技术学院）

李玉白　（湖南环境生物职业技术学院）晁相蓉　（山东医学高等专科学校）

李雪霏　（北京卫生职业学院）　　　　徐轶彦　（福建卫生职业技术学院）

李清秀　（徐州生物工程职业技术学院）梁金环　（沧州医学高等专科学校）

宋　凯　（徐州生物工程职业技术学院）彭　坤　（重庆医药高等专科学校）

人民卫生出版社

图书在版编目（CIP）数据

生物化学／李清秀主编.—3 版.—北京：人民
卫生出版社,2018
ISBN 978-7-117-26305-4

Ⅰ.①生…　Ⅱ.①李…　Ⅲ.①生物化学－高等职业教
育－教材　Ⅳ.①Q5

中国版本图书馆 CIP 数据核字（2018）第 134955 号

人卫智网　　**www.ipmph.com**	医学教育、学术、考试、健康，购书智慧智能综合服务平台
人卫官网　　**www.pmph.com**	人卫官方资讯发布平台

生 物 化 学
第 3 版

主　　编：李清秀
出版发行：人民卫生出版社　（中继线 010-59780011）
地　　址：北京市朝阳区潘家园南里 19 号
邮　　编：100021
E - mail：pmph @ pmph. com
购书热线：010- 59787592　010- 59787584　010- 65264830
印　　刷：河北宝昌佳彩印刷有限公司
经　　销：新华书店
开　　本：850×1168　1/16　印张：19
字　　数：447 千字
版　　次：2009 年 1 月第 1 版　2019 年 1 月第 3 版
　　　　　2024 年 11 月第 3 版第 13 次印刷（总第 30 次印刷）
标准书号：ISBN 978- 7- 117- 26305- 4
定　　价：46.00 元

打击盗版举报电话：010-59787491　E - mail：WQ @ pmph. com
（凡属印装质量问题请与本社市场营销中心联系退换）

全国高等职业教育药品类专业国家卫生健康委员会"十三五"规划教材出版说明

《国务院关于加快发展现代职业教育的决定》《高等职业教育创新发展行动计划（2015–2018年）》《教育部关于深化职业教育教学改革全面提高人才培养质量的若干意见》等一系列重要指导性文件相继出台，明确了职业教育的战略地位、发展方向。为全面贯彻国家教育方针，将现代职教发展理念融入教材建设全过程，人民卫生出版社组建了全国食品药品职业教育教材建设指导委员会。在该指导委员会的直接指导下，经过广泛调研论证，人民卫生出版社启动了全国高等职业教育药品类专业第三轮规划教材的修订出版工作。

本套规划教材首版于2009年，于2013年修订出版了第二轮规划教材，其中部分教材入选了"十二五"职业教育国家规划教材。本轮规划教材主要依据教育部颁布的《普通高等学校高等职业教育（专科）专业目录（2015年）》及2017年增补专业，调整充实了教材品种，涵盖了药品类相关专业的主要课程。全套教材为国家卫生健康委员会"十三五"规划教材，是"十三五"时期人卫社重点教材建设项目。本轮教材继续秉承"五个对接"的职教理念，结合国内药学类专业高等职业教育教学发展趋势，科学合理推进规划教材体系改革，同步进行了数字资源建设，着力打造本领域首套融合教材。

本套教材重点突出如下特点：

1. **适应发展需求，体现高职特色**　本套教材定位于高等职业教育药品类专业，教材的顶层设计既考虑行业创新驱动发展对技术技能型人才的需要，又充分考虑职业人才的全面发展和技术技能型人才的成长规律；既集合了我国职业教育快速发展的实践经验，又充分体现了现代高等职业教育的发展理念，突出高等职业教育特色。

2. **完善课程标准，兼顾接续培养**　本套教材根据各专业对应从业岗位的任职标准优化课程标准，避免重要知识点的遗漏和不必要的交叉重复，以保证教学内容的设计与职业标准精准对接，学校的人才培养与企业的岗位需求精准对接。同时，本套教材顺应接续培养的需要，适当考虑建立各课程的衔接体系，以保证高等职业教育对口招收中职学生的需要和高职学生对口升学至应用型本科专业学习的衔接。

3. **推进产学结合，实现一体化教学**　本套教材的内容编排以技能培养为目标，以技术应用为主线，使学生在逐步了解岗位工作实践，掌握工作技能的过程中获取相应的知识。为此，在编写队伍组建上，特别邀请了一大批具有丰富实践经验的行业专家参加编写工作，与从全国高职院校中遴选出的优秀师资共同合作，确保教材内容贴近一线工作岗位实际，促使一体化教学成为现实。

4. **注重素养教育，打造工匠精神**　在全国"劳动光荣、技能宝贵"的氛围逐渐形成，"工匠精神"在各行各业广为倡导的形势下,医药卫生行业的从业人员更要有崇高的道德和职业素养。教材更加强调要充分体现对学生职业素养的培养,在适当的环节,特别是案例中要体现出药品从业人员的行为准则和道德规范,以及精益求精的工作态度。

5. 培养创新意识,提高创业能力 为有效地开展大学生创新创业教育,促进学生全面发展和全面成才,本套教材特别注意将创新创业教育融入专业课程中,帮助学生培养创新思维,提高创新能力、实践能力和解决复杂问题的能力,引导学生独立思考、客观判断,以积极的、锲而不舍的精神寻求解决问题的方案。

6. 对接岗位实际,确保课证融通 按照课程标准与职业标准融通,课程评价方式与职业技能鉴定方式融通,学历教育管理与职业资格管理融通的现代职业教育发展趋势,本套教材中的专业课程,充分考虑学生考取相关职业资格证书的需要,其内容和实训项目的选取尽量涵盖相关的考试内容,使其成为一本既是学历教育的教科书,又是职业岗位证书的培训教材,实现"双证书"培养。

7. 营造真实场景,活化教学模式 本套教材在继承保持人卫版职业教育教材栏目式编写模式的基础上,进行了进一步系统优化。例如,增加了"导学情景",借助真实工作情景开启知识内容的学习;"复习导图"以思维导图的模式,为学生梳理本章的知识脉络,帮助学生构建知识框架。进而提高教材的可读性,体现教材的职业教育属性,做到学以致用。

8. 全面"纸数"融合,促进多媒体共享 为了适应新的教学模式的需要,本套教材同步建设以纸质教材内容为核心的多样化的数字教学资源,从广度、深度上拓展纸质教材内容。通过在纸质教材中增加二维码的方式"无缝隙"地链接视频、动画、图片、PPT、音频、文档等富媒体资源,丰富纸质教材的表现形式,补充拓展性的知识内容,为多元化的人才培养提供更多的信息知识支撑。

本套教材的编写过程中,全体编者以高度负责、严谨认真的态度为教材的编写工作付出了诸多心血,各参编院校对编写工作的顺利开展给予了大力支持,从而使本套教材得以高质量如期出版,在此对有关单位和各位专家表示诚挚的感谢! 教材出版后,各位教师、学生在使用过程中,如发现问题请反馈给我们(renweiyaoxue@163.com),以便及时更正和修订完善。

人民卫生出版社

2018 年 3 月

全国高等职业教育药品类专业国家卫生健康委员会
"十三五"规划教材
教材目录

序号	教材名称	主编	适用专业
1	人体解剖生理学（第3版）	贺　伟　吴金英	药学类、药品制造类、食品药品管理类、食品工业类
2	基础化学（第3版）	傅春华　黄月君	药学类、药品制造类、食品药品管理类、食品工业类
3	无机化学（第3版）	牛秀明　林　珍	药学类、药品制造类、食品药品管理类、食品工业类
4	分析化学（第3版）	李维斌　陈哲洪	药学类、药品制造类、食品药品管理类、医学技术类、生物技术类
5	仪器分析	任玉红　闫冬良	药学类、药品制造类、食品药品管理类、食品工业类
6	有机化学（第3版）*	刘　斌　卫月琴	药学类、药品制造类、食品药品管理类、食品工业类
7	生物化学（第3版）	李清秀	药学类、药品制造类、食品药品管理类、食品工业类
8	微生物与免疫学*	凌庆枝　魏仲香	药学类、药品制造类、食品药品管理类、食品工业类
9	药事管理与法规（第3版）	万仁甫	药学类、药品经营与管理、中药学、药品生产技术、药品质量与安全、食品药品监督管理
10	公共关系基础（第3版）	秦东华　惠　春	药学类、药品制造类、食品药品管理类、食品工业类
11	医药数理统计（第3版）	侯丽英	药学、药物制剂技术、化学制药技术、中药制药技术、生物制药技术、药品经营与管理、药品服务与管理
12	药学英语	林速容　赵　旦	药学、药物制剂技术、化学制药技术、中药制药技术、生物制药技术、药品经营与管理、药品服务与管理
13	医药应用文写作（第3版）	张月亮	药学、药物制剂技术、化学制药技术、中药制药技术、生物制药技术、药品经营与管理、药品服务与管理

序号	教材名称	主编	适用专业
14	医药信息检索（第3版）	陈 燕　李现红	药学、药物制剂技术、化学制药技术、中药制药技术、生物制药技术、药品经营与管理、药品服务与管理
15	药理学（第3版）	罗跃娥　樊一桥	药学、药物制剂技术、化学制药技术、中药制药技术、生物制药技术、药品经营与管理、药品服务与管理
16	药物化学（第3版）	葛淑兰　张彦文	药学、药品经营与管理、药品服务与管理、药物制剂技术、化学制药技术
17	药剂学（第3版）*	李忠文	药学、药品经营与管理、药品服务与管理、药品质量与安全
18	药物分析（第3版）	孙 莹　刘 燕	药学、药品质量与安全、药品经营与管理、药品生产技术
19	天然药物学（第3版）	沈 力　张 辛	药学、药物制剂技术、化学制药技术、生物制药技术、药品经营与管理
20	天然药物化学（第3版）	吴剑峰	药学、药物制剂技术、化学制药技术、生物制药技术、中药制药技术
21	医院药学概要（第3版）	张明淑　于 倩	药学、药品经营与管理、药品服务与管理
22	中医药学概论（第3版）	周少林　吴立明	药学、药物制剂技术、化学制药技术、中药制药技术、生物制药技术、药品经营与管理、药品服务与管理
23	药品营销心理学（第3版）	丛 媛	药学、药品经营与管理
24	基础会计（第3版）	周凤莲	药品经营与管理、药品服务与管理
25	临床医学概要（第3版）*	曾 华	药学、药品经营与管理
26	药品市场营销学（第3版）*	张 丽	药学、药品经营与管理、中药学、药物制剂技术、化学制药技术、生物制药技术、中药制药技术、药品服务与管理
27	临床药物治疗学（第3版）*	曹 红　吴 艳	药学、药品经营与管理
28	医药企业管理	戴 宇　徐茂红	药品经营与管理、药学、药品服务与管理
29	药品储存与养护（第3版）	徐世义　宫淑秋	药品经营与管理、药学、中药学、药品生产技术
30	药品经营管理法律实务（第3版）*	李朝霞	药品经营与管理、药品服务与管理
31	医学基础（第3版）	孙志军　李宏伟	药学、药物制剂技术、生物制药技术、化学制药技术、中药制药技术
32	药学服务实务（第2版）	秦红兵　陈俊荣	药学、中药学、药品经营与管理、药品服务与管理

序号	教材名称	主编	适用专业
33	药品生产质量管理(第3版)*	李 洪	药物制剂技术、化学制药技术、中药制药技术、生物制药技术、药品生产技术
34	安全生产知识(第3版)	张之东	药物制剂技术、化学制药技术、中药制药技术、生物制药技术、药学
35	实用药物学基础(第3版)	丁 丰 张 庆	药学、药物制剂技术、生物制药技术、化学制药技术
36	药物制剂技术(第3版)*	张健泓	药学、药物制剂技术、化学制药技术、生物制药技术
	药物制剂综合实训教程	胡 英 张健泓	药学、药物制剂技术、化学制药技术、生物制药技术
37	药物检测技术(第3版)	甄会贤	药品质量与安全、药物制剂技术、化学制药技术、药学
38	药物制剂设备(第3版)	王 泽	药品生产技术、药物制剂技术、制药设备应用技术、中药生产与加工
39	药物制剂辅料与包装材料(第3版)*	张亚红	药物制剂技术、化学制药技术、中药制药技术、生物制药技术、药学
40	化工制图(第3版)	孙安荣	化学制药技术、生物制药技术、中药制药技术、药物制剂技术、药品生产技术、食品加工技术、化工生物技术、制药设备应用技术、医疗设备应用技术
41	药物分离与纯化技术(第3版)	马 娟	化学制药技术、药学、生物制药技术
42	药品生物检定技术(第2版)	杨元娟	药学、生物制药技术、药物制剂技术、药品质量与安全、药品生物技术
43	生物药物检测技术(第2版)	兰作平	生物制药技术、药品质量与安全
44	生物制药设备(第3版)*	罗合春 贺 峰	生物制药技术
45	中医基本理论(第3版)*	叶玉枝	中药制药技术、中药学、中药生产与加工、中医养生保健、中医康复技术
46	实用中药(第3版)	马维平 徐智斌	中药制药技术、中药学、中药生产与加工
47	方剂与中成药(第3版)	李建民 马 波	中药制药技术、中药学、药品生产技术、药品经营与管理、药品服务与管理
48	中药鉴定技术(第3版)*	李炳生 易东阳	中药制药技术、药品经营与管理、中药学、中草药栽培技术、中药生产与加工、药品质量与安全、药学
49	药用植物识别技术	宋新丽 彭学著	中药制药技术、中药学、中草药栽培技术、中药生产与加工

序号	教材名称	主编		适用专业
50	中药药理学（第3版）	袁先雄		药学、中药学、药品生产技术、药品经营与管理、药品服务与管理
51	中药化学实用技术（第3版）*	杨 红	郭素华	中药制药技术、中药学、中草药栽培技术、中药生产与加工
52	中药炮制技术（第3版）	张中社	龙全江	中药制药技术、中药学、中药生产与加工
53	中药制药设备（第3版）	魏增余		中药制药技术、中药学、药品生产技术、制药设备应用技术
54	中药制剂技术（第3版）	汪小根	刘德军	中药制药技术、中药学、中药生产与加工、药品质量与安全
55	中药制剂检测技术（第3版）	田友清	张钦德	中药制药技术、中药学、药学、药品生产技术、药品质量与安全
56	药品生产技术	李丽娟		药品生产技术、化学制药技术、生物制药技术、药品质量与安全
57	中药生产与加工	庄义修	付绍智	药学、药品生产技术、药品质量与安全、中药学、中药生产与加工

说明：* 为"十二五"职业教育国家规划教材。全套教材均配有数字资源。

全国食品药品职业教育教材建设指导委员会
成员名单

主 任 委 员： 姚文兵　中国药科大学

副主任委员： 刘　斌　天津职业大学　　　　　　　马　波　安徽中医药高等专科学校

冯连贵　重庆医药高等专科学校　　　袁　龙　江苏省徐州医药高等职业学校

张彦文　天津医学高等专科学校　　　缪立德　长江职业学院

陶书中　江苏食品药品职业技术学院　张伟群　安庆医药高等专科学校

许莉勇　浙江医药高等专科学校　　　罗晓清　苏州卫生职业技术学院

昝雪峰　楚雄医药高等专科学校　　　葛淑兰　山东医学高等专科学校

陈国忠　江苏医药职业学院　　　　　孙勇民　天津现代职业技术学院

委　　　 员（以姓氏笔画为序）：

于文国　河北化工医药职业技术学院　杨元娟　重庆医药高等专科学校

王　宁　江苏医药职业学院　　　　　杨先振　楚雄医药高等专科学校

王玮瑛　黑龙江护理高等专科学校　　邹浩军　无锡卫生高等职业技术学校

王明军　厦门医学高等专科学校　　　张　庆　济南护理职业学院

王峥业　江苏省徐州医药高等职业学校　张　建　天津生物工程职业技术学院

王瑞兰　广东食品药品职业学院　　　张　铎　河北化工医药职业技术学院

牛红云　黑龙江农垦职业学院　　　　张志琴　楚雄医药高等专科学校

毛小明　安庆医药高等专科学校　　　张佳佳　浙江医药高等专科学校

边　江　中国医学装备协会康复医学装　张健泓　广东食品药品职业学院

　　　　备技术专业委员会　　　　　张海涛　辽宁农业职业技术学院

师邱毅　浙江医药高等专科学校　　　陈芳梅　广西卫生职业技术学院

吕　平　天津职业大学　　　　　　　陈海洋　湖南环境生物职业技术学院

朱照静　重庆医药高等专科学校　　　罗兴洪　先声药业集团

刘　燕　肇庆医学高等专科学校　　　罗跃娥　天津医学高等专科学校

刘玉兵　黑龙江农业经济职业学院　　郏枝花　安徽医学高等专科学校

刘德军　江苏省连云港中医药高等职业　金浩宇　广东食品药品职业学院

　　　　技术学校　　　　　　　　　周双林　浙江医药高等专科学校

孙　莹　长春医学高等专科学校　　　郝晶晶　北京卫生职业学院

严　振　广东省药品监督管理局　　　胡雪琴　重庆医药高等专科学校

李　霞　天津职业大学　　　　　　　段如春　楚雄医药高等专科学校

李群力　金华职业技术学院　　　　　袁加程　江苏食品药品职业技术学院

莫国民　上海健康医学院

顾立众　江苏食品药品职业技术学院

倪　峰　福建卫生职业技术学院

徐一新　上海健康医学院

黄丽萍　安徽中医药高等专科学校

黄美娥　湖南食品药品职业学院

晨　阳　江苏医药职业学院

葛　虹　广东食品药品职业学院

蒋长顺　安徽医学高等专科学校

景维斌　江苏省徐州医药高等职业学校

潘志恒　天津现代职业技术学院

前　言

按照全国高等职业教育药品类专业国家卫生健康委员会"十三五"规划教材主编人会议精神，16位在高职高专院校长期从事生物化学教学的教师和行业专家，以严谨认真的科学态度，高度负责的工作精神，将他们丰富的教学经验浓缩于教材之中。教材的编写依据高等职业教育人才培养目标，遵循职业人才的全面发展和技术技能型人才的成长规律，根据高等职业院校学生的特点，突出内容的先进性和科学性，重点阐述现代生物化学的基础理论、基本知识和基本技能，力求做到内容少而精，反映生物化学的最新进展及其在现代药学研究中的地位与作用，体现学科进展与我国医药现代化发展趋势和生物化学领域快速发展的特征，注重崇高的职业道德和精益求精的工作态度的培养。为顺应继续培养的需要，考虑到学生来源的差异，本教材注重与各课程的衔接和与中、高、本学习的衔接，以及与执业资格考试的接轨。

本教材共15章，主要内容包括蛋白质、核酸、酶的组成结构和功能，糖类、脂类、氨基酸、核苷酸代谢及调节，遗传信息的传递与表达等。

本教材对栏目设置进行了系统优化，导学情景借助案例、实验等情景开启知识内容的学习，扫一扫知重点、复习导图、点滴积累为学生梳理知识脉络，帮助学生构建知识框架，化繁为简；理论与应用并重，利用案例分析、临床应用、知识链接等来自实际的案例，引入相关知识背景和应用，开阔学生眼界，引起学习兴趣，体现教材的职业教育属性，做到学以致用；注重强化学生职业技能和创新能力培养，16个实验实训项目，兼顾不同地区制药行业发展和不同学校教学条件的差异，着力培养学生的实践技能。

随着信息技术的发展，信息化、数字化手段不断改变着人类的生活，也改变着我们的学习方式和教学方式。为适应这种变化，本教材增加了丰富的富媒体资源，内容有课件、本章重点、同步练习、知识拓展等，富媒体资源形式有微课、动画、PPT、图片、文档等，通过二维码的方式"无缝隙"链接，适应线上线下、实时学习的需求，实现全面"纸数"融合，多媒体共享，为多元化的人才培养提供更多的信息知识支撑。

本教材可作为药品类专业的基础教材，供高职高专院校的药学类、药品制造类、食品药品管理类、食品工业类专业使用。

在编写过程中，我们借鉴了许多文献资料，在此，向这些文献的作者致以最诚挚的谢意！由于编者水平有限，不足之处在所难免，恳请使用本教材的广大师生与读者批评指正。

2018年9月

目　录

第一章

绪　论

▲

导学情景 V

情景描述

　　从公元前 22 世纪人类开始用谷物酿酒，到 20 世纪初"生物化学"成为一门独立的学科，再到今天的"人类 DNA 元件百科全书计划（the ENCODE project）"，人类在认识自我的道路上不断前进，特别是自 20 世纪 50 年代以来，生物化学与分子生物学领域的科学家们共获得诺贝尔奖 60 多次，其中有 20 多项与药学研究有关。生物化学的研究成果已经广泛应用到药学、医学、工业、农业等领域，大有促进整个自然科学发展、技术进步之势。科学家们预测：21 世纪是生命科学的世纪。

学前导语

　　生物化学是当代自然科学领域中发展最迅速的学科之一。它的发展使人类活动和生活方式发生了深刻变化，给医药、农业、轻工业等带来了重大的变革。

第一节　生物化学概述

ER-1-1

扫一扫，知重点

一、生物化学的概念

　　生物化学（biochemistry）是用化学的原理和方法，通过研究生物体的化学组成及其生命活动中的化学变化规律，从而阐明生命现象本质的一门学科。因其从分子水平来研究解释生命现象，又称生命的化学（chemistry of life）。

二、生物化学的研究对象和内容

（一）生物化学的研究对象

　　生物化学研究生物体内各种物质的化学组成、结构和功能、代谢变化和调节及其分析方法。生物化学的研究对象不局限于某种生物、某类细胞、某个器官或组织，而是研究整个生物界所有生物体内所发生的各种化学事件的生物化学特性，从而阐明这些事件的发生与消亡。本教材主要讲述以人体为研究对象的生物化学。

> **知识链接**
>
> 生物化学的分类
>
> 1. 根据不同的研究对象分为 植物生物化学、动物生物化学、人体生物化学、微生物生物化学等。
>
> 2. 根据不同的研究目的分为 临床生物化学、工业生物化学、病理生物化学、农业生物化学、生物物理化学等。

（二）生物化学的研究内容

生物化学研究的内容十分广泛，归纳起来主要集中在以下几个方面。

1. **生物体的物质组成、结构、性质与功能** 地球上的生物虽然说非常复杂，然而它们在细胞和化学水平却很相似，其构成元素数量不多且基本相同。在地球上存在的 92 种天然元素中，只有 28 种元素在生命体中被发现，其中 C、H、O 和 N 的含量占活细胞量的 99% 以上。这些元素组成生命体的基本物质——水、无机盐、有机小分子及生物大分子。小分子化合物如激素、维生素、氨基酸、核苷酸、脂肪酸等，生物大分子主要有蛋白质、核酸、脂类、糖类。从分子水平来看，生命体的物质组成非常复杂，除水外，每一类物质又包含很多化合物，如人体蛋白质就有 10 万种以上，各种蛋白质的组成和结构不同，因而也就具有不同的生物学功能。生物大分子的结构与功能关系依然是当前生物化学研究的重点。

2. **新陈代谢及代谢调节** 新陈代谢是生命的基本特征之一。通过新陈代谢，生物体与外界环境进行物质交换，将营养物中储存的能量释放出来，供机体生命活动所需，完成生物体各种组成物质的更新，并维持内环境相对稳定。同时，生物体内存在着精细、完善的调节机制，使千变万化的化学反应有条不紊地进行。这种高度自主的调控机制对正常代谢的进行十分重要，一旦调节系统出现异常，就会引起物质代谢的紊乱，从而导致疾病的发生。目前对生物体内的主要物质代谢途径已基本清楚，但仍有众多的问题有待探讨。例如，物质代谢有序性调节的分子机制尚需进一步阐明，细胞信号转导的机制及网络的深入研究也是现代生物化学的重要课题之一。

3. **遗传信息的传递及调控** 生物体的重要特征是具有繁殖能力和遗传特性。遗传信息的传递和表达涉及生物的生长、分化、遗传、变异、衰老及死亡等生命过程，生物体有关代谢反应、功能等生命特征的体现就是遗传信息最终表达的结果。个体的遗传信息以基因为单位储存于 DNA 分子中，DNA 复制、RNA 转录及蛋白质生物合成等基因信息传递过程的机制及其调控的规律，是生物化学研究的又一主要内容。对这一领域的深入研究，将进一步阐明生命的奥秘，进而解释生命行为和疾病的发生机制，为研究疾病的发生、发展、诊断、治疗以及预后提供科学依据和实用技术。

第二节 生物化学的发展及其应用

一、生物化学的发展

（一）近代生物化学发展历程

生物化学既是一门新兴学科，也是古老的学科，其发展可追溯到远古，但 1903 年才引进"生物化学"这个名词,作为一门学科独立开设并建立相应的实验室则始于 20 世纪 30 年代前后,目前已成为自然科学中发展最快、最引起人们重视的学科之一。纵观一个多世纪生物化学的发展大致可分为叙述生物化学、动态生物化学和分子生物学三个阶段。

1. **第一阶段**(从 19 世纪中叶到 20 世纪初期) 近代生物化学的研究始于 18 世纪,到 19 世纪末 20 世纪初,人们对生物体各种组织的化学组成、呼吸过程的本质、消化过程、乳糖和酒精发酵、人工合成尿素和定量分析技术等方面已有了一定的认识和积累,在此基础上,生物化学诞生了。20 世纪初,生物化学主要研究生物体的化学组成,发现了生物体主要由糖、脂、蛋白质和核酸四大类有机物质组成,并对生物体的各种组成成分进行分离、纯化、结构测定、合成及理化性质的研究。这一时期,德国化学家 Fischer Hans 结晶了血红蛋白,发现了血红素,测定了很多糖和氨基酸的结构,确定了糖的构型,并指出蛋白质是通过肽键连接的;J. B. Sumne 制得了脲酶结晶,并证明它是蛋白质,此后 J. H. Nothrop 等连续制得了几种水解蛋白质的酶的结晶,指出它们都无例外地是蛋白质,确立了酶是蛋白质这一概念;通过对食物的分析和对其营养的研究发现了一系列维生素,并阐明了它们的结构;认识了另一类数量少而作用重大的物质——激素,如肾上腺素、胰岛素及甾体激素等。

虽然生物体组成成分的分析与鉴定是生物化学发展初期的研究特点,但直到今天,很多新物质仍在不断被发现,某些物质也被发现具有新的功能,如陆续发现的干扰素、环核苷磷酸、钙调蛋白、粘连蛋白、外源凝集素等,已成为重要的研究课题。因此,有关生物有机体中结构组成的研究仍然是生物化学的重要研究内容。

2. **第二阶段**(20 世纪 20 年代初期到 50 年代) 随着分析鉴定技术的发展,尤其是同位素的使用,科学工作者将研究的重点转向生物体中物质的代谢变化即代谢途径,以及酶、维生素、激素等在代谢中的作用。此间最突出的成就是确定了糖酵解、三羧酸循环、尿素循环以及脂肪酸 β-氧化等重要的分解代谢途径;生物氧化得到了卓有成效的研究,对呼吸、光合作用以及腺苷三磷酸(ATP)在能量转换中的关键位置有了较深入的认识。但对生物合成途径的认识要晚一些,在 20 世纪 50 年代至 60 年代才阐明了氨基酸、嘌呤、嘧啶及脂肪酸等的生物合成途径。这个阶段对糖、脂肪、蛋白质及其代谢中间产物在体内代谢的变化研究以及它们之间的相互联系和转换的研究,已经构成一幅较为完整的代谢图。

3. **第三阶段**(20 世纪 50 年代至今) 这一阶段也称之为现代生物化学发展时期,生物化学得到了空前的发展。借助于各种理化技术,科学家们对生物大分子的化学组成、序列、空间结构及其生物学功能进行研究,期间以核酸的研究为核心,标志性研究成果包括 DNA 双螺旋结构、操纵子学说、重组 DNA 技术、PCR 技术、DNA 测序、具有生物活性的蛋白质和基因的人工合成、代谢调控和生物膜等的研究。生物化学科学家对生物大分子的分解代谢、生物合成途径以及相互之间的关系了解得更加清楚。"中心法则"、限制性内切酶及多种酶结构的发现、遗传密码的破译等催生了生物工程的诞生和迅速发展。现代生物化学进入分子生物学时期,其基本理论和实验方法均已渗透到科学各个领域,无论在哪个方面都在不断取得重大进展。1901—1950 年,仅有 3 位诺贝尔奖获得者是从事生物化学研究工作的,而在随后的半个世纪中却有大约 40 位因在生物化学及相关领域的贡献而获得诺贝尔奖的科学家,占了生理学或医学奖的一半和化学奖的三分之一以上。这都标志着生物化学在现代科学特别是生命科学发展中的领先地位。随着生物化学这门年轻的生命科学的"异军"突起和迅速发展,对生命奥秘的本质彻底探明将为时不远。

知识链接

生物化学史上的里程碑

1951 年,美国年轻人詹姆斯·沃森和弗兰西斯·克里克在剑桥大学的卡文迪许实验室中成为了搭档,开始研究 DNA 的结构。1953 年年初,他们构建了人类历史上第一个双螺旋 DNA 模型。1953 年 4 月 25 日,题目为《核酸的分子结构——脱氧核糖核酸的一个结构模型》的文章发表在《自然》杂志上,向世界报告了这个足以改变历史的发现。这篇论文是科学史上一座永久的丰碑,标志着人类在此时第一次触及了我们赖以存在的基因,窥探到了伟大生命的一点秘密,文章在全世界范围内造成了轰动。1962 年,沃森、克里克、威尔金斯因 DNA 结构的研究而获得了诺贝尔奖。

生物化学史上的里程碑包括:

1828 年,Friedrich Wöhler 从无机化合物氰化铵合成有机化合物尿素。

1833 年,Anselme Payen 发现第一个酶——淀粉酶。

1865 年,Gregor Johann Mendel 的豌豆杂交实验和遗传定律。

1869 年,Friedrich Miescher 发现遗传物质"核素"。

1877 年,Hopps-Seyler 首次提出名词 biochemie,即英语中的 biochemistry。

1896 年,Eduard Büchner 发现无细胞发酵。

1912 年,Hopkins,F. G. 发现食物辅助因子——维生素。

1926 年,Otto Heinrich Warburg 发现呼吸作用关键酶——细胞色素氧化酶。

1929 年,Gustav Embden、Otto Fritz Meyerhof 和 Jakub Parnas 阐明糖酵解作用机制。

1932 年,Hans Adolf Krebs 阐明三羧酸循环。

1944 年,Avery、Macleod、Mc Carty 三人著名的肺炎球菌实验证明 DNA 是细胞遗传信息的基本物质。

1953 年,James Watson 和 Francis Harry Compton Crick 等阐明 DNA 二级结构。

（二）生物化学在我国的发展

我国古代劳动人民在长期的生产和生活中,积累了很多的知识和经验,对我国生物化学的发展做出了贡献。公元前 21 世纪就用曲作"媒"(即酶)酿酒,周代造酱,春秋制醋做饴,这都说明我国上古时期已有酶学的萌芽;在营养学方面,《黄帝内经》记载有"五谷为养,五果为助,五畜为益,五菜为充"的食物营养、膳食配伍原则,几千年来,这些原则一直作为中华民族膳食结构的指导思想;在医药方面,《左传》记载用"曲"来治肠胃病,《庄子》记载以碘治瘿病(甲状腺肿)、用猪肝治夜盲症(雀目),唐朝《食疗本草素问》提出饮食治疗的思想;明朝李时珍《本草纲目》中记载了药用植物 1800 多种等。

知识链接

中国古代的药物

我国研究药物最早者据传为神农。神农后世又称炎帝，是始作方书，以疗民疾者。《越绝书》上有神农尝百草的记载。自此以后，我国人民开始用天然产品治疗疾病，如用羊靥（包括甲状腺的头部肌肉）治甲状腺肿，紫河车（胎盘）作强壮剂，蟾酥（蟾蜍皮肤疣的分泌物）治创伤，羚羊角治中风，鸡内金止遗尿及消食健胃等。而最值得一提的是秋石。秋石是从男性尿中沉淀出的物质，国外最早用其从尿中分离类固醇激素，分离方法为 Windaus 等在 20 世纪 30 年代所创，而我国相关记载则出自 11 世纪沈括（号存中）所著的《沈存中良方》中，现仍可在《苏沈良方》中寻到。其详细制法在《本草纲目》上亦有记载，可概括为用皂角汁将类固醇激素（主要为睾酮）从男性尿中沉淀出来，反复熬煎制成结晶，名为秋石。皂角汁中含有皂角苷，是常用以提炼固醇类物质的试剂。

近代生化的研究在我国起步较晚。从 20 世纪 20 年代开始，我国生物化学家在营养学、临床生化、蛋白质化学、免疫化学等方面的工作，取得了许多具有国际先进水平的成果。如吴宪在 1931 年提出了蛋白质变性的概念，创立了迄今仍被采用的无蛋白血滤液的制备方法与血糖测定方法，首先采用定量分析方法，研究出抗原抗体反应的机制等，并培养了许多生化学家，堪称中国生物化学的奠基人。1965 年我国首先合成了具有生物活性的蛋白质——结晶牛胰岛素，其后又合成了酵母丙氨酸转运核糖核酸，是世界上公认的第一个具有全部生物活性的人工合成核酸，标志着我国在核酸的人工合成方面居于世界先进行列。近几年来，我国生化工作者在人类基因组、水稻基因组、蛋白质工程、新基因的克隆与功能研究和生物工程药物的研究领域都取得了丰硕成果，其中一些已达到国际领先水平。

（三）生物化学研究展望

1. 基因组研究　20 世纪末启动的人类基因组计划（human genome project）是人类生命科学的一个伟大创举，它描述了人类基因组和其他基因组特征，包括物理图谱、遗传图谱、基因组 DNA 序列测定。发现和鉴定人类基因组中蕴含的所有基因是第一步，以诠释基因功能为目标的功能基因组研究迅速崛起。蛋白质组学、转录组学、功能 RNA 组学、代谢组学、糖组学等新的规模化系统化研究是后基因组时代生物化学与分子生物学的重要特点。基因组学和后基因组学是生命科学的发展方向和研究水平。

2. 细胞信号转导机制研究　1957 年，Sutherland 发现 cAMP，1965 年提出第二信使学说，是人们认识受体介导的细胞信号转导的第一个里程碑。1977 年，Ross 等用重组实验证实 G 蛋白的存在和功能，将 G 蛋白与腺苷环化酶的作用联系起来。癌基因、抑癌基因和酪氨酸蛋白激酶的发现及其结构与功能的深入研究，使得细胞信号转导的研究有了很大的进展。

3. 生物工程的研究　生物工程是在分子生物学基础上发展起来的一门新兴的技术学科，包括遗传工程（基因工程）、细胞工程、微生物工程（发酵工程）、酶工程（生化工程）和生物反应器工程、生物电子工程、灭菌技术以及新兴的蛋白质工程等。利用生物工程技术，使育种工作发生了很大变化，如把抗病基因转移到烟草中去,已培育出防止害虫的烟草新品种。医学上通过生物工程可以生产出大量廉价的防治人类疾病的药物,如人胰岛素、干扰素、生长激素、乙型肝炎疫苗等。目前世界各国对生物工程十分重视,我国也把生物工程列为重点发展的科研项目之一。生物工程学的研究将对人类的生产方式和生活方式产生巨大的影响。

走进生活的生物化学

二、生物化学常用技术

20世纪生命科学之所以有这样惊人的发展,主要依赖于生物化学与分子生物学实验技术的不断发展和完善。生化研究技术主要有生物大分子的体外合成、测序技术,DNA重组、聚合酶链反应(PCR)、限制性内切酶多型性(RFLP)技术、分子杂交、反义RNA、单克隆抗体技术,脉冲电泳、核磁共振、同步辐射、扫描隧道和原子力显微镜、电子计算机技术等,有助于生物大分子的提取、纯化与检测,生物大分子的序列分析和体外合成,物质代谢和信号转导机制,以及基因重组、转基因、基因剔除、基因芯片等研究工作。如代谢途径的研究、生物大分子结构的测定可用同位素示踪法;生物大分子的分离可用色谱法、电泳法、超速离心法;近代物理方法和分析仪器(红外光谱、紫外-可见分光光度计、X射线、核磁共振等)可用来测定生物分子的结构和功能。

克隆的历史

三、生物化学的应用

生物化学是当代自然科学领域中发展最迅速的学科之一。它的发展使人类活动和生活方式发生了深刻变化,给医药、农业、轻工业等带来了重大的变革。

(一)生物化学在药学领域的应用

1. 生物化学是药学各学科的理论基础 生物化学为药学专业多个学科提供必需的基础理论,并交叉形成了一系列新的学科——生化药学、分子药理学等。如药理学研究药物在体内如何进入细胞,在细胞内如何代谢转化,并在分子水平上探讨药物作用机制,需要生物化学知识为基础;生物药剂学是阐明药物剂型因素、生物因素与疗效之间的关系,研究药物及其制剂在体内的吸收、分布、代谢转化和排泄过程,因此生化代谢与调控理论及其研究手段是生物药剂学的重要基础。应用生化药学的理论与技术手段,研究药物作用的分子机制及药物在体内的代谢转化和代谢动力学,是近代药理学的主要发展方向,并已经进一步形成了一个重要的学科分支——分子药理学。

▶▶ 课堂活动

在你的日常生活中所接触到的药物,哪些属于生化药物?

2. 生物化学指导新药的设计和开发 20世纪中叶以来,许多新理论、新技术,特别是生物化学和分子生物学的发展与引入,为药学研究与新药开发提供了新的理论、概念、技术和方法,药学进入了一个崭新的发展阶段,从以化学模式为主体的药学科学迅速转向为以生命科学和化学相结合的新药研究模式,为新药的合理设计提供了依据,减少了寻找新药的盲目性,提高了发现新药的概率。目前临床上得到广泛使用的许多药物就是利用生物化学的理论或受到相关知识的启发而研制出来的。如精蛋白锌胰岛素(长效胰岛素)的研制就是利用等电点的知识;许多抗过敏药物、抗溃疡药物和抗菌药物的研制也是建立在生化理论基础上的,如磺胺类药物,通过竞争性作用,抑制细菌的生长和繁殖。

3. **生物化学在制药工业中的应用**　应用生物化学的研究成果将生物体内重要的活性物质变成用于防治疾病的生化药物,因具有药理活性高、毒副作用小、营养价值高等特点而成为制药工业的重要类型。目前在临床上应用的已有数百种,包括氨基酸、多肽、蛋白质、核酸及其降解产物、酶与辅酶、维生素、激素、脂类、无机盐和微量元素等。尤其是利用重组 DNA 技术生产有药用价值的蛋白质、多肽等产品(如人胰岛素、人生长素、干扰素、乙肝疫苗等)已成为当今世界的一项重大产业,新的蛋白质工程药物种类也正在日益增加。人造皮、人工肾(心)脏等生物医学材料及各种生化试剂的开发以及生物药物在保健和美容领域的大量使用,进一步拓宽了生物药物的应用范围。

(二) 生物化学在医学中的应用

1. **认识疾病**　生物化学与分子生物学是认识疾病发生发展规律和制订防治措施的重要理论基础,各种疾病均有其生物化学基础,在生物大分子结构异常、生物化学反应过程不能正常进行时,就会发生疾病,例如,糖尿病的生物化学基础是糖代谢紊乱,动脉粥样硬化是脂代谢异常等;癌基因的发现,证明它在正常情况下并不引起细胞癌变,只有在某些理化因素或病毒以及情感等因素的作用下,才能被激活而导致细胞癌变,这为最终根治恶性肿瘤奠定了基础;分子病是指由于基因突变,导致蛋白质一级结构异常而造成功能障碍的疾病,如镰状细胞贫血、珠蛋白生成障碍性贫血等。随着生物化学的发展,必将对这类疾病的防治产生重要的作用。

2. **诊断疾病**　临床上的生化诊断于今天已成为一种不可缺少的诊断方法,若没有生化知识便难以确诊疾病和给予适当治疗。例如,测定血清丙氨酸氨基转移酶活性,帮助诊断肝脏的疾病;测定α-淀粉酶活性,用来诊断急性胰腺炎等。特别是基因诊断和基因治疗,随着基因探针、PCR 技术和重组蛋白试剂等应用于临床诊断,使疾病的诊断达到了前所未有的高特异性、高灵敏度和简便快捷,为患者带来了福音。

3. **治疗疾病**　基因治疗目前已成为医学领域的研究热点,随着遗传病基因疗法、肿瘤基因疗法、传染病基因疗法和其他疾病基因疗法的不断完善和广泛应用,基因工程药物如胰岛素的研究开发和大量生产,必将对临床医学、预防医学和军事医学等领域产生重大影响。临床用药也离不开生物化学,例如绝大多数磺胺类药物与各种抗生素都是针对菌类的核酸或蛋白质生物合成的生化过程某一步骤产生强烈的抑制作用,使菌类不能生长繁殖。维生素是治疗维生素缺乏症的最有效的药物。

4. **预防疾病**　生物化学对预防医学也很重要。如何供给人体适当的营养,从而增进人体的健康,是生物化学的一个重要问题,适当的营养可预防、治疗疾病。补充蛋白质可加速外科创伤的愈合等。

（三）生物化学在其他领域的应用

1. 生物化学在工业上的应用 食品工业、发酵工业、抗生素制造业、化工工业、皮革工业、石油开采业、环保工程处理等都应用到了生物化学的理论、技术和方法,都与生物化学有着密切的联系。如食品工业中的制酱、酿酒、制醋,纺织工业中的棉布浆化,制革业中的毛皮脱脂,环保工程中的污水与废物处理等,生物化学的研究不但为它们的生产过程建立科学基础,还为它们的技术革命、技术改造等创造条件。

2. 生物化学在农业上应用 生物化学是农业科学的重要理论基础之一,如研究植物新陈代谢的各种过程,就有可能控制植物的发育,如能明确糖、脂类、蛋白质、维生素、生物碱以及其他化合物在植物体内合成规律,就有可能创造一定的条件,以获得优质高产的某种农作物;或在了解了某种作物的遗传特性之后,可利用基因重组技术,培育出优良的作物新品种。此外,农产品的贮藏与加工,植物病虫害的防治,除草剂和植物激素的应用,家畜的营养问题和畜牧业生产的提高,土壤微生物学,土壤的肥力提高和养分的吸收等都需要应用生物化学的理论和技术手段。

四、生物化学的学习方法

1. 加强复习有关的基础学科课程,将前、后期课程有机结合,融会贯通、熟练应用。

2. 树立框架结构的意识,有总体观念,脉络要清晰。重点内容理解加记忆,记忆中理解,理解中记忆。

3. 找共性,抓规律,学会抓线条、围绕主线向外扩展和上下联系。

4. 实验实训课是完成本课程的重要环节。亲自动手,认真、仔细完成每步操作过程,观察各步反应的现象,详细、科学、实事求是地记录并分析实验结果,独立完成实验报告。

5. 充分利用网络,从网上查找学习资料,通过本书的知识链接、扫一扫模块,了解相关课外知识和重点内容。

目标检测

简答题

1. 什么是生物化学? 生物化学的主要研究内容是什么?

2. 我国现代有哪几位著名的生物化学家? 他们的主要成就是什么?

3. 制订你的生物化学课程学习计划,并在本学期的学习过程中严格执行。

（赵红霞）

第二章

蛋白质化学

ER-02章PPT

▲

导学情景　∨

情景描述

2008 年 9 月我国爆发了奶粉污染事件，由于某奶制品公司生产的婴幼儿奶粉中掺入三聚氰胺，婴幼儿食用这样的"问题奶粉"后，造成许多孩子发生泌尿、生殖系统的损害，患上膀胱、肾部结石，并导致 4 人死亡。

学前导语

为什么奶制品生产公司要在生产的奶粉中掺入三聚氰胺？ 三聚氰胺在化学组成上与蛋白质有何相似之处？ 通过本章的学习，将为你揭晓答案。

蛋白质（protein）是生命的物质基础，是生物体内含量最丰富、功能最多样的一类生物大分子。它是机体的基本组成成分之一，在物质运输、代谢调节、免疫、血液凝固、肌肉收缩、信号传递、个体发育、组织生长与修复等方面发挥着不可替代的作用。

扫一扫，知重点

目前在药学领域内，人们可从动植物和微生物中直接提取和制备氨基酸类、蛋白多肽类生化药物，也可采用现代生物技术生产。在提取、分离该类物质时必然会遇到有关蛋白质的处理问题，因此，蛋白质的研究不仅具有重要的生物学意义，而且对有关药物的生产、分析、储存和应用也有重要的现实意义。

第一节　蛋白质的组成

一、蛋白质的元素组成

尽管蛋白质的种类繁多，结构各异，但元素组成相似，主要有碳、氢、氧、氮和硫。有的还含有少量磷、碘或金属元素铁、铜、锌、锰等。各种蛋白质含氮量比较接近且恒定，平均为 16%。这是蛋白质元素组成的一个特点，也是定氮法测定蛋白质含量的计算基础。因为蛋白质是生物体内主要的含氮物质，因此测定生物样品的含氮量就可推算出蛋白质的大致含量。

$$蛋白质的含量＝蛋白质含氮量×6.25$$

知识链接

凯氏定氮法

由于直接测量蛋白质技术复杂、成本高，因此检测食品中蛋白质的含量常用"凯氏定氮法"，此法是通过测定含氮量来间接推算蛋白质含量。因此，样品中含氮量越高，蛋白质含量就越高。

三聚氰胺是一种白色结晶粉末，没有气味和味道，主要用于生产密胺塑料，有一定毒性，不能作为食品添加剂。由于三聚氰胺含氮量高达66%，远高于蛋白质含氮量，且成本低，因此，造假者将其添加在食品中，可以提高检测时食品中的"蛋白质"含量，并且不易被发现。

二、蛋白质的基本组成单位——氨基酸

蛋白质水解的最终产物都是氨基酸（amino acids），因此把氨基酸称为蛋白质的基本组成单位。自然界中的氨基酸有300多种，但构成天然蛋白质的氨基酸主要有20种（表2-1）。这20种氨基酸不存在物种和个体差异，是整个生物界蛋白质组成的通用氨基酸。

表 2-1　氨基酸的结构与分类

名称	代号	R 结构	分子量	等电点
非极性的 R 基氨基酸				
丙氨酸（alanine）	丙 Ala A	CH_3-	89.06	6.00
缬氨酸*（valine）	缬 Val V	$CH_3CH(CH_3)-$	117.09	5.96
亮氨酸*（leucine）	亮 Leu L	$CH_3CH(CH_3)CH_2-$	131.11	5.98
异亮氨酸*（isoleucine）	异亮 Ile I	$CH_3CH_2CH(CH_3)-$	131.11	6.02
甲硫氨酸*（methionine）	蛋 Met M	$CH_3SCH_2CH_2-$	149.15	5.74
脯氨酸（proline）	脯 Pro P		115.13	6.30
苯丙氨酸*（phenylalanine）	苯丙 Phe F		165.09	5.48
色氨酸*（tryptophan）	色 Trp W		204.22	5.89
极性不带电荷的 R 基氨基酸				
甘氨酸（glycine）	甘 Gly G	$H-$	75.05	5.97
丝氨酸（serine）	丝 Ser S	$HOCH_2-$	105.06	5.68
苏氨酸*（threonine）	苏 Thr T	$CH_3(OH)CH-$	119.08	6.16
半胱氨酸（cysteine）	半胱 Cys C	$HSCH_2-$	121.12	5.07

续表

名称	代号	R 结构	分子量	等电点
天冬酰胺(asparagine)	天胺 Asn N	NH_2COCH_2—	132.12	5.41
谷氨酰胺(glutamine)	谷胺 Gln Q	$NH_2COCH_2CH_2$—	146.15	5.56
酪氨酸(tyrosine)	酪 Tyr Y	$HO\!-\!\bigcirc\!-\!CH_2$—	181.09	5.66
带负电荷的 R 基氨基酸(酸性氨基酸)				
天冬氨酸(aspartic acid)	天 Asp D	$HOOCCH_2$—	133.60	2.77
谷氨酸(glutamic acid)	谷 Glu E	$HOOCCH_2CH_2$—	147.08	3.32
带正电荷的 R 基氨基酸(碱性氨基酸)				
赖氨酸*(lysine)	赖 Lys K	$NH_2CH_2CH_2CH_2CH_2$—	146.63	9.74
精氨酸(arginine)	精 Arg R	$NH_2\!-\!\underset{\underset{NH}{\|\|}}{C}\!-\!NH\!-\!CH_2\!-\!CH_2\!-\!CH_2$—	174.14	10.76
组氨酸(histidine)	组 His H	CH_2— (imidazole)	155.16	7.59

*:为必需氨基酸

(一)氨基酸的结构特点

组成蛋白质的基本氨基酸均为 L-α-氨基酸(脯氨酸为 α-亚氨基酸),其结构通式为:

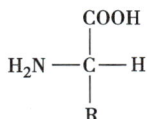

$$H_2N\!-\!\underset{R}{\overset{COOH}{\underset{|}{\overset{|}{C}}}}\!-\!H$$

R 代表氨基酸侧链,R 部分不同代表不同的氨基酸。

(二)氨基酸的分类

目前常以侧链 R 基团的结构和性质作为氨基酸分类的基础。因为蛋白质的许多性质、结构和功能都与氨基酸的侧链 R 基团密切相关。

1. **非极性 R 基氨基酸** 其 R 基为疏水性的,因此这类氨基酸的特征是在水中的溶解度小于极性 R 基氨基酸。共有八种,即脂肪族氨基酸五种(丙氨酸、缬氨酸、亮氨酸、异亮氨酸和甲硫氨酸),芳香族氨基酸一种(苯丙氨酸),杂环氨基酸两种(脯氨酸和色氨酸)。

2. **极性不带电荷 R 基氨基酸** 这类氨基酸的特征是比非极性 R 基氨基酸易溶于水。有七种,即含羟基氨基酸三种(丝氨酸、苏氨酸和酪氨酸),酰胺类氨基酸两种(天冬酰胺和谷氨酰胺),含巯基的半胱氨酸及甘氨酸。

3. **带负电荷 R 基氨基酸** 有两种,即谷氨酸和天冬氨酸。这两种氨基酸都含有两个羧基,在生理条件下带负电荷,是一类酸性氨基酸。

4. **带正电荷 R 基氨基酸** 这类氨基酸的特征是在生理条件下带正电荷,是一类碱性氨基酸。

氨基酸的结构

有三种,即赖氨酸、精氨酸和组氨酸。

构成蛋白质的 20 种氨基酸都有各自的遗传密码,称为编码氨基酸。在人体内,胱氨酸、羟脯氨酸、羟赖氨酸和四碘甲腺原氨酸(甲状腺素 T_4)等,都是在蛋白质生物合成后或者合成过程中由相应的氨基酸残基经加工修饰而成,而瓜氨酸、鸟氨酸是在物质代谢过程中产生的。这些氨基酸在生物体内没有相应的遗传密码,为非编码氨基酸。

三、肽

氨基酸通过肽键连接而形成的化合物称为肽,肽是蛋白质分子的基本结构形式。

(一)肽键与肽链

一个氨基酸的 α-羧基与另一个氨基酸的 α-氨基脱水缩合形成的共价键(—CO—NH—)称为肽键(图 2-1),又称酰胺键,如甘氨酸与丙氨酸脱水缩合生成甘氨酰丙氨酸。蛋白质分子中的氨基酸通过肽键连接。

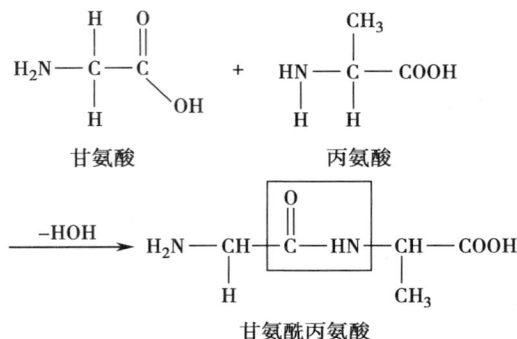

图 2-1 肽键

氨基酸通过肽键连接形成的化合物称为肽。由两个氨基酸形成的肽称为二肽,三个氨基酸形成的肽称为三肽,十个以内氨基酸形成的肽称为寡肽,由更多氨基酸相连形成的肽称为多肽。多肽的长链状结构称为多肽链,是蛋白质的基本结构。肽链中的氨基酸分子因为脱水缩合而基团不全,被称为氨基酸残基。多肽链中的骨架是由氨基酸的羧基和氨基形成的肽键部分规则地排列而成,称为主链。R 基团部分称为侧链。多肽链有两端:一端具有游离的 α-氨基,称为氨基末端(N—端);另一端具有游离的 α-羧基,称为羧基末端(C—端)。书写某肽时,N—端常写在左边,C—端写在右边,从左到右依次将各氨基酸按顺序写出。肽链也是从 N—端到 C—端按氨基酸残基的顺序来命名。

(二)生物活性肽

人体内存在许多具有生物活性的低分子肽,称为生物活性肽。在调节代谢、神经传导等方面起重要作用。随着肽类药物的发展,许多化学合成或重组 DNA 技术制备的肽类药物和疫苗已在疾病预防和治疗方面取得成效。

1. **谷胱甘肽(GSH)** 由谷氨酸、半胱氨酸和甘氨酸组成的三肽(图 2-2),因它有游离的—SH 基团,故常用 GSH 表示。谷胱甘肽在体内代谢过程中有还原型(GSH)和氧化型(GSSG)两种形式。在生理条件下,GSH 具有重要的生理功能,它的分子中具有活性的—SH 基,有很强的还原性,是维持正常红细胞膜结构所必需的,并参与体内氧化还原反应。临床上常用它作为解毒、抗辐射和治疗肝病的药物。

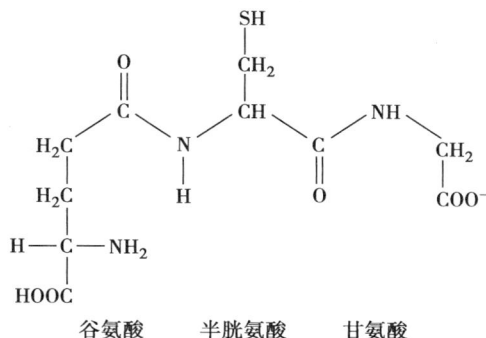

图 2-2　谷胱甘肽的结构

2. 多肽类激素及神经肽　体内许多激素属于寡肽及多肽,如神经垂体分泌的促肾上腺皮质激素(ACTH)是 39 肽,具有调节肾上腺皮质活性、调节糖皮质激素分泌、调控体内物质代谢的生理作用。

神经肽是泛指存在于神经组织并参与神经系统功能作用的内源性活性物质,如脑啡肽(5 肽)和强啡肽(17 肽)等。它们都是类吗啡作用的活性肽,具有很强的镇痛作用。在体内发挥作用的肽类激素还有催产素、生长素、胸腺素等。近年来临床还利用生物活性肽作为治疗某些疾病的药物。

ER-2-4

胸腺肽肠溶片

点滴积累 ∨

1. 蛋白质主要由 C、H、O、N 四种元素组成, 蛋白质系数为 6.25。
2. 组成蛋白质的 20 种氨基酸为 L-α-氨基酸(脯氨酸除外)。 根据侧链 R 基团的不同将氨基酸分为四类。
3. 氨基酸以肽键相连形成肽链。

第二节　蛋白质的结构

蛋白质的功能主要由其结构所决定。蛋白质的结构复杂,具有多层次结构。一般用一级结构和空间结构描述蛋白质的结构,空间结构又分为二级结构、三级结构和四级结构。

一、蛋白质的一级结构

蛋白质分子中氨基酸的排列顺序,称为蛋白质的一级结构。多肽链中氨基酸的顺序是由基因上的遗传信息,即 DNA 分子中的脱氧核苷酸排列顺序所决定。一级结构是蛋白质的基本结构,它决定蛋白质的空间结构。维系蛋白质一级结构的主要化学键是肽键,部分蛋白质还含有二硫键。牛胰岛素是第一个被测定一级结构的蛋白质分子。它由 A、B 两条多肽链组成(图 2-3)。

ER-2-5

蛋白质的一级结构

```
                                  ┌──── S—S ────┐
A链 H₂N-甘-异亮-缬-谷-谷酰-半胱-半胱-苏-丝-异亮-半胱-丝-亮-酪-谷酰-亮-谷-天冬酰-酪-半胱-天冬酰-COOH
        1   2   3  4  5   6    7  8  9  10  11  12 13 14 15  16 17  18  19  20  21
                         S                                        S—S
                         │                                     ╱
                         S
                         │
B链 H₂N-苯丙-缬-天冬酰-谷酰-组-亮-半胱-甘-丝-组-亮-缬-谷-丙-亮-酪-亮-缬-半胱-甘-谷-精-甘-苯丙-苯丙-
       1   2   3    4   5  6   7  8  9 10 11 12 13 14 15 16 17 18  19  20 21 22 23 24  25
酪-苏-脯-赖-丙-COOH
26 27 28 29 30
```

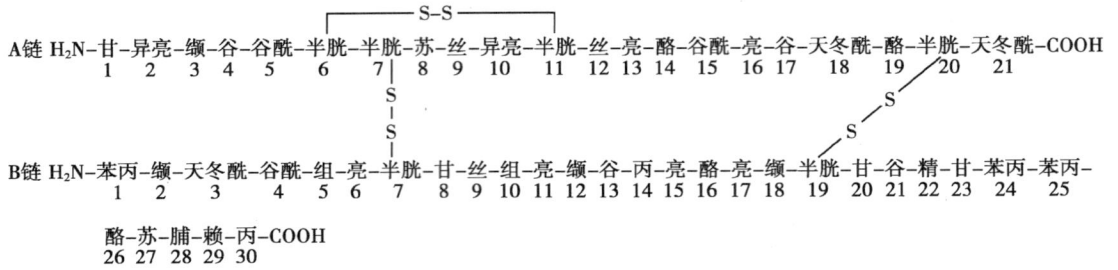

图 2-3 牛胰岛素的一级结构

一级结构是蛋白质空间构象和生物学功能的基础。蛋白质一级结构的阐明,对揭示某些疾病的发病机制和指导治疗有十分重要的意义。

二、蛋白质的空间结构

蛋白质分子在一级结构的基础上,多肽链在空间进行折叠和盘曲,形成特有的空间结构。

(一)蛋白质的二级结构

蛋白质的二级结构是指多肽链主链原子的空间排布,并不涉及氨基酸残基侧链的构象。

1. 肽单位 肽键是构成蛋白质分子的基本化学键,参与形成肽键的 4 个原子 C、O、N、H 与相邻的两个 α-C 原子位于同一平面,此同一平面上的 6 个原子构成肽单位或肽平面。多肽链可以看成由 α-C 串联起来的多个肽单位组成,构成肽链的主链结构(图 2-4)。蛋白质的二级结构就是肽单位围绕两端 α-C 原子旋转而形成的空间构象。

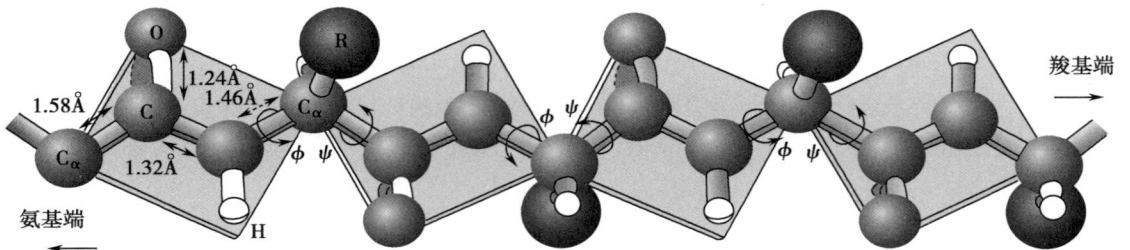

图 2-4 肽单位的平面结构

2. 蛋白质二级结构的基本形式 主要有 α 螺旋、β 折叠、β 转角和无规卷曲等形式,维系蛋白质二级结构稳定的化学键是氢键。

(1)α 螺旋:多肽链中肽平面以 α-C 原子为旋转点,使主链原子沿长轴方向形成螺旋状结构。其结构特点是:螺旋的方向是右手螺旋,每圈含 3.6 个氨基酸残基,螺距为 0.54nm;氨基酸残基的 R 侧链位于螺旋的外侧;氢键方向与螺旋长轴基本平行(图 2-5)。如毛发中的角蛋白、肌肉中的肌球蛋白等的二级结构皆为 α 螺旋。

(2)β 折叠:也叫 β 片层,是蛋白质中常见的二级结构,为一种比较伸展、呈锯齿状的肽链结构。β 片层可分顺向平行(肽链的走向相同,即 N、C 端的方向一致)和反向平行(两肽段走向相反)结构(图 2-6)。蚕丝蛋白、溶菌酶等存在 β 折叠结构。

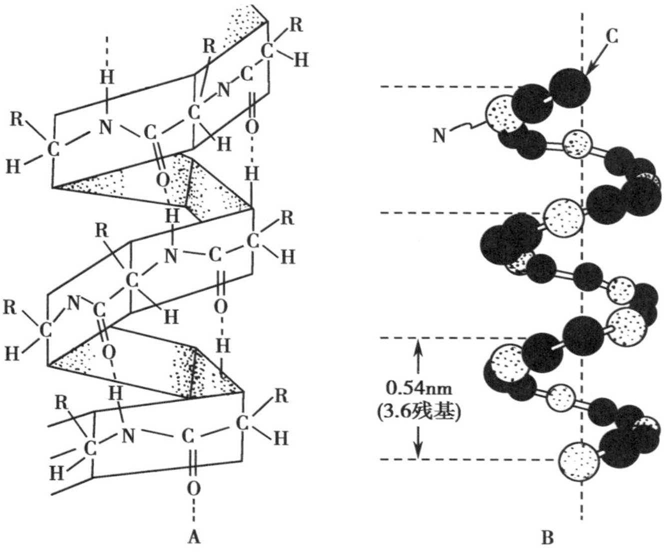

图 2-5　蛋白质分子的 α 螺旋结构

α 螺旋

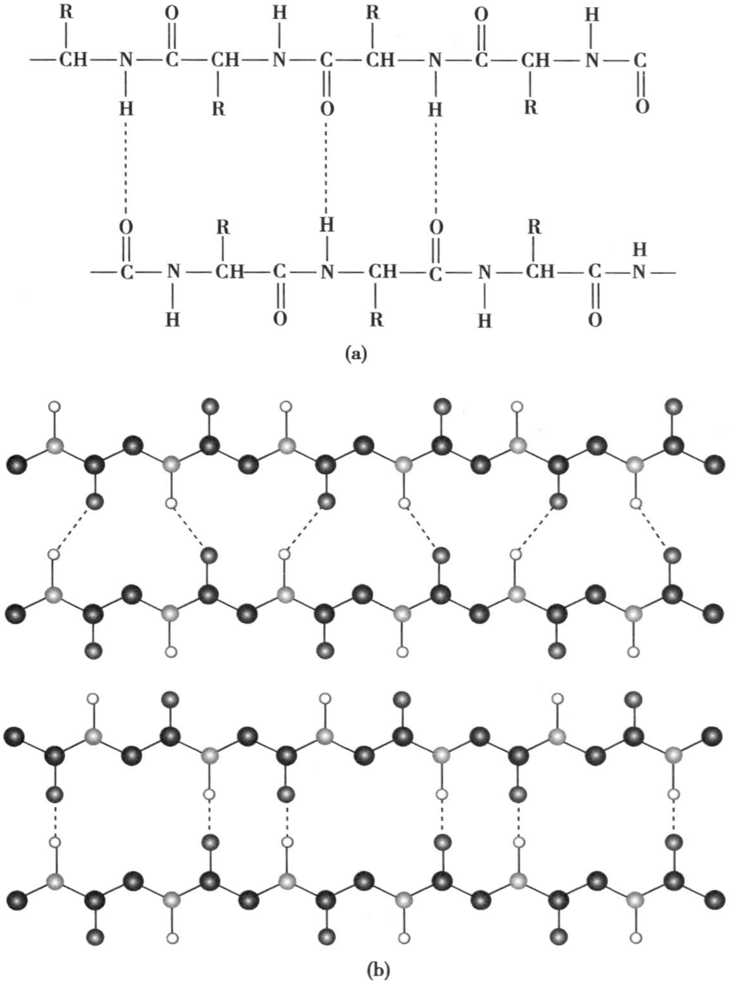

图 2-6　蛋白质分子的 β 折叠结构

（a）两条相邻肽链之间形成氢键；（b）多肽链形成平行、反平行的 β-折叠

β 折叠

（3）β转角：肽链形成180℃的回折，即U型转折结构。

（4）无规卷曲：多肽链中肽平面无规律排列形成的空间结构，普遍存在于蛋白质分子中，也是蛋白质分子结构的重要组成部分。

（5）基序：又称模体或模序，是指相邻的二级结构彼此相互作用，形成有规则的、在空间上能辨认的二级结构组合体。它们是蛋白质发挥特定功能的基础。

（二）蛋白质的三级结构

蛋白质的三级结构是指整条多肽链中全部氨基酸残基的相对空间位置，即整条多肽链上所有原子的空间排布。由一条多肽链构成的蛋白质，具有三级结构也就具有了生物学功能，三级结构一旦被破坏，蛋白质的生物学功能就会丧失。蛋白质三级结构的形成和稳定主要依靠次级键如疏水作用、离子键、氢键等，其中以疏水键最为重要。如肌红蛋白的主要生物学功能是结合氧并能使氧很容易地在肌肉内扩散。它是由153个氨基酸残基构成的一条多肽链，含有一个血红素辅基。三级结构中形成8段α螺旋区以及β转角、无规卷曲，整个分子为球形。分子内部几乎都是由疏水氨基酸残基组成的，分子表面含有亲水的氨基酸残基，血红素辅基结合在肌红蛋白表面的一个疏水洞穴内，形成活性中心，发挥结合与储存氧的功能（图2-7）。

（三）蛋白质的四级结构

生物体内许多蛋白质由两个或两个以上的多肽链组成，每一条多肽链都有其完整的三级结构，称为蛋白质的一个亚基。亚基与亚基之间呈三维空间排布，并以非共价键相连接。这种蛋白质分子中各个亚基的空间排布及亚基接触部位的布局和相互作用，称为蛋白质的四级结构。四级结构中各亚基之间的结合力主要是氢键和离子键，各亚基单独存在时不具有蛋白质的生物活性。如血红蛋白由2个α亚基和2个β亚基组成球状的四级结构，每个亚基具有独立的三级结构，都可以和氧结合，但单独的亚基在组织细胞中不能释放氧，也就丧失了运输氧的功能（图2-8）。

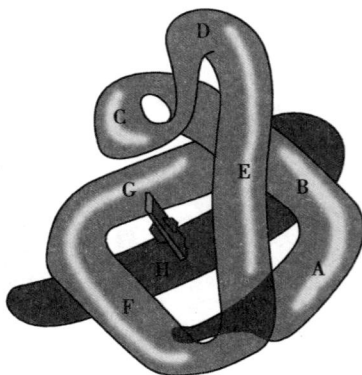

图 2-7 肌红蛋白三级结构　　　　　图 2-8 血红蛋白四级结构

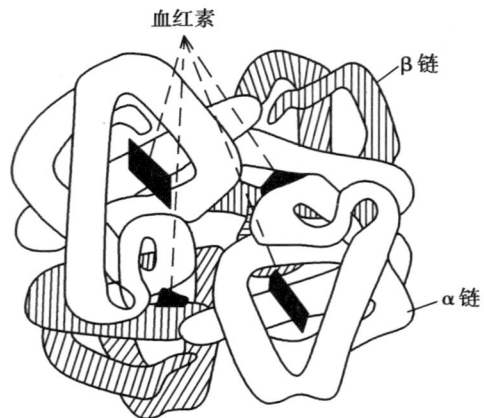

蛋白质各级结构总结见表2-2。

表 2-2 蛋白质各级结构的比较

级别	构象	形式	维持力
一级结构	氨基酸的排列顺序	链式基本结构	肽键
二级结构	主链原子的空间排列	α 螺旋、β 折叠等	氢键
三级结构	所有原子的空间排列	二级结构的基础上进一步盘曲	疏水键为主
四级结构	各亚基间的空间排列	亚基聚合	非共价键

三、蛋白质结构与功能的关系

蛋白质的功能是由其结构决定的。蛋白质一级结构决定其空间结构,并进一步决定蛋白质的功能。蛋白质分子结构的细微改变都可能会导致蛋白质功能的改变或丧失。但只要蛋白质一级结构未被破坏,其原来的空间结构就可能恢复,功能也会随之恢复。

（一）蛋白质一级结构与功能的关系

1. 一级结构不同,生物学功能不同 不同蛋白质和多肽具有不同的生物学功能,根本的原因是它们的一级结构各异,有时仅微小的差异就可表现出不同的生物学功能。催产素与加压素分子中仅有两个氨基酸不同,但两者的生理功能却有根本的区别。催产素能刺激平滑肌引起子宫收缩,表现为催产功能;加压素能促进血管收缩,升高血压及促进肾小管对水的重吸收,表现为抗利尿作用。

临床应用

缩宫素注射液

其主要成分是缩宫素（催产素）,活性成分是猪或牛的脑垂体后叶提取（或化学合成）的九肽。 临床上主要用于引产、催产、产后及流产后因宫缩无力或缩复不良而引起的子宫出血。 禁用于有剖宫产史、子宫肌瘤剔除术及臀位产者。 偶有恶心、呕吐、心率加快或心律失常等不良反应。

---

2. 一级结构相似,功能也相似 如促肾上腺皮质激素和促黑激素有一段相同的氨基酸序列,促肾上腺皮质激素除能促进肾上腺皮质激素的分泌外,也可促使皮下黑色素生成,但作用较促黑激素弱;再如来源于不同动物的胰岛素,它们的一级结构不完全相同,但其组成中的关键氨基酸总数和排列顺序却相同,因而都具有相同的功能。

3. 一级结构改变,功能也随之改变 有时蛋白质分子中起关键作用的一个或几个氨基酸残基发生了遗传性替代,就会导致整个分子的空间结构发生改变,功能部分或全部丧失而导致疾病,称之为分子病。如镰刀形红细胞贫血就是由于血红蛋白 β 链第 6 位的氨基酸残基由正常的谷氨酸变成了疏水性的缬氨酸,血红蛋白就聚集成丝,相互黏着,导致红细胞变形为镰刀形而易破裂,携氧功能降低产生溶血性贫血(图 2-9)。

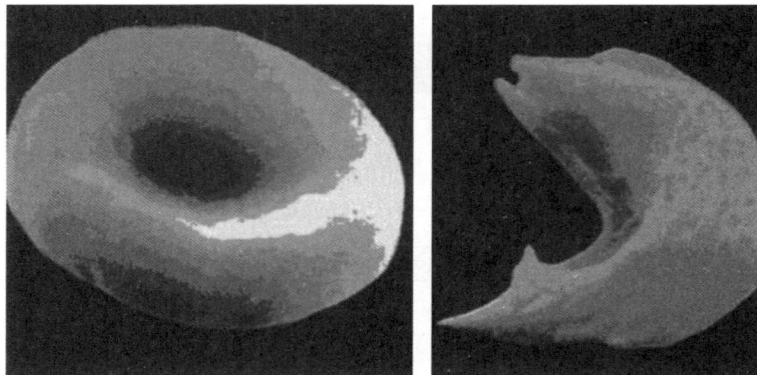

图 2-9 正常人红细胞和镰状红细胞

（二）蛋白质空间结构与功能的关系

蛋白质特定的空间结构是表现其生物学功能的基础。若蛋白质分子特定的空间构象受到破坏，其功能活性也随之改变。在生物体内，某些蛋白质在一些因素的触发下，发生微妙的变化，从而调节其功能活性。而有些情况下，尽管蛋白质的一级结构不变，若在形成空间结构过程中多肽链折叠发生错误，导致蛋白质的空间构象发生改变，就有可能发生疾病。蛋白质的空间构象发生改变导致的疾病称为构象病，如阿尔茨海默病、亨廷顿舞蹈症、疯牛病等。疯牛病是由朊病毒蛋白引起的一组人和动物神经退行性病变，正常的朊病毒蛋白富含 α 螺旋，在某种未知蛋白质的作用下可全部转变为 β 折叠，从而致病（图 2-10）。

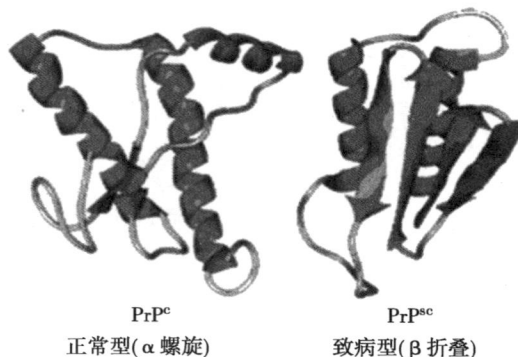

PrP^c
正常型(α 螺旋)

PrP^{sc}
致病型(β 折叠)

图 2-10 疯牛病朊病毒蛋白空间结构变化

EB-2-10

阿尔茨海
默病

▶▶ 课堂活动

患者，女，15 岁，因双侧大腿和髋部疼痛而就诊，疼痛持续一天并加重，感觉乏力。对乙酰氨基酚和布洛芬无法缓解症状。否认近期有外伤和过度运动，过去有类似疼痛发作，家族中无相似病例。检查：无发烧，结膜和黏膜轻度苍白，Hb 71g/L（女性正常值为 110～150g/L），红细胞数量少且呈镰刀状。诊断：镰刀形红细胞贫血症。

请分析：1. 镰刀形红细胞贫血症的发生原因是什么？ 蛋白质分子结构和功能有何关系？

2. 血红蛋白合成量改变会引起疾病吗？

点滴积累 ∨

1. 蛋白质的一级结构指多肽链中氨基酸残基的排列顺序。
2. 蛋白质二级结构的主要形式有 α 螺旋、β 折叠、β 转角和无规卷曲；维系蛋白质二级结构稳定的化学键是氢键；三级结构主要依靠次级键如疏水作用、离子键、氢键等；四级结构中各亚基之间的结合力主要是氢键和离子键。
3. 蛋白质的一级结构是空间结构的基础，特定的空间结构是表现其生物学功能的基础。

第三节　蛋白质的性质及应用

一、蛋白质的理化性质

（一）蛋白质的两性解离和等电点

蛋白质多肽链中游离的—NH_2 和—COOH 能发生两性解离，所以蛋白质是两性电解质。蛋白质的解离反应如图 2-11。

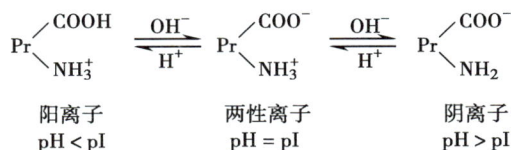

$$Pr\begin{array}{c}COOH\\ \\NH_3^+\end{array} \underset{H^+}{\overset{OH^-}{\rightleftharpoons}} Pr\begin{array}{c}COO^-\\ \\NH_3^+\end{array} \underset{H^+}{\overset{OH^-}{\rightleftharpoons}} Pr\begin{array}{c}COO^-\\ \\NH_2\end{array}$$

阳离子　　　　　　两性离子　　　　　阴离子
pH < pI　　　　　　pH = pI　　　　　pH > pI

图 2-11　蛋白质的两性电离

蛋白质的带电情况主要取决于所在溶液的 pH。使蛋白质所带正负电荷相等、净电荷为零时溶液的 pH，称为该蛋白质的等电点（pI）。不同的蛋白质其等电点不同。当溶液的 pH>pI 时，蛋白质带负电荷，在电场中向阳极移动；当 pH<pI 时，蛋白质带正电荷，在电场中向阴极移动；等电点时，蛋白质不显电性，在电场中不移动。带电粒子在电场中移动的现象称为电泳。不同带电性质和分子大小、形状不同的蛋白质在电场中泳动速度不同，因此可利用电泳技术来分离蛋白质。

▶ **课堂活动**

血浆中大多数蛋白质的等电点为 5 左右，因此在人体体液 pH（7.4）条件下，血浆蛋白质带何种电荷？为什么？

（二）蛋白质的胶体性质

蛋白质是高分子化合物，分子量一般在 1 万到 100 万之间，分子直径在胶体颗粒（1~100nm）范围内，所以蛋白质具有胶体性质。蛋白质水溶液是一种稳定的亲水胶体溶液。

蛋白质胶体有两个稳定因素：蛋白质表面的水化层和电荷层。由于蛋白质表面的亲水极性基团能与水分子结合，在蛋白质表面形成水化层，使蛋白质颗粒相互隔开，阻止其聚集和沉淀。蛋白质在非等电状态时，皆带有同种电荷，同性电荷相互排斥，使蛋白质颗粒不能聚集和沉淀。

蛋白质的亲水胶体性质具有重要的生理意义。因为人体中水分含量最多,蛋白质溶解在水溶液中构成了体液,是人体物质代谢的重要内环境,包括血液和细胞内液(维持体液血浆胶体渗透压)。人体的细胞膜、微血管壁等也都是具有半透膜性质的生物膜,蛋白质胶体颗粒不能透过半透膜,有助于各种蛋白质有规律地分布在膜内外,对维持细胞内外的水、电解质平衡有重要生理意义。

（三）蛋白质的变性和复性

蛋白质受理化因素的作用,空间结构破坏、理化性质改变、生物学活性丧失的现象称变性作用。变性的实质是蛋白质的空间结构被破坏,而一级结构不变。能使蛋白质变性的物理因素有高温、剧烈振荡、超声波、紫外线和 X 射线的照射。化学因素有强酸、强碱、尿素、去污剂、重金属盐、生物碱试剂、有机溶剂等。变性的蛋白质溶解度降低,生物活性丧失,易被酶消化。如酶的催化功能消失,免疫学功能改变,黏度增加等。

实践中对蛋白质的变性作用有不同的要求,如临床上用煮沸、高压蒸汽、乙醇、紫外线照射等方法使菌体蛋白质变性,杀灭细菌和病毒;低温保存激素、酶、疫苗和免疫血清等蛋白质生物制剂,是为了防止蛋白质变性。

变性的蛋白质由于去除了引起变性的因素,而恢复其原来的空间结构和生物活性以及其他性质的过程,称为复性。

（四）蛋白质的颜色反应

蛋白质的颜色反应是蛋白质分子中的肽键和氨基酸残基的侧链基团与一定的化学试剂所产生的化学反应。利用颜色反应可对蛋白质进行定性定量分析。

1. **茚三酮反应**　在弱酸性条件下,茚三酮溶液与蛋白质加热产生蓝紫色化合物。此方法灵敏度很高,主要用于氨基酸、多肽及蛋白质的定性分析。

2. **双缩脲反应**　在碱性溶液中,蛋白质与 Cu^{2+} 形成紫红色络合物,称为双缩脲反应。肽键越多,反应颜色越深。此反应可用于蛋白质的定性、定量分析,也可用于测定蛋白质的水解程度,水解越完全,颜色越浅。氨基酸无此反应。

3. **酚试剂反应**　在碱性条件下,蛋白质分子中的酪氨酸、色氨酸与酚试剂(磷钼酸-磷钨酸)反应生成蓝色化合物。此反应的灵敏度高,常用于测定一些微量蛋白质的含量,如血清黏蛋白、脑脊液中蛋白质等。

（五）蛋白质的紫外吸收

蛋白质分子中的酪氨酸、苯丙氨酸和色氨酸残基的侧链基团含有共轭双键,在 280nm 波长处有特征性的紫外吸收峰,且吸收值与其浓度成正比关系,用于蛋白质定性、定量测定。

二、蛋白质的检测技术

（一）蛋白质纯度鉴定

蛋白质纯度是指一定检测条件下的相对均一性,样品是单一蛋白质组分。蛋白质纯度标准主要取决于检测方法的灵敏度。因此,一般采用两种或两种以上的方法相互验证,才能确定蛋白质的纯度。

蛋白质纯度鉴定方法很多。如超速离心沉淀法、聚丙烯酰胺凝胶电泳法、高效液相色谱法及免疫分析法。通过电泳法和色谱法检测蛋白质样品,在电泳图谱上只出现一条区带,色谱图谱上只出现一个色谱峰,即表明样品是单一组分的纯品。

（二）蛋白质含量测定

常用的方法有凯氏定氮法、双缩脲法、福林-酚试剂法（Lowry 法）、紫外吸收法、考马斯亮蓝法。

三、蛋白质的分离纯化技术

（一）蛋白质的提取

以可溶性形式存在于体液中的蛋白质,可直接提取。但多数蛋白质存在于细胞内或特定的细胞器中,需先破碎细胞,然后以适当的溶剂提取。细胞破碎的方法有多种,如动物组织可用匀浆法和超声法;植物细胞可用纤维素酶处理后,再用研磨法;微生物组织可采用石英砂研磨、加溶菌酶方法破碎细胞。

总的要求是既要尽量提取所需蛋白质,又要防止蛋白酶的水解和其他因素对蛋白质特定构象的破坏。蛋白质的粗提液可进一步分离纯化。

（二）蛋白质分离纯化的主要方法

1. 根据蛋白质溶解度不同的分离纯化方法

（1）等电点沉淀法:利用蛋白质在等电点时溶解度最小的原理。常与其他方法配合使用。

（2）盐析法:蛋白质溶液中加入大量中性盐（如硫酸铵、硫酸镁、氯化钠等,常用硫酸铵）,使蛋白质沉淀析出的方法。此法一般保持蛋白质天然构象而不变性。有时不同盐浓度可有效地使蛋白质分级沉淀。如分离血浆中的蛋白质,先用半饱和硫酸铵溶液沉淀析出血浆球蛋白,再用饱和硫酸铵溶液沉淀析出血浆清蛋白。本法常用于药用酶制剂、血浆球蛋白、蛋白类激素等具有活性蛋白质的分离制备。

（3）低温有机溶剂沉淀:在低温条件下,向蛋白质溶液中缓慢加入一定量与水互溶的有机溶剂（如乙醇、甲醇等）,能破坏蛋白质表面的水化层而使其聚集沉淀。通过控制有机溶剂的浓度,可以达到分离不同蛋白质的目的。此法分辨率比盐析法高,且无须脱盐,较为常用。但为避免蛋白质变性,应注意在低温下快速操作。如采用低温乙醇法生产人血清蛋白和球蛋白制剂。

另外还有重金属盐沉淀法、生物碱试剂和某些酸类沉淀法等。

▶ **课堂活动**

下列沉淀蛋白质的方法中，哪些能引起蛋白质变性，哪些不会引起变性?
①硫酸铵沉淀法；②低温乙醇沉淀法；③三氯乙酸沉淀法。

2. 根据蛋白质分子大小不同的分离纯化方法

（1）密度梯度离心法:在离心场中,蛋白质颗粒的沉降速度取决于它的大小和密度。当在具有密度梯度的介质中离心时,分子量和密度大的颗粒沉降速度快,蛋白质颗粒沉降到与自身密度相等的介质梯度时即停滞下来,由此可分步收集不同分子大小的蛋白质样品。

(2)透析和超滤法:透析法是利用蛋白质大分子不能透过半透膜的性质与其他小分子物质分开的方法。此法操作简便,常用于蛋白质的脱盐,但用时较长;超滤法是在一定的压力或离心力的作用下,使水和小分子物质透过超滤膜,而大分子蛋白质被超滤膜所阻截。选择不同孔径的超滤膜可截留不同分子量的蛋白质。常用于蛋白质溶液的脱盐、浓缩和分级纯化等。

(3)凝胶过滤层析法:又名分子筛层析。常用的凝胶有葡聚糖凝胶、聚丙烯酰胺和琼脂糖凝胶。当蛋白质分子的直径大于凝胶的孔径时,被排阻于凝胶之外;小于孔径者则进入凝胶。在层析脱洗时,大分子受阻小而最先流出,小分子受阻大而最后流出,从而使相对分子质量不同的蛋白质分开。

3. 根据蛋白质分子带电荷性质不同的分离纯化方法

(1)电泳法:电泳法主要包括醋酸纤维薄膜电泳、聚丙烯酰胺凝胶电泳、等电聚焦电泳、免疫电泳等。

(2)离子交换层析法:是利用蛋白质两性解离特性和 pI 作为分离依据的一种方法,应用广泛。离子交换剂包括离子交换纤维素、离子交换凝胶、大孔离子交换树脂等。依据各种蛋白质分子表面所带电荷情况不同,造成其与离子交换剂吸附能力的差异,利用适宜条件加以洗脱,即可达到分离纯化蛋白质的目的。

高效毛细管电泳

4. 根据蛋白质分子吸附特异性不同的分离纯化方法 亲和层析法是根据具有特异亲和力的化合物之间能可逆结合与解离的性质建立的,是一种具有高度专一性分离纯化蛋白质的有效方法。如分离纯化抗原,首先选用与抗原相应的抗体为配基,用化学方法使之与固体载体(如琼脂糖凝胶、葡聚糖凝胶等)相连接。然后将连有抗体的固相载体装入层析柱,使含有抗原的混合物通过此柱,相应的抗原被抗体特异地结合,而非特异性抗原等杂质不能被吸附而直接流出层析柱。改变条件,使抗原抗体复合物分离,即可得到纯化的抗原。

点滴积累 ∨

1. 蛋白质性质包括两性解离,变性,胶体,不能透过半透膜,颜色反应(与茚三酮反应产生蓝紫色,双缩脲反应生成紫红色络合物,与酚试剂生成蓝色化合物),紫外吸收性(最大吸收峰280nm 波长处)。

2. 蛋白质鉴定技术和含量测定技术。

3. 分离纯化蛋白质的原则:防止目标蛋白质变性。常用分离纯化技术:电泳、层析、超速离心、沉淀、透析和超滤等。

复习导图

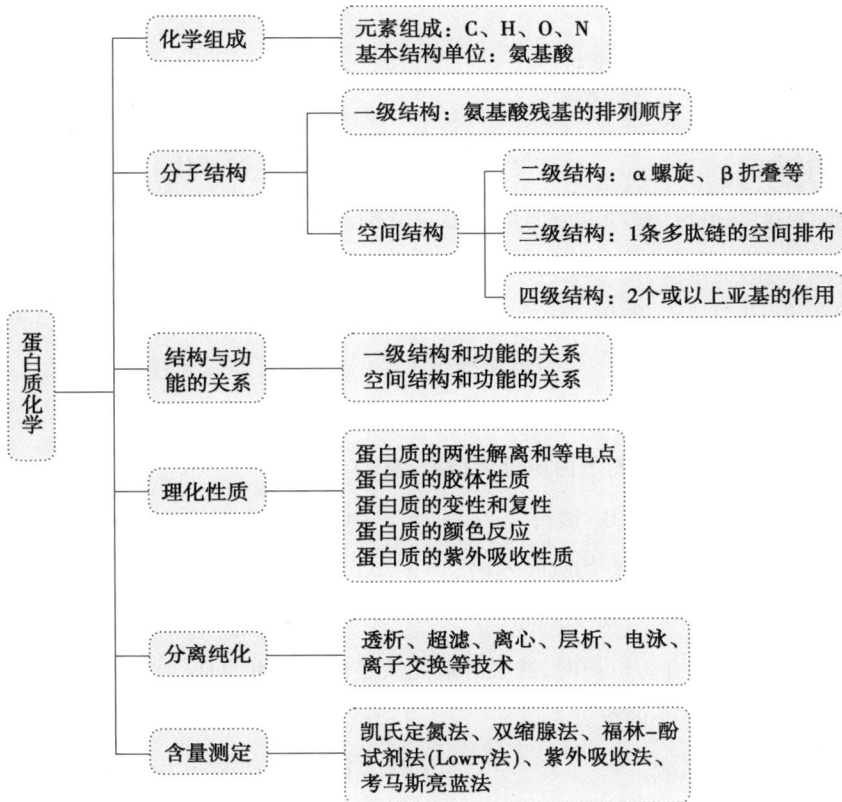

目标检测

一、选择题

（一）单项选择题

1. 除个别氨基酸外,构成人体蛋白质的氨基酸属于（　　）

　A. L-α-氨基酸　　　　　B. L-β-氨基酸　　　　　C. D-α-氨基酸　　　　　D. D-β-氨基酸

2. 测得某一蛋白质样品的氮含量为 0.40g,此样品约含蛋白质（　　）

　A. 2.00g　　　　　　　B. 2.50g　　　　　　C. 6.40g　　　　　　D. 3.00g

3. 多肽链中连接氨基酸残基的化学键是（　　）

　A. 肽键　　　　　　　B. 氢键　　　　　　C. 疏水键　　　　　　D. 二硫键

4. 蛋白质的一级结构是指（　　）

　A. 多肽链的形态　　　　　　　　　　　B. 氨基酸的种类

　C. 分子中的化学键　　　　　　　　　　D. 氨基酸残基的排列顺序

5. 形成蛋白质二级结构的基础是（　　）

　A. 肽键平面　　　　　　B. α-螺旋　　　　　C. β-转角　　　　　D. β-折叠

6. 下列不属于蛋白质的变性在实际生活中的应用的是( )

    A. 酒精消毒   B. 理疗

    C. 高温灭菌   D. 煮熟后的食物蛋白易消化

7. ( )使蛋白质沉淀又不变性

    A. 加入$(NH_4)_2SO_4$溶液   B. 加入三氯醋酸

    C. 加入氯化汞   D. 加入 1mol HCl

8. 有一混合蛋白质溶液,各种蛋白质的等电点分别是 3.2、4.8、6.6、7.5,电泳时要使所有蛋白质泳向正极,缓冲液的 pH 应该是( )

    A. 8.0   B. 7.0   C. 6.0   D. 5.0

9. 蛋白质电泳是由于其具有( )性质。

    A. 酸性   B. 碱性   C. 两性解离   D. 亲水性

10. 利用蛋白质等电点性质的蛋白质分离技术是( )

    A. 凝胶过滤层析   B. 透析   C. 等电点沉淀法   D. 亲和层析

11. 波长( )是蛋白质特有的吸收光谱。

    A. 240nm   B. 260nm   C. 280nm   D. 300nm

12. 凝胶层析法分离混合蛋白质时,洗脱后最先从层析柱流出的是( )

    A. 相对分子质量较小的组分   B. 相对分子质量较大的组分

    C. 沉降速度快的组分   D. 与载体亲和力弱的组分

(二)多项选择题

1. 蛋白质的生理功能有( )

    A. 贮存遗传物质   B. 代谢调控   C. 物质转运

    D. 血液凝固   E. 参与遗传信息的传递

2. 常用的分离、提纯蛋白质的方法有( )

    A. 透析   B. 电泳   C. 盐析

    D. 离心   E. 生物碱试剂

3. ( )是蛋白质溶液的稳定因素

    A. 黏度   B. 水化膜   C. α 螺旋结构

    D. 异性电荷   E. 同性电荷

二、判断改错题

1. 人体内很多蛋白质的等电点在 5.0 左右,所以这些蛋白质在生理条件下的体液中以兼性离子形式存在。

2. 维持蛋白质二级结构稳定的主要作用是氢键。

3. 加热、紫外线均可破坏蛋白质的空间结构。

4. 饱和硫酸铵能使血浆中清蛋白析出。

三、简答题

1. 蛋白质变性的因素有哪些？蛋白质的变性作用有何临床意义？

2. 分离和提纯蛋白质的基本原理是什么？

3. 结合所学知识，简述多肽、蛋白质、酶类药物在销售、运输及贮藏中应该注意哪些问题？

四、实例分析题

在法医学上，为什么使用茚三酮反应能采集嫌疑犯在犯罪现场留下来的指纹？

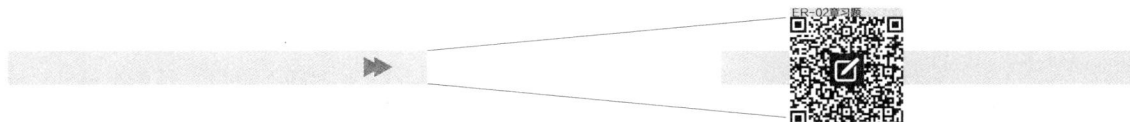

ER-02章习题

（尚喜雨）

第三章

酶与维生素

ER-03 PPT

导学情景 ∨ ·······················

情景描述

　　大学毕业生小莉，虽然有着一张不错的履历表，但找工作时却不顺利。 原来小莉有着与一般人不同的外貌特征，主要表现为全身皮肤呈粉白色，甚至连睫毛、眉毛、头发都是白色的而且纤细，虹膜、瞳孔透明呈淡粉红色，看东西总是眯着眼睛，医学上将此病症称之为白化病（俗称"阴天乐"）。 现代医学已知，此病是一种常染色体隐性遗传性疾病，由于患者体内酪氨酸酶缺乏或功能减退，使皮肤及其附属器的黑色素细胞不能正常合成黑色素所致，本病多出现于近亲结婚的后代中。

学前导语

　　酶是生物体内的催化剂，数量繁多、作用各异，在保证生物体正常的新陈代谢和生理功能方面起着极为重要的作用。 本章将带领同学们学习酶的化学组成、结构特点、作用机制及影响酶作用的因素等，为同学们将所学知识运用于酶类药物的生产、保存与检测等工作奠定基础。

　　生物体每时每刻都在进行着新陈代谢，这些代谢活动是由类型多样、复杂而有规律的一系列化学反应组成的，这些反应能在体内如此迅速和有序地进行，都是在酶的催化下进行的。可以说没有酶就没有新陈代谢，也就没有了生命。所谓酶（enzyme, E）是指生物细胞合成的具有催化作用的活性生物大分子，包括蛋白质和核酸，亦称生物催化剂。自然界中酶类众多，目前已发现的酶有数千种，已提纯的酶有数百种。

扫一扫，知重点

酶的发现史　　　　第一个证明酶是蛋白质的人　　　　核酶的发现

　　酶可高效、专一地催化特定的化学反应，具有反应条件温和、耗能少、污染小、操作简单等优点，在医药工业上有广泛的应用。

第一节　酶的化学组成与结构

一、酶的化学组成

除了核酶以外,绝大多数的酶是蛋白质,与其他蛋白质一样其基本组成单位是氨基酸。根据酶的组成成分不同,可以将酶分为单纯酶和结合酶。

1. 单纯酶　只由氨基酸组成而不含其他成分的一类酶,如脲酶、淀粉酶、蛋白酶、核糖核酸酶等。

2. 结合酶　除了蛋白质成分外,还含有非蛋白质成分。结合酶中的蛋白质部分称为酶蛋白,非蛋白质部分称作辅助因子,两者结合形成的完整分子叫作全酶。只有全酶才有催化活性,酶蛋白与辅助因子单独存在时,均无催化作用。

$$全酶 = 酶蛋白 + 辅助因子$$

根据与酶蛋白结合牢固程度不同,将辅助因子分为辅酶和辅基。与酶蛋白结合疏松,通过透析或超滤的方法可以去除的称为辅酶(coenzyme),如烟酰胺腺嘌呤二核苷酸(NAD^+)、烟酰胺腺嘌呤二核苷酸磷酸($NADP^+$)等,其作用是在酶促反应中接受质子或基团后离开酶蛋白,参加另一酶促反应过程;与酶蛋白结合紧密,不能通过透析或超滤的方法去除的称为辅基(prosthetic group),如黄素单核苷酸(FMN)、黄素腺嘌呤二核苷酸(FAD)、生物素等,辅基在反应中不能离开酶蛋白。

辅助因子中最多见的为金属离子,如 K^+、Na^+、Cu^{2+}、Mg^{2+}、Zn^{2+} 等,主要是作为酶活性中心的催化基团参与催化反应、传递电子;另一类为小分子有机物,如 B 族维生素、铁卟啉等,主要作用是参与酶的催化过程,在反应中传递电子、质子或一些基团。体内酶的种类很多,而辅酶(基)的种类却较少,通常一种酶蛋白只能与一种辅助因子结合,成为一种特异的结合酶;但一种辅助因子往往能与不同的酶蛋白结合,形成许多种特异性不同的酶,因此许多酶都有相同的辅助因子。

对结合酶来说,酶蛋白在酶促反应中主要起识别底物的作用,酶促反应的特异性、高效率以及酶对一些理化因素的不稳定性均取决于酶蛋白部分。辅助因子决定酶促反应的种类及性质,起传递原子、电子或化学基团等作用。

二、酶分子的结构特点

酶分子的结构特点是具有活性中心。酶分子很大,而其催化的底物往往很小,并不需要整个酶分子都直接参与催化过程。如用氨基肽酶处理木瓜蛋白酶,使其肽链自 N 端开始逐渐缩短,当其原有的 212 个氨基酸残基被水解掉 2/3 时,剩余的短肽仍保持 99% 的催化活性;又如将核糖核酸酶肽链 C 末端的三肽切断,余下部分也有酶的活性,足见某些酶的催化活性仅与其分子的某些部位有关。实验证明,酶的催化活性只集中表现在少数几个特异氨基酸残基构成的某一区域。这些特异氨基酸残基在一级结构上可能相距很远,但经过多肽链的折叠、盘曲形成高级结构后,它们在空间上彼此靠近,形成具有一定空间结构的区域,该区域与底物特异结合并将底物转化为产物,这一区域称为酶的活性中心(active center)或活性部位(active site)(图 3-1)。对于结合酶来说,辅酶或辅基参与酶活性中心的组成。

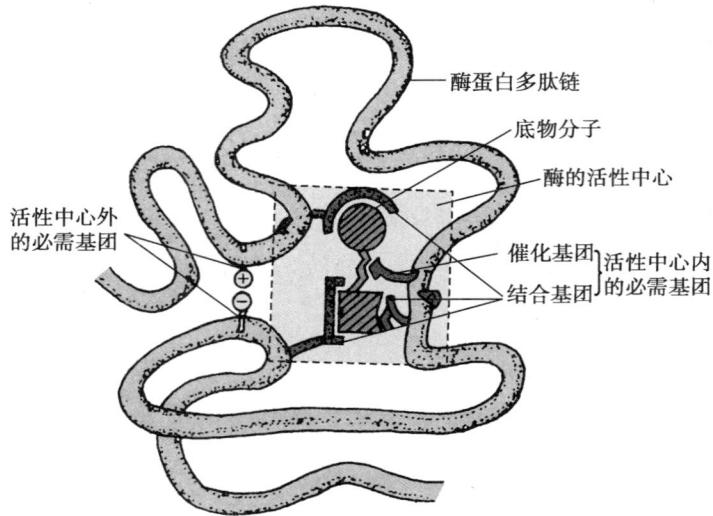

图 3-1 酶的活性中心示意图

酶的活性中心是酶分子中具有三维结构的区域,形如裂缝或凹陷,由酶的特定空间构象所维持,多由氨基酸残基的疏水基团组成,常常深入到酶分子内部,形成疏水"口袋"。这种结构形式有利于酶与底物结合成复合物,便于酶催化作用的发挥。活性中心是酶具有特定催化作用的关键部位,一旦被其他物质占据或某些理化因素使酶的空间结构包括活性中心被破坏,则丧失其催化活性。因此对于酶类制剂应采取合适的方式保存,否则一旦酶蛋白变性则失去催化活性。

酶活性中心内的一些化学基团与酶的活性密切相关,是酶与底物直接结合并产生催化作用的有效基团,称为活性中心内的必需基团。这些必需基团按功能分为两类:与底物及辅酶结合的基团称为结合基团,决定酶催化的专一性;促进底物发生化学变化并将其转变为产物的基团称为催化基团,决定酶所催化反应的性质。但有的必需基团可同时具有这两方面的功能。酶活性中心外还有一些基团,虽然不与底物直接作用,却与维持整个酶分子的空间构象有关,这些基团可使酶活性中心的各个基团保持最适的空间位置,间接地对酶催化作用发挥其不可或缺的作用,这些基团称为活性中心外的必需基团。

不同的酶有不同的活性中心,故对底物有严格的选择性,但如果某些酶具有相似的活性中心,则催化的底物也大多相似。如糜蛋白酶、胰蛋白酶和弹性蛋白酶的氨基酸序列分析显示,这三种酶有 40% 左右的氨基酸序列相同,都以丝氨酸残基作为酶的活性中心基团,在丝氨酸残基周围都有 Gly-Asp-Ser-Gly-Pro 序列,X 衍射显示它们都有相似的空间结构,都能水解食物蛋白质的肽键,起到消化食物蛋白的作用。

三、酶的特殊存在形式

大部分酶在细胞合成后,即具有催化能力,但也有些酶在细胞内合成后或初分泌时并无活性,必须经过某些改造之后,才具有催化能力。

（一）酶原与酶原的激活

有些酶以无活性的前体形式合成和分泌,输送到特定的部位,当体内需要时,经特异性蛋白水解酶的作用才转变为有活性的酶而发挥作用。这些不具有催化活性的酶的前体称为酶原(zymogen),使酶原转变为有活性的酶的过程称为酶原的激活(zymogen activation),酶原激活的本质是酶分子肽链一处或多处断裂,酶分子空间结构发生变化,使酶的活性中心形成或暴露的过程。例如,由胰腺细胞分泌的胰蛋白酶原进入小肠后,在有 Ca^{2+} 存在的情况下受到肠激酶的催化,切去肽链 N 末端的 6肽。由于肽链的卷曲和收缩使之构象发生变化,第 46 位组氨酸和 183 位丝氨酸得以靠近,形成酶的活性中心,使无活性的胰蛋白酶原成为有活性的胰蛋白酶(图 3-2)。

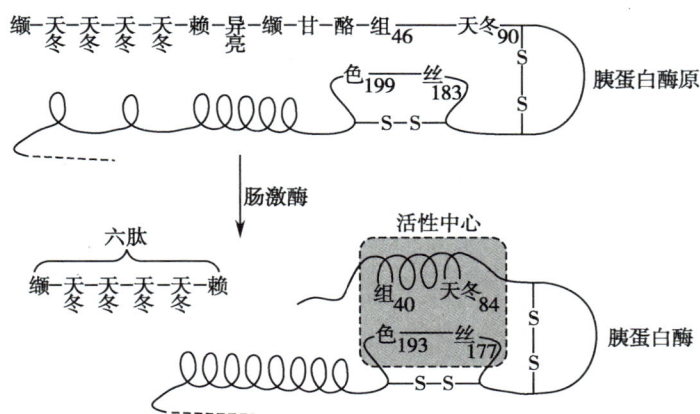

图 3-2　胰蛋白酶原激活示意图

酶原的存在及酶原激活有着重要的生理意义:一方面它保证合成酶的细胞自身不受蛋白酶的水解破坏;另一方面能保证这些酶原只有在特定的生理条件下和特定的部位才能激活发挥其催化作用。如正常情况下,血浆中大多数凝血因子基本上以酶原形式存在,只有当组织或血管内膜受损后,相应酶原才能被激活,从而触发一系列的级联式酶促反应,最终使可溶性的纤维蛋白原转变为稳定的纤维蛋白多聚体,网罗血小板等形成血凝块,堵塞破损的血管,防止进一步出血。

此外,酶原还可以看作是酶的储存形式,也是生物体的一种重要的调控酶活性的方式,如果酶原的激活过程发生异常,可导致一系列疾病的发生。

知识链接

急性胰腺炎与酶原的激活

急性胰腺炎是一种常见的疾病,是多种病因导致胰腺内消化酶被异常激活后,引起胰腺组织自身消化、水肿、出血甚至坏死的炎症反应。胰腺能合成并分泌多种消化酶,如胰蛋白酶、糜蛋白酶、胰脂肪酶、胰淀粉酶等 10 多种。除胰淀粉酶、胰脂肪酶、核糖核酸酶外,正常情况下,多数酶是以酶原形式合成并储存胰腺细胞内,这些酶原进入小肠后在肠激酶作用下转变为有活性的酶。但在胆结石、酗酒、暴饮暴食等因素刺激下,这些酶原可在胰腺组织内被异常激活,使胰腺自身的细胞蛋白被水解,胰腺组织被破坏,导致胰腺出血、肿胀,甚至坏死,从而引发急性胰腺炎。

（二）同工酶

同工酶（isoenzyme）是指催化相同的化学反应,但其分子结构、理化性质乃至免疫学性质不同的一组酶。同工酶是由不同基因或等位基因编码的多肽链,或由同一基因转录生成的不同 mRNA 翻译的不同多肽链组成的蛋白质酶。不仅存在于同一个体的不同器官组织中,在同一组织甚至同一细胞的不同亚细胞结构中也有,如天冬氨酸氨基转移酶（AST）两种同工酶——胞浆型 AST（ASTc）和线粒体型 AST（ASTm）分别存在于肝细胞的细胞质和线粒体中。同工酶的研究已成为分子生物学的重要内容,在代谢调节、分子遗传、生物进化、个体发育、细胞分化以及肿瘤研究方面均有重要意义,在酶学、生物学及临床医学中占有重要位置。

现已发现数百种同工酶,有些同工酶的测定已被用于某些疾病的辅助诊断,其中乳酸脱氢酶（LDH）是最先发现的同工酶。LDH 是由 H 亚基（心肌型）和 M 亚基（骨骼肌型）组成的四聚体（图 3-3）,H、M 两种亚基以不同比例组合成 5 种同工酶:$LDH_1（H_4）$、$LDH_2（M_1H_3）$、$LDH_3（M_2H_2）$、$LDH_4（M_3H_1）$、$LDH_5（M_4）$,它们在各组织器官中的分布与含量不同,但都可催化乳酸脱氢生成丙酮酸。正常情况下,血清 LDH 活力很低,主要是由红细胞及机体组织细胞少量渗出而来,当某一器官或组织病变时,LDH 同工酶释放到血液中增多,血清 LDH 同工酶电泳图谱就会发生一定变化,这对疾病的定位诊断有辅助意义。

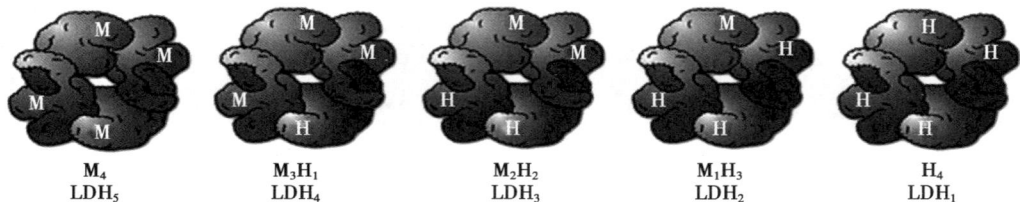

| M_4 | M_3H_1 | M_2H_2 | M_1H_3 | H_4 |
| LDH_5 | LDH_4 | LDH_3 | LDH_2 | LDH_1 |

图 3-3 乳酸脱氢酶同工酶的组成

点滴积累 ∨

1. 根据酶的组成成分不同,分为单纯酶和结合酶。 结合酶:全酶=酶蛋白+辅助因子（辅酶和辅基）。

2. 活性中心是酶分子中与底物结合并直接将底物转化为产物的区域;活性中心有结合基团和催化基团两类重要的必需基团。 此外,在活性中心外也有活性中心外的必需基团。

3. 酶原的激活本质是酶活性中心形成或暴露的过程。

4. 存在于不同部位的同工酶虽能催化相同的化学反应,但其生理功能不尽相同。

第二节 酶的催化作用与酶的分类、命名

通常将酶催化的反应称为酶促反应,被酶作用的物质称为底物（substrate,S）,也称基质;催化反应的生成物称为产物（product,P）,酶加快化学反应的能力称酶活性（或酶活力）,通常用酶促反应的

速度大小来衡量。当某些因素使酶失去催化能力时称酶失活。酶是生物催化剂,除具有一般催化剂的共性外,还具有不同于一般催化剂的特性。

一、酶的催化特性及作用机制

酶与一般催化剂一样,只能催化热力学上允许进行的反应,不改变反应的平衡点,酶在反应过程中本身不被消耗。但酶是活细胞的成分,是生物大分子,因此又与一般催化剂不同,有许多特点。

1. 高度的催化效率　酶具有极高的催化效率,是一般催化剂无可比拟的,其催化效率比一般催化剂高 $10^5 \sim 10^{13}$ 倍。虽然生物细胞内酶的含量极少,但仍可催化大量底物快速转化成产物。如,Fe^{2+} 和过氧化氢酶均可催化过氧化氢分解,据测定每摩尔过氧化氢酶可催化 5×10^5 mol 过氧化氢分解,而在同样条件下,每摩尔铁只催化 6×10^{-4} mol 过氧化氢水解。

酶之所以有如此高的催化效率,其作用机制就是能大大降低反应的活化能。在任何一种热力学允许的反应中,底物分子所含能量各不相同,只有那些能量达到或超过一定水平的过渡态分子(即活化分子)才有可能发生化学反应。底物分子达到活化分子所需要的最小能量称为活化能,亦即底物分子从初态转化到过渡态所需的能量。与一般催化剂相比,酶能更有效、更显著地降低反应所需的活化能,使底物只需较少的能量便可转变成活化分子,故其催化效率极高,能大幅度地加快反应速度(图 3-4)。

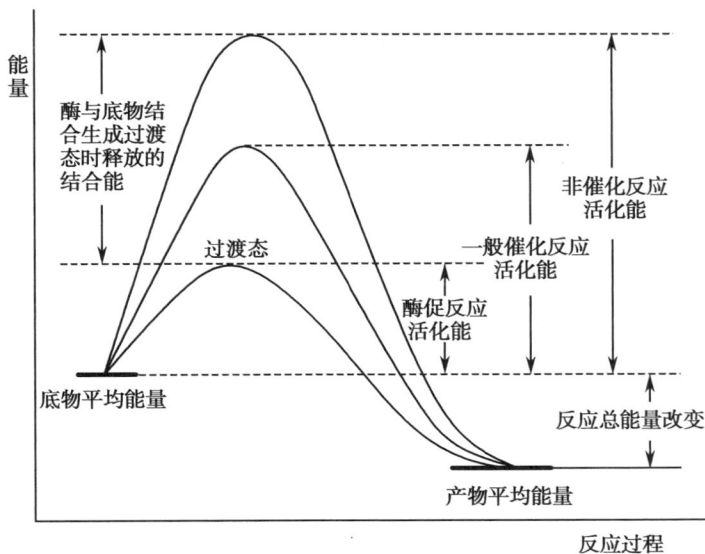

图 3-4　酶促反应活化能的改变

酶能降低反应活化能的机制,可用中间产物学说来解释。1903 年,Henri 用蔗糖水解酶水解蔗糖,研究底物浓度[S]与酶促反应速度 v 的关系时提出,在酶促反应过程中,酶首先与底物结合形成不稳定的酶-底物中间复合物[ES],再进一步分解成酶[E]和产物[P],即:E+S→ES→P+E。这一过程所需的活化能远远低于没有酶分子参

酶的高效催化机制

31

与反应所需的活化能,因此酶的催化效率极高。

2. 高度的专一性 一种酶只作用于一种或一类化合物或一定的化学键,发生一定的化学变化,生成一定的产物。酶对其所催化底物严格的选择性称为酶的专一性,亦称酶的特异性。根据酶对底物选择性的严格程度不同,将酶的专一性分为三种类型。

(1)绝对专一性:有的酶只能催化一种特定的底物,发生一定的反应并产生一定的产物,这种对底物的严格选择性称为酶的绝对专一性。如脲酶仅能催化尿素水解生成 CO_2 和 NH_3,而对尿素的衍生物甲基尿素则没有催化作用。

(2)相对专一性:一种酶可催化一类或含有同一种化学键的底物进行化学反应,这种对底物不太严格的选择性称为酶的相对专一性。如各种蛋白酶可催化多种蛋白质分子中的肽键水解,对其催化的蛋白质种类无严格要求;脂肪酶不仅水解脂肪,也可水解简单的酯。

(3)立体异构专一性:有些酶只能对立体异构体中的一种起催化作用,而对另一种无作用,这种选择性称为立体异构专一性。如 L-谷氨酸脱氢酶只能催化 L-谷氨酸脱氢,而对 D-谷氨酸无催化作用。

知识链接

酶的立体异构专一性的实践意义

酶的立体异构专一性在实践中具有重要意义,如某些药物只有某一种构型才有药理效应,而有机合成的药物一般是混合构型产物,若用酶便可进行不对称合成或不对称拆分。例如用乙酰化酶制备 L-氨基酸,就是将有机合成的 D、L-氨基酸混合物经乙酰化后生成乙酰氨基酸,再用乙酰化酶处理,这时只有乙酰-L-氨基酸被水解,于是便可将 L-氨基酸与 D-氨基酸分开。

酶作用的专一性是酶最重要的特点之一,也是和一般催化剂最主要的区别。通过对酶结构与功能的研究发现,酶的专一性实际上是酶对底物分子的相互识别,这种识别作用使酶分子能区分很相似的底物分子,保证生物体内复杂的新陈代谢得以有条不紊地定向进行。

▶▶ **边学边练**

通过实验六,你可以验证淀粉酶对不同糖类催化作用所显示的专一性。

目前认为:酶作用的专一性可用"诱导契合学说"来解释。酶-底物中间复合物[ES]的形成过程,不是单纯的锁与钥匙的机械关系,而是酶与底物相互接近时,其结构相互诱导、相互变形、相互适应,进而相互结合的结果,这一关系称为"诱导契合学说"。X 射线晶体结构分析也证明酶与底物结合时,确有显著的构象变化,有力地支持了该学说(图3-5)。

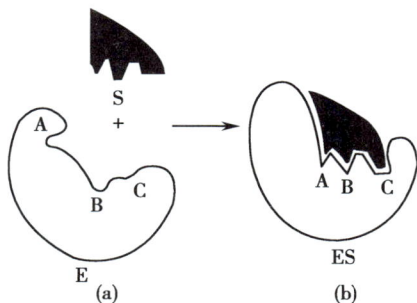

图 3-5　酶与底物的诱导契合
（a）底物分子变形；（b）底物分子和酶都发生变形

"锁-钥学说"
与"诱 导 契
合学说"

3. 酶作用的不稳定性　酶是由细胞合成的生物大分子,凡是能使生物大分子变性的因素,如高温、高压、强酸、强碱、重金属、有机溶剂等都能使酶丧失催化活性。同时酶也常因温度、pH 等轻微的改变或抑制剂的存在而改变活性。因此酶催化作用一般都是在比较温和的条件下进行的,如常温、常压、接近中性的溶液。

4. 酶活性的可调控性　酶促反应速度的快慢,取决于催化该反应的酶活性的高低。酶活性受机体内多方面因素调节控制,其方式多种多样,有的可提高酶的活性,有的能抑制酶的活性,这种调控作用使有机体的生命活动表现出它内部化学反应历程的有序性以及对环境变化的适应性。一旦破坏了这种有序性和适应性,就会导致代谢紊乱,产生疾病甚至死亡。

▶ **课堂活动**

从生物细胞提取酶的时候,为什么温度不能过高?

二、酶的分类和命名

（一）酶的分类

国际酶学委员会（IEC）规定,按催化反应的类型将酶分为六大类。

1. 氧化还原酶类　催化底物发生氧化还原反应的酶类称为氧化还原酶。如琥珀酸脱氢酶、3-磷酸甘油醛脱氢酶、细胞色素氧化酶等。

2. 转移酶类　催化底物分子间基团转移或交换的酶类。如丙氨酸氨基转移酶、己糖激酶、磷酸化酶等。

3. 水解酶类　催化底物发生水解反应的酶类。如蛋白酶、淀粉酶、脂肪酶等。

4. 裂合酶类（或裂解酶类）　催化从底物分子中移去一个基团并形成双键的非水解性反应及其逆反应的酶类。如醛缩酶、碳酸酐酶、柠檬酸合成酶、丙酮酸脱羧酶等。

5. 异构酶类　催化各种同分异构体之间相互转变的酶类。如磷酸己糖异构酶。

6. 合成酶类（或连接酶类）　催化有 ATP 参加的合成反应。如氨基酰-tRNA 连接酶、天冬酰胺合成酶等。如果在合成过程中不伴有 ATP 的消耗,则催化该合成反应的酶称合酶,如糖原合酶。

在此基础上,每一大类又可根据酶作用底物的性质进一步分为各种亚类,乃至于亚亚类。

（二）酶的命名

1961 年国际生化协会酶命名委员会提出了酶的命名原则,按此原则,每一种酶可有一个系统名和一个推荐名称(习惯命名)。

1. 习惯命名法 习惯命名多由发现者确定,简单易记且已长期应用,所以目前还被人们广泛使用。其命名习惯为:酶来源+底物+反应性质+酶,如胰淀粉水解酶(简称胰淀粉酶)、胰蛋白酶、核酸酶等。但是该命名方法缺乏系统性,有时会出现一酶数名或多酶同名的情况。

2. 系统命名法 鉴于新种类的酶不断被发现,也为了克服习惯命名法的弊端,国际酶学委员会于 1961 年制定了一套系统命名法则,即以酶所催化的整体反应为基础,规定每种酶的名称应当明确表明酶的所有底物及催化反应的性质,底物之间用"："将其隔开。若酶催化的底物之一为水,则可略去。底物的名称必须确切,L、D 型及 α、β 型均应列出。如谷丙转氨酶(习惯命名)的系统名称是 L-丙氨酸：α-酮戊二酸氨基转移酶。

但也发现,由于多种酶促反应是双底物或多底物,且许多底物名称太长,这使得许多酶的系统名称过长或过于繁杂。为了应用方便,国际酶学委员会从每种酶的数个习惯名称中选定一个简便实用的作为推荐名称。如 L-丙氨酸：α-酮戊二酸氨基转移酶推荐名称为丙氨酸氨基转移酶;乙醇：NAD^+氧化还原酶推荐名称为乙醇脱氢酶等。

点滴积累 ∨

1. 酶作用特性表现为 4 高: 高度的催化效率、高度的专一性、高度的不稳定性、高度的可调节性,为本节重点内容。
2. IEC 按催化反应类型将酶分为 6 类,其中氧化还原酶类最多。
3. 酶的命名方法有 2 种。 习惯命名法原则:来源+底物+反应类型+酶,简单易记; 系统命名法烦琐,不常用。 在此基础上的推荐名称最常用。

第三节 影响酶促反应速度的因素

酶活性的大小常以酶促反应速度来表示,即单位时间内底物的消耗量或产物的生成量。酶的催化作用除了取决于酶自身的结构与性质外,还受到外界条件的影响,如温度、pH、底物浓度、酶浓度、激活剂、抑制剂等。需要注意的是,在酶学研究中常测定酶促反应的初速度,即底物被消耗 5% 以内时的速度。同时在研究某一因素对酶促反应速度的影响时,反应体系中的其他因素要保持不变。

一、底物浓度的影响

在简单的酶促反应中,当其他条件恒定时,在酶浓度不变的情况下,酶促反应速度与底物浓度呈矩形双曲线关系(图 3-6)。

根据中间产物学说,酶促反应速度与底物浓度之间的变化关系,反映了[ES]的形成与产物[P]的生成过程。在[S]很低时,酶没有全部与底物结合,反应速度与底物浓度成正比(曲线 A 段),称为一级反应;随着[S]增加,反应速度不再成正比例增加(曲线 B 段),而是缓慢增加,称为混合级反应;当[S]增高至一定浓度时,酶全部形成了[ES],此时再增加[S]也不会增加[ES],反应速度趋于恒定,反应速度将不再增加(曲线 C 段),达最大反应速度(V_{max}),此时期称为零级反应,是酶活性测定的最佳时期。

（一）酶促反应动力学方程——米氏方程

基于上述理论,为了说明底物浓度与酶促反应速度的关系,根据中间产物学说,Michaelis 和 Menten 于 1913 年推导出了矩形双曲线的数学表达式,即米-曼氏方程式,简称米氏方程:

$$V = \frac{V_{max} \times [S]}{K_m + [S]}$$

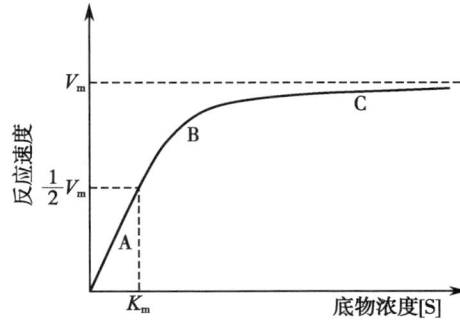

图 3-6　底物浓度对酶促反应速度的影响

式中,V 为酶促反应速度,V_{max} 为最大反应速度,[S]为底物浓度,K_m 称为米氏常数,米氏方程反应了底物浓度与酶促反应速度之间的定量关系。

（二）米氏常数（K_m）

1. K_m 的定义　当 $V = 1/2 V_{max}$ 时,代入上式换算可得 $K_m = [S]$,即 K_m 等于酶促反应速度为最大反应速度一半时的底物浓度,单位是 mol/L。K_m 为酶的特征性常数,其大小只与酶的性质、底物种类及酶促反应条件有关,而与酶的浓度无关。

2. K_m 表示酶与底物之间的亲和力大小,即酶与底物结合成中间复合物的难易程度。K_m 值越大,表示酶与底物的亲和力越小,酶的催化活性低;K_m 值越小,表示酶与底物的亲和力越大,酶的催化活性高。如果一种酶有多种底物,就必然对每种底物各有一个不同的 K_m 值,K_m 值最小的底物是该酶的最适底物或天然底物。在设计酶活性测定的实验时,以选择该酶的最适底物或天然底物为好。

二、酶浓度的影响

在一定条件下,当反应体系中底物浓度足够大时,酶反应速度随酶浓度的增加而增加,两者成正比关系(图 3-7),酶的浓度越大,酶促反应速度越快。生物细胞可通过改变酶的含量来改变酶促反应速度,也是细胞调节代谢速度的重要方式之一。

三、温度的影响

在一定条件下,以温度作横坐标,以不同温度条件下测定的酶促反应速度作纵坐标,可以得到如图 3-8 所示的曲线,即钟形曲线。在较低的温度条件下,酶促反应速度随温度的增加而增加,但超过一定温度后,反应速度反而随温度的升高而降低。酶促反应速度随温度升高而达到最大反应速度时的温度称为酶的最适温度。不同的酶最适温度不同,人体内酶的最适温度通常为 37℃ 左右,动物细胞内酶的最适温度为 35~45℃,植物细胞中酶的最适温度稍高,为 40~50℃。测定酶活性时应选择在酶的最适温度条件下测定。

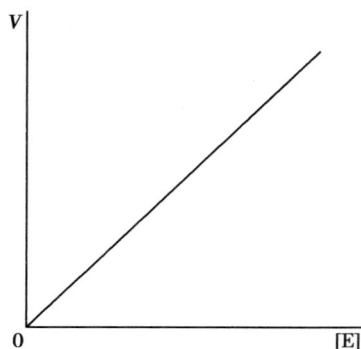

图 3-7　酶浓度对酶促反应速度的影响

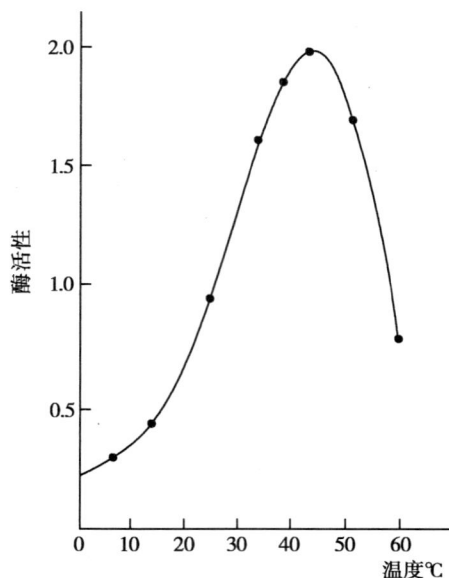

图 3-8　温度对淀粉酶活性的影响

最适温度不是酶的特征性常数,它受到酶的纯度、底物、激活剂、抑制剂以及酶促反应时间等因素的影响,因此一种酶具有最高活性的温度不是一成不变的。如酶可以在短时间内耐受较高的温度,相反,延长反应时间,最适温度也会降低。

温度对酶促反应速度有双重影响:一方面,酶促反应与一般化学反应一样,温度升高,活化分子增多,反应速度加快;另一方面,由于酶是蛋白质,随着温度升高,酶蛋白变性失活加速,酶促反应速度下降。酶的活性虽然随温度的下降而降低,但低温一般不使酶破坏,在低温下酶的活性虽然微弱但不易变性,当温度缓慢升高后,酶活性也会恢复。临床上低温麻醉就是利用酶的这一性质,以减慢组织细胞代谢速度,提高机体对氧和营养物质缺乏的耐受性;低温保存菌种、酶类药物及其制剂等,都是基于这一原理。生化实验中测定酶活性或利用酶试剂时,应严格控制反应液的温度。

案例分析

案例

人们将新采摘的带皮的鲜玉米在水中煮沸几分钟,然后在凉水中冷却,并低温储存起来,玉米经过这样的加工,可保持其甜味。 这个过程的生化基础是什么?

分析

鲜玉米之所以具有很大的甜味,是由于鲜玉米粒中蔗糖的含量高。 玉米采摘后一天内大约50%游离存在的蔗糖在酶的催化下转化为淀粉,所以玉米采摘几天后便失去了甜味。 煮沸使玉米粒中酶变性失活,富有甜味的蔗糖不再转化为没有甜味的淀粉。

一般而言,酶在干燥状态下比在潮湿状态下对温度的耐受力要大,这一特性已用于指导酶的保存。制成冻干粉的酶制剂能存放几个月甚至更长时间,但其水溶液如不加特殊处理,即使在冰箱中也只能保存数天。

精子库

四、pH 的影响

大多数酶的活性受 pH 的影响较大。在一定的反应条件下,以 pH 作横坐标,以不同 pH 条件下测定的酶促反应速度作纵坐标,可以得到钟形曲线(图 3-9)。在一定 pH 下,酶表现最大活性,反应速度达到最大值,高于或低于该 pH,酶活性均降低。酶表现出最大活性时的 pH 称为酶的最适 pH。大多数酶的最适 pH 为 4.5~8.0,动物体内的酶最适 pH 多为 6.5~8,植物体内的酶最适 pH 多为 4.5~6.5。但也有例外,如同样水解蛋白质的两种酶类:胃蛋白酶的最适 pH 为 1.9,胰蛋白酶的却为 8.1,彼此相差巨大,但这与人体内生理状况是相适应的。

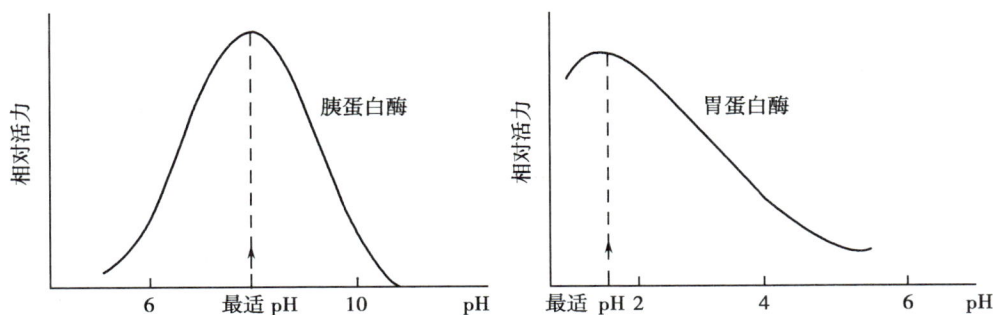

图 3-9　pH 对酶活性的影响

pH 影响酶促反应速度的原因有:①环境过酸、过碱会影响酶蛋白构象,从而影响酶的活性,甚至使酶变性失活;②pH 影响酶活性中心极性基团的解离,改变它们的带电状态,影响酶对底物的亲和力。在最适 pH 时,酶分子活性中心上的有关基团的解离状态最适于与底物结合,酶具有最大的催化活性。pH 高于或低于最适 pH 时,活性中心上活性基团的解离状态发生改变,酶和底物的结合力降低,因而酶促反应速度降低;③pH 能影响底物分子的解离,从而影响它们对酶的亲和力。

最适 pH 不是酶的特征性常数,它受底物浓度、缓冲液种类以及酶纯度等因素的影响。溶液 pH 高于或低于最适 pH 时,酶活性降低,远离最适 pH 还会导致酶变性失活。在测定酶活性时,应选用适宜的缓冲液以保持酶活性的相对恒定。

五、激活剂的影响

凡是能提高酶活性的物质称为激活剂(activator)。许多酶只有当其激活剂存在时才表现出较强的催化活性。激活剂种类很多,其中大部分是金属离子或简单的有机化合物:①无机阳离子,如 Na^+、K^+、Cu^{2+}、Mg^{2+}、Ca^{2+} 等;②无机阴离子,如 Cl^-、Br^-、I^-、SO_4^{2-} 等;③有机化合物,如维生素 C、半胱氨酸、还原性谷胱甘肽等。酶的激活是酶活性由低到高,不伴有酶蛋白一级结构改变的过程,与酶原的激活完全不同。

六、抑制剂的影响

研究酶的抑制作用是研究酶的结构与功能、酶的催化机制以及阐明代谢途径的基本手段，在医药实践上有重要价值，可以为设计生产新药物提供理论依据。很多药物正是基于此原理，通过对病原体内某些酶的抑制或改变人体内某些酶的活性而发挥其疗效。掌握酶的抑制作用是阐明药物作用机制和设计研究新药物的重要途径。

凡能降低或抑制酶活性但并不使酶蛋白变性的物质称为抑制剂（inhibitor，I），抑制剂对酶促反应所起的作用称为抑制作用，如设法将抑制剂去除，酶仍可恢复其原有活性。根据抑制剂与酶的结合牢固程度不同，将酶的抑制作用分为不可逆抑制和可逆抑制两大类。

▶▶ 边学边练

通过实验七、实验八，你可以认识多种因素对酶活性的影响。

（一）不可逆抑制

不可逆抑制（irreversible inhibition）是指抑制剂通常与酶的必需基团以共价键结合使酶失活，此种抑制剂不能用透析、超滤等物理方法去除以恢复酶的活性，必须使用特定的化学物质才能解除其抑制。

1. 巯基酶的抑制　巯基酶是指以巯基（—SH）为必需基团的一类酶，某些重金属离子如 Hg^{2+}、Ag^+、Pb^{2+} 及 As^{3+} 等可与酶分子上的巯基不可逆结合抑制酶活性。如化学毒物路易士气是一种砷化合物，能抑制体内巯基酶的活性。

路易士气　　　巯基酶　　　　　　　失活的酶　　　　　　酸

巯基酶中毒可用二巯丙醇（BAL）解毒，其原理是二巯丙醇含多个巯基，在体内达到一定浓度时可与毒剂结合，使酶恢复活性。

2. 羟基酶的抑制　羟基酶是指以羟基（—OH）为必需基团的一类酶，如胆碱酯酶。美曲膦酯（敌百虫）、敌敌畏等有机磷农药能专一性与胆碱酯酶活性中心丝氨酸残基的羟基结合，使酶失去活性，造成乙酰胆碱递质蓄积，胆碱能神经如迷走神经呈毒性兴奋状态。解磷定等可解除有机磷化合物对羟基酶的抑制作用。

胆碱酯酶活性　　　有机磷化合物　　　　　　失活的胆碱酯酶
中心丝氨酸残基　　　沙林(sarin)

▶▶ 课堂活动

我们知道蔬菜种植中禁止使用有机磷农药，那么有机磷农药有哪些危害，其原理是什么？

（二）可逆抑制作用

抑制剂与酶或酶-底物复合物以非共价键结合而引起酶活性降低或丧失,这种结合是可逆的,可用透析、超滤等物理方法除去抑制剂而使酶复活,这种抑制作用叫作可逆抑制(reversible inhibition)。根据抑制剂在酶分子上的结合位点不同,将可逆抑制作用分为竞争性抑制、非竞争性抑制、反竞争性抑制三种类型。

有机磷杀虫药与有机磷中毒

1. **竞争性抑制** 抑制剂与底物竞争性地与酶的活性中心结合,从而阻碍底物与酶结合成酶-底物复合物,降低了酶对底物的催化作用,这种抑制作用称为竞争性抑制(competitive inhibition)。其作用机制是:抑制剂(I)与底物(S)分子结构相似,竞争性地与酶的活性中心结合,互相排斥,酶分子结合 S 就不能结合 I,结合 I 就不能结合 S,但酶与抑制剂结合形成的复合物(EI)不能转化为产物,从而抑制了酶的活性(图 3-10)。由于抑制剂与酶的结合是可逆的,其抑制能力的大小取决于抑制剂与酶的亲和力和与底物浓度的相对比例。因此,竞争性抑制可以通过增加底物浓度来降低或消除抑制作用。

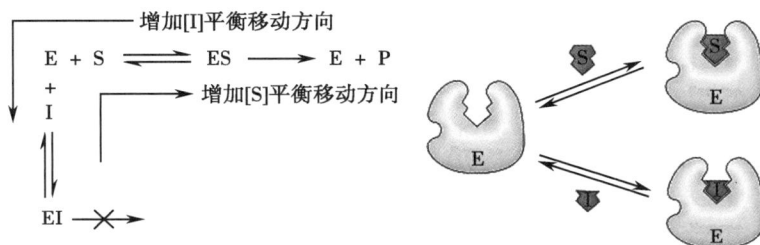

图 3-10 竞争性抑制作用

竞争性抑制作用的原理可以用来阐明某些药物的作用机制和指导新药的设计与开发,许多抗癌药物如甲氨蝶呤、氟尿嘧啶、巯嘌呤以及某些抗生素等,都是根据这一原理设计出来的。磺胺类药物就是典型的代表(图 3-11)。

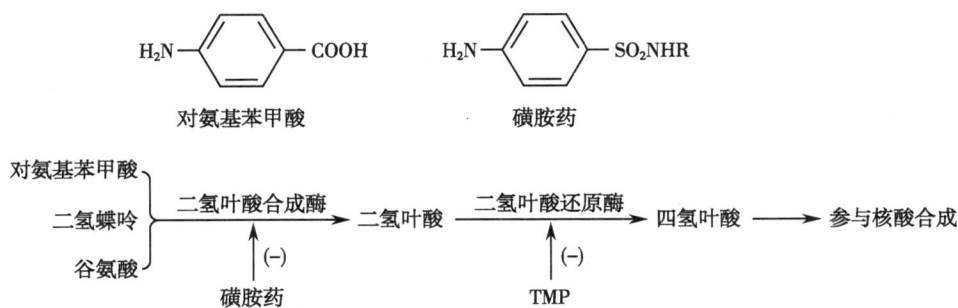

酶的竞争性抑制作用

对氨基苯甲酸   磺胺药

图 3-11 磺胺药物的作用机制

磺胺类药物小知识

磺胺类药物影响人体正常代谢吗?

▶▶ **课堂活动**

1. 临床上许多药物发挥药效正是通过竞争性抑制作用，试举例说明竞争性抑制作用在临床上的应用及对新药设计的指导意义。

2. 服用磺胺类药物时，首剂必须加倍，请解释这是为什么？

2. 非竞争性抑制　抑制剂与底物的结构并不相似，也不与底物抢占酶的活性中心，而是通过和酶活性中心以外的必需基团结合来抑制酶的活性，这种抑制作用称为非竞争性抑制（noncompetitive inhibition）（图 3-12）。非竞争性抑制剂和底物与酶的结合互不影响，不存在竞争关系。S 可与游离酶结合，也可以和 EI 结合；同样，I 可与游离酶结合，也可以和 ES 复合物结合，但 ESI 不能释放出产物，增加底物浓度并不能降低或解除抑制剂对酶活性的抑制。

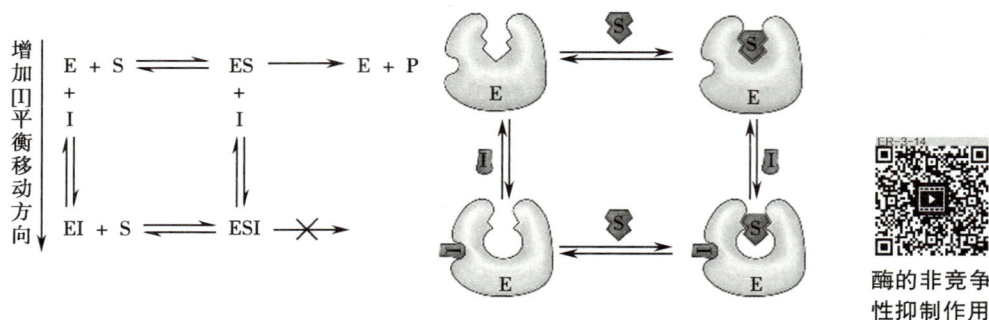

图 3-12　非竞争性抑制作用

酶的非竞争性抑制作用

3. 反竞争性抑制　抑制剂不直接与酶结合，只与酶和底物形成的复合物（ES）结合，从而抑制 ES 释放产物，这种抑制作用叫作反竞争性抑制（uncompetitive inhibition）（图 3-13）。在反应体系中存在反竞争性抑制剂时，不仅不排斥 E 和 S 的结合，反而可增加两者的亲和力，这与竞争性抑制作用相反，故称为反竞争性抑制。这种抑制作用常见于多底物反应，在单底物反应中比较少见。

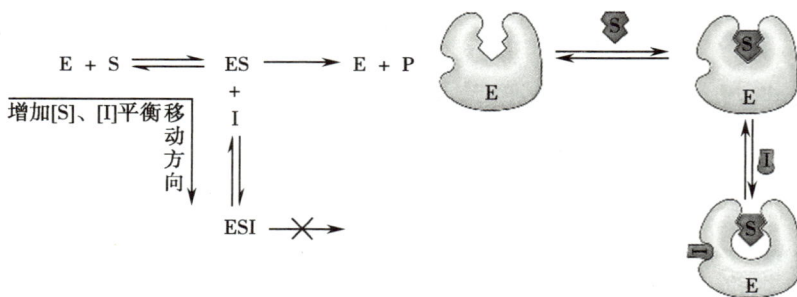

图 3-13　反竞争性抑制作用

三种类型可逆性抑制作用特点比较见表 3-1。

表 3-1　三种类型可逆性抑制作用特点比较

类型	与 I 结合的成分	V_{max}	K_m
竞争性抑制	E	不变	增大
非竞争性抑制	E 和 ES	减小	不变
反竞争性抑制	ES	减小	减小

点滴积累　∨

1. 酶促反应速度用单位时间内底物的消耗量或产物的生成量来表示。

2. 影响酶促反应速度的因素有底物浓度、温度、pH、激活剂和抑制剂。

3. 底物浓度对酶促反应速度的影响可以用米氏方程表示，其中 K_m 是酶的特征性常数。

4. 酶的抑制作用分为不可逆性抑制和可逆性抑制，后者又分为竞争性抑制、非竞争性抑制和反竞争性抑制，很多药物正是通过竞争性抑制作用发挥药效的。

第四节　维生素与辅酶

维生素（vitamin，维他命）是维持机体正常生理功能所必需，但需要量很少，在体内不能合成或合成量不足，必须由食物供给的一类低分子量有机化合物。维生素既不是构成机体组织和细胞的组成成分，也不会产生能量，但在物质代谢过程中却发挥着重要的作用，当机体缺乏某种（些）维生素时，会影响正常的物质代谢过程，从而导致相应的维生素缺乏症。

维生素种类很多，分子结构、化学性质差异很大，缺乏共性。因此，一般根据其溶解性将维生素分为脂溶性和水溶性两大类。脂溶性有维生素 A、D、E、K，它们都是类异戊烯脂质，各有重要的生理功能。水溶性维生素中，除维生素 C 外，其他都含有氮元素，总称为 B 族维生素，包括 B₁、B₂、PP、B₆、泛酸、生物素、叶酸、B₁₂等。B 族维生素均作为酶的辅酶或辅基的组成成分，参与体内多种代谢过程。维生素 C 则在一些氧化还原和羟基化反应中起作用。

本节主要学习 B 族维生素参与组成的辅酶或辅基的结构特点与功能。

脂溶性维生素简介　　维生素 D 史话　　B 族维生素的发现

一、维生素 B₁

1. **化学本质及性质**　维生素 B₁ 是由含硫的噻唑环和嘧啶环组成的化合物，故又称硫胺素。纯品为白色结晶，在酸性溶液中稳定，加热至120℃也不被破坏，但遇碱极易分解。氧化剂和还原剂均可使其失活，其制品应避光保存，不宜久贮。临床上使用的维生素 B₁ 大多是化学合成的硫胺素盐酸盐。

维生素 B₁ 经氧化后转变为脱氧硫胺素（硫色素），在紫外线下呈现蓝色荧光，利用这一性质可对维生素 B₁ 进行检测及定量。

2. **生化作用及缺乏症**　维生素 B₁ 需在体内硫胺素激酶的催化下，与 ATP 作用生成焦磷酸硫胺素（TTP）后才具有生物活性。

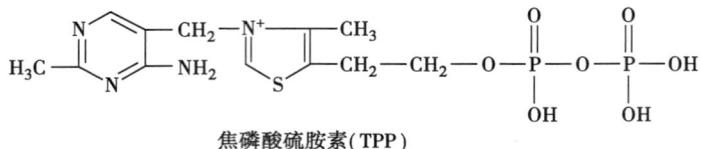

焦磷酸硫胺素（TPP）

（1）TPP 作为脱羧酶的辅酶，参与 α-酮酸（丙酮酸或 α-酮戊二酸）氧化脱羧反应，在糖代谢中起重要作用。正常情况下，神经组织所需的能量主要由糖氧化供给，当维生素 B_1 缺乏时，糖代谢受阻，丙酮酸积累，血、尿和脑组织中丙酮酸含量增高，神经组织能量供应不足，导致多发性神经炎，表现出食欲缺乏、皮肤麻木、四肢乏力、肌肉萎缩、心力衰竭和神经系统损伤等症状，临床称为"脚气病"，故维生素 B_1 又称为抗脚气病维生素。

（2）作为转酮醇酶的辅酶，参与磷酸戊糖途径的转酮醇反应。维生素 B_1 缺乏时，5-磷酸核糖生成减少，导致核苷酸的合成及神经髓鞘中的鞘磷脂合成受到影响，可引起末梢神经炎和其他神经病变。

（3）影响乙酰胆碱的合成与分解。维生素 B_1 既通过参与乙酰辅酶 A 生成而间接参与乙酰胆碱的合成，又通过抑制胆碱酯酶的活性减少乙酰胆碱的分解，而后者作为一种神经递质保证神经兴奋过程的正确传导。当维生素 B_1 缺乏时，乙酰胆碱含量减少，神经传导受阻，主要表现为消化液分泌减少，胃肠道蠕动减慢，食欲缺乏，消化不良等。

▶ **课堂活动**

脚气病和脚气有何区别？　如何防治？

二、维生素 B_2

1. 化学本质及性质　维生素 B_2 为核糖醇与 6,7-二甲基异咯嗪的缩合物，因其分子中含有核醇，为橙黄色结晶，故名核黄素。与维生素 B_1 相似，耐酸不耐碱，且对光敏感，其制剂应避光保存。

2. 生化作用及缺乏症　在生物体内维生素 B_2 以黄素单核苷酸（FMN）和黄素腺嘌呤二核苷酸（FAD）两种活性形式存在。它们是多种氧化还原酶（黄素蛋白）的辅基，其异咯嗪环上的第 1 及第 10 位氮原子与活泼的双键连接，此 2 个氮原子可反复的接受或释放氢，在生物氧化过程中主要起递氢体的作用（图 3-14）。

维生素 B_2 缺乏时，可引起口角炎、唇炎、舌炎、结膜炎、阴囊炎、眼睑炎等。

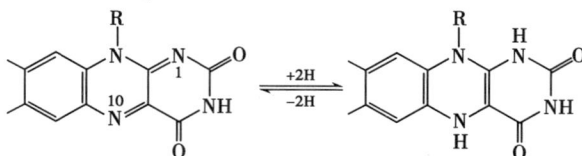

图 3-14　FMN 和 FAD 的氧化还原反应

维生素 B_2 缺乏与口角炎

三、泛酸

1. 化学本质及性质　泛酸又称遍多酸,为浅黄色、黏性的油状物,微苦,易溶于水及乙醇、冰醋酸等,在中性溶液中耐热,对氧化剂、还原剂极其稳定,但易被酸、碱破坏。

2. 生化作用及缺乏症　泛酸是辅酶 A(CoA 或 CoASH)及酰基载体蛋白(ACP)的组成成分,在体内以这两种形式发挥作用。CoA 及 ACP 构成酰基转移酶的辅酶,广泛参与体内糖、脂类、蛋白质代谢及肝的生物转化作用,约有 70 多种酶需 CoA 及 ACP。CoA 由泛酸、巯乙胺、焦磷酸与腺嘌呤核苷酸组成,结构式如下:

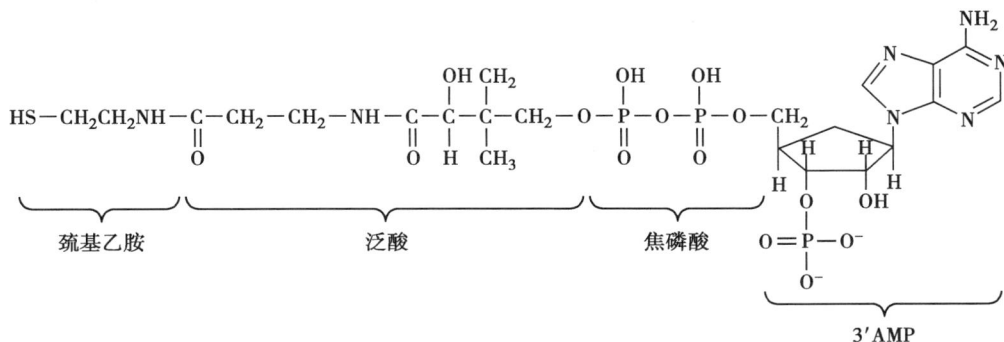

泛酸广泛分布于动植物组织中。人类肠道细菌也能合成,极少发生泛酸缺乏。辅酶 A 对厌食、乏力等症状有明显的疗效,还用于白细胞减少症、原发性血小板减少性紫癜、功能性低热、脂肪肝、各种肝炎、冠心病等疾病的辅助治疗。

四、维生素 PP

1. 化学本质及性质　维生素 PP 包括烟酸(又称尼克酸)与烟酰胺(又称尼克酰胺)两种,它们都是吡啶的衍生物,在体内可以相互转换。维生素 PP 为无色晶体,化学性质稳定,不易被酸、碱、热所破坏,是维生素中性质最稳定的一种。在 260nm 处有一吸收峰,与溴化氰作用生成黄绿色化合物,此性质可用于维生素 PP 的定量测定。

2. 生化作用及缺乏症　在人体内,维生素 PP 与核糖、磷酸、腺嘌呤可组成烟酰胺腺嘌呤二核苷酸(NAD^+、辅酶Ⅰ)和烟酰胺腺嘌呤二核苷酸磷酸($NADP^+$,辅酶Ⅱ)两种辅酶。NAD^+ 和 $NADP^+$ 的分子结构中都含有烟酰胺的吡啶环,其吡啶氮为五价,能够可逆地接受电子变成三价,其对侧的碳原子活泼,能可逆地加氢或脱氢,烟酰胺每次可接受一个质子和两个电子,另一个游离于介质中(图 3-15)。两者是多种不需氧脱氢酶的辅酶,在代谢反应中起递氢作用。

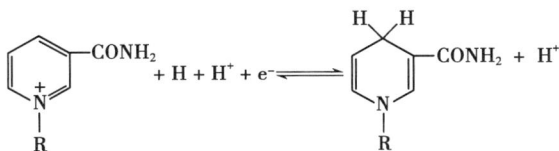

图 3-15　NAD^+ 和 $NADP^+$ 的氧化还原反应

辅酶Ⅰ的发现

知识链接

维生素PP与癞皮病

维生素PP在自然界分布很广，肉类、酵母、谷物及花生中含量丰富。此外，体内色氨酸可转变成烟酰胺（成人男子60mg色氨酸合成1mg烟酰胺），故人类一般不会缺乏。但玉米中缺乏色氨酸和烟酸，故长期单食玉米，则有可能缺乏维生素PP，故应将各种杂粮合理搭配食用。维生素PP严重缺乏者，表现为神经营养障碍，主要症状为皮炎、腹泻和痴呆，皮炎常在肢体裸露或易摩擦部位出现，且呈对称性，称为癞皮病。服用烟酸后，一日之内即可见效，因此维生素PP又称抗癞皮病维生素。

此外，烟酸能抑制脂肪组织的脂肪分解，从而抑制游离脂肪酸（FAA）的动员，可使肝中极低密度脂蛋白（VLDL）的合成下降，而起到降血甘油三酯和胆固醇的作用。

五、维生素 B_6

1. 化学本质及性质 维生素 B_6 为吡啶衍生物，包括吡哆醇、吡哆醛、吡哆胺，为无色晶体，对光和碱较敏感，不耐高温，易被分解破坏，但在酸性溶液中稳定。与三氯化铁作用呈红色，与对氨基苯磺酸作用呈橘红色，可用于定量测定。

2. 生化作用 维生素 B_6 在体内以磷酸吡哆醛和磷酸吡哆胺两种活性形式存在，彼此可以相互转化（图3-16）。

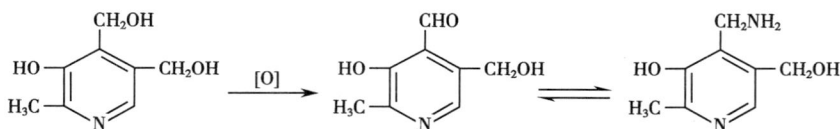

图3-16 吡哆醛和吡哆胺相互转变

（1）作为氨基酸转氨酶和脱羧酶的辅酶，参与氨基酸的转氨基反应和脱羧基反应。如谷氨酸脱羧酶催化谷氨酸脱羧基生成 γ-氨基丁酸（GABA），后者是一种大脑抑制性神经递质，可抑制大脑的过度兴奋。维生素 B_6 作为谷氨酸脱羧酶的辅酶，可促进GABA的生成，临床上常用维生素 B_6 治疗小儿惊厥、妊娠呕吐和精神焦虑等。

知识链接

维生素 B_6 依赖性惊厥

维生素 B_6 依赖性惊厥是常染色体隐形遗传病，该病是由于维生素 B_6 不能与谷氨酸脱羧酶的酶蛋白结合，使GABA的生成减少，造成惊厥。现有临床观察表明，当惊厥发作时，静脉注射维生素 B_6 100mg/d，数分钟后惊厥发作即可停止。

（2）磷酸吡哆醛是血红素合成的限速酶——δ-氨基-γ-酮戊酸合酶的辅酶。维生素 B_6 缺乏时血红素合成受阻，红细胞内血红蛋白合成减少，造成低血色素小细胞性贫血和血清铁增高。

（3）磷酸吡哆醛是糖原磷酸化酶的重要组成部分。肌肉细胞中磷酸化酶所含的维生素 B_6 占全

身维生素 B_6 的 70%~80%,参与糖原的分解代谢。

> **知识链接**
>
> ### 服用异烟肼时要同时加服维生素 B_6 的原因
>
> 维生素 B_6 广泛存在于动植物中,酵母、蛋黄、肉类、肝、鱼类和谷类中含量均很丰富,同时肠道细菌也能少量合成,因此人类一般很少缺乏,至今尚未发现典型的维生素 B_6 缺乏病。但在服用抗结核药——异烟肼的患者中可出现维生素 B_6 缺乏,原因是异烟肼可与维生素 B_6 结合形成异烟腙从尿中排出,特别是长期服用异烟肼的患者要注意补充维生素 B_6,以防出现维生素 B_6 的缺乏,如中枢兴奋、周围神经炎和小细胞低色素性贫血等。

六、生物素

1. 化学本质及性质 生物素是由带有戊酸侧链的噻吩与尿素结合成的骈环化合物,为无色长针状晶体。生物素耐酸不耐碱,在常温下稳定,但高温和氧化剂会使其失活。

2. 生化作用及缺乏症 生物素是多种羧化酶的辅酶,参与 CO_2 的固定及羧化反应,在糖、脂肪、蛋白质和核酸的代谢中起重要作用。

为什么不良饮食习惯可致生物素缺乏?

七、叶酸

1. 化学本质及性质 叶酸又称蝶酰谷氨酸(PGA),由 2-氨基-4-羟基-6-甲基蝶呤啶、对氨基苯甲酸与 L-谷氨酸三部分组成,因绿叶中含量丰富而得名。叶酸为黄色结晶,酸性介质中不耐热,易被光破坏,故室温下露天存放绿叶蔬菜可加速叶酸破坏,应注意遮光密闭保存。

2. 生化作用及缺乏症 叶酸在体内被二氢叶酸还原酶还原为二氢叶酸(FH_2),再进一步还原为 5,6,7,8-四氢叶酸(THFA 或 FH_4)。FH_4 是一碳单位转移酶的辅酶,以一碳基团的载体参与体内嘌呤、嘧啶、丝氨酸等的合成,FH_4 分子中 N_5 和 N_{10} 是结合、携带一碳单位的位置。

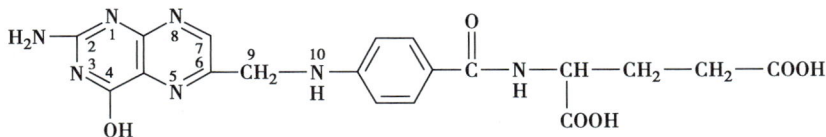

叶酸

绿色蔬菜、肝、肾、酵母等含叶酸丰富,肠道细菌也可以合成,一般不会缺乏。叶酸缺乏时,DNA 的合成受到抑制,可导致巨幼细胞贫血。孕妇及哺乳期因快速分裂细胞增加或因生乳而致代谢较旺盛,应适量补充叶酸。

八、维生素 B_{12}

1. 化学本质及性质 维生素 B_{12} 分子中含有金属元素钴,故又称为钴胺素,是唯一含有金属元素的维生素。结晶的维生素 B_{12} 性质稳定,室温下久放也不改变其活性。在中性溶液中耐热,日光、氧化剂及还原剂均能将其破坏,故应避光保存。

2. 生化作用及缺乏症　人体内维生素 B_{12} 有多种存在形式,如甲基钴胺素、5′-脱氧腺苷钴胺素是其主要存在形式,也是维生素 B_{12} 的活性形式。5′-脱氧腺苷钴胺素作为变位酶的辅酶,参加一些异构反应;甲基钴胺素是甲基转移酶的辅酶,可将 FH_4 上的甲基转移给甲基受体,增加叶酸的利用率,促进甲硫氨酸与核酸的合成。

由于维生素 B_{12} 参与体内一碳单位的代谢,因此维生素 B_{12} 与叶酸的作用常常互相关联。动物肝、肾、鱼、蛋等食品富含维生素 B_{12},肠道细菌也可合成,所以一般不会缺乏。缺乏维生素 B_{12} 时,可表现为恶性贫血并伴随着机体造血功能障碍和神经系统失常及其他疾病。

知识链接

维生素类药物的生产

1. 单纯的维生素药物　常见的有脂溶性维生素 A、D、E、K,水溶性维生素 B 族及 C 族等,常见剂型有片剂、胶囊剂、注射剂等。

2. 复合维生素制剂　复合维生素的剂型有片剂、注射剂、糖浆剂等。如复合维生素 B 注射液用于缺乏维生素 B 所致的各种疾病。如脚气病、糙皮病及食欲缺乏等。

由于维生素类药物的化学结构各异,决定了生产这类药物方法的多样性,如维生素 A、D 可从鱼肝油中直接提取。在工业上大多数维生素是通过化学合成获得,近些年来已发展用微生物发酵法来生产维生素,产量大大提高,成本显著降低。

点滴积累　∨

水溶性维生素的特性见表 3-2

表 3-2　水溶性维生素的特性

名称	别称	活性形式	生理功能	缺乏症
B_1	硫胺素 抗脚气病维生素	TPP	转醛基	脚气病
B_2	核黄素	FAD、FMN	传递氢	口角炎、舌炎等
PP	抗癞皮病维生素	NAD^+、$NADP^+$	传递氢	癞皮病
B_6	吡哆醇 吡哆醛 吡哆胺	磷酸吡哆醛 磷酸吡哆胺	脱羧、转氨、 促进血红素生成	小细胞低色素性贫血、 高同型半胱氨酸血症
生物素	α 生物素 β 生物素	生物素	羧化酶辅酶,固定 CO_2	很少
泛酸	遍多酸	辅酶 A、ACP	转酰基	很少
叶酸	蝶酰谷氨酸	FH_4	转移一碳单位	巨幼红细胞性贫血 高同型半胱氨酸血症
B_{12}	钴胺素	甲钴胺素 5′-脱氧腺苷钴胺素	转甲基	巨幼红细胞性贫血

第五节 酶在医药学上的应用

酶在阐述疾病的发生机制、疾病的诊断与治疗以及药物的生产、研发等方面均有极高的应用价值，本节主要学习酶在药物研究与生产上的应用。

一、酶作为工具用于药物的研究和生产

20 世纪后半叶，生物科学和生物工程飞速发展，酶在医药领域的用途越来越广泛。随着新型酶种的研究开发，以及酶分子修饰、酶固定化、酶定向进化和酶非水相催化等技术的发展，使酶在医药方面的应用不断发展扩大。

（一）作为工具用于药物研发

生物制药越来越受到人们的关注，近年来基因工程酶、化学修饰酶和蛋白质工程的研究发展迅速，有望可以延长药用酶的寿命，降低外源酶的抗原性。酶控药物和靶酶治疗等新型设想和方法也将得到进一步的探究，以加强药物治疗的特异性，减小药物治疗的副作用。由于酶促反应具有高度特异性，人们利用酶作为工具，即工具酶，就像手术刀和缝合针一样，在分子水平上对某些生物大分子进行定向分割和缝合。最典型的例子就是遗传工程研究中限制性内切酶和连接酶的应用，前者作用于 DNA 分子的某一特定位置，像手术刀一样将 DNA 切断；连接酶又如缝合针，将所需的 DNA 分子片断再连接在一起，从而组成带有新遗传信息的新 DNA 分子，可用于制造多种蛋白质类药物，如用大肠埃希菌生产胰岛素等。

（二）固定化酶技术在药物生产上具有广阔的应用前景

固定化酶的研究始于 20 世纪 50 年代。固定化酶是指固定在载体上并在一定的空间范围内进行催化反应，能反复和连续使用的酶。酶的固定化主要采用吸附法、包埋法、共价键结合法、交联法和热处理法等方法。固定化之后的酶既保持了酶的催化特性，又克服了游离酶的不足之处，稳定性增加，在生产工艺上结构简单紧凑，可以实现连续化和自动化，具有易于与反应产物分离、提高产品质量、更适用于多酶反应体系等显著优点，产物容易收集和提纯，产率很高。

二、酶作为药物用于疾病的治疗

据《左传》记载，我们的祖先在 2500 多年前，就懂得利用麦麹治病，现代研究证明，实际上是利用在谷物中生长的各种微生物所产生的酶类进行疾病的治疗，说明酶在医药方面的应用具有悠久的历史。1894 年，日本的高峰让吉从米曲霉中制得淀粉酶，用于治疗消化不良。

自 1893 年 Francis 用木瓜蛋白酶治疗白喉和结核性溃疡病获得了良好效果以来，酶类药物便引起了医药界的高度重视，在以后百余年的历史中多种酶被用作药物。目前已被广泛应用于助消化、抗炎、促凝、促纤溶、解毒以及抗肿瘤等方面，取得了显著的效果。目前常用的药用酶有 70 多种，常用的治疗酶类见表 3-3。

表 3-3 常用的治疗酶类

酶	主要来源	临床应用
淀粉酶	胰、麦芽、微生物	治疗消化不良、食欲缺乏
溶菌酶	蛋清、细菌	治疗细菌性和病毒性疾病
凝血酶	动物、细菌、酵母	治疗各种出血
尿激酶	人类尿液	治疗心肌梗死、结膜下出血、眼底出血等
链激酶	链球菌	治疗血栓性静脉炎、咳嗽、外伤、骨折等
核酸酶类	生物、人工改造	基因治疗、病毒性疾病
抗体酶	分子修饰、诱导	与特异抗原反应、清除各种致病性抗原等

此外,利用酶学知识在阐述疾病的发生机制以及疾病的诊断上具有重要价值。

复习导图

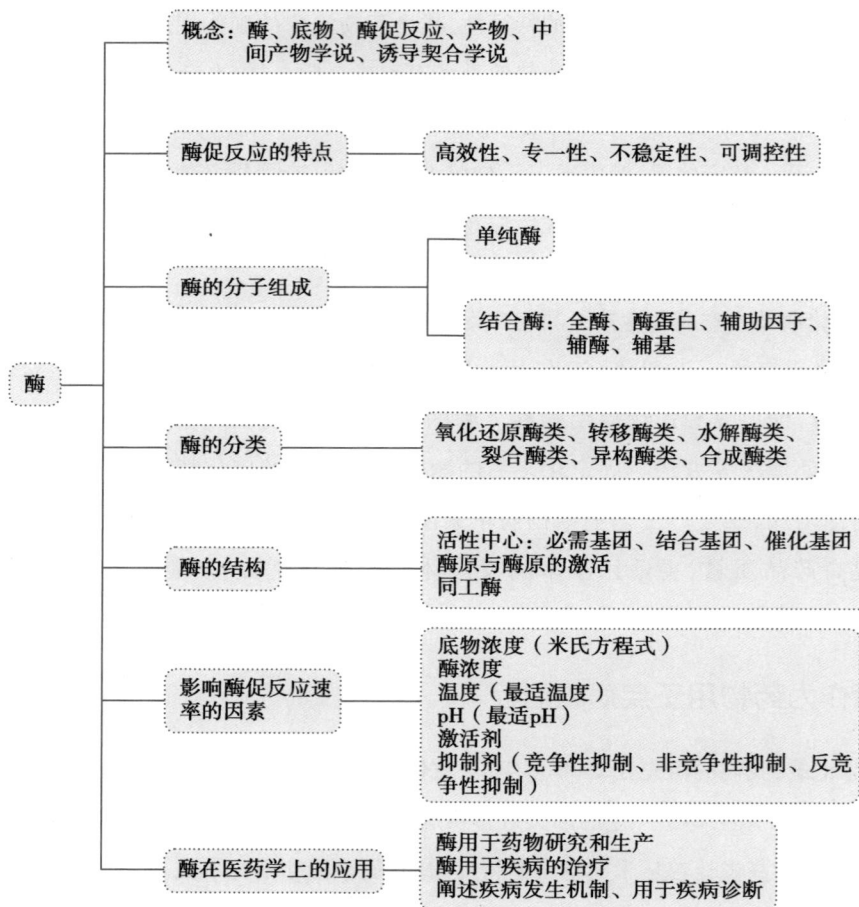

目标检测

一、选择题

（一）单项选择题

1. 目前公认的酶与底物结合的学说是（　　　）

　　A. 活性中心说　　　　　　　　　　　　B. 诱导契合学说

　　C. 锁匙学说　　　　　　　　　　　　　D. 中间产物学说

2. 下列关于酶活性中心的叙述正确的是（　　　）

　　A. 所有酶都有活性中心　　　　　　　　B. 所有酶的活性中心都含有辅酶

　　C. 酶的活性中心都含有金属离子　　　　D. 所有抑制剂都作用于酶活性中心

3. 下列关于酶特性的叙述错误的是（　　　）

　　A. 催化效率高　　　　　　　　　　　　B. 专一性强

　　C. 作用条件温和　　　　　　　　　　　D. 都有辅助因子参与催化反应

4. 下列关于辅基的叙述正确的是（　　　）

　　A. 是一种结合蛋白质

　　B. 只决定酶的专一性,不参与化学基团的传递

　　C. 与酶蛋白的结合比较疏松

　　D. 一般不能用透析和超滤法与酶蛋白分开

5. 温度对酶促反应速度的影响是（　　　）

　　A. 温度升高反应速度加快,与一般催化剂完全相同

　　B. 低温可使大多数酶发生变性

　　C. 最适温度是酶的特性常数,与反应进行的时间无关

　　D. 最适温度不是酶的特性常数,延长反应时间,其最适温度降低

6. 关于 pH 对酶促反应速度的影响叙述正确的是（　　　）

　　A. pH 对酶促反应速度影响不大

　　B. 不同酶有其不同的最适 pH

　　C. 酶的最适 pH 都在中性即 pH＝7.0 左右

　　D. 酶的活性随 pH 的增高而增大

7. 关于酶与底物的关系叙述正确的是（　　　）

　　A. 如果酶的浓度不变,则底物浓度改变不影响反应速度

　　B. 当底物浓度很高使酶被饱和时,改变酶的浓度将不再改变反应速度

　　C. 如果底物的浓度不变,则酶浓度改变不影响反应速度

　　D. 当底物浓度远高于酶的浓度时,反应速度随酶浓度的增加而增加

8. 关于 K_m 的意义,不正确的是（　　　）

　　A. K_m 是酶的特性常数

B. 不同的酶具有不同的 K_m

C. K_m 等于反应速度为最大速度一半时的酶的浓度

D. K_m 等于反应速度为最大速度一半时的底物浓度

9. 有关竞争性抑制剂的论述,错误的是(　　)

　　A. 结构与底物相似　　　　　　　　B. 与酶的活性中心相结合

　　C. 与酶的结合是不可逆的　　　　　D. 抑制程度与抑制剂的浓度有关

10. 平常测定酶活性的反应体系中,下列叙述不适当的是(　　)

　　A. 底物的浓度愈高愈好　　　　　　B. 应选择该酶的最适 pH

　　C. 反应温度应接近最适温度　　　　D. 合适的温育时间

11. 参与构成 FMN 的维生素是(　　)

　　A. 维生素 B_1　　　　　B. 维生素 B_2　　　　　C. 维生素 B_6　　　　　D. 维生素 B_{12}

12. 转氨酶的辅酶是(　　)

　　A. NAD$^+$　　　　　B. HSCoA　　　　　C. 四氢叶酸　　　　　D. 磷酸吡哆醛

(二) 多项选择题

1. 关于辅酶的叙述正确的是(　　)

　　A. 与酶蛋白的结合比较疏松

　　B. 不能用超滤方法与酶蛋白分开

　　C. 很多 B 族维生素参与构成辅酶

　　D. 辅酶分子或辅酶分子的一部分常作为酶活性中心的组成成分

　　E. 辅酶只决定酶的专一性,与化学基团的传递无关

2. 下列关于酶活性中心的叙述正确的是(　　)

　　A. 对于整个酶分子来说,只是酶的一小部分

　　B. 是由一条多肽链中若干相邻的氨基酸残基以线状排列而成的

　　C. 具有三维结构

　　D. 必须通过共价键与底物结合

　　E. 活性中心外的必需基团也参与对底物的催化作用

3. 酶的辅助因子可以是(　　)

　　A. 金属离子　　　　　　　　　　　B. 某些小分子有机化合物

　　C. 维生素　　　　　　　　　　　　D. 各种有机和无机化合物

　　E. 蛋白质

4. 酶的专一性可分为(　　)

　　A. 底物专一性　　　　　B. 相对专一性　　　　　C. 立体异构专一性

　　D. 绝对专一性　　　　　E. 同分异构专一性

5. 酶原之所以没有活性是因为(　　)

　　A. 酶蛋白的肽链合成不完全　　　　B. 未形成或暴露酶的活性中心

C. 酶原是未被激活的酶的前体　　　　D. 酶原是普通蛋白质

E. 因为其蛋白分子与其他物质结合在一起

二、判断改错题

1. 测定酶活性时,底物浓度不必大于酶浓度。

2. 酶的最适温度与酶的作用时间有关,作用时间越长,酶的最适温度越高。

3. 酶活力指在一定条件下酶所催化的反应速度,反应速度越大,意味着酶活力越高。

4. 酶活性中心一般由在一级结构中相邻的若干氨基酸残基组成。

5. 酶只能改变化学反应的活化能,而不能改变化学反应的平衡常数。

6. K_m 是酶的特征常数,只与酶的性质有关,与酶浓度无关。

7. K_m 是酶的特征常数,只与酶的性质有关,与酶的底物无关。

8. 一种酶有几种底物就有几种 K_m 值。

9. 竞争性抑制剂一定与酶的底物结合在酶的同一部位。

10. B 族维生素都可以作为辅酶的组分参与代谢。

三、简答题

1. 什么是酶的活性中心,主要由哪些基团构成,这些基团各有什么功能?

2. 影响酶促反应速度的因素有哪些?

3. TPP、FAD、NAD^+、HSCoA 等辅酶中各含哪种维生素,有何功能?

四、实例分析题

场景:王某某,女,31 岁,腹痛、恶心、呕吐 1 小时,送到急诊。

采集病史:一个多小时前和家人吵架自服美曲膦酯(敌百虫)200ml,20 分钟后出现恶心、呕吐、腹痛、多汗、流涕、流涎,全身有紧束感,解稀水样大便一次,伴头痛,家人发现后急送医院。起病以来,患者未进食,小便未解。

体格检查:T:36.4℃,P:72 次/分,R:22 次/分,Bp:93/54mmHg,嗜睡,呼气有蒜臭味。皮肤湿冷,面部肌肉有抽搐,口腔流涎,皮肤、巩膜无黄染,瞳孔针尖样大,两肺有散在湿啰音,腹部平软,全腹无明显压痛。

初步诊断:有机磷中毒。

利用你所学知识,试解释患者临床表现的发生机制。

（刘观昌）

第四章

生物氧化

ER-04章PPT ▲

导学情景

情景描述

2007 年 4 月，某医院神经内科收治了一名因服用"能量合剂"险些丧命的高三学生，由于抢救及时，患者昏迷 48 小时后苏醒，经治疗后康复出院。据了解，为备战高考，其父母听朋友介绍说服用"能量合剂"可增强考生记忆力，有助于考出好成绩，他们还特意托人从国外买来胰岛素，给孩子输入体内。

学前导语

"能量合剂"为一种能量补充剂，每支内含辅酶 A 50U、三磷酸腺苷 20mg 及胰岛素 4U。这三种成分都能提供能量，促进糖代谢，有助于病变器官功能的改善。但是使用必须遵医嘱进行，且严格按照药品比例搭配，胰岛素用量不宜过大；若是特殊体质，还很可能产生过敏反应。因此，不建议学生输入所谓的"能量合剂"。本章我们将带领同学们学习生物体中营养物质如何通过生物氧化得到能量，能量如何转移、储存和利用等知识。

机体进行正常的生命活动需要能量，如肌肉收缩、体温维持、物质转运、神经传导等。而所需的能量大都来自糖、脂肪、蛋白质等有机物质的氧化。有机分子在细胞内氧化分解成 CO_2 和 H_2O 并释放出能量形成 ATP 的过程，称为生物氧化（biological oxidation）。这一过程实际上是需氧细胞呼吸作用中的一系列氧化还原反应，所以又称为细胞氧化或细胞呼吸。

ER-4-1 扫一扫，知重点

生物氧化中物质的氧化方式有加氧、脱氢和脱电子反应，以脱氢和脱电子这两种方式为主。生物体内的氧化和外界的燃烧，虽然在化学本质上最终产物都是 CO_2 和 H_2O，所释放的能量也完全相等，但生物体内的氧化还有着明显不同的特点：在条件温和（正常体温，pH 接近中性）的细胞内，由一系列酶催化，反应逐步进行；体内 CO_2 由有机酸脱羧生成，水由有机物分子脱下来的氢经一系列传递反应，最终与氧结合生成；能量逐步释放，其中一部分与磷酸化作用偶联，以 ATP 形式贮存和利用，另一部分以热能形式释放。

ER-4-2 参与生物氧化的酶类

第一节　线粒体氧化体系

一、电子传递链

线粒体是生物氧化和能量转换的主要场所,它由外膜、膜间隙、内膜和基质四个功能区构成。线粒体内膜上存在一系列酶和辅酶组成的复合体。在线粒体氧化体系中,代谢物脱下的成对氢原子(2H),通过线粒体内膜上的传递体逐步传递,最终与氧结合生成水,并伴随能量的释放。在该过程中,传递氢的酶和辅酶称为递氢体,传递电子的酶和辅酶称为递电子体,无论是递氢体还是递电子体,都起到传递电子的作用($2H \Longleftrightarrow 2H^+ + 2e^-$),这一系列连锁反应,称为电子传递链。由于其与细胞摄取氧的呼吸过程有关,故又称呼吸链。

线粒体简介

二、电子传递链的组成

（一）主要组分

电子传递链由四种蛋白质复合体及游离存在的泛醌(CoQ)和细胞色素 c(Cytc)组成(表 4-1)。因泛醌极易从线粒体内膜分离,细胞色素 c 呈水溶性,故它们均不包含在复合体中。

表 4-1　人线粒体呼吸链复合体的组成

成分	酶名称	辅酶或辅基	作用
复合体 I	NADH-泛醌还原酶	FMN,Fe-S	将 $NADH+H^+$ 的 2H 传递给 CoQ
复合体 II	琥珀酸-泛醌还原酶	FAD,Fe-S,细胞色素 b	将琥珀酸等脱下的 2H 传递给 CoQ
复合体 III	泛醌-细胞色素 c 还原酶	细胞色素 b,c_1,Fe-S	将电子由泛醌传给 Cytc
复合体 IV	细胞色素 c 氧化酶	细胞色素 a,a_3,Cu	将电子由 Cytc 传递给 O_2

呼吸链中的传递体主要由以下五类物质组成:

1. **NAD^+ 和 $NADP^+$**　NAD^+ 和 $NADP^+$ 分子中烟酰胺的氮为五价,能接受电子成为三价氮。此时其对侧的碳原子可进行加氢反应。烟酰胺在加氢反应时只能接受 1 个氢原子和 1 个电子,将另一个 H^+ 游离出来,因此将还原型的 NAD^+ 或 $NADP^+$ 分别写成 $NADH+H^+$(NADH)和 $NADPH+H^+$(NADPH)(图 4-1)。

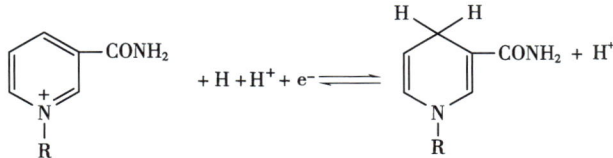

图 4-1　NAD^+ 的加氢和脱氢反应

2. **黄素蛋白**　黄素蛋白种类较多,其辅基有两种:黄素单核苷酸(FMN)和黄素腺嘌呤二核苷酸(FAD)。FMN 和 FAD 发挥功能的是异咯嗪环,其 1 位和 10 位氮原子能可逆地加氢和脱氢,具有传递氢的能力(图 4-2)。

3. **铁硫蛋白**　铁硫蛋白(Fe-S)中辅基铁硫簇含有等量的铁原子和硫原子,常与其他传递体结合成复合物,其中的铁原子可通过进行可逆的 $Fe^{2+} \rightleftharpoons Fe^{3+} + e^-$ 反应来传递电子(图 4-3)。

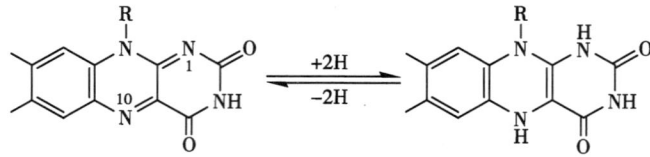

图 4-2　FMN 或 FAD 的加氢和脱氢反应

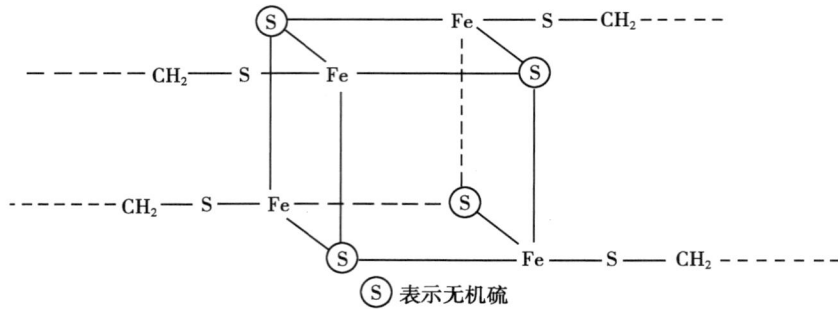

Ⓢ 表示无机硫

图 4-3　铁硫簇 Fe_4S_4 结构示意图

4. 泛醌　泛醌又称辅酶 Q(CoQ,简称 Q),是一种脂溶性的小分子醌类化合物,因其广泛存在而得名。其侧链具有强疏水性作用,能在线粒体内膜中自由扩散,不包含在 4 个复合体中。泛醌接受 1 个电子和 1 个质子还原成半醌型泛醌,再接受 1 个电子和 1 个质子还原成二氢泛醌,后者也可脱去 2 个电子和 2 个质子被氧化为泛醌(图 4-4),在呼吸链中起传递氢的作用,是一种递氢体。

泛醌在护肤品中的作用

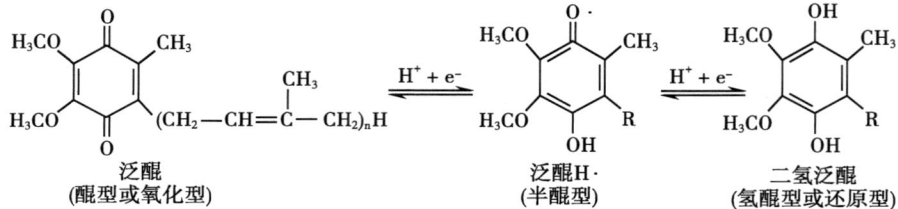

泛醌
(醌型或氧化型)

泛醌H·
(半醌型)

二氢泛醌
(氢醌型或还原型)

图 4-4　泛醌的加氢和脱氢反应

知识链接

辅酶 Q

辅酶 Q(coenzyme Q)存在广泛,不同来源的 CoQ 其侧链异戊烯单位的数目不同,人类和哺乳动物是 10 个异戊烯单位,故称辅酶 Q_{10}。

辅酶 Q_{10} 于 1957 年被发现。1958 年,辅酶 Q_{10} 研究之父——美国得克萨斯大学的卡鲁福鲁卡斯博士认定其化学结构,并因此获得了美国化学学会的最高荣誉——Priestly Medal,在实际生活中,他 40 多年来坚持服用 Q_{10},直到 91 岁去世。这也使得他一直被公认为精力最充沛的教授之一。

Q_{10} 能激活人体细胞和细胞能量的营养,具有提高人体免疫力、增强抗氧化、延缓衰老和增强人体活力等功能,医学上广泛用于心血管系统疾病,也作为营养保健品及食品添加剂使用。

5. 细胞色素 细胞色素(Cyt)是一类以血红素为辅基的电子传递蛋白质的总称。因含有血红素所以显红色或褐色。根据细胞色素吸收光谱的不同,可分为三类:Cyta、Cytb、Cytc。参与呼吸链组成的细胞色素有 Cyta、Cyta$_3$、Cytb、Cytc$_1$、Cytc 五种,由于 Cyta 和 Cyta$_3$ 很难分开,故写成 Cytaa$_3$。细胞色素 c 是唯一能溶于水的细胞色素,与线粒体内膜外表面结合不紧密,极易与线粒体内膜分离。呼吸链中,细胞色素中的铁原子可通过 $Fe^{2+} \rightleftharpoons Fe^{3+} + e^-$ 反应传递电子,即细胞色素是电子传递体,传递顺序是 Cytb→Cytc$_1$→Cytc→Cytaa$_3$→O$_2$。

(二) 排列顺序

呼吸链中氢和电子的传递有严格的顺序和方向,这是按各组分的标准氧化还原电位增加的顺序依次排列的,电子从氧化还原电位低的一端向高的一端传递。

现已确定,电子传递链有两条途径,即 NADH 氧化呼吸链和琥珀酸氧化呼吸链(FADH$_2$ 氧化呼吸链)(图 4-5)。

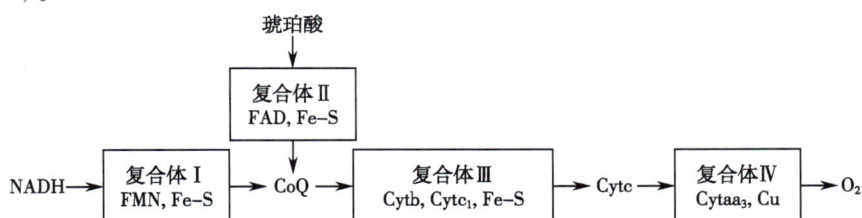

图 4-5 NADH 氧化呼吸链和琥珀酸氧化呼吸链(FADH$_2$ 氧化呼吸链)

1. NADH 氧化呼吸链 由复合体Ⅰ、CoQ、复合体Ⅲ、Cytc、复合体Ⅳ组成。从底物脱下的 2H 交给 NAD$^+$ 生成 NADH+H$^+$,然后 NADH+H$^+$ 脱下的 2H 经复合体Ⅰ传给 CoQ,生成还原型 CoQH$_2$,后者把 2H 中的 2H$^+$ 释放到介质中,而将 2e 经复合体Ⅲ传给 Cytc,然后再经复合体Ⅳ传给 O$_2$ 生成 O^{2-},最后 O^{2-} 与介质中的 2H$^+$ 结合生成 H$_2$O,同时产生 ATP。这是体内最主要的一条呼吸链,也是体内物质氧化生成水的主要途径。体内多种代谢物如异柠檬酸、苹果酸、丙酮酸、α-酮戊二酸、β-羟脂酰 CoA、β-羟丁酸、L-谷氨酸等脱下的氢都通过此条呼吸链传递给氧生成水。

2. 琥珀酸氧化呼吸链(FADH$_2$ 氧化呼吸链) 由复合体Ⅱ、CoQ、复合体Ⅲ、Cytc、复合体Ⅳ组成。它以 FAD 为辅酶接受 2H 生成 FADH$_2$ 开始,不经过 NAD$^+$ 环节,除此之外,其氢与电子传递与 NADH 氧化呼吸链相同。琥珀酸、脂酰 CoA 及 α-磷酸甘油等脱下的氢经此呼吸链传递生成 H$_2$O。

▶▶ 课堂活动

试比较 NADH 氧化呼吸链和琥珀酸氧化呼吸链(FADH$_2$ 氧化呼吸链)的异同。

三、生物体内能量的生成与利用

营养物质在进行生物氧化过程中所产生的能量,相当一部分以热能散发,以维持体温,另一部分转化为 ATP,供给生命活动所需。ATP 是能量代谢中最重要的高能化合物,是细胞可以直接利用的最主要能量形式。

ATP 的合理使用

(一) ATP 的生成

体内 ATP 是由 ADP 接受高能磷酸基团(~P)生成的,这个过程称为 ADP 的磷酸化。磷酸化有两种方式,即底物水平磷酸化和氧化磷酸化。

1. 底物水平磷酸化 代谢物在氧化分解过程中,因脱氢或脱水而引起分子内能量重新分布,形成高能化合物,然后将高能键转移给 ADP 生成 ATP 的过程称为底物水平磷酸化。体内共有三次反应可以通过底物水平磷酸化产生 ATP,分别是在糖酵解过程中 1,3-二磷酸甘油酸转变为 3-磷酸甘油酸、磷酸烯醇式丙酮酸转变为烯醇式丙酮酸,以及三羧酸循环的琥珀酰 CoA 转变为琥珀酸的酶促反应过程中。

底物水平磷酸化与呼吸链的电子传递无关,也就是与氧的供应无关,在糖的有氧氧化和无氧分解中都有这种形式的 ATP 生成。但由于通过该方式生成的 ATP 数量很少,故不是需氧生物 ATP 的主要生成方式。

2. 氧化磷酸化

(1)氧化磷酸化的概念:在物质分解过程中,代谢物脱下的氢经呼吸链传递并释放出能量,其中部分能量使 ADP 磷酸化生成 ATP,这种能量释放偶联驱动 ADP 磷酸化为 ATP 的过程称为氧化磷酸化(图 4-6)。它是生物体内生成 ATP 的主要方式。

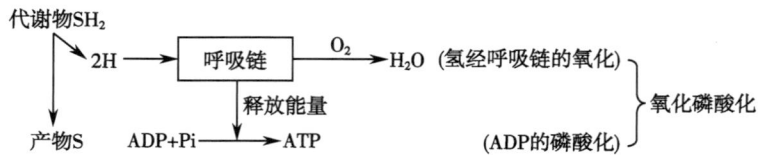

图 4-6 氧化磷酸化的基本机制

(2)氧化磷酸化的偶联部位:呼吸链的电子传递过程所释放出的能量足以使 ADP 磷酸化生成 ATP 的部位称为氧化磷酸化的偶联部位。实验证明呼吸链中有三个偶联部位,分别存在于 NADH 与 CoQ 之间、CoQ 与 Cytc 之间、Cytaa$_3$ 与 O$_2$ 之间(图 4-7)。由此可见,NADH 氧化呼吸链中存在三个偶联部位,而琥珀酸氧化呼吸链(FADH$_2$ 氧化呼吸链)中存在两个偶联部位。

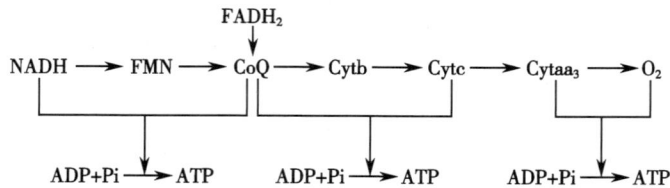

图 4-7 氧化磷酸化偶联部位示意图

根据 P/O 比值和呼吸链组分传递电子过程中氧化还原的电位差可推算氧化磷酸化的偶联部位。P/O 比值是指每消耗 1mol 氧原子所消耗无机磷的摩尔数,即合成 ATP 的摩尔数,其实质是一对电子通过呼吸链传递给氧所生成的 ATP 数。

离体线粒体实验测得,一对电子经 NADH 氧化呼吸链和琥珀酸氧化呼吸链(FADH$_2$ 氧化呼吸链)传递,P/O 比值分别是 2.5 和 1.5,即 1mol NADH 经过 NADH 氧化呼吸链平均可生成 2.5mol ATP,1mol FADH$_2$ 经琥珀酸氧化呼吸链(FADH$_2$ 氧化呼吸链)平均可生成 1.5mol ATP。线粒体离体实验测得的几种底物的 P/O 比值见表 4-2。

呼吸链氢或电子传递及 ATP 的生成

表 4-2 线粒体离体实验测得的几种底物的 P/O 比值

底物	呼吸链的组成	P/O 比值	生成 ATP 数
β-羟丁酸	$NAD^+ \rightarrow FMN \rightarrow Q \rightarrow Cyt \rightarrow O_2$	2.5	2.5
琥珀酸	$FMN \rightarrow Q \rightarrow Cyt \rightarrow O_2$	1.5	1.5
维生素 C	$Cytc \rightarrow Cytaa_3 \rightarrow O_2$	0.88	1
$Cytc(Fe^{2+})$	$Cytaa_3 \rightarrow O_2$	0.61~0.68	1

（3）氧化磷酸化的影响因素

1）ADP/ATP 比值：此比值是调节机体氧化磷酸化速率的主要因素。当机体耗能增加时，ATP 的利用增加，即 ATP 转化为 ADP 的速度增加，使 ADP 的浓度增加、ADP/ATP 增加，ADP 转运至线粒体并磷酸化的速度加快，使 ATP 合成加速。相反，机体耗能减少时，ATP 则相对增多，ADP/ATP 比值下降，导致氧化磷酸化速率的下降。这种调节作用使氧化磷酸化产生的 ATP 能够适应机体的实际需求，避免能源的浪费。

2）甲状腺激素：甲状腺激素可诱导细胞膜上 Na^+,K^+-ATP 酶的合成，使 ATP 分解为 ADP 和 Pi 增多，ADP/ATP 比值上升，从而刺激氧化磷酸化增快，ATP 合成增加。另外，甲状腺激素可诱导解偶联蛋白基因表达，使营养物质氧化所释能量以热能散发的部分增加，合成 ATP 相应减少，也能加速氧化磷酸化过程。因此，甲状腺功能亢进的患者有基础代谢率增高、乏力、低烧、怕热、易出汗等临床症状。

ER-4-7

甲状腺激素
的生理作用

3）抑制剂：根据其抑制部位不同，可分为呼吸链抑制剂、解偶联剂和氧化磷酸化抑制剂。①呼吸链抑制剂：可阻断氧化呼吸链的电子传递，例如，鱼藤酮、粉蝶霉素 A 及异戊巴比妥等可结合复合体 I 中铁硫蛋白，阻断其电子由 NADH 向 CoQ 传递，抗霉素 A 阻断 Cytb 与 $Cytc_1$ 之间的电子传递，CO、氰化物（CN^-）、H_2S 抑制细胞色素氧化酶，阻断电子由 $Cytaa_3$ 到氧的传递；②解偶联剂：例如 2,4-二硝基苯酚（DNP）并不阻断呼吸链中的电子传递，而是使 ADP 磷酸化生成 ATP 受到抑制，使氧化过程释放的能量不用于合成 ATP，而以热能释放，导致氧化过程与磷酸化过程相互分离；③氧化磷酸化抑制剂：对电子传递和 ADP 磷酸化均有抑制作用，如寡霉素。

▶ 课堂活动

患者，男，38 岁，主诉：①体重减轻约 10kg；②心动过速，每分钟心跳 100 多次；③喜冷怕热；④实验室检查：T_3 3.4（0.8~2.2）nmol/L，T_4 128（50~126）nmol/L。初步诊断为甲状腺功能亢进。试分析该患者为什么喜冷怕热？

案例分析

案例

患感冒或传染性疾病时，体温为什么会升高？

分析

因为患病时，细菌或病毒产生一种解偶联剂，使代谢物氧化产生的能量较多地转变为热能，并以热能的形式散失，从而使体温升高。

对于冬眠动物和耐寒冷的哺乳动物，由于氧化与磷酸化天然不发生偶联，线粒体是特殊的产热机构，可依此方式维持体温。

（二）能量的储存和利用

生物氧化过程中释放的能量大约有 40% 以化学能的形式储存在 ATP 及其他高能化合物中，其中 ATP 最为重要，它在能量代谢和转换中处于中心地位。

1. **高能化合物**　高能键是指水解时释放出大于 21kJ/mol 自由能的化学键，常用"~"符号表示。含有高能键的化合物称为高能化合物，包括高能磷酸化合物和高能硫酯化合物。常见的高能磷酸化合物如三磷酸核苷（ATP、GTP、UTP、CTP）、1,3-二磷酸甘油酸、磷酸烯醇式丙酮酸、磷酸肌酸等；高能硫酯化合物如乙酰辅酶 A、琥珀酰辅酶 A 和脂酰辅酶 A 等。

磷酸肌酸的临床作用

2. **高能化合物的储存和利用**　在高能化合物中，ATP 占有特殊的地位，它是生物体内能量转换的核心，能量的生成、储存和利用总是围绕 ATP 的转变而实现。

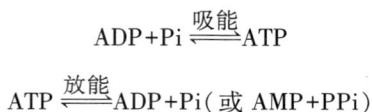

$$ADP+Pi \xrightleftharpoons{吸能} ATP$$

$$ATP \xrightleftharpoons{放能} ADP+Pi（或 AMP+PPi）$$

ATP 作为能量的载体分子，在分解代谢中产生，又在合成代谢等耗能过程中利用，其水解释放的能量可直接被机体各种生命活动直接利用，如肌肉收缩、细胞间信息传递、神经传导、物质主动转运等。虽然生物体内糖原、磷脂、蛋白质的生物合成分别以 UTP、CTP、GTP 直接供能，但它们的再生包括其他高能化合物的生成也离不开 ATP。

此外，肌肉、脑组织中高能磷酸键的能量储存形式为磷酸肌酸，ATP 充足时，ATP 可将高能磷酸键转移给肌酸，生成磷酸肌酸。而当 ATP 消耗过多时，磷酸肌酸可将高能磷酸键转移给 ADP 生成 ATP，供给机体所需（图 4-8）。

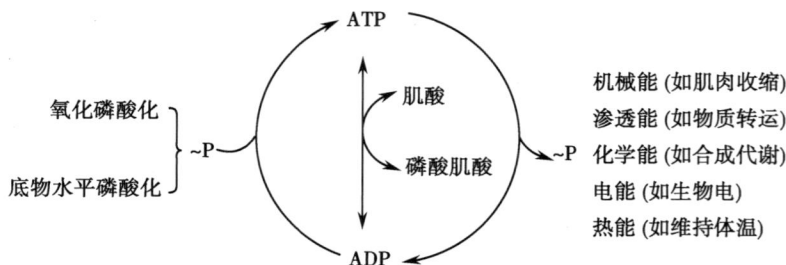

图 4-8　能量的生成、储存与利用

案例分析

案例

患者，男，65 岁，昏迷半小时，半小时前晨起，其儿子发现患者叫不醒，未见呕吐，房间有一煤火炉，患者一人单住，昨晚还一切正常，查体：T 36.8℃，P 98 次/分，R 24 次/分，BP 160/90mmHg，昏迷，呼之不应，皮肤黏膜无出血点，瞳孔等大，直径 3mm，对光反射灵敏，口唇樱桃红色，颈软，无抵抗，甲状腺（－），心界不大，初步诊断 CO 中毒。试问 CO 为什么会引起中毒？如何解毒？

分析

氰化物、CO 这类抑制剂可与呼吸链中的细胞色素氧化酶牢固结合，使其丧失传递电子的能力，引起脑部损害，几分钟即可致死。

临床抢救此类中毒患者，用亚硝酸异戊酯和注射亚硝酸钠，使部分血红蛋白氧化成高铁血红蛋白，当其含量达到总量的 20%～30%，可夺取与细胞色素氧化酶结合的氰化物，恢复细胞色素氧化酶的功能。而高铁氰化血红蛋白可快速解离释放出 CN^-，再注射硫代硫酸钠，在肝中使 CN^- 转变为无毒的硫氰化物，随尿排出。

点滴积累 ∨

1. 两条重要的呼吸链是 NADH 氧化呼吸链和琥珀酸（$FADH_2$）氧化呼吸链。
2. ATP 生成方式有氧化磷酸化和底物水平磷酸化两种方式。
3. 能量的贮存形式为磷酸肌酸。

第二节　其他氧化体系

一、胞质中 NADH 的氧化

胞质中产生的 NADH 必须进入线粒体后，才能进入呼吸链经氧化磷酸化彻底分解。而 NADH 不能自由穿过线粒体内膜，必须经过以下两种相应的穿梭机制进入线粒体。

1. α-磷酸甘油穿梭　此穿梭作用主要存在于脑和骨骼肌中。线粒体外的 NADH 在胞质中磷酸甘油脱氢酶催化下，使磷酸二羟丙酮还原为 α-磷酸甘油并穿过线粒体外膜，经线粒体内膜近胞质侧的磷酸甘油脱氢酶（辅酶为 FAD）催化生成磷酸二羟丙酮和 $FADH_2$。$FADH_2$ 将 2H 传递给 CoQ 进入呼吸链氧化（图 4-9）。因此，线粒体外的 $NADH+H^+$ 经 α-磷酸甘油穿梭机制可产生 1.5 分子 ATP。

2. 苹果酸-天冬氨酸穿梭　此穿梭作用主要存在于肝和心肌中。胞质中的 NADH 使草酰乙酸还原为苹果酸，苹果酸通过线粒体内膜上转运蛋白进入线粒体。在线粒体内苹果酸脱氢酶催化下重新生成草酰乙酸和 NADH，NADH 进入 NADH 氧化呼吸链（图 4-10）。因此，线粒体外的 $NADH+H^+$ 经苹果酸-天冬氨酸穿梭机制可产生 2.5 分子 ATP。

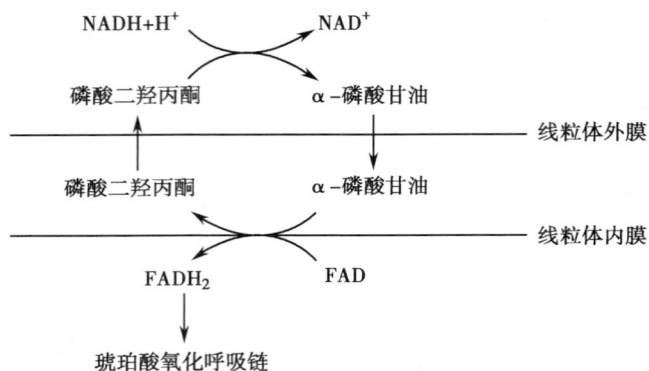

图 4-9　α-磷酸甘油穿梭

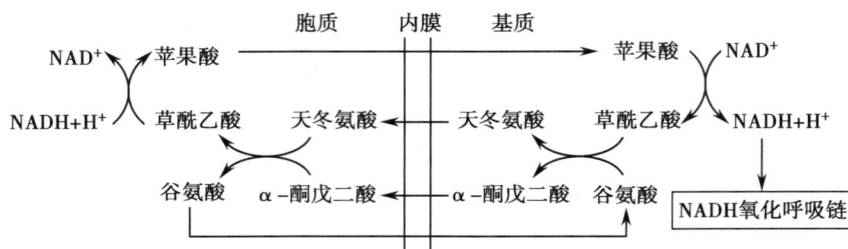

图 4-10　苹果酸-天冬氨酸穿梭

以上两种穿梭方式进入线粒体基质的产物不同,前者是 $FADH_2$,而后者是 NADH,因此它们所携带的氢和电子经不同的呼吸链传递,所产生的 ATP 数目也不相同。

二、其他氧化酶类

除线粒体外,细胞的微粒体和过氧化物酶体及胞液也存在其他生物氧化体系,其特点是不伴有偶联磷酸化,不能生成 ATP,主要与体内代谢物、药物和毒物的生物转化,自由基的清除,以及某些生理活性物质的合成密切相关。

（一）微粒体加单氧酶系

微粒体加单氧酶系催化氧分子中一个氧原子加到底物分子上而使底物被羟化,而另一个氧原子被 $NADPH+H^+$ 中的氢还原成水,故又称混合功能氧化酶或羟化酶。

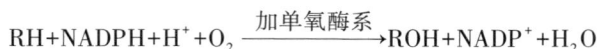

$$RH+NADPH+H^++O_2 \xrightarrow{\text{加单氧酶系}} ROH+NADP^++H_2O$$

此反应需要细胞色素 P450 参与,加单氧酶系在肝、肾上腺含量最多,参与类固醇激素、胆汁酸、胆色素合成、维生素 D_3 羟化及药物、毒物的生物转化过程。

细胞色素 P450 的研究意义

（二）过氧化物酶体中的氧化酶类

过氧化物酶体是一种特殊的细胞器,分布在肝脏、肾脏、中性粒细胞和小肠黏膜细胞中。过氧化物酶体中含有过氧化氢酶和过氧化物酶,可以水解对细胞有毒性作用的过氧化氢。过多的过氧化氢可氧化含硫的蛋白质,还可对生物膜造成损伤,因此必须将 H_2O_2 及时清除。

1. 过氧化氢酶　又称触酶,其辅基含有 4 个血红素,催化反应如下:

$$2H_2O_2 \xrightarrow{\text{过氧化氢酶}} 2H_2O+O_2$$

2. 过氧化物酶 过氧化物酶也是以血红素为辅基，它催化 H_2O_2 直接氧化酚类或胺类化合物，反应如下：

$$R+H_2O_2 \longrightarrow RO+H_2O \quad 或 \quad RH_2+H_2O_2 \longrightarrow R+2H_2O$$

临床上判断粪便中有无隐血时，就是利用白细胞中含有过氧化物酶的活性，将联苯胺氧化成蓝色化合物。

过氧化氢酶
的应用

（三）超氧化物歧化酶

线粒体呼吸链、微粒体加单氧酶系和过氧化物酶体氧化体系均可产生超氧阴离子自由基（O_2^-）。O_2^- 是生物体多种生理反应中自然生成的中间产物。它是活性氧的一种，具有极强的氧化能力，当 O_2^- 大量产生或积蓄时可引起机体细胞的损伤，是衰老和疾病的重要相关因素。

超氧化物歧化酶（SOD）是人体防御内外环境中超氧阴离子对自身侵害的重要酶，它可催化 1 分子 O_2^- 氧化生成 O_2，另 1 分子 O_2^- 还原生成 H_2O_2。催化反应如下：

SOD 的应用

$$2O_2^- + 2e^- \longrightarrow 2O_2^- \xrightarrow{SOD} H_2O_2 + O_2$$

反应生成的 H_2O_2 再被过氧化氢酶和含硒的谷胱甘肽过氧化物酶分解为 H_2O。

点滴积累 ▽

1. 线粒体外的 $NADH+H^+$ 经 α-磷酸甘油穿梭机制可产生 1.5 分子 ATP，经苹果酸-天冬氨酸穿梭机制可产生 2.5 分子 ATP。

2. 线粒体外其他氧化体系的特点是不伴有偶联磷酸化，不能生成 ATP，主要与体内代谢物、药物和毒物的生物转化，自由基的清除，以及某些生理活性物质的合成密切相关。

复习导图

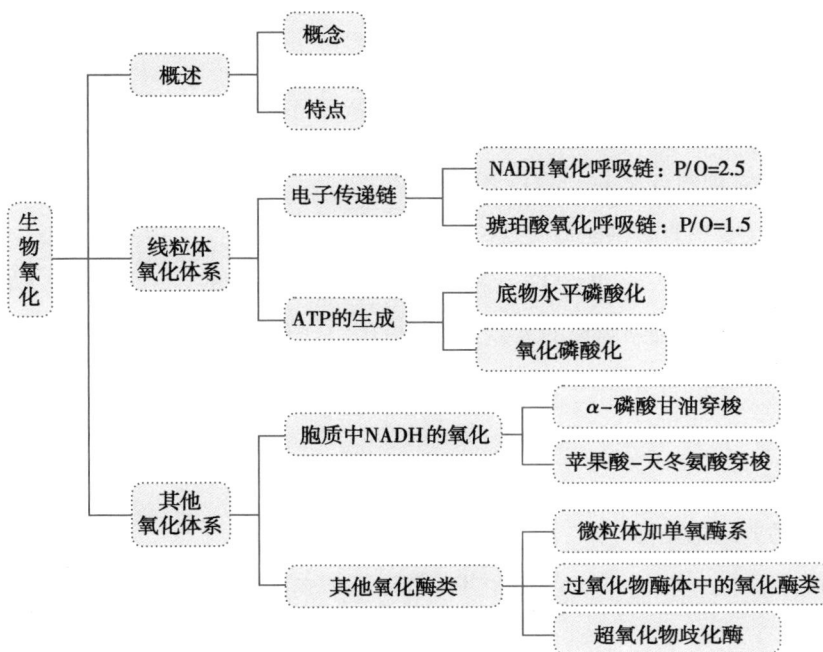

目标检测

一、选择题

（一）单项选择题

1. 下列关于营养物质在体内氧化和体外燃烧的叙述，正确的是（　　）

    A. 都是逐步释放能量　　　　　　　　　　B. 都需要催化剂

    C. 都需要在温和条件下进行　　　　　　　D. 生成的终产物基本相同

2. 生物氧化中大多数底物脱氢需要（　　）辅酶。

    A. FAD　　　　　　　　B. FMN　　　　　　　　C. NAD^+　　　　　　　　D. CoQ

3. 下列不是呼吸链的组成部分的是（　　）

    A. NADH　　　　　　　B. NADPH　　　　　　　C. $FADH_2$　　　　　　　D. $FMNH_2$

4. 催化单纯电子转移的酶是（　　）

    A. 以 NAD^+ 为辅酶的酶　　　　　　　　B. 细胞色素和铁硫蛋白

    C. 需氧脱氢酶　　　　　　　　　　　　　D. 加单氧酶

5. 各种细胞色素在呼吸链中的排列顺序是（　　）

    A. $c \rightarrow b \rightarrow c_1 \rightarrow aa_3$　　　　　　　　　B. $c \rightarrow c_1 \rightarrow b \rightarrow aa_3$

    C. $b \rightarrow c \rightarrow c_1 \rightarrow aa_3$　　　　　　　　　D. $b \rightarrow c_1 \rightarrow c \rightarrow aa_3$

6. 代谢物每脱下 2H 经 NADH 氧化呼吸链传递可生成（　　）ATP。

    A. 1.5　　　　　　　　B. 2　　　　　　　　C. 2.5　　　　　　　　D. 3

7. 调节氧化磷酸化作用的重要激素是（　　）

    A. 甲状腺素　　　　　　B. 生长素　　　　　　C. 胰岛素　　　　　　D. 肾上腺素

8. CO 影响氧化磷酸化的机制为（　　）

    A. 加速 ATP 水解为 ADP 和 Pi

    B. 解偶联作用

    C. 使物质氧化所释放的能量大部分以热能形式消耗

    D. 影响电子在细胞色素 aa_3 与 O_2 之间传递

9. 生物体内最主要的直接供能物质是（　　）

    A. ADP　　　　　　　　B. ATP　　　　　　　　C. 磷酸肌酸　　　　　　D. GTP

10. 肌肉组织中肌肉收缩所需要的大部分能量以（　　）形式贮存。

    A. ADP　　　　　　　　　　　　　　　　B. 磷酸肌酸

    C. ATP　　　　　　　　　　　　　　　　D. 磷酸烯醇式丙酮酸

（二）多项选择题

1. 生物氧化的方式主要是（　　）

    A. 加氧　　　　　　　　　　B. 加氢　　　　　　　　　　C. 脱氢

    D. 脱氧　　　　　　　　　　E. 脱电子

2. 呼吸链中氧化磷酸化偶联部位有（   ）

    A. NADH→CoQ　　　　　　B. Cytb→Cytc$_1$　　　　　　C. Cytaa$_3$→O$_2$

    D. Cytc$_1$→Cytc　　　　　　E. Cytc→Cytaa$_3$

3. 下列属于高能化合物的有（   ）

    A. 葡萄糖　　　　　　　　B. 脂肪酸　　　　　　　　C. 磷酸肌酸

    D. GTP　　　　　　　　　E. ATP

4. ATP 在能量代谢中的特点是（   ）

    A. 其化学能可转变成渗透能和电能等

    B. 主要在氧化磷酸化过程中生成 ATP

    C. 生成、贮存、利用和转换都以 ATP 为中心

    D. 体内合成反应所需的能量只能由 ATP 直接提供

    E. 以上答案都对

5. 影响氧化磷酸化的物质有（   ）

    A. 寡毒素　　　　　　　　B. 二硝基苯酚　　　　　　C. 氰化物

    D. ATP 浓度　　　　　　　E. 胰岛素

二、判断改错题

1. 生物体内，所有高能化合物都含磷酸基团。

2. 物质在空气中燃烧和生物体内氧化的化学本质完全相同。

3. ATP 分子中含有 3 个高能磷酸键。

4. 氧化磷酸化是体内产生 ATP 的主要途径。

5. 解偶联剂的作用是解开电子传递和磷酸化的偶联关系，并不影响 ATP 的形成。

三、简答题

1. 生物氧化有哪些特点？

2. 什么叫氧化磷酸化？影响氧化磷酸化的因素有哪些？

3. 试说明 ATP 在能量代谢中的中心作用。

四、实例分析题

1. 为什么使用亚硝酸盐并结合硫代硫酸钠可用来抢救氰化钾中毒者？

2. 以感冒或患某些传染性疾病时体温升高说明解偶联剂对呼吸链作用的影响。

（成　亮）

第五章

糖代谢

导学情景 ∨

情景描述

　　2016 年年末,一篇名为《BBC 人体实验:双胞胎医生一人吃糖,一人吃脂肪,最后谁变胖?》的文章在朋友圈里热传。 实验得出结论:单纯吃糖或单纯吃脂肪,不论吃多少,体内的糖和脂肪也没有过量,没有引发肥胖。 这个实验其实是 BBC 两年前的纪录片,2014 年年初播出时就受到了各种质疑,有人说这是一家含糖饮料厂商的营销活动。 BBC 也坦然说是真人秀节目,不是严谨的科学实验,结论也是不可信的。 但是它重新引起了人们对糖的关注。

学前导语

　　在我国,无论是以面食为主的北方还是以大米为主的南方,淀粉都是日常饮食的主要组成部分。 而淀粉是由葡萄糖分子聚合而成的,这也说明糖在日常生活中有着举足轻重的作用。 本章通过讲述葡萄糖在体内的基本代谢,说明葡萄糖在生命中的价值。 此外,现代医药的开发离不开对糖类物质的研究和利用,因此,糖类物质的研究对医药学的发展具有重大意义。

第一节　糖代谢概述

ER-5-1
扫一扫,知重点

　　糖是多羟基醛或多羟基酮以及它们的衍生物,广泛存在于动植物体内,尤其是植物中含量最为丰富,约占 85%~95%。人体从自然界摄取的物质中,除水以外,糖是摄取量最多的物质。人体含糖量约占干重的 2%。

一、生物体内主要糖类及生理功能

　　人体所含糖类主要是葡萄糖(glucose)和糖原(glycogen),葡萄糖是糖在体内的运输和利用形式,糖原是一种葡萄糖的多聚体,是体内储存葡萄糖的形式。其他的单糖如果糖、半乳糖、甘露糖在机体内所占比例很小,又主要进入葡萄糖代谢途径中代谢。因此本章主要介绍葡萄糖在机体内的代谢。

　　糖的主要生理功能有:①供能与储能。氧化供能是糖的主要生理功能。1mol 葡萄糖在体内彻底氧化成 CO_2 和 H_2O 可释放能量 2840kJ。一般情况下,人体所需能量的 50%~70% 来自于糖。糖在体内可以糖原的形式进行储存,这是机体储存能量的重要方式。当机体需要时,糖原分解并释放入血,可有效地维持正常的血糖浓度,保证重要生命器官的能量供给。②参与构造组织细胞。糖也是构成机体组织结构的重要成分,如糖蛋白、糖脂是细胞膜的组成成分;蛋白聚糖、糖蛋白参与构成结缔组织、软骨和骨基质;核糖、脱氧核糖是核酸的组成成分等。③机体重要的碳源。糖代谢的中间产物可转变成其他含碳化合物,如转变成某些营养非必需氨基酸、脂肪酸、核苷及糖的衍生物等。此外,糖还能参与构成体内某些具有特殊功能的物质,如免疫球蛋白、酶、激素、血型物质及血浆蛋白等。

膳食纤维

二、糖的消化与吸收

体内的糖主要来源于食物中的淀粉及少量蔗糖、麦芽糖、乳糖等。糖的主要消化部位在小肠上段,糖在一些消化酶作用下被水解为单糖(以葡萄糖为主)。在小肠上皮黏膜细胞膜上有各种单糖的运输载体,葡萄糖被小肠上皮细胞摄取是一个依赖 Na^+ 的耗能的主动摄取过程,有特定的载体参与,因此小肠黏膜细胞对葡萄糖的吸收是主动吸收而非被动扩散。血液中的葡萄糖经血液流经全身,被各组织细胞摄取利用,优先进入脑和肌肉,在有富余的情况下进入肝脏合成糖原。

三、糖在体内的代谢概况

糖代谢主要是指葡萄糖在体内的一系列复杂的化学变化。在不同的生理条件下,葡萄糖在组织细胞内代谢的途径也不同。氧供应充足时,葡萄糖能彻底氧化生成 CO_2、H_2O 并释放能量;缺氧时,葡萄糖分解生成乳酸;此外,葡萄糖也可通过磷酸戊糖途径代谢。体内血糖充足时,肝、肌肉等组织可以把葡萄糖合成糖原储存;反之则进行糖原分解。同时,有些非糖物质如乳酸、丙酮酸、生糖氨基酸、甘油等能经糖异生作用转变成葡萄糖;葡萄糖也可转变成其他非糖物质。糖在体内代谢概况如图 5-1。

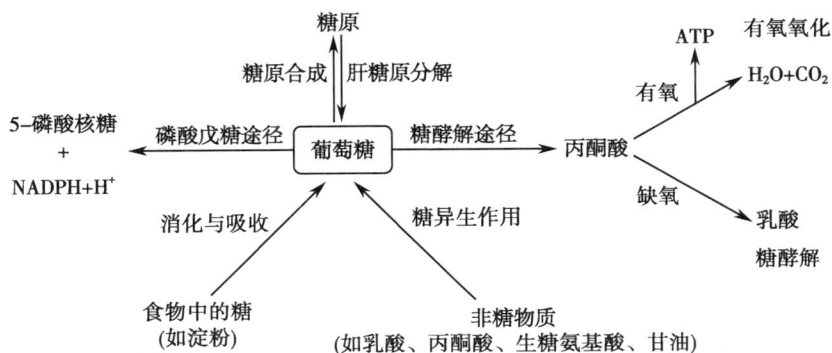

图 5-1 糖在体内代谢概况

点滴积累 ∨

1. 糖的主要生理功能有供能与储能、参与构造组织、细胞机体重要的碳源。

2. 人体内葡萄糖的吸收方式为主动运输。

第二节　糖的分解代谢

葡萄糖进入组织细胞后,根据机体的需要,主要有三条分解代谢途径,根据其反应条件、反应过程及终产物不同而分为无氧分解、有氧氧化及磷酸戊糖途径。

一、糖的无氧分解

糖的无氧分解是指葡萄糖或糖原在无氧或缺氧条件下,分解生成乳酸的过程。由于此过程与酵母菌使糖生醇发酵相似,故又称为糖酵解(glycolysis)。

（一）糖酵解的反应过程

糖酵解的反应过程是一个连续进行的酶促反应,在胞液中进行。为了便于理解,可将其分为两个阶段:第一阶段是葡萄糖(或糖原的葡萄糖单位)分解生成丙酮酸,称为糖酵解途径;第二阶段是丙酮酸还原生成乳酸。

1. 糖酵解途径

（1）葡萄糖磷酸化生成6-磷酸葡萄糖:葡萄糖在己糖激酶(在肝细胞内是葡萄糖激酶)催化下,由 ATP 提供磷酸基和能量,生成6-磷酸葡萄糖。此反应不可逆,消耗 ATP。

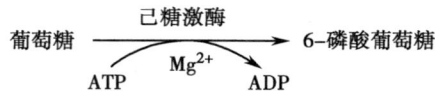

$$葡萄糖 \quad \xrightarrow[\substack{ATP \quad Mg^{2+} \quad ADP}]{己糖激酶} \quad 6\text{-磷酸葡萄糖}$$

糖原进行糖酵解时,非还原端的葡萄糖单位先进行磷酸解生成1-磷酸葡萄糖,再经磷酸葡萄糖变位酶催化生成6-磷酸葡萄糖,不消耗 ATP。

（2）6-磷酸葡萄糖异构转变为6-磷酸果糖:这是醛糖和酮糖之间的异构化反应,由磷酸己糖异构酶催化,该反应可逆。

$$6\text{-磷酸葡萄糖} \quad \xrightleftharpoons{磷酸己糖异构酶} \quad 6\text{-磷酸果糖}$$

（3）6-磷酸果糖再磷酸化生成1,6-二磷酸果糖:这是第二次磷酸化反应,需要 ATP 提供磷酸基和能量,由磷酸果糖激酶催化,此反应不可逆。

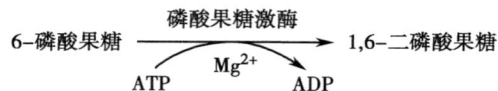

$$6\text{-磷酸果糖} \quad \xrightarrow[\substack{ATP \quad Mg^{2+} \quad ADP}]{磷酸果糖激酶} \quad 1,6\text{-二磷酸果糖}$$

（4）1,6-二磷酸果糖裂解生成2分子的磷酸丙糖:含6碳的1,6-二磷酸果糖经醛缩酶催化裂解生成2分子含3碳的磷酸丙糖,即磷酸二羟丙酮和3-磷酸甘油醛。二者为同分异构体,在异构酶的催化下可以互相转变。

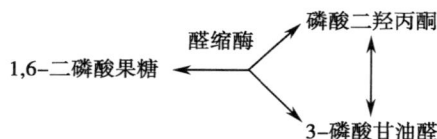

$$1,6\text{-二磷酸果糖} \quad \xleftarrow{醛缩酶} \quad \begin{matrix} 磷酸二羟丙酮 \\ \updownarrow \\ 3\text{-磷酸甘油醛} \end{matrix}$$

（5）3-磷酸甘油醛氧化生成 1,3-二磷酸甘油酸：在 3-磷酸甘油醛脱氢酶的催化下,3-磷酸甘油醛脱氢并磷酸化生成含有高能磷酸键的 1,3-二磷酸甘油酸,反应脱下的氢由辅酶 NAD^+ 接受生成 $NADH+H^+$。这是糖酵解途径中唯一的氧化反应。

$$3-磷酸甘油醛 \underset{Pi+NAD^+ \quad NADH+H^+}{\overset{3-磷酸甘油醛脱氢酶}{\rightleftharpoons}} 1,3-二磷酸甘油酸$$

（6）1,3-二磷酸甘油酸转变为 3-磷酸甘油酸：1,3-二磷酸甘油酸的高能磷酸键在磷酸甘油酸激酶催化下,转移给 ADP 生成 ATP,自身转变为 3-磷酸甘油酸。这是糖酵解途径中第一次通过底物水平磷酸化生成 ATP 的反应。

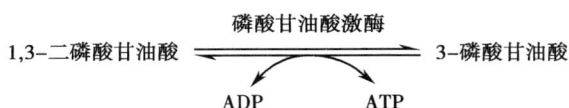

$$1,3-二磷酸甘油酸 \underset{ADP \quad ATP}{\overset{磷酸甘油酸激酶}{\rightleftharpoons}} 3-磷酸甘油酸$$

（7）3-磷酸甘油酸转变为 2-磷酸甘油酸：磷酸甘油酸变位酶催化磷酸基从 C_3 位转移到 C_2 位,反应是可逆的。

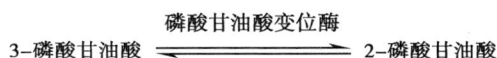

$$3-磷酸甘油酸 \overset{磷酸甘油酸变位酶}{\rightleftharpoons} 2-磷酸甘油酸$$

（8）2-磷酸甘油酸脱水生成磷酸烯醇式丙酮酸：2-磷酸甘油酸经烯醇化酶催化进行脱水的同时,分子内部的能量重新分配,生成含有高能磷酸键的磷酸烯醇式丙酮酸（PEP）。

$$2-磷酸甘油酸 \overset{烯醇化酶}{\rightleftharpoons} 磷酸烯醇式丙酮酸$$

（9）丙酮酸的生成：在丙酮酸激酶催化下,磷酸烯醇式丙酮酸上的高能磷酸键转移给 ADP 生成 ATP,自身则生成丙酮酸。这是糖酵解途径中的第二次底物水平磷酸化。此反应不可逆。

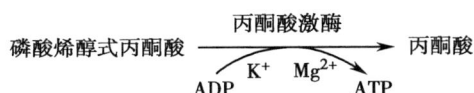

$$磷酸烯醇式丙酮酸 \underset{ADP \quad K^+ \quad Mg^{2+} \quad ATP}{\overset{丙酮酸激酶}{\longrightarrow}} 丙酮酸$$

2. 丙酮酸还原生成乳酸 机体缺氧时,在乳酸脱氢酶（LDH）催化下,由 3-磷酸甘油醛脱氢反应生成的 $NADH+H^+$ 作为供氢体,将丙酮酸还原生成乳酸。$NADH+H^+$ 重新转变成 NAD^+,糖酵解才能继续进行。

$$丙酮酸 \underset{NADH+H^+ \quad NAD^+}{\overset{乳酸脱氢酶}{\rightleftharpoons}} 乳酸$$

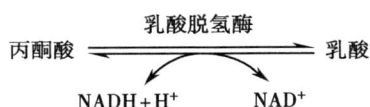

糖酵解的全部反应过程见图 5-2。

（二）糖酵解的特点

1. 糖酵解反应的全过程在胞液中进行,没有氧的参与,乳酸是其终产物。

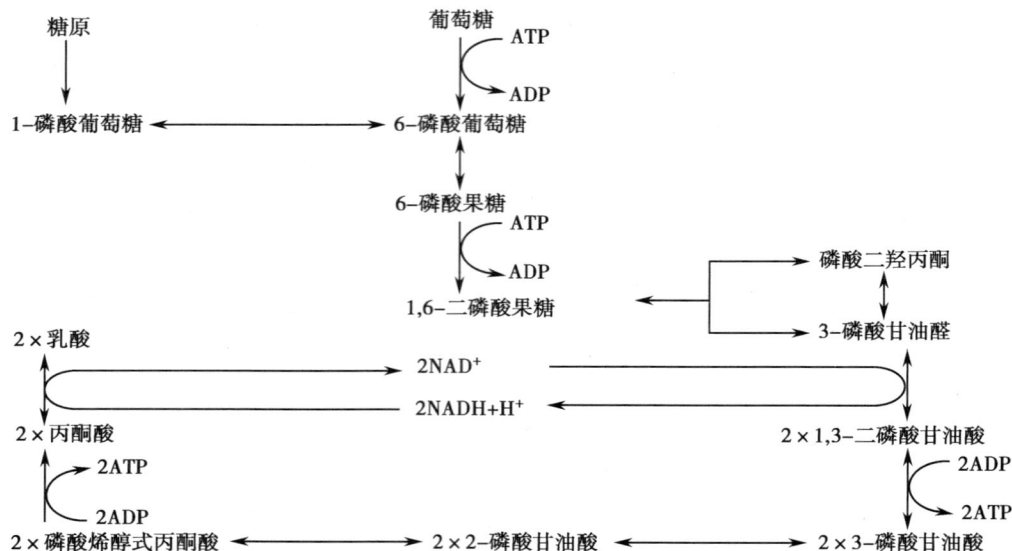

图 5-2　糖酵解代谢途径

2. 糖酵解是体内葡萄糖分解供能的重要途径之一,主要通过两次底物水平磷酸化产生,1 分子葡萄糖分解为乳酸可净生成 2 分子 ATP;若从糖原分子开始则净生成 3 分子 ATP。

3. 在糖酵解反应的全过程中,有三步是不可逆的单向反应。催化这三步反应的己糖激酶(葡萄糖激酶)、磷酸果糖激酶和丙酮酸激酶是糖酵解途径的关键酶,其中磷酸果糖激酶是限速酶。

4. 红细胞中的糖酵解存在 2,3-二磷酸甘油酸支路。在红细胞中,1,3-二磷酸甘油酸除可直接脱磷酸生成 3-磷酸甘油酸外,还可通过磷酸甘油酸变位酶的催化生成 2,3-二磷酸甘油酸,进而在 2,3-二磷酸甘油酸磷酸酶催化下生成 3-磷酸甘油酸。此代谢通路称为 2,3-BPG 支路。2,3-二磷酸甘油酸的主要功能是调节血红蛋白的携带氧能力。

(三)糖酵解的生理意义

1. 迅速提供能量　这对肌肉组织尤为重要,肌肉组织中的 ATP 含量甚微,肌肉收缩几秒钟就可全部耗尽。此时即使不缺氧,葡萄糖进行有氧氧化的过程比糖酵解长得多,不能及时满足生理需要,而通过糖酵解则可迅速获得 ATP。

2. 缺氧时的主要供能方式　如剧烈运动时,肌肉局部血流不足相对缺氧,必须通过糖酵解供能。某些病理情况,如严重贫血、大量失血、呼吸障碍、循环衰竭等,因供氧不足长时间依靠糖酵解供能,可导致乳酸堆积,引起乳酸酸中毒。

3. 供氧充足时少数组织的能量来源　如视网膜、肾髓质、皮肤、睾丸等即便供氧充足,仍然依赖糖酵解供能。成熟红细胞没有线粒体,完全依靠糖酵解供能。此外,神经、白细胞、骨髓等代谢极为活跃,即使不缺氧,也常由糖酵解提供部分能量。

糖酵解(微课)

二、糖的有氧氧化

糖的有氧氧化(aerobic oxidation)是指葡萄糖或糖原在有氧条件下,彻底氧化分解生成 CO_2 和

H_2O 的过程。有氧氧化是糖氧化的主要方式,机体绝大多数细胞通过糖的有氧氧化获取能量。

> **知识链接**
>
> 巴斯德效应
>
> 法国科学家巴斯德(L. Pasteur)1861 年在研究酵母的酒精发酵量和氧分压之间的关系中发现,酵母在无氧时进行生醇发酵,将其转移至有氧环境,生醇发酵即被抑制,有氧氧化抑制生醇发酵(糖酵解)的现象称为巴斯德效应。 相比起足氧的情况,酵母在缺氧的情况下消耗更多的葡萄糖。

(一)有氧氧化的反应过程

糖有氧氧化的反应过程大致分三个阶段:第一阶段是葡萄糖或糖原在胞质中循糖酵解途径分解生成丙酮酸;第二阶段是丙酮酸进入线粒体氧化脱羧生成乙酰 CoA;第三阶段是乙酰 CoA 经三羧酸循环彻底氧化生成 CO_2,脱下的氢进入呼吸链,进行氧化磷酸化生成 H_2O 和 ATP。葡萄糖有氧氧化概况如图 5-3。

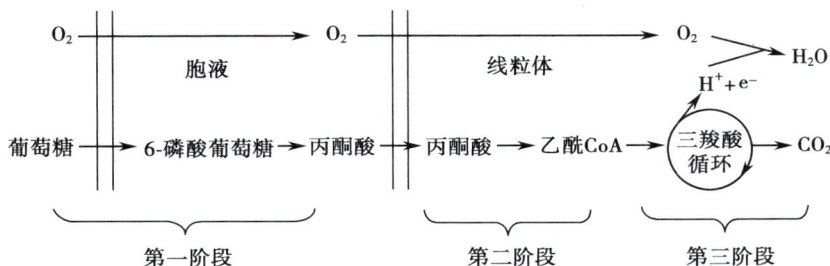

图 5-3 葡萄糖有氧氧化概况

第一阶段:丙酮酸的生成。与糖酵解途径相同。但反应中生成的 $NADH+H^+$ 不参与丙酮酸还原为乳酸的反应,而是经呼吸链氧化生成水并释放出能量。

第二阶段:丙酮酸氧化脱羧生成乙酰 CoA。在有氧条件下,胞液中生成的丙酮酸进入线粒体,然后在丙酮酸脱氢酶复合体的催化下,进行脱氢(氧化)和脱羧(脱去 CO_2),并与辅酶 A(HSCoA)结合生成乙酰 CoA。整个反应是不可逆的。

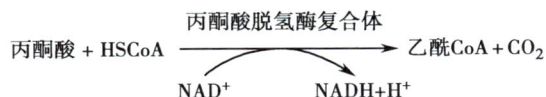

丙酮酸脱氢酶复合体由三种酶蛋白和五种辅助因子组成(见表 5-1)。丙酮酸脱氢酶系的 5 种辅酶均含有维生素,如:TPP 中含有维生素 B_1,辅酶 A 中含有泛酸,FAD 含有维生素 B_2,NAD^+ 含有维生素 PP。所以,当这些维生素缺乏时,势必导致糖代谢障碍,造成体内能量供应障碍,而丙酮酸和乳酸的堆积可引发末梢神经炎。如维生素 B_1 缺乏可引起脚气病。

ER-5-4

丙酮酸氧化脱羧

表 5-1 丙酮酸脱氢酶复合体的组成

酶	辅酶（辅基）	所含维生素
丙酮酸脱氢酶（E1）	TPP	维生素 B_1
二氢硫辛酸乙酰转移酶（E2）	二氢硫辛酸、辅酶 A	硫辛酸、泛酸
二氢硫辛酸脱氢酶（E3）	FAD、NAD^+	维生素 B_2、维生素 PP

第三阶段:乙酰 CoA 彻底氧化分解——三羧酸循环。三羧酸循环(tricarboxylic acid cycle,TCA)由 Krebs 于 1937 年提出,故又称 Krebs 循环。该循环由乙酰 CoA 与草酰乙酸缩合成含三个羧基的柠檬酸开始,经过一系列脱氢和脱羧反应,最终又生成草酰乙酸。全部反应都在线粒体中进行。每进行一次三羧酸循环相当于一个乙酰基被氧化。

1. 三羧酸循环反应过程

(1)柠檬酸的生成:乙酰 CoA 与草酰乙酸在柠檬酸合酶催化下,缩合成柠檬酸。乙酰 CoA 的高能硫酯键水解释放能量促进这一缩合反应,这是一个不可逆反应。

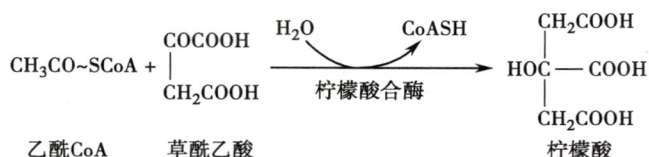

$$CH_3CO\sim SCoA + \begin{matrix} COCOOH \\ | \\ CH_2COOH \end{matrix} \xrightarrow[\text{柠檬酸合酶}]{H_2O \quad CoASH} \begin{matrix} CH_2COOH \\ | \\ HOC—COOH \\ | \\ CH_2COOH \end{matrix}$$

乙酰 CoA　　　草酰乙酸　　　　　　　　　　　　　　柠檬酸

(2)异柠檬酸的生成:在顺乌头酸酶作用下,柠檬酸与异柠檬酸异构互变。柠檬酸先脱水生成顺乌头酸,再加水生成异柠檬酸。

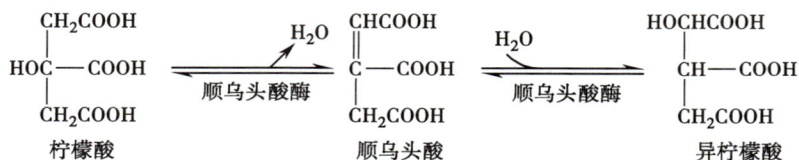

$$\begin{matrix} CH_2COOH \\ | \\ HOC—COOH \\ | \\ CH_2COOH \end{matrix} \xrightarrow[\text{顺乌头酸酶}]{H_2O} \begin{matrix} CHCOOH \\ || \\ C—COOH \\ | \\ CH_2COOH \end{matrix} \xrightarrow[\text{顺乌头酸酶}]{H_2O} \begin{matrix} HOCHCOOH \\ | \\ CH—COOH \\ | \\ CH_2COOH \end{matrix}$$

柠檬酸　　　　　　　　　　　顺乌头酸　　　　　　　　　异柠檬酸

(3)异柠檬酸氧化脱羧生成 α-酮戊二酸:在异柠檬酸脱氢酶作用下,异柠檬酸脱氢脱羧生成 α-酮戊二酸和 CO_2,脱下的氢由 NAD^+ 接受。此反应不可逆。

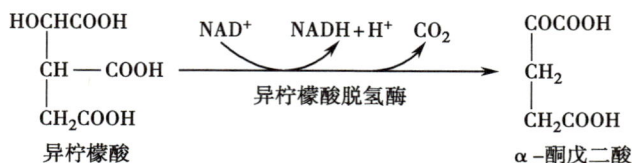

$$\begin{matrix} HOCHCOOH \\ | \\ CH—COOH \\ | \\ CH_2COOH \end{matrix} \xrightarrow[\text{异柠檬酸脱氢酶}]{NAD^+ \quad NADH+H^+ \quad CO_2} \begin{matrix} COCOOH \\ | \\ CH_2 \\ | \\ CH_2COOH \end{matrix}$$

异柠檬酸　　　　　　　　　　　　　　　　　　　　α-酮戊二酸

(4)α-酮戊二酸氧化脱羧生成琥珀酰 CoA:该反应由 α-酮戊二酸脱氢酶复合体催化,该复合体的催化机制与丙酮酸脱氢酶复合体相似。此反应也是一个不可逆反应。

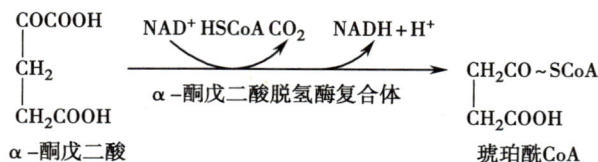

$$\begin{matrix} COCOOH \\ | \\ CH_2 \\ | \\ CH_2COOH \end{matrix} \xrightarrow[\text{α-酮戊二酸脱氢酶复合体}]{NAD^+ \, HSCoA \, CO_2 \quad NADH+H^+} \begin{matrix} CH_2CO\sim SCoA \\ | \\ CH_2COOH \end{matrix}$$

α-酮戊二酸　　　　　　　　　　　　　　　　　　　琥珀酰 CoA

（5）琥珀酸的生成：琥珀酰 CoA 是高能化合物，在琥珀酰 CoA 合成酶催化下，其高能硫酯键水解，将能量转移给 GDP 生成 GTP，自身变为琥珀酸，这是三羧酸循环中唯一的一步底物水平磷酸化反应。GTP 除可直接利用外，也可经能量转移生成 ATP。

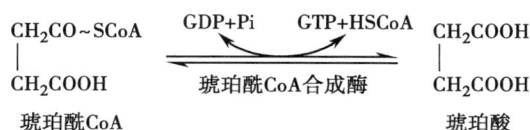

$$\begin{array}{c} CH_2CO{\sim}SCoA \\ | \\ CH_2COOH \\ \text{琥珀酰CoA} \end{array} \quad \xrightarrow[\text{琥珀酰CoA合成酶}]{GDP+Pi \quad GTP+HSCoA} \quad \begin{array}{c} CH_2COOH \\ | \\ CH_2COOH \\ \text{琥珀酸} \end{array}$$

（6）琥珀酸氧化生成延胡索酸：在琥珀酸脱氢酶催化下，琥珀酸脱氢生成延胡索酸，脱下的氢由 FAD 接受生成 $FADH_2$。

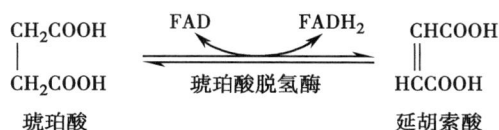

$$\begin{array}{c} CH_2COOH \\ | \\ CH_2COOH \\ \text{琥珀酸} \end{array} \quad \xrightarrow[\text{琥珀酸脱氢酶}]{FAD \quad FADH_2} \quad \begin{array}{c} CHCOOH \\ || \\ HCCOOH \\ \text{延胡索酸} \end{array}$$

（7）延胡索酸加水生成苹果酸：延胡索酸在延胡索酸酶催化下，加水生成苹果酸。

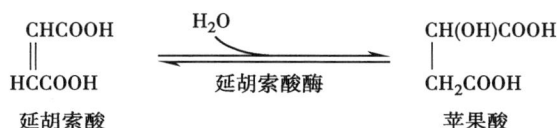

$$\begin{array}{c} CHCOOH \\ || \\ HCCOOH \\ \text{延胡索酸} \end{array} \quad \xrightarrow[\text{延胡索酸酶}]{H_2O} \quad \begin{array}{c} CH(OH)COOH \\ | \\ CH_2COOH \\ \text{苹果酸} \end{array}$$

（8）苹果酸氧化生成草酰乙酸：苹果酸在苹果酸脱氢酶催化下，脱氢生成草酰乙酸，脱下的氢由 NAD^+ 接受，再生的草酰乙酸可再次进入三羧酸循环。

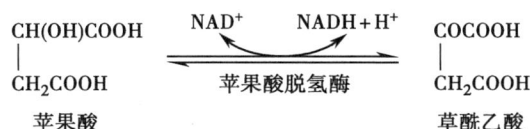

$$\begin{array}{c} CH(OH)COOH \\ | \\ CH_2COOH \\ \text{苹果酸} \end{array} \quad \xrightarrow[\text{苹果酸脱氢酶}]{NAD^+ \quad NADH+H^+} \quad \begin{array}{c} COCOOH \\ | \\ CH_2COOH \\ \text{草酰乙酸} \end{array}$$

三羧酸循环归纳总结如图 5-4。

2. 三羧酸循环的特点　三羧酸循环是在有氧条件下进行的，是机体产生 ATP 的主要代谢过程。其特点可以归纳如下：

三羧酸循环（微课）

（1）1 次底物水平磷酸化：琥珀酰 CoA 转变为琥珀酸过程中，生成 1 分子 GTP。

（2）2 次脱羧（生成 CO_2）：异柠檬酸氧化脱羧，α-酮戊二酸氧化脱羧。

（3）3 个限速酶：柠檬酸合酶、异柠檬酸脱氢酶、α-酮戊二酸脱氢酶复合体，这三个限速酶所催化的反应是不可逆的，所以三羧酸循环是不能逆转的。

（4）4 次脱氢：循环中有 4 次脱氢反应，3 次以 NAD^+ 为受氢体，1 次以 FAD 为受氢体。

（5）生成 10 分子 ATP：反应脱下的成对氢原子经 NADH 氧化呼吸链传递生成 2.5 分子 ATP，经 $FADH_2$ 氧化呼吸链传递生成 1.5 分子 ATP，循环中还有一次底物水平磷酸化生成 1 分子 ATP，所以 1 分子乙酰 CoA 经三羧酸循环彻底氧化产生 10 分子 ATP。

$$3(NADH+H^+)+FADH_2+1ATP = 3×2.5ATP+1×1.5ATP+1ATP = 10ATP$$

（6）三羧酸循环必须在有氧条件下进行：当氧供给充足时，丙酮酸氧化脱羧生成乙酰 CoA，进入

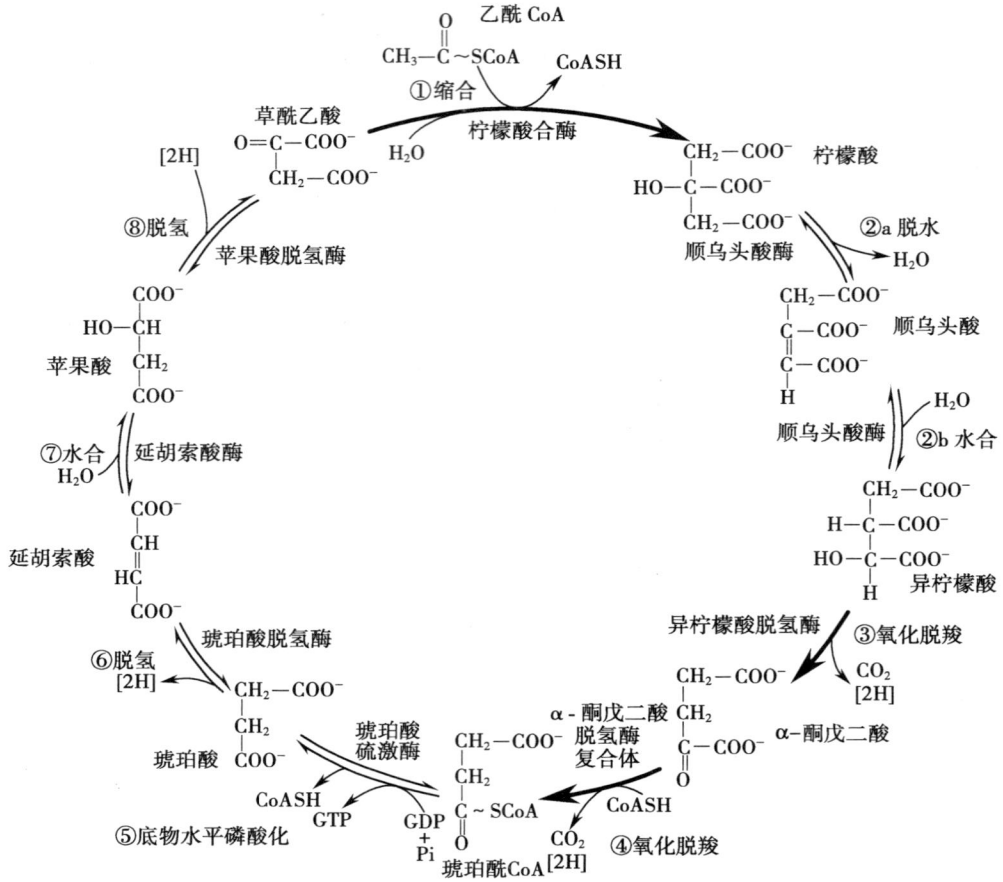

图 5-4 三羧酸循环

三羧酸循环彻底氧化,故糖的氧化分解以有氧氧化为主。

(7)三羧酸循环必须不断补充中间产物:单从三羧酸循环来看,其中间产物并无量的变化,但由于体内各代谢途径间是彼此联系、相互转化的,循环的中间产物可作为生物合成的原料,如草酰乙酸可转变为天冬氨酸而参与蛋白质合成,琥珀酰辅酶 A 用于血红素合成等,使得这些中间产物不断离开三羧酸循环,所以三羧酸循环的中间产物就必须不断得到补充。最重要的补充反应是丙酮酸羧化生成草酰乙酸。

(二)糖有氧氧化的生理意义

1. 有氧氧化是机体供能的主要方式 1 分子葡萄糖经有氧氧化生成 CO_2 和 H_2O,能净生成 30 或 32 分子 ATP(见表 5-2)。

2. 三羧酸循环是体内糖、脂肪、蛋白质彻底氧化的共同途径 糖、脂肪、蛋白质经代谢后都能生成乙酰 CoA,进入三羧酸循环彻底氧化,最终产物都是 CO_2、H_2O 和 ATP。

3. 三羧酸循环是糖、脂肪、蛋白质代谢联系的枢纽 三羧酸循环的许多中间产物可与其他代谢途径相沟通。如糖代谢的中间产物 α-酮戊二酸、丙酮酸及草酰乙酸能通过氨基化生成谷氨酸、丙氨酸、天冬氨酸;糖代谢的中间产物乙酰 CoA 是合成脂肪酸的原料;脂肪代谢的中间产物甘油可异生为糖,脂肪酸的氧化产物乙酰 CoA 则可进入三羧酸循环氧化;氨基酸代谢的产物 α-酮酸也可异生为糖等。

表 5-2 有氧氧化过程中 ATP 的生成

反应阶段	反应过程	生成 ATP 数
第一阶段	葡萄糖→6-磷酸葡萄糖	−1
	6-磷酸果糖→1,6-二磷酸果糖	−1
	2×3-磷酸甘油醛→2×1,3-二磷酸甘油酸	2×2.5 或 2×1.5*
	2×1,3 二磷酸甘油酸→2×3-磷酸甘油酸	2×1
	2×磷酸烯醇式丙酮酸→2×丙酮酸	2×1
第二阶段	2×丙酮酸→2×乙酰辅酶 A	2×2.5
第三阶段	2×异柠檬酸→2×α-酮戊二酸	2×2.5
	2×α-酮戊二酸→2×琥珀酰辅酶 A	2×2.5
	2×琥珀酰辅酶 A→2×琥珀酸	2×1
	2×琥珀酸→2×延胡索酸	2×1.5
	2×苹果酸→2×草酰乙酸	2×2.5
合计		32 或 30

* $NADH+H^+$ 经苹果酸穿梭进入线粒体产生 2.5 个 ATP;如经 α-磷酸甘油穿梭进入线粒体则产生 1.5 个 ATP。

▶▶ 课堂活动

机体在剧烈运动后为什么会出现肌肉酸痛的现象?

糖酵解与糖
有氧氧化异
同点

三、磷酸戊糖途径

磷酸戊糖途径(pentose phosphate pathway)也是体内糖代谢的途径之一,由 6-磷酸葡萄糖开始,因在代谢过程中有磷酸戊糖的产生,所以称磷酸戊糖途径。该途径的主要功能不是产生 ATP,而是产生 5-磷酸核糖和 NADPH。其发生在肝脏、脂肪组织、哺乳期的乳腺、肾上腺皮质、性腺、骨髓和红细胞等部位。

(一)反应过程

磷酸戊糖途径在胞液中进行。全过程可分为两个阶段:第一阶段是氧化反应阶段,生成磷酸戊糖;第二阶段是基团转移反应。

1. 磷酸戊糖的生成 6-磷酸葡萄糖经 2 次脱氢,生成 2 分子 $NADPH+H^+$,一次脱羧反应生成 1 分子 CO_2,自身则转变成 5-磷酸核糖。6-磷酸葡萄糖脱氢酶是此途径的关键酶。

2. 基团转移反应 第一阶段生成的 5-磷酸核糖是合成核苷酸的原料,部分磷酸核糖通过一系列基团转移反应,转变成6-磷酸果糖和3-磷酸甘油醛。它们可转变为6-磷酸葡萄糖继续进行磷酸戊糖途径,也可以进入糖的有氧氧化或糖酵解氧化分解。基本反应过程见图 5-5。

6-磷酸葡萄糖×3

↓ 3NADP$^+$

↘ 3NADPH + 3H$^+$

6-磷酸葡萄糖酸内酯×3

↓

6-磷酸葡萄糖酸×3

↓ 3NADP$^+$

3CO$_2$ ↙ ↘ 3NADPH + 3H$^+$

5-磷酸核酮糖×3

5-磷酸木酮糖　5-磷酸核糖　　5-磷酸木酮糖

7-磷酸景天糖　　　3-磷酸甘油醛

4-磷酸赤藓糖　　6-磷酸果糖

3-磷酸甘油醛　　6-磷酸果糖

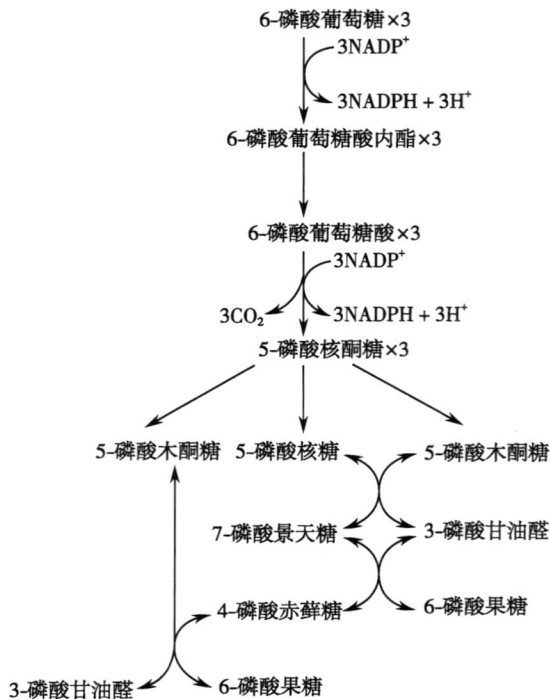

图 5-5　磷酸戊糖途径示意图

知识链接

蚕 豆 病

　　蚕豆病是一种 6-磷酸葡萄糖脱氢酶缺乏所导致的疾病，表现为在遗传性 6-磷酸葡萄糖脱氢酶缺陷的情况下，食用新鲜蚕豆后突然发生的急性血管内溶血。此病好发于儿童，男性患者约占 90% 以上。大多食蚕豆后 1~2 天发病，早期症状有厌食、疲劳、低热、恶心、不定性的腹痛，接着因溶血而发生眼角黄染及全身黄疸，出现酱油色尿和贫血症状。严重时有尿血、休克、心功能和肾功能衰竭，重度缺氧时还可见双眼固定性偏斜。此时如不及时抢救可于 1~2 天内死亡。

（二）生理意义

1. 提供 5-磷酸核糖　此途径是葡萄糖在体内生成 5-磷酸核糖的唯一途径。5-磷酸核糖是合成核苷酸的原料，核苷酸是核酸的基本组成单位。

ER5-7

中国蚕豆病
的发现

2. 提供 NADPH+H$^+$　NADPH+H$^+$ 与 NADH+H$^+$ 不同，它携带的氢不是通过呼吸链氧化磷酸化生成 ATP，而是参与许多代谢反应，发挥不同的作用。

（1）作为供氢体参与脂肪酸、胆固醇和类固醇激素的生物合成。

（2）是谷胱甘肽还原酶的辅酶：对维持还原型谷胱甘肽（GSH）的正常含量有很重要的作用。还原型谷胱甘肽是体内重要的抗氧化剂，能保护一些含巯基（—SH）的蛋白质和酶类免受氧化剂的破坏。在红细胞中还原型谷胱甘肽可以保护红细胞膜蛋白的完整性。当还原型谷胱甘肽（GSH）转化为氧化型谷胱甘肽（GSSG）时，则失去抗氧化作用。如 6-磷酸葡萄糖脱氢酶缺乏，体内生成的

NADPH+H$^+$不足,不能使 GSSG 还原成 GSH,则红细胞膜易于破裂而发生溶血性贫血。这种患者常在食用蚕豆后发病,故又称蚕豆病。

（3）参与羟化反应:与激素、药物、毒物等的生物转化作用有关。

点滴积累 ∨

1. 糖酵解过程中的关键酶有己糖激酶、磷酸果糖激酶、丙酮酸激酶。

2. 糖有氧氧化中的关键酶有己糖激酶、磷酸果糖激酶、丙酮酸激酶、丙酮酸脱氢酶复合体、柠檬酸合酶、异柠檬酸脱氢酶、α-酮戊二酸脱氢酶复合体。

第三节　糖原的合成与分解

糖原是以葡萄糖为单位聚合而成的具有分支的大分子多糖。糖原分子中的葡萄糖通过 α-1,4-糖苷键相连构成直链,在分支处以 α-1,6-糖苷键相连。体内大多数组织都含有糖原,重量约为 400g,其中以肝脏和肌肉中的含量最高。肌糖原主要通过分解代谢产生能量,供肌肉收缩时的急需;肝糖原则是血糖的重要来源,维持空腹时血糖浓度的恒定,这对脑、红细胞等组织的能量供应尤为重要。

作为一种大分子多糖,与植物淀粉相比,糖原具有更多的分支。1 分子的糖原只有 1 个还原性末端,但有多个非还原性末端(如图 5-6)。糖原每形成 1 个新的分支,就增加 1 个非还原性末端。糖原的合成与分解都是从非还原性末端开始的,非还原性末端越多,合成与分解的速度越快。

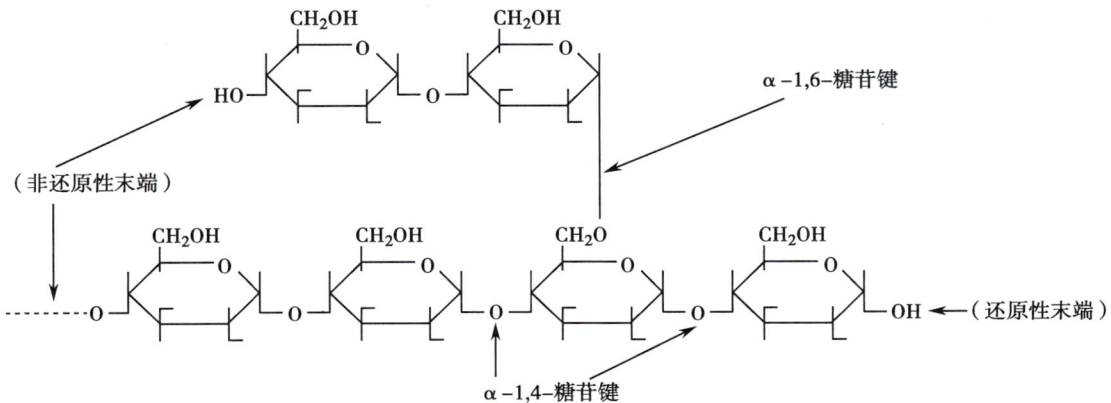

图 5-6　糖原结构示意图

一、糖原的合成

由单糖(葡萄糖、果糖、半乳糖等)合成糖原的过程称为糖原合成。大部分组织器官都能合成糖原,以肝脏、肌肉合成能力最强,需要消耗 ATP 和 UTP。

（一）合成过程

1. 葡萄糖磷酸化生成 6-磷酸葡萄糖　糖原合成时,进入肝脏或者肌肉中的葡萄糖首先在己糖激酶(肝内为葡萄糖激酶)的作用下磷酸化生成 6-磷酸葡萄糖。

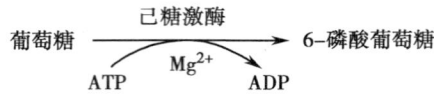

$$葡萄糖 \xrightarrow[\substack{ATP \quad Mg^{2+} \quad ADP}]{己糖激酶} 6-磷酸葡萄糖$$

2. 6-磷酸葡萄糖转变为 1-磷酸葡萄糖 6-磷酸葡萄糖在磷酸葡萄糖变位酶的作用下,磷酸基团由 6 位转移至 1 位而转变成 1-磷酸葡萄糖,该反应可逆。

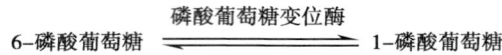

$$6-磷酸葡萄糖 \underset{}{\overset{磷酸葡萄糖变位酶}{\rightleftharpoons}} 1-磷酸葡萄糖$$

3. 1-磷酸葡萄糖生成二磷酸尿苷葡萄糖(UDPG) 在 UDPG 焦磷酸化酶的催化下,1-磷酸葡萄糖与三磷酸尿苷(UTP)反应生成 UDPG 和焦磷酸(PPi)。

$$1-磷酸葡萄糖 + UTP \underset{}{\overset{UDPG焦磷酸化酶}{\rightleftharpoons}} UDPG + PPi$$

由于焦磷酸迅速被焦磷酸酶水解为 2 分子无机磷酸,使反应向有利于合成糖原的方向进行。UDPG 可看作体内"活化的葡萄糖",在糖原合成过程中,充当葡萄糖供体。

4. 合成糖原 游离状态的葡萄糖不能作为 UDPG 中葡萄糖基的受体,因此糖原合成过程中必需有糖原引物存在。糖原引物是指原有的细胞内较小的糖原分子。在糖原合酶催化下,UDPG 与糖原引物反应,将 UDPG 上的葡萄糖基转移到引物上,以 α-1,4-糖苷键相连。上述反应反复进行,可使糖链不断延长。糖原合酶是糖原合成过程的关键酶。

$$糖原引物(G_n) + UDPG \xrightarrow{糖原合酶} 糖原G_{n+1} + UDP$$

5. 分支链的形成 糖原合酶只能延长糖链,不能形成分支。当一段糖链上的葡萄糖单位达到 12~18 个时,分支酶可将末端的约 7 个葡萄糖单位转移至邻近糖链上,以 α-1,6-糖苷键相连形成分支。分支酶的作用如图 5-7。

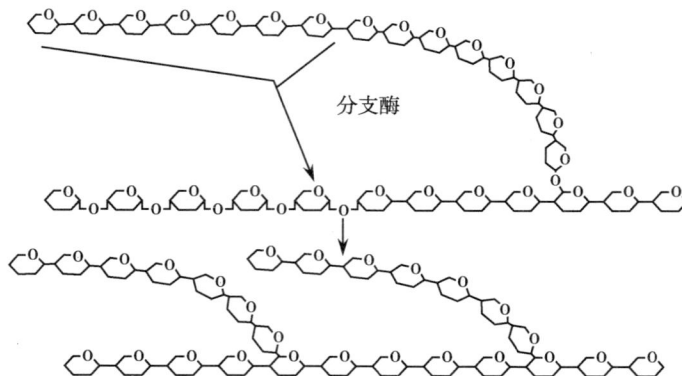

图 5-7 分支酶作用示意图

(二)糖原合成的特点

1. 糖原的合成必需有一个小分子的糖原作为引物,在此基础上使糖原分子逐渐增大。

2. 糖原合酶只能使糖原的直链延长,而分支则必需在分支酶的作用下才能形成。

3. 糖原合酶是糖原合成过程的关键酶。

4. 糖原的合成过程是耗能的过程,糖原分子中每增加一个葡萄糖单位需要消耗两个高能磷酸键。

(三)糖原合成的生理意义

糖原合成是机体储存葡萄糖的方式,也是储存能量的一种方式。同时对维持血糖浓度的恒定有重要意义,如进食后机体将摄入的糖合成糖原储存起来,以免血糖浓度过度升高。

二、糖原的分解

由肝糖原分解为葡萄糖的过程,称为糖原分解。肌糖原不能直接分解为葡萄糖,只能分解生成乳酸,再经糖异生途径转变为葡萄糖。

(一)糖原的分解过程

1. 糖原磷酸解为 1-磷酸葡萄糖 磷酸化酶可以从糖原分子的非还原端开始,逐个水解下葡萄糖单位,并磷酸化生成 1-磷酸葡萄糖。

$$\text{糖原 (Gn+1) + Pi} \xrightarrow{\text{磷酸化酶}} \text{糖原 (Gn) + 1-磷酸葡萄糖}$$

2. 1-磷酸葡萄糖异构为 6-磷酸葡萄糖 此过程由磷酸葡萄糖变位酶催化。

$$\text{1-磷酸葡萄糖} \xrightleftharpoons{\text{磷酸葡萄糖变位酶}} \text{6-磷酸葡萄糖}$$

3. 6-磷酸葡萄糖水解为葡萄糖 肝及肾中存在葡萄糖-6-磷酸酶,能水解 6-磷酸葡萄糖生成葡萄糖,肌肉中无此酶。因此只有肝糖原能直接分解为葡萄糖以补充血糖,肌糖原不能直接补充血糖。

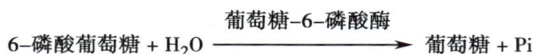

$$\text{6-磷酸葡萄糖 + H}_2\text{O} \xrightarrow{\text{葡萄糖-6-磷酸酶}} \text{葡萄糖 + Pi}$$

▶ 课堂活动

　　1. 糖原和淀粉都是大分子多糖,两者有何区别?
　　2. 机体内的肌糖原能直接分解成葡萄糖来升高血糖浓度吗? 为什么?

(二)糖原分解的特点

1. 脱支酶的作用 当糖链分解仅剩 4 个葡萄糖基时,由脱支酶将 3 个葡萄糖基转移至邻近的糖链,以 α-1,4-糖苷键连接使其延长。剩余的一个葡萄糖基再由脱支酶水解 α-1,6-糖苷键,成为游离的葡萄糖,如图 5-8。

2. 葡萄糖-6-磷酸酶只存在于肝肾等组织,肌肉中不存在,因此肌糖原不能直接分解成葡萄糖。

3. 磷酸化酶是糖原分解的限速酶。

糖原合成与分解的过程总结如图 5-9。

(三)糖原分解的生理意义

肝糖原分解能提供葡萄糖,既可在不进食期间维持血糖浓度的恒定,又可持续满足对脑组织等的能量供应。肌糖原分解则为肌肉自身收缩提供能量。

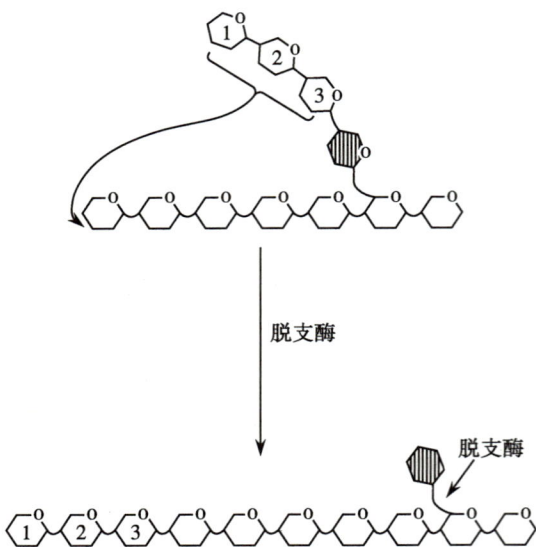

图 5-8　脱支酶作用示意图

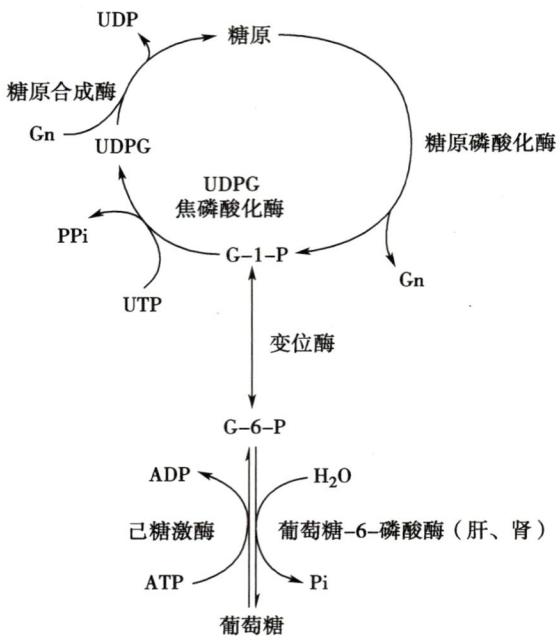

图 5-9　糖原的合成与分解

知识链接

糖原贮积症

糖原贮积症（GSD）为常染色体隐性遗传疾病，其特征是组织糖原浓度异常和(或)糖原分子结构异常，分为肝型糖原生成病和肌型糖尿累积病两类。 由于酶缺陷的种类不同，临床表现多种多样，共分为13 型，其中以Ⅰ型多见。 该疾病为遗传性疾病，患儿出生时就有肝脏肿大。 随着年龄的增长，出现明显低血糖症状，如软弱无力、出汗、呕吐、惊厥和昏迷，并可以出现酮症酸中毒。 多数患此病症者不能存活至成年，往往死于酸中毒昏迷。 轻症病例在成年后可以获得好转。

点滴积累 ∨

1. 糖原合成限速酶为糖原合酶。

2. 糖原分解限速酶为磷酸化酶。

3. 糖原合成与分解的主要生理意义是维持血糖浓度的恒定。

第四节　糖异生作用

由非糖物质转变为葡萄糖或糖原的过程称为糖异生(gluconeogenesis)。非糖物质主要有乳酸、丙酮酸、生糖氨基酸和甘油等。糖异生的主要器官是肝脏,长期饥饿时,肾脏糖异生作用加强。

一、糖异生途径

由丙酮酸生成葡萄糖的反应过程称为糖异生途径。糖异生途径基本上是糖酵解途径的逆过程，但是糖酵解途径中有三步反应是不可逆的，所以糖异生途径必须通过另外的酶催化，才能逆行生成葡萄糖或糖原。糖异生途径见图 5-10。

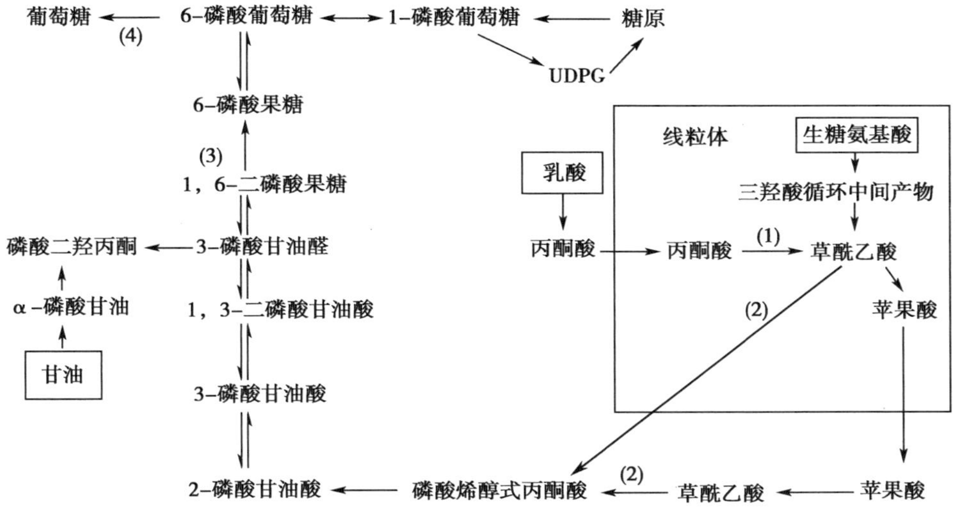

图 5-10 糖异生途径
（1）丙酮酸羧化酶；（2）磷酸烯醇式丙酮酸羧激酶；（3）果糖二磷酸酶；（4）葡萄糖-6-磷酸酶

（一）丙酮酸羧化支路

在线粒体内丙酮酸在丙酮酸羧化酶的催化下生成草酰乙酸，草酰乙酸出线粒体，然后在磷酸烯醇式丙酮酸羧激酶催化下，草酰乙酸脱羧基并从 GTP 获得磷酸生成磷酸烯醇式丙酮酸，这样就绕过了糖酵解途径中丙酮酸激酶催化的不可逆反应。在丙酮酸羧化支路中需要消耗 ATP 及 GTP。乳酸和三羧酸循环中的成员在转变为糖时都需要通过这条支路。

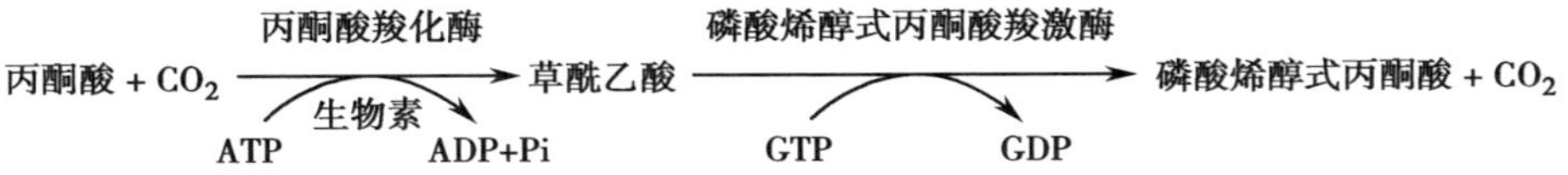

催化第一步反应的酶是丙酮酸羧化酶，其辅酶是生物素，由 ATP 供能固定 CO_2 至丙酮酸上生成草酰乙酸。由于丙酮酸羧化酶仅存在于线粒体内，故胞液中的丙酮酸必须进入线粒体，才能羧化成草酰乙酸。

参与第二步反应的酶是磷酸烯醇式丙酮酸羧激酶，由 GTP 供能催化草酰乙酸脱羧生成磷酸烯醇式丙酮酸。由于此酶主要存在于胞液中，故生成的草酰乙酸还需经过一系列反应转运出线粒体。此途径消耗 2 分子 ATP，整个反应不可逆。

（二）1,6-二磷酸果糖转变为 6-磷酸果糖

在果糖二磷酸酶催化下，1,6-二磷酸果糖转变为 6-磷酸果糖，从而绕过糖酵解途径中磷酸果糖激酶催化的不可逆反应。

$$1,6-二磷酸果糖 \xrightarrow[\quad]{\text{果糖二磷酸酶}} 6-磷酸果糖$$

$$H_2O \quad\quad Pi$$

（三）6-磷酸葡萄糖水解生成葡萄糖

反应由葡萄糖-6-磷酸酶催化，与肝糖原分解的第三步反应相同。

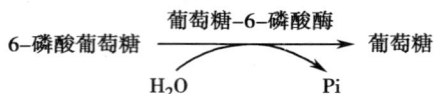

$$6-磷酸葡萄糖 \xrightarrow[\quad]{\text{葡萄糖-6-磷酸酶}} 葡萄糖$$

$$H_2O \quad\quad Pi$$

上述过程中，丙酮酸羧化酶、磷酸烯醇式丙酮酸羧激酶、果糖二磷酸酶和葡萄糖-6-磷酸酶是糖异生途径的关键酶。其他非糖物质，如乳酸可脱氢生成丙酮酸；甘油先磷酸化为 α-磷酸甘油，再脱氢生成磷酸二羟丙酮；生糖氨基酸转变为三羧酸循环的中间产物，它们再循糖异生途径转变为糖。

▶▶ 课堂活动

　　1. 机体在饥饿情况下为什么还能保持血糖的稳定？

　　2. 机体剧烈运动后产生的乳酸的最终去路是哪里？

二、糖异生作用的生理意义

（一）维持空腹和饥饿时血糖的相对恒定

相对恒定的血糖浓度对于维持重要器官（如脑、红细胞等）的能量供应十分重要。糖异生最主要的意义是在体内糖来源不足的情况下，利用非糖物质转变为糖以维持血糖浓度。在不进食的情况下，机体先是依靠肝糖原的分解来维持血糖浓度，但长期饥饿状况下，储备的肝糖原已不足以维持血糖浓度，此时血糖主要来源于糖异生。

（二）有利于乳酸的利用

在剧烈运动时，肌肉糖酵解生成大量乳酸，后者经血液运到肝脏，在肝脏内经糖异生作用合成葡萄糖；肝脏将葡萄糖释放入血，葡萄糖又可被肌肉摄取利用，这样就构成了乳酸循环（见图 5-11）。循环将不能直接分解为葡萄糖的肌糖原间接变为血糖，对于回收乳酸分子中的能量，更新肌糖原，防止乳酸酸中毒均有重要作用。

（三）补充肝糖原

糖异生是肝补充或恢复糖原储备的重要途径，这在饥饿后进食尤为重要。一直以来，进食后肝糖原储备丰富被认为是肝脏直接将葡萄糖合成糖原的结果，但后来实验证明并非如此，肝摄取葡萄糖能力比较弱，而如果增加可异生的原料如乳酸、甘油、生糖氨基酸等，肝糖原会迅速增加。有些学者将这种合成糖原的途径称为间接途径，而前述中葡萄糖经 UDPG 合成糖原的过程称为直接途径。

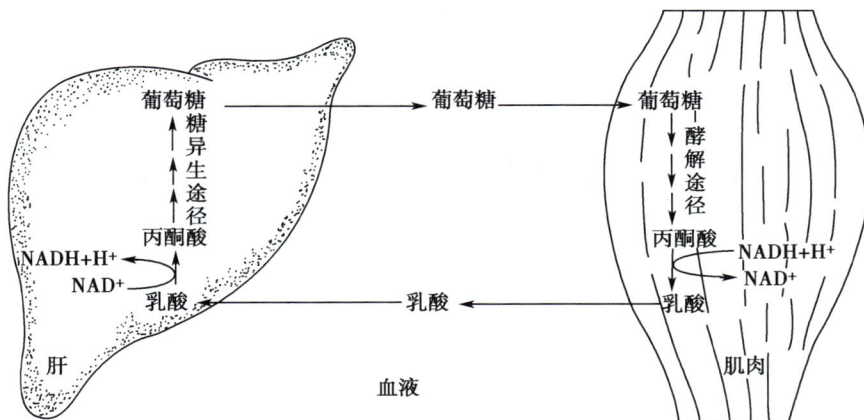

图 5-11 乳酸循环

知识链接

肾脏的糖异生作用

　　肾脏是除肝脏外，唯一具有糖异生能力及向血中释放葡萄糖的器官。 正常状态下，肝脏是糖异生的主要脏器。 长期饥饿状态下，饥饿造成代谢性酸中毒，促进肾小管上皮细胞中磷酸烯醇式丙酮酸羧激酶合成，肾脏的糖异生作用显著加强，成为糖异生的重要器官。 同时，可促进肾小管细胞的泌氨作用，NH_3 与原尿中 H^+ 结合成 NH_4^+，随尿排出体外，降低原尿中 H^+ 的浓度，加速排 H^+ 保 Na^+ 作用，有利于维持酸碱平衡，对防止酸中毒有重要意义。

点滴积累 ∨

1. 能异生为糖的物质有丙酮酸、乳酸、甘油、生糖氨基酸等。

2. 糖异生的主要器官有肝脏，长期饥饿时肾脏作用加强。

3. 糖异生的生理意义为饥饿时维持血糖相对恒定；利于乳酸利用；补充肝糖原；利于维持酸碱平衡。

第五节　血糖及血糖浓度的调节

　　血液中的葡萄糖,称为血糖。血糖浓度随进食、活动等变化而有所波动。正常人空腹全血糖浓度为 3.9~6.1mmol/L。血糖浓度的相对稳定对保证组织器官,特别是脑组织的正常生理活动具有重要意义。血糖浓度的相对恒定依赖于体内血糖来源和去路的动态平衡。

▶ **课堂活动**

1. 人需要一日三餐,但为什么体内葡萄糖的含量却是恒定的?

2. 持续性高血糖为什么会导致视力模糊等症状?

一、血糖的来源与去路

（一）血糖的来源

1. 食物中的糖类物质在肠道消化吸收入血的葡萄糖,这是血糖的主要来源。

2. 肝糖原分解的葡萄糖,为空腹时血糖的来源。

3. 非糖物质在肝、肾中经糖异生作用转变为葡萄糖,是饥饿时血糖的来源。

（二）血糖的去路

1. 在组织细胞中氧化分解供能,这是血糖的主要去路。

2. 在肝、肌肉等组织合成糖原贮存。

3. 转变成其他糖类及非糖物质,如核糖、脱氧核糖、脂肪、有机酸、非必需氨基酸等。

4. 血糖浓度若高于肾糖阈时,尿中可出现葡萄糖称为尿糖（为非正常去路）。

血糖的来源与去路总结见图 5-12。

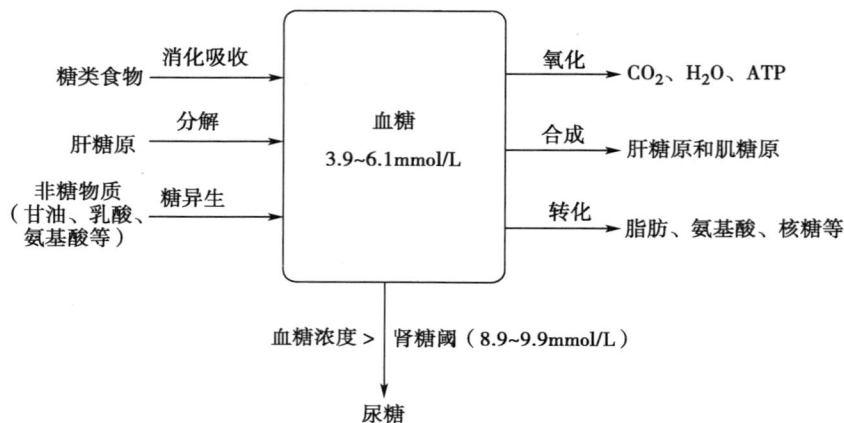

图 5-12 血糖的来源与去路

▶▶ **边学边练**

糖尿病人要注意血糖的监测,学习临床常见的血糖测定方法,请见实验九血糖测定。

二、血糖浓度的调节

（一）肝脏的调节作用

肝对血糖浓度的稳定具有重要调节作用。当餐后血糖浓度增高时,肝糖原合成增加,而使血糖水平不致过度升高;空腹时肝糖原分解加强,用以补充血糖浓度;长期饥饿或禁食情况下,肝糖异生作用加强,补充血糖,以维持血糖水平恒定。

（二）激素的调节作用

调节血糖浓度的激素有两大类:降低血糖浓度的激素——胰岛素;升高血糖浓度的激素——胰高血糖素、肾上腺素、糖皮质激素等。两类激素的作用相互对立、互相制约,保持着血糖来源与去路的动态平衡。各激素的作用机制见表 5-3。

表 5-3 激素对血糖水平的调节

激素	作用机制
降低血糖的激素	
胰岛素	①促进组织细胞摄取葡萄糖
	②促进葡萄糖的氧化分解
	③促进糖原合成,抑制糖原分解
	④抑制糖异生
	⑤促进糖转变成脂肪
升高血糖的激素	
胰高血糖素	①促进肝糖原分解
	②抑制糖酵解,促进糖异生
	③激活激素敏感脂肪酶,加速脂肪动员
糖皮质激素	①抑制组织细胞摄取葡萄糖
	②促进糖异生
肾上腺素	①促进肝糖原和肌糖原分解
	②促进肌糖原酵解
	③促进糖异生

胰岛素

药物对血糖
的影响

三、血糖浓度异常

(一)高血糖

临床上常把空腹血糖浓度超过 6.9mmol/L 称为高血糖(hyperglycemia)。如果血糖值超过 8.9～10.0mmol/L,超过了肾小管重吸收葡萄糖的能力,尿中就可出现葡萄糖,称为糖尿,这一血糖值称为肾糖阈,即尿中出现糖时血糖的最低界限。

正常人具备处理一定葡萄糖的能力称糖耐量,即食入大量葡萄糖之后,血糖水平也不会出现大的波动和持续性升高。引起高血糖的原因有生理性和病理性两种。

知识链接

葡萄糖糖耐量试验

葡萄糖糖耐量:是指机体对血糖浓度的调节能力。 也就是在一次性食入大量葡萄糖之后,血糖水平不会出现大的波动和持续性升高。

口服葡萄糖糖耐量试验(OGTT):是指临床上检验人体糖耐量的一种方法,它常用以辅助诊断糖代谢紊乱的相关性疾病。 方法:被试者清晨空腹,静脉采血测定血糖浓度,用 250ml 水溶解 75g 葡萄糖,

5 分钟内服下，服糖后每隔 30 分钟取血，共四次，并留取尿液做尿糖定性试验。 以时间为横坐标（空腹时为 0 时），血糖浓度为纵坐标，绘制糖耐量曲线。 正常人空腹血糖正常，服糖后 0.5~1 小时达到高峰，一般在 2 小时内恢复正常值。 糖尿病患者空腹血糖高于正常值，服糖后血糖浓度升高，2 小时后仍不能恢复正常水平。

生理性高血糖：如正常人一次进食大量糖或静脉输入大量葡萄糖，或情绪激动引起肾上腺素分泌增多时，都有可能导致一过性的高血糖和糖尿。生理性高血糖和糖尿的显著特征是暂时性，当影响因素去除后糖尿也随之消失。

病理性高血糖表现为持续性的高血糖甚至糖尿，多见下列两种情况：

1. 肾性糖尿 有些肾小管重吸收能力降低的人，肾糖阈比正常人低，即使血糖在正常范围，也可出现糖尿，称肾性糖尿，但患者血糖及糖耐量均正常。

2. 糖尿病 糖尿病是由遗传因素、精神因素等引发的代谢紊乱综合征，临床上以高血糖为主要特点，典型病例可出现多尿、多饮、多食、消瘦等表现，即"三多一少"症状，临床检验可发现血糖浓度高，伴有尿糖。患者血糖一旦控制不好会引发并发症，高脂血症、酮症酸中毒等，晚期可导致肾、眼、足等部位的衰竭病变，且无法治愈。

根据糖尿病的病因目前分为 1 型、2 型、其他特殊类型糖尿病和妊娠期糖尿病。1 型糖尿病主要是患者胰岛 B 细胞破坏，引起胰岛素绝对缺乏所致；2 型糖尿病患者存在胰岛素抵抗和胰岛素分泌缺陷。临床以 2 型糖尿病为多见。但许多轻症或 2 型糖尿病患者早期常无明显症状，而是在普查、健康检查或其他疾病的检查中偶然发现，不少患者甚至以各种急性或慢性并发症而就诊。

ER-5-10

妊娠期糖尿病

案例分析

案例

男性，40 岁，农民，多食、多饮、消瘦半年。 患者半年前无明显诱因逐渐食量增加，由原来每天 400g 逐渐增至 500g 以上，最多达 750g，而体重逐渐下降，半年内下降达 5kg 以上，同时出现烦渴多饮，伴尿量增多。 查体甲状腺（-）。 实验室检查：尿蛋白（-），尿糖（+++），镜检（-），空腹血糖 11mmol/L。

分析

初步诊断为 2 型糖尿病，依据是：①中年男性，慢性病程，隐匿起病；②半年前无明显诱因逐渐出现多食，多饮，多尿伴体重下降；③查体甲状腺（-）；④辅助检查尿糖（+++），空腹血糖 11mmol/L。

多尿是因为尿糖导致的渗透性利尿，尿糖越高尿量越多。 多饮是因为多尿导致水分丢失过多，血浆渗透压升高所致。 体重减轻是因机体不能充分利用葡萄糖，导致脂肪和蛋白质的消耗过多所致。

（二）低血糖

临床上通常把空腹血糖浓度低于 3.9mmol/L 称为低血糖（hypoglycemia）。当血糖低于 2.8mmol/L

时可出现低血糖症。临床表现有交感神经过度兴奋症状,如出汗、颤抖、心悸(心率加快)、面色苍白、肢凉等,以及神经症状,如头晕、视物不清、步态不稳,甚至出现幻觉、神志不清、昏迷、血压下降等。

出现低血糖的原因有:①糖摄入不足或吸收不良;②组织细胞对糖的消耗量太多;③严重肝脏疾病;④临床治疗时使用降糖药物过量;⑤胰岛素分泌过多、升高血糖浓度的激素分泌不足等。

临床应用

糖 类 药 物

糖类药物狭义的说法是指含糖结构的药物,广义的讲是指一类以糖为基础的药物。 近30年来,由于分子生物学的高速发展,人们对生命过程中糖的功能与特性有了进一步认识。 由于糖类几乎参与了生命的全部过程,糖类药物对治疗各种疾病(如免疫系统疾病、感染性疾病、癌症、炎症等)都显示了巨大的前景。 以糖类为基础研制开发的抗炎药物和抗流感药物是药物设计的两个经典范例。 目前使用的糖类化合物药物已超过500种,包括各种抗生素、核苷、多糖、糖脂等,几乎用于所有疾病的治疗。

点滴积累 ∨

1. 正常人空腹血糖浓度为 3.9~6.1mmol/L。

2. 血糖的来源和去路分别是消化吸收、分解、糖异生,以及氧化、合成、转化。

3. 血糖浓度的调节包括肝脏的调节、激素的调节。

4. 降低血糖的激素为胰岛素。

复习导图

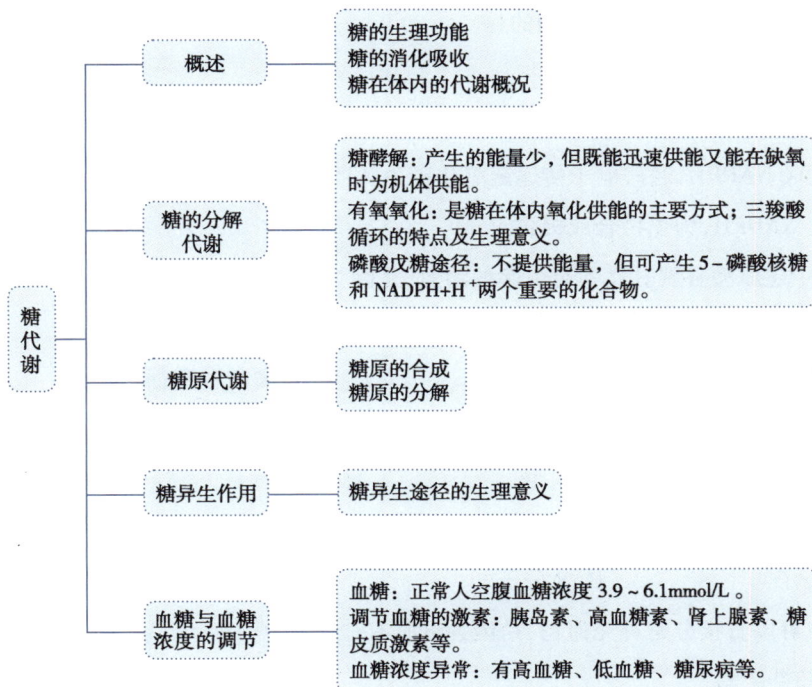

目标检测

一、选择题

（一）单项选择题

1. 三羧酸循环中,通过底物水平磷酸化直接生成的高能化合物是（　　）

 A. GTP   B. TTP   C. ATP   D. CTP

2. 正常人血糖相对恒定的水平是（　　）

 A. 3.9~6.1mmol/L   B. 4.0~6.5mmol/L

 C. 3.0~6.0mmol/L   D. 4.5~6.5mmol/L

3. 成熟红细胞产生 ATP 的方式是（　　）

 A. 糖酵解   B. 糖的有氧氧化   C. 磷酸戊糖途径   D. 氧化磷酸化

4. 短期饥饿时,血糖浓度的维持主要依靠（　　）

 A. 肝糖原的分解   B. 肌糖原的分解

 C. 肝脏的糖异生作用   D. 肾脏的糖异生作用

5. 与糖酵解途径无关的酶是（　　）

 A. 己糖激酶   B. 烯醇化酶

 C. 醛缩酶   D. 磷酸烯醇式丙酮酸羧激酶

6. 三羧酸循环中直接以 FAD 为辅基的酶是（　　）

 A. 丙酮酸脱氢酶系   B. 琥珀酸脱氢酶

 C. 苹果酸脱氢酶   D. 异柠檬酸脱氢酶

7. 关于磷酸戊糖途径的叙述,正确的是（　　）

 A. 是体内 CO_2 的主要来源

 B. 是体内糖醛酸的生成途径

 C. 可生成 NADPH,通过电子传递链氧化产生 ATP

 D. 产生 NADPH,为生物合成提供氢

8. 红细胞中还原型谷胱甘肽不足引起的溶血,是因为（　　）酶的缺陷。

 A. 葡萄糖-6-磷酸酶   B. 果糖二磷酸酶

 C. 磷酸果糖激酶   D. 6-磷酸葡萄糖脱氢酶

9. 糖原分子中的一个葡萄糖基经酵解生成乳酸,可净产生 ATP 的数目是（　　）

 A. 2个   B. 3个   C. 4个   D. 5个

10. 1 分子乙酰辅酶 A 经三羧酸循环氧化分解可生成的 ATP 数是（　　）

 A. 6分子   B. 8分子   C. 10分子   D. 12分子

11. 肝糖原可以直接分解补充血糖,是因为肝脏有（　　）

 A. 葡萄糖激酶   B. 己糖激酶

    C. 糖原合成酶   D. 葡萄糖-6-磷酸酶

12. 糖原合成时的活性葡萄糖形式是（　　　）

    A. G   B. G-6-P   C. G-1-P   D. UDPG

（二）多项选择题

1. 糖类的生理功能是（　　　）

    A. 氧化供能   B. 构成血型物质

    C. 构成细胞膜的组成成分   D. 蛋白聚糖和糖蛋白的组成成分

    E. 保肝解毒

2. 关于三羧酸循环的叙述,不正确的是（　　　）

    A. 循环一周可生成 4 分子 NADH

    B. 循环一周可使两个 ADP 磷酸化成 ATP

    C. 乙酰辅酶 A 可经草酰乙酸进行糖异生

    D. 琥珀酰辅酶 A 是 α-酮戊二酸氧化脱羧的产物

    E. 丙二酸可抑制延胡索酸转变成苹果酸

3. 糖异生作用的生理意义有（　　　）

    A. 补充血糖   B. 防止乳酸中毒   C. 将氨基酸异生成糖

    D. 促进肌肉中糖的消耗   E. 促进甘油的代谢

4. 下列关于糖酵解的叙述正确的是（　　　）

    A. 一定是在无氧条件下才能进行的一个反应途径

    B. 虽不需要氧的参与,但有氧化还原反应

    C. 在无氧条件下,可将葡萄糖分解为乳酸

    D. 该过程产生 ATP 的方式是底物水平磷酸化

    E. 由于催化反应的酶系均存在于胞液,其细胞定位是胞液

5. 血糖的去路有（　　　）

    A. 合成糖原   B. 有氧氧化   C. 无氧酵解

    D. 转变为其他物质   E. 生物转化

二、判断改错题

1. 糖酵解途径在线粒体中进行。

2. 任一氨基酸都可以三羧酸循环为枢纽异生为糖。

3. 胰岛素是唯一能升血糖的激素。

4. 糖有氧氧化是糖分解代谢的主要方式。

5. 三羧酸循环一周可生成 4 分子 NADH。

三、简答题

1. 简述磷酸戊糖途径的生理意义。

2. 简述糖异生的生理意义。

3. 简述三羧酸循环的特点及生理意义。

四、实例分析题

1. 糖尿病患者王某,男,29 岁。在家注射速效胰岛素,出现极度饥饿、脸色苍白、软弱、手抖、出汗、头晕、心慌、精神不振等症状。体检:血压 15/10kPa,心率 100 次/分,神清,皮肤湿冷,心肺未见明显异常。

请分析:(1)请做出初步诊断并简述诊断依据?

(2)应采取什么措施来紧急救治患者?

2. 患儿,2 岁,面色苍白 2 天,尿呈酱油色 1 天伴发热入院。患儿既往体健,3 天前曾进食蚕豆。查体:精神差,呼吸略急,全身皮肤黄染,巩膜轻度黄染,双肺呼吸音略粗,肝大,肋下 2cm。实验室检查:白细胞 $9.01×10^9$/L、血红蛋白 47g/L、血小板 $322×10^9$/L、红细胞 $1.67×10^9$/L;尿常规:外观酱油色,红细胞(RBC)4~5/高倍视野。

请分析:(1)做出初步诊断并简述诊断依据?

(2)该病症发生机制为何? 应如何防治?

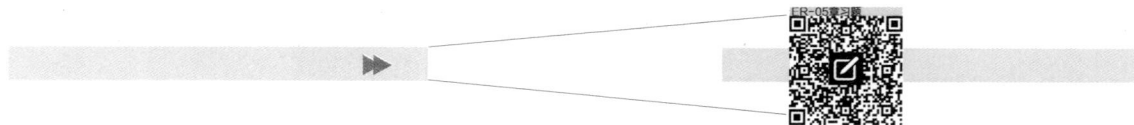

(徐轶彦)

第六章

脂类代谢

ER-06 PPT

导学情景 ∨

情景描述

位于北冰洋的格陵兰岛上，居住着以捕鱼为生的因纽特人，他们的高血压、脑血栓、脑卒中及风湿性关节炎等疾病发病率明显低于其他地区；同样，在日本北海道岛上以捕鱼为生的渔民，他们的心、脑血管发病率也只有欧美发达国家的1/10。他们饮食的共同特点是以鱼类为主，鱼类富含长链的不饱和脂肪酸，这就是他们保持心、脑血管健康的原因之一。

学前导语

脂肪酸是脂类的成分之一，脂类广泛存在于自然界，并被机体所利用，脂类代谢情况与心脑血管发病密切相关。本章我们将带领同学们学习各种脂类的基本知识。

扫一扫，知重点

第一节 概述

脂类（lipids）是广泛存在于自然界的一类不溶于水而易溶于有机溶剂（乙醚、氯仿、苯等）；并能为机体所利用的有机物，包括脂肪和类脂两大类。脂肪又称甘油三酯（triglyceride，TG），是由1分子甘油和3分子脂肪酸通过酯键连接构成的。类脂包括磷脂（phospholipids，PL）、糖脂（glycolipid，GL）、胆固醇（cholesterol，Ch）及胆固醇酯（cholesterol ester，CE）等，是细胞膜结构的重要组分。

一、脂类在体内的分布

（一）脂肪的分布

脂肪的含量因人而异，成年男性的脂肪含量约占体重的10%～20%，女性稍高一些。脂肪主要分布于脂肪组织，皮下、大网膜、肠系膜和肾周围也储存较多，这些部位也称脂库。由于脂肪具有疏水性，在体内储存时几乎不与水结合，因而所占体积较小，仅为同等重量的糖原所占体积的1/4左右。脂肪的含量受膳食、运动、疾病等多种因素影响而发生变动，所以又称为可变脂。

（二）类脂的分布

类脂占体重的5%。在体内的含量不受膳食和运动的影响，因此称为固定脂或基本脂。类脂主要存在于细胞的各种膜性结构中，不同组织中类脂的含量不同，以脑和神经组织中较多，而一般组织中则较少。

二、脂类的生理功能

（一）脂肪的功能

1. 储能与供能 1g脂肪在体内彻底氧化分解时可产生38.9kJ（9.3kcal）的能量，比1g糖或蛋白质氧化释放的能量（16.7kJ，4.1kcal）多一倍以上。一般情况下，人体每天所需能量的20%~30%是由脂肪供给的，空腹饥饿时，脂肪供能将占主导地位，成为人体的主要能源。另外，用脂肪制成的微细颗粒乳剂即脂肪乳，不会引起静脉栓塞，是临床为不能进食的患者静脉输入的非蛋白能源之一，能为患者提供能量及不饱和脂肪酸。

2. 维持体温和保护内脏 皮下脂肪能防止热量散失而维持体温。内脏周围的脂肪能减少脏器间的摩擦，缓冲机械碰撞，具有保护内脏的作用。

3. 提供必需脂肪酸 必需脂肪酸是维持人体正常生理功能所必需的。体内不能自行合成而必须由食物供给的脂肪酸，又称营养必需脂肪酸。包括亚油酸（18∶2，$\triangle^{9,12}$）、亚麻酸（18∶3，$\triangle^{9,12,15}$）和花生四烯酸（20∶4，$\triangle^{5,8,11,14}$），是维持机体生长发育和皮肤正常代谢不可缺少的多不饱和脂肪酸。

4. 促进脂溶性维生素的吸收 由于食物中的脂溶性维生素不溶于水，需要溶解在肠道内的脂类物质中，伴随脂类一起吸收，因此当人体脂类消化吸收障碍时，会出现脂溶性维生素的缺乏。

脂肪酸

（二）类脂的功能

1. 构成生物膜 类脂是生物膜的基本组成成分，其中的磷脂具有极性头部和疏水尾部，后者互相聚集，自动排列构成生物膜脂质双分子的基本骨架。胆固醇也是两性分子，其疏水性的环戊烷多氢菲母核及侧链插入生物膜的脂质双分子层之中，而其极性的羟基分布于膜的亲水界面。

2. 转变成多种重要的活性物质 胆固醇在体内转变成胆汁酸、类固醇激素和维生素D_3等具有重要功能的物质。磷脂分子中的花生四烯酸可转变成前列腺素、白三烯及血栓素等多种重要活性物质。

3. 参与血浆脂蛋白的构成 磷脂、胆固醇及胆固醇酯是各种血浆脂蛋白的组成成分，参与血浆脂蛋白的形成，具有运输脂类物质的作用。

4. 作为第二信使参与代谢调节 细胞膜上的磷脂酰肌醇-4,5-二磷酸在激素等刺激下可裂解为甘油二酯（DG）和三磷酸肌醇（IP_3），两者均为胞内传递刺激信号至细胞核的第二信使。

多不饱和脂肪酸的重要衍生物

三、脂类的消化和吸收

（一）脂类的消化

膳食中的脂类主要为脂肪80%~90%，此外还含有少量磷脂6%~10%、胆固醇2%~3%等。脂类不溶于水，必须在小肠经胆汁中的胆汁酸盐作用，乳化并分散成细小的微团后，才能被消化酶消化。胃的食物糜（酸性）进入十二指肠，刺激肠促胰液肽的分泌，脂肪间接刺激胆汁及胰液的分泌。胰液及胆汁均分泌入十二指肠，因此小肠上段是脂类消化的主要场所。胆汁酸盐是较强的乳化剂，能降低油与水相之间的界面张力,使脂肪及胆固醇酯等疏水的脂质乳化成细小微团,增加消化酶对脂质的接触面积,有利于脂肪及类脂的消化吸收。

(二)脂类的吸收

脂类消化产物主要在十二指肠下段及空肠上段吸收。甘油一酯、脂肪酸、胆固醇、溶血磷脂可与胆汁酸乳化成更小的混合微团(20nm),这种微团极性增大,易于穿过肠黏膜细胞表面的水屏障,被肠黏膜的柱状细胞吸收。小分子脂肪酸水溶性较高,经胆汁酸盐乳化后即可被吸收,可不经过淋巴系统,直接进入门静脉血液中。长链脂肪酸及甘油二酯,在柱状细胞中重新合成甘油三酯,再结合蛋白质、磷脂、胆固醇,形成乳糜微粒(CM),经胞吐排至细胞外,再经淋巴系统进入血液。

知识链接

EPA 和 DHA

二十碳五烯酸(EPA)、二十二碳六烯酸(DHA)均属 ω-3 族多不饱和脂肪酸。在脑及睾丸中含量丰富,是脑及精子正常生长发育不可缺少的组分。这类脂肪酸具有降血脂、抗血小板聚集、延缓血栓形成、保护脑血管等特殊生物效应,对心脑血管疾病的防治具有重要价值。近年来发现深海鱼油中亦富含 EPA 和 DHA。

北极地区的因纽特人摄食富含 EPA 的海水鱼类食物,经研究发现 EPA 的抗血小板聚集及抗凝血作用较强,被认为是摄食深海鱼的因纽特人不易患心肌梗死的重要原因之一。

点滴积累 ∨

1. 脂肪的主要生理功能为储能与供能、维持体温和保护内脏、提供必需脂肪酸、促进脂溶性维生素的吸收;类脂的功能为构成生物膜、转变成多种重要的活性物质、参与血浆脂蛋白的构成、作为第二信使参与代谢调节。
2. 脂肪主要分布于脂肪组织,皮下、大网膜、肠系膜,肾周围也储存较多,这些部位也称脂库。类脂在体内的含量不受膳食和运动的影响,因此称为固定脂或基本脂,主要存在于细胞的各种膜相结构中。

第二节　甘油三酯代谢

甘油三酯代谢包括分解和合成两个方面。甘油三酯通过分解代谢不仅可以产生大量的能量,供给机体生命活动所需,还能产生许多具有重要生理功能的代谢产物。机体内的甘油三酯除可从食物获取外,还能利用小分子物质进行自身合成,并储存在脂肪组织中,以满足饥饿、禁食时的能量所需。

一、甘油三酯的分解代谢

(一)脂肪动员

储存在脂肪细胞中的甘油三酯,被脂肪酶逐步水解为游离脂肪酸(free fatty acid,FFA)和甘油一并释放入血,以供其他组织氧化利用的过程称为脂肪动员(图 6-1)。

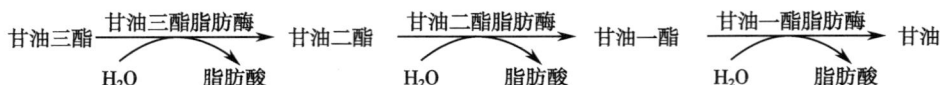

图 6-1　甘油三酯水解过程

在脂肪动员的过程中,脂肪细胞内激素敏感性甘油三酯脂肪酶起决定性作用,是脂肪分解的限速酶,它受多种激素的调控。能促进脂肪动员的激素为脂解激素,如肾上腺素、胰高血糖素、生长激素、促甲状腺激素等,能增加该酶的活性,促进甘油三酯分解;胰岛素、前列腺素 E_2 及烟酸等抑制脂肪的动员,为抗脂解激素。

案例分析

案例

王××,男,55 岁,体形肥胖,患 2 型糖尿病 11 年,复查时发现空腹血糖 5.25mmol/L(参考值 3.9 ~ 6.1mmol/L),餐后 2 小时血糖 15.94mmol/L(参考值 < 7.8mmol/L),空腹胰岛素 166.9U/ml(参考值 1.9 ~ 23U/ml)。诊断为高胰岛素血症,胰岛素抵抗。除了服用盐酸二甲双胍进行治疗,还建议平日生活要尽量少吃多动,控制体重,这是为什么呢?

分析

肥胖与高胰
岛素血症

脂解作用使储存在脂肪细胞中的脂肪分解成游离脂肪酸(FFA)及甘油,然后释放入血。血浆清蛋白具有结合 FFA 的能力,每分子清蛋白可结合 10 分子 FFA。FFA 不溶于水,与清蛋白结合后由血液运送至全身各组织,主要由心、肝、骨骼肌等摄取利用。甘油溶于水,直接由血液运送至肝、肾、肠等组织被利用。

(二) 甘油的代谢

在肝、肾、肠等组织中的甘油,经甘油激酶催化,消耗 ATP,生成 α-磷酸甘油。经 α-磷酸甘油脱氢酶催化下转变为磷酸二羟丙酮,磷酸二羟丙酮是糖酵解途径的中间产物,可沿糖酵解途径继续氧化分解并释放能量,也可沿糖异生途径转变为葡萄糖或糖原。因此,甘油是糖异生的原料之一(图 6-2)。骨骼肌和脂肪细胞内的甘油激酶活性很低,不能被很好地利用,而要经血液循环运往肝、肾及小肠黏膜细胞等被氧化分解或进行糖异生作用。

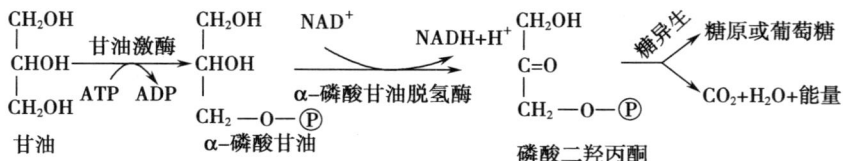

图 6-2　甘油的代谢

（三）脂肪酸的氧化分解

脂肪酸是人体重要的能源物质,在氧供给充足的条件下,脂肪酸在体内可彻底氧化分解产生 CO_2 和 H_2O 并释放大量能量。除成熟红细胞和脑组织外,几乎所有的组织都能够氧化利用脂肪酸,但以肝和肌肉组织最为活跃。脂肪酸氧化过程可大致分为脂肪酸的活化、脂酰 CoA 进入线粒体、β-氧化过程及乙酰 CoA 的彻底氧化四个阶段。

1. 脂肪酸的活化　脂肪酸氧化分解前必须活化,在胞质中进行。在 ATP、辅酶 A(HSCoA)和 Mg^{2+} 存在的条件下,游离脂肪酸由存在于内质网及线粒体外膜上的脂酰 CoA 合成酶催化生成脂酰 CoA。

$$RCOOH+HSCoA+ATP \xrightarrow[Mg^{2+}]{\text{脂酰 CoA 合成酶}} RCO{\sim}SCoA+AMP+PPi$$

脂肪酸　　　　　　　　　　　　　　　　脂酰 CoA

脂酰 CoA 分子中含有高能硫酯键,这样就使得脂肪酸的代谢活性明显提高。反应过程中生成的焦磷酸(PPi)立即被细胞内的焦磷酸酶水解,阻止了逆向反应的进行。AMP 合成 ATP 需要完成两次磷酸化,因此 1 分子脂肪酸的活化,实际上消耗了两个高能磷酸键。

2. 脂酰 CoA 进入线粒体　催化脂肪酸氧化的酶系存在于线粒体基质内,因此细胞质中活化的脂酰 CoA 必须进入线粒体内才能代谢。实验证明,长链脂酰 CoA 不能自由通过线粒体内膜,需借助膜外侧的肉碱-脂酰转移酶 I 和内侧的肉碱-脂酰肉碱转位酶、肉碱-脂酰转移酶 II 的作用,由肉碱携带至线粒体内。首先,胞质中的脂酰 CoA 在位于线粒体内膜外侧的肉碱-脂酰转移酶 I 的催化下,将脂酰基转移给肉碱生成脂酰肉碱,后者即在线粒体内膜的肉碱-脂酰肉碱转位酶的作用下,通过内膜进入线粒体基质内,然后在位于线粒体内膜内侧面的肉碱-脂酰转移酶 II 的催化下,转变为脂酰 CoA 并释放出肉碱。肉碱再被肉碱-脂酰肉碱转位酶转运到内膜外侧。肉碱-脂酰转移酶 I 是脂肪酸 β-氧化的限速酶,脂酰 CoA 进入线粒体是脂肪酸 β-氧化的主要限速步骤。当饥饿、糖尿病时,体内糖利用发生障碍,需要脂肪酸供能,这时肉碱-脂酰转移酶 I 活性增加,脂肪酸氧化增强。

▶▶ **课堂活动**

　　左旋肉碱是市面的一种减肥产品。　但是,左旋肉碱的减肥功效存在争议,有观点认为人体不会缺乏肉碱,因此其减肥的意义不大。　你怎么认为?

3. 脂酰 CoA 的 β-氧化　进入线粒体基质的脂酰 CoA,在酶的催化下,从脂酰基 β 碳原子开始依次进行脱氢、加水、再脱氢和硫解四步连续反应。由于氧化过程发生在脂酰基的 β 碳原子上,故称为 β-氧化。详细过程见图 6-3。

(1)脱氢:脂酰 CoA 在脂酰 CoA 脱氢酶的催化下,α 和 β 碳原子上各脱去一个氢原子,生成 α、β 烯脂酰 CoA,脱下的 2H 由 FAD 接受生成 $FADH_2$。

(2)加水:α、β 烯脂酰 CoA 在水化酶的催化下,加 1 分子水,生成 β-羟脂酰 CoA。

(3)再脱氢:β-羟脂酰 CoA 在 β-羟脂酰 CoA 脱氢酶的催化下,脱去两个氢原子生成 β-酮脂酰 CoA,脱下的 2H 由 NAD^+ 接受,生成 $NADH+H^+$。

(4)硫解:β-酮脂酰 CoA 在 β-酮脂酰 CoA 硫解酶的催化下,需 1 分子 HSCoA 参加,α 与 β 碳原子

之间的化学键断裂,生成 1 分子乙酰 CoA 和 1 分子比原来少两个碳原子的脂酰 CoA。后者又可再次进行脱氢、加水、再脱氢和硫解反应,如此反复进行,直到脂酰 CoA 全部分解成乙酰 CoA。

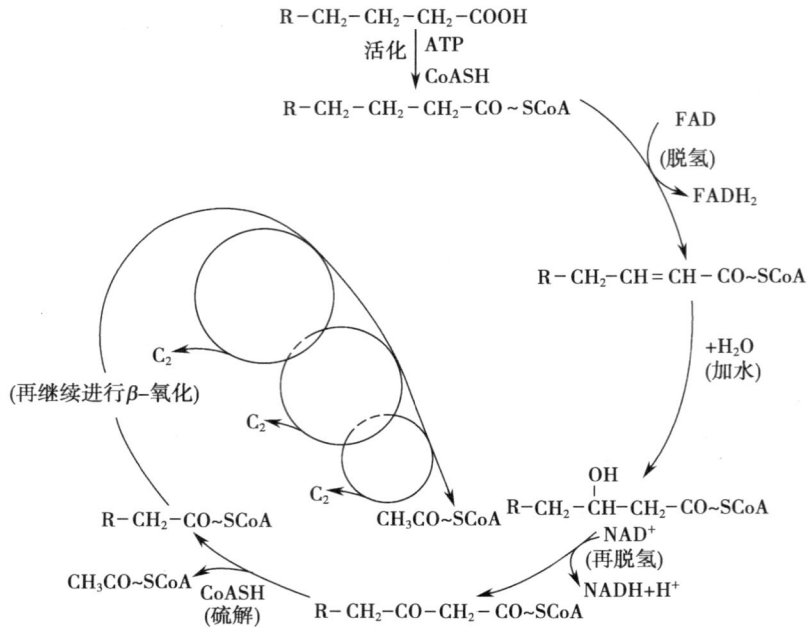

图 6-3　脂肪酸的 β-氧化反应过程

4. 乙酰 CoA 的彻底氧化　脂肪酸经 β-氧化生成的乙酰 CoA,主要通过三羧酸循环彻底氧化分解成 CO_2 和 H_2O,并释放出能量。脂肪酸在体内氧化分解伴随大量的能量释放,是体内能量的重要来源之一。体内少数的奇数碳原子脂酰 CoA 经 β-氧化,最终产生 1 分子丙酰 CoA,丙酰 CoA 经 β-羧化酶及异构酶的作用可转变为琥珀酰 CoA,然后参加三羧酸循环而被氧化。

脂肪酸的 β-氧化

以含 16 个碳原子的软脂酸为例:进行 7 次 β-氧化,生成 7 分子 $FADH_2$、7 分子 $NADH+H^+$ 及 8 分子的乙酰 CoA。每分子 $FADH_2$ 通过呼吸链氧化产生 1.5 分子 ATP,每分子 $NADH+H^+$ 氧化产生 2.5 分子 ATP,每分子乙酰 CoA 通过三羧酸循环氧化产生 10 分子 ATP。因此,1 分子软脂酸彻底氧化共生成 $(8×10)+(7×1.5)+(7×2.5)=108$ 分子 ATP,减去脂肪酸活化时消耗的 2 分子 ATP,净生成 106 分子 ATP。由此可见,脂肪酸的氧化是体内能量的重要来源。

▶▶ **课堂活动**

　　同学们是否可以计算出 1 分子硬脂酸如果彻底氧化,净生成多少 ATP 呢?

能量计算答案

(四)酮体的生成与利用

　　体内脂肪酸在心肌和骨骼肌等组织中经 β-氧化生成的乙酰 CoA 直接进入三羧酸循环彻底氧化成 CO_2、H_2O 和 ATP;但在肝细胞内,脂肪酸 β-氧化生成的乙酰 CoA 则大部分缩合生成乙酰乙酸、β-羟丁酸和丙酮,三者统称为酮体(ketone bodies)。酮体是脂肪酸在肝脏氧化分解时产生的正常中间产物,其中以 β-羟丁酸最多,约占酮体总量的 70%,乙酰乙酸占 30%,而丙酮的量极微。由于肝细胞

内缺乏氧化利用酮体的酶,因此肝内生成的酮体必须通过细胞膜进入血液循环,运往肝外组织被利用。

1. 酮体的生成 酮体在肝细胞的线粒体内合成,合成原料为乙酰 CoA,主要来自脂肪酸的 β-氧化。其合成过程如下:

(1)乙酰乙酰 CoA 的生成:2 分子乙酰 CoA 在乙酰乙酰 CoA 硫解酶的催化下,缩合生成乙酰乙酰 CoA,并释放 1 分子 HSCoA。

(2)β-羟-β-甲戊二酸单酰 CoA 的生成:乙酰乙酰 CoA 再与 1 分子乙酰 CoA 缩合生成 HMG-CoA,并释放 1 分子 HSCoA,反应由 HMG-CoA 合成酶催化完成。

(3)酮体的生成:HMG-CoA 在 HMG-CoA 裂解酶的催化下,裂解生成乙酰乙酸和乙酰 CoA。乙酰乙酸在 β-羟丁酸脱氢酶的催化下还原生成 β-羟丁酸,反应所需的氢由 NADH+H$^+$ 提供。丙酮可由乙酰乙酸缓慢地自发脱去 CO_2 生成,也可由乙酰乙酸脱羧酶催化脱羧生成。丙酮是一种挥发性物质,当血液中含有大量丙酮时可由肺排出。具体过程如图 6-4。

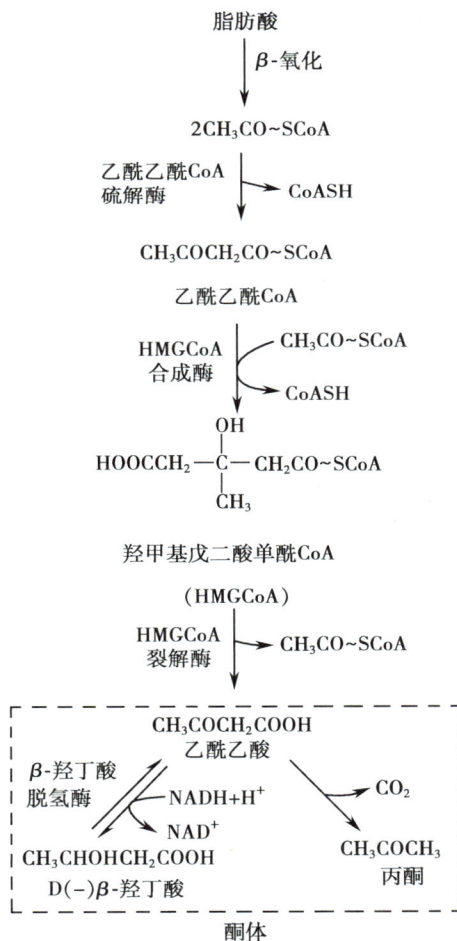

图 6-4 酮体的生成过程

肝细胞线粒体内含有各种合成酮体的酶类,HMG-CoA 合成酶是合成酮体的关键酶;但肝脏缺乏利用酮体的酶类,所以肝脏生成的酮体,需透过细胞膜进入血液运输到肝外组织进一步氧化分解,这就是酮体代谢的特点。

2. 酮体的利用　肝外组织,特别是心肌、骨骼肌及脑和肾等组织是利用酮体的最主要的组织器官。β-羟丁酸在β-羟丁酸脱氢酶的催化下,脱氢生成乙酰乙酸,在琥珀酰 CoA 转硫酶或者乙酰乙酰 CoA 硫解酶的催化下,生成乙酰乙酰 CoA,然后再转变成乙酰 CoA,进入三羧酸循环彻底氧化。酮体的利用见图 6-5。

丙酮除随尿排出外,当血液中酮体升高时,有一部分直接从肺呼出。

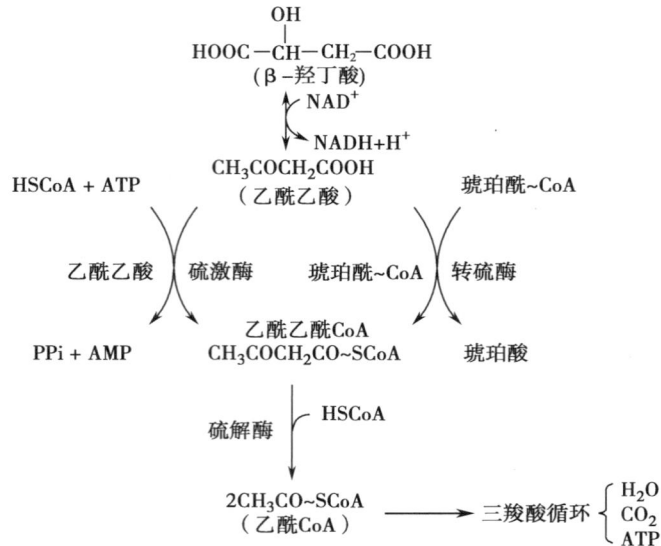

$$
\begin{array}{c}
\text{OH} \\
| \\
\text{HOOC}-\text{CH}-\text{CH}_2-\text{COOH} \\
(\beta\text{-羟丁酸})
\end{array}
$$

NAD$^+$

NADH+H$^+$

CH$_3$COCH$_2$COOH
（乙酰乙酸）

HSCoA + ATP　　　　　　　　　　　　　　　　琥珀酰~CoA

乙酰乙酸　硫激酶　　　琥珀酰~CoA　转硫酶

PPi + AMP　　乙酰乙酰CoA
CH$_3$COCH$_2$CO~SCoA　　琥珀酸

硫解酶　HSCoA

2CH$_3$CO~SCoA　→　三羧酸循环 $\left\{\begin{array}{l} H_2O \\ CO_2 \\ ATP \end{array}\right.$
（乙酰CoA）

图 6-5　酮体的利用

3. 酮体生成的生理意义　酮体是肝内脂肪酸氧化分解的一种正常中间产物,是肝输出能源的一种形式。酮体分子小,易溶于水,能够通过血脑屏障及肌肉的毛细血管壁,是肌肉尤其是脑组织的重要能源。长期饥饿、糖供应不足时,酮体可以代替葡萄糖成为脑及肌组织的主要能源。

正常人血中酮体含量很少,仅 $0.03\sim0.5$mmol/L。但是在饥饿、低糖高脂膳食及糖尿病时,由于机体不能很好地利用葡萄糖氧化供能,致使脂肪动员增强,脂肪酸β-氧化增加,酮体生成过多。当肝内酮体的生成量超过肝外组织的利用能力时,可使血中酮体升高,称酮血症,如果尿中出现酮体称酮尿症。由于β-羟丁酸、乙酰乙酸都是一些酸性较强的物质,血中浓度过高,可导致血液 pH 下降,引起酮症酸中毒。丙酮在体内含量过高时,可随呼吸排出体外。患者的呼吸中有烂苹果味,即酮味。

4. 酮体生成的调节

（1）饱食和饥饿的影响:饱食后,胰岛素分泌增加,脂肪动员减少,因而酮体生成减少;饥饿时,胰高血糖素等脂解激素分泌增多,脂肪动员加强,有利于β-氧化及酮体生成。

（2）肝细胞糖原含量及代谢的影响:肝糖原丰富,糖代谢旺盛,进入肝细胞的脂肪酸主要与α-磷酸甘油反应,酯化生成甘油三酯及磷脂。饥饿或糖供给不足时,糖代谢减弱,α-磷酸甘油及 ATP 不足,脂肪酸酯化减少,主要进入线粒体进行β-氧化,酮体生成增多。

（3）丙二酰 CoA 抑制脂酰 CoA 进入线粒体:饱食后糖代谢产生的乙酰 CoA 及柠檬酸是乙酰 CoA 羧化酶的变构激活剂,能促进丙二酰 CoA 的合成。后者能竞争性抑制肉碱-脂酰转移酶Ⅰ,阻止脂酰 CoA 进入线粒体内进行β-氧化,导致酮体生成增多。

糖尿病酮症酸中毒的治疗

▶ 边学边练

通过实验十一的操作，我们来体会一下酮体的生成及检测。

二、甘油三酯的合成代谢

体内几乎所有的组织都可合成甘油三酯，但肝和脂肪组织是合成甘油三酯的主要场所。在体内，以脂酰 CoA 和 α-磷酸甘油为原料合成甘油三酯。

知识链接

糖尿病与酮症酸中毒（DKA）

当胰岛素依赖型糖尿病人胰岛素治疗中断或剂量不足，非胰岛素依赖型糖尿病人遭受各种应激时（如严重外伤、麻醉、手术、妊娠、分娩、精神刺激等），糖尿病代谢紊乱加重，脂肪分解加快，出现酮血症，如果没有酸中毒，即轻度 DKA；当出现轻、中度酸中毒时，即中度 DKA；当酮症酸中毒伴有昏迷者，或虽无昏迷，血 CO_2 结合力低于 10mmol/L，后者很容易进入昏迷状态，即为重度 DKA。

糖尿病酮症酸中毒是严重糖尿病患者的并发症之一，是糖尿病的主要死亡原因。此类患者应及时住院并进行相关血液检查（如血糖、血酮体、pH、电解质等）及尿液检查（如尿糖、尿酮体、尿蛋白等），以免发生危险。

（一）脂肪酸的生物合成

1. 合成部位 脂肪酸的合成在肝、肾、脑、乳腺及脂肪等组织细胞液内进行，但肝是合成脂肪酸的主要场所，其合成能力较脂肪组织大 8~9 倍。

2. 合成原料 脂肪酸合成的原料主要是由葡萄糖氧化产生的乙酰 CoA，另外还需要 NADPH+H^+供氢和 ATP 供能。但线粒体内生成的乙酰 CoA 必须进入胞液才能用于脂肪酸的合成。经研究已经证实，乙酰 CoA 不能自由通过线粒体内膜，但通过柠檬酸-丙酮酸循环，可将线粒体内生成的乙酰 CoA 转移到胞液。

3. 合成过程

（1）丙二酸单酰 CoA 的合成：脂肪酸合成时，除 1 分子乙酰 CoA 直接参与合成反应外，其余的乙酰 CoA 均需羧化生成丙二酸单酰 CoA 方可参与脂肪酸的生物合成。丙二酸单酰 CoA 由乙酰 CoA 羧化生成，反应由乙酰 CoA 羧化酶（为此反应的限速酶）催化，由碳酸氢盐提供 CO_2，ATP 提供羧化过程中所需能量。

柠檬酸-丙酮酸循环

$$CH_3CO\sim SCoA+HCO_3^-+ATP \xrightarrow[\text{生物素、}Mg^{2+}]{\text{乙酰 CoA 羧化酶}} HOOC\ CH_2CO\sim SCoA+ADP+Pi$$

（2）软脂酸的合成：1 分子乙酰 CoA 和 7 分子丙二酸单酰 CoA 在脂肪酸合酶系的催化下，由 NADPH+H^+提供氢合成软脂酸。其总的反应式为：

$$CH_3CO \sim SCoA + 7HOOCCH_2CO \sim SCoA + 14NADPH + 14H^+ \xrightarrow{\text{脂肪酸合酶系}}$$

$$CH_3(CH_2)_{14}COOH + 6H_2O + 7CO_2 + 8HSCoA + 14NADP^+$$

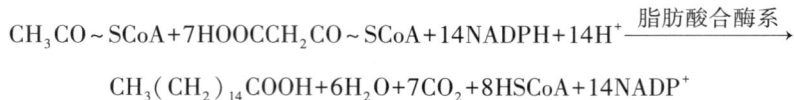

软脂酸的合成过程是一个连续的缩合过程,每次碳链增加 2 个碳原子,16 碳的软脂酸的合成,需要经过连续的 7 次缩合反应。各种生物合成脂肪酸的过程基本相似,大肠埃希菌中,此种缩合过程是由 7 种酶蛋白聚合构成的多酶体系所催化;而在高等动物中,这 7 种酶活性都在由一个基因编码的一条多肽链上,属于多功能酶。在这条多肽链上还有一个酰基载体蛋白(acyl carrier protein, ACP),脂肪酸合成的过程实际上是以 ACP 为核心,从而完成 7 种酶催化的反应,重复进行缩合、还原、脱水、再还原等步骤,每重复一次使肽链延长 2 个碳原子,经过 7 次循环形成 16 碳的软脂酰 ACP,最后经硫酯酶水解释放软脂酸。

4. 脂肪酸碳链的延长和缩短 组成人体的脂肪酸,其碳链长短不一,而脂肪酸合酶系催化的反应只能合成软脂酸,或者说在胞液中只能合成软脂酸。碳链的进一步延长或缩短在线粒体或内质网中进行。碳链的缩短在线粒体内通过 β-氧化进行,而碳链的延长则由存在于线粒体或内质网内的特殊酶体系催化完成。

软脂酸合成

(二)α-磷酸甘油的来源

体内 α-磷酸甘油的来源有两条途径:主要途径是由糖酵解产生的磷酸二羟丙酮,在 α-磷酸甘油脱氢酶的催化下,以 NADH+H$^+$ 为辅酶,还原生成 α-磷酸甘油;另一条次要途径是在肝、肾、肠等组织,甘油在甘油激酶的催化下,消耗 ATP 生成 α-磷酸甘油(图 6-6)。

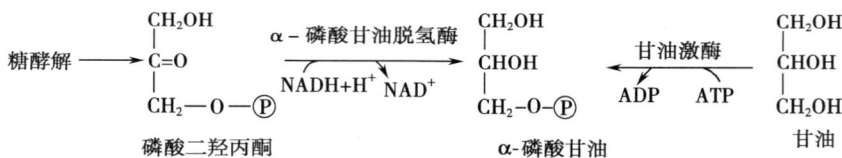

图 6-6 α-磷酸甘油的合成

(三)甘油三酯的合成

肝、脂肪组织及小肠是合成甘油三酯的主要场所,以肝的合成能力最强。但是肝细胞能合成脂肪,却不能储存脂肪。合成甘油三酯所需的甘油及脂肪酸主要由葡萄糖代谢提供。甘油三酯的合成有两种途径:

1. 甘油一酯途径 小肠黏膜细胞主要利用消化吸收的甘油一酯和脂肪酸再合成甘油三酯。

2. 甘油二酯途径 在肝细胞及脂肪细胞内进行,甘油是由葡萄糖循糖酵解途径生成的 α-磷酸甘油提供,脂肪酸是以脂酰 CoA 的形式提供,二者在脂酰 CoA 转移酶催化下合成甘油三酯(图 6-7)。

肝、肾等组织含有甘油激酶,能利用游离甘油,使之磷酸化生成 α-磷酸甘油,而脂肪细胞缺乏甘油激酶因而不能利用甘油合成脂肪。

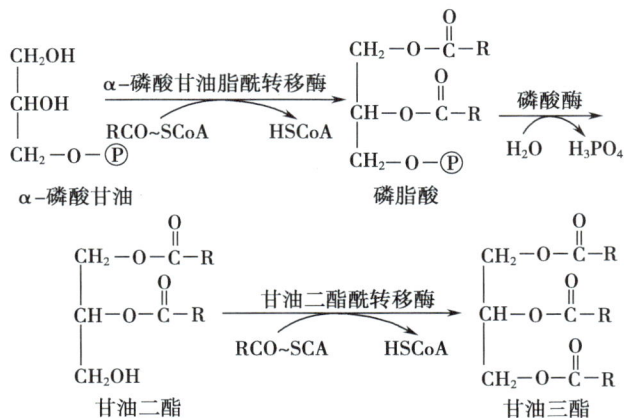

图 6-7 甘油三酯的合成

点滴积累 ∨

1. 脂肪动员是甘油三酯逐步水解为游离脂肪酸和甘油供其他组织氧化利用的过程。

2. 脂肪酸 β-氧化是线粒体基质的脂酰 CoA，在酶的催化下，从 β 碳原子开始依次进行脱氢、加水、再脱氢和硫解四步连续循环反应，生成乙酰 CoA。

3. 酮体包括乙酰乙酸、β-羟丁酸和丙酮，在肝内以乙酰 CoA 为原料合成，在肝外组织被氧化利用。

4. 在体内，以脂酰 CoA 和 α-磷酸甘油为原料合成甘油三酯。

第三节 类脂代谢

一、磷脂代谢

磷脂是一类含有磷酸的类脂,根据其化学组成不同可分为甘油磷脂和鞘磷脂两大类。

（一）甘油磷脂

甘油磷脂是体内含量最多的磷脂,由甘油、脂肪酸、磷酸及含氮化合物等组成。根据与磷酸相连的取代基团 X 的不同,可将甘油磷脂分为几类。

甘油磷脂以脑磷脂和卵磷脂含量最多,占组织及血液中磷脂的 75% 以上。卵磷脂即磷脂酰胆碱,是白色油脂状物质,极易吸水,在卵黄中含量丰富,可达 8%~10%。

机体几类重要的甘油磷脂

1. **甘油磷脂的合成代谢** 甘油磷脂在各组织中均能合成,以肝最为活跃。合成原料有甘油、脂肪酸、磷酸盐、胆碱、乙醇胺、丝氨酸、肌醇等。其中的甘油和脂肪酸主要由体内糖代谢转变而来,但必需脂肪酸要由食物供给,胆碱和乙醇胺也可来自食物或由丝氨酸在体内转变而来。

合成途径主要有两条:即甘油二酯途径和 CDP 甘油二酯途径。前者是磷脂酰乙醇胺和磷脂酰胆碱的主要合成途径;后者是磷脂酰丝氨酸、磷脂酰肌醇和二磷脂酰甘油(心磷脂)的合成途径。

甘油二酯合成途径如下:

(1)CDP-胆碱和 CDP-乙醇胺合成:在乙醇胺激酶的作用下,乙醇胺(胆胺)与 ATP 反应被磷酸化成磷酸乙醇胺,磷酸乙醇胺与 CTP 反应,生成 CDP-乙醇胺。同样,在胆碱激酶的催化下,胆碱与 ATP 反应被磷酸化成磷酸胆碱,磷酸胆碱与 CTP 反应,生成 CDP-胆碱(图 6-8)。

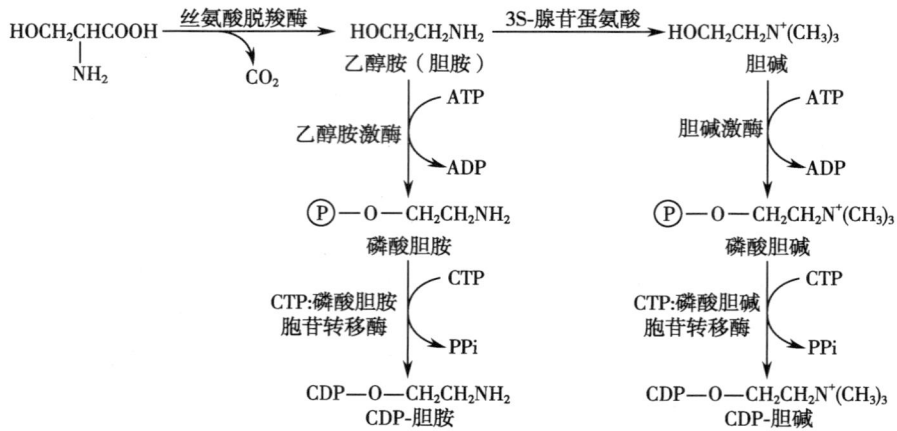

图 6-8　CDP-胆碱和 CDP-乙醇胺的合成

(2)甘油二酯的合成:在磷酸甘油转酰基酶作用下,1 分子脂酰 CoA 的脂酰基转移到 α-磷酸甘油的第 1 位碳原子上,生成溶血磷脂酸;溶血磷脂酸在溶血磷脂酸脂酰转移酶作用下,1 分子脂酰 CoA 的脂酰基转移到 α-磷酸甘油的第 2 位碳原子上,生成 α-磷酸甘油二酯,α-磷酸甘油二酯又称磷脂酸;在磷脂酸磷酸酶作用下,磷脂酸水解脱去磷酸生成甘油二酯(图 6-9)。

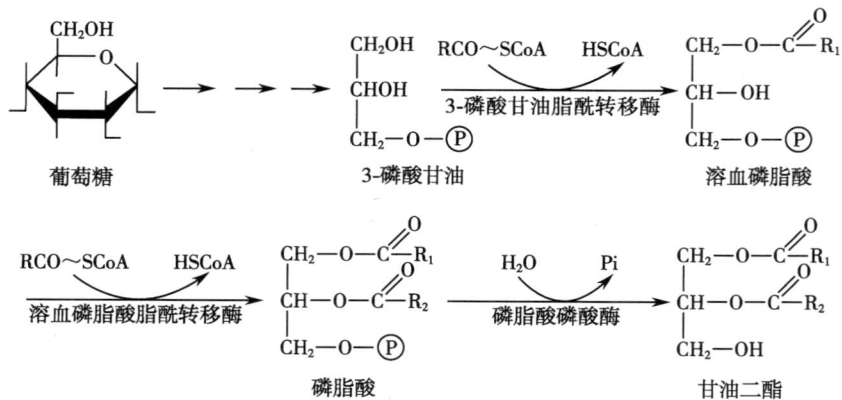

图 6-9　甘油二酯的合成

(3)脑磷脂与卵磷脂的合成:甘油二酯分别与 CDP-胆碱和 CDP-乙醇胺作用,生成磷脂酰胆碱(卵磷脂)和磷脂酰乙醇胺(脑磷脂)。另外,磷脂酰胆碱也可以由磷脂酰乙醇胺甲基化生成(图 6-10)。

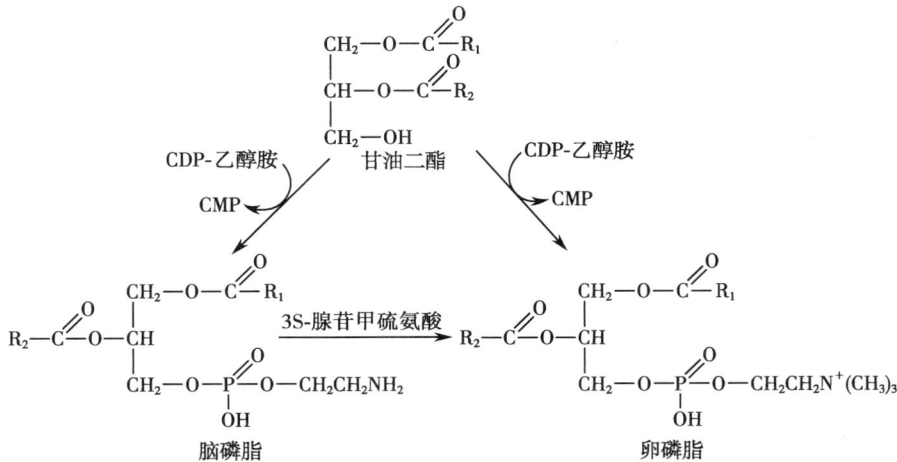

图 6-10 脑磷脂与卵磷脂的合成

由于磷脂能促进肝脏合成极低密度脂蛋白,而将肝内合成的脂肪转运至血液代谢,当体内磷脂合成不足,如胆碱、甲硫氨酸、必需脂肪酸等缺乏,会引起极低密度脂蛋白合成障碍,致使肝内脂肪不能运出而在肝细胞内沉积,出现脂肪肝。另外,长期高脂高糖饮食以及乙醇中毒也是导致脂肪肝的重要因素。因此,临床上常用磷脂及合成原料和有关的辅助因子(叶酸、B_{12}、CTP 等)防治脂肪肝。另外,磷脂中的二软脂酰磷脂酰胆碱是肺泡表面活性物质,能降低肺泡的表面张力,有利于肺泡的伸张,早产儿因为这种磷脂的合成缺陷,易发生呼吸窘迫综合征。

2. 甘油磷脂的分解代谢 甘油磷脂在多种磷脂酶类的催化下水解生成甘油、脂肪酸、磷酸和胆碱及乙醇胺等产物,可继续通过其他途径进行代谢。

（二）鞘磷脂

人体含量最多的鞘磷脂是神经鞘磷脂,它是细胞膜和神经髓鞘的主要成分,由鞘氨醇、脂肪酸、磷酸及胆碱构成。

甘油磷脂的
分解代谢

鞘磷脂

二、胆固醇代谢

胆固醇是体内重要脂类物质之一,它最早是由动物胆石中分离出来的具有羟基的固体醇类化合物,故称为胆固醇(cholesterol)。所有固醇(包括胆固醇)均具有环戊烷多氢菲的基本结构,不同固醇的区别是碳原子数及取代基不同。胆固醇在人体内以游离型和酯型两种形式存在。

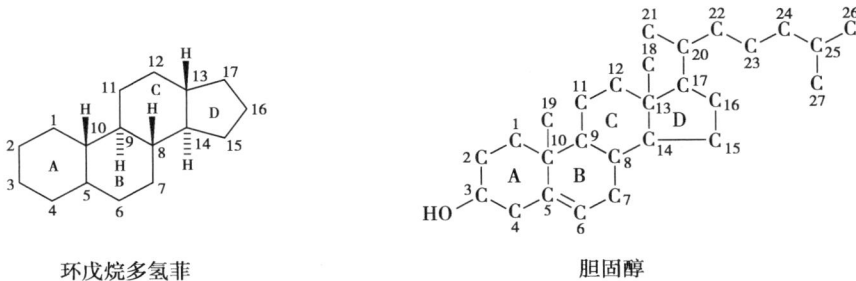

环戊烷多氢菲

胆固醇

正常成年人体内胆固醇总重约为140g,广泛分布于体内各组织,但分布极不均一,大约1/4分布于脑及神经组织,约占脑组织总重量的2%。其次是肝、肾、肠等内脏及皮肤、脂肪组织中;另外,肾上腺皮质、卵巢等组织胆固醇含量最高,可达1%~5%,但总量很少;肌组织含量最少。

胆固醇是生物膜的重要组成成分,在维持膜的流动性和正常功能中起重要作用。膜结构中的胆固醇均为游离胆固醇,而细胞中储存的都是胆固醇酯。胆固醇代谢发生障碍可使血浆胆固醇增高,是形成动脉粥样硬化的一种危险因素。

体内的胆固醇一是由膳食摄入,二是由机体自身合成。正常人每天膳食中约含胆固醇300~500mg,主要来自动物内脏、蛋黄、奶油及肉类。植物性食品不含胆固醇,而含植物固醇如β-谷固醇、麦角固醇等,它们不易为人体吸收,摄入过多还可抑制胆固醇的吸收。

(一)胆固醇的生物合成

1. 合成部位 成人除脑组织及成熟红细胞外,几乎全身各组织均可合成胆固醇,每天可合成1~1.5g,其中肝是体内合成胆固醇最主要的场所,占总合成量的70%~80%,其次是小肠,合成量约占10%。胞液及内质网膜上富含胆固醇合成酶系,因此,胆固醇的合成主要在此进行。

2. 合成原料 乙酰CoA是胆固醇合成的直接原料,它来自葡萄糖、脂肪酸及某些氨基酸的代谢产物。另外,还需要ATP供能和NADPH+H$^+$供氢。每合成1分子胆固醇需要18分子乙酰CoA,36分子ATP及16分子NADPH+H$^+$。乙酰CoA分子中两个碳原子是合成胆固醇的唯一碳源。

3. 胆固醇合成的基本过程 胆固醇的合成过程比较复杂,有近30步酶促反应,整个过程大致可分为甲羟戊酸的生成、鲨烯合成和胆固醇的合成三个阶段(图6-11)。

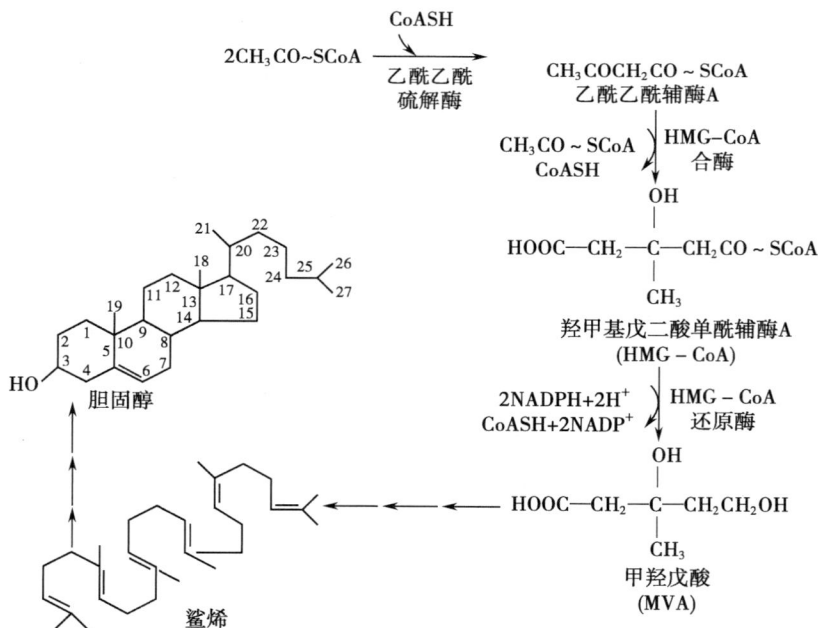

图6-11 胆固醇的合成

(1)甲羟戊酸(mevalonic acid,MVA)的生成:在胞液中,3分子乙酰CoA经硫解酶及HMG-CoA合成酶催化生成HMG-CoA,此过程是不可逆的,HMG还原酶是胆固醇合成的限速酶。

(2)鲨烯的合成:甲羟戊酸(MVA)在胞液中的一系列酶的催化下,由ATP提供能量,经磷酸化、脱羧等作用生成活泼的异戊烯焦磷酸和二甲基丙烯焦磷酸,它们都是含 5 碳的中间产物。然后 3 分子活泼的 5 碳焦磷酸化合物进一步缩合成 15 碳的焦磷酸法尼酯。2 分子焦磷酸法尼酯在内质网的鲨烯合酶的催化下,经缩合、还原成 30 碳的多烯烃——鲨烯。

(3)胆固醇的生成:含 30 碳的鲨烯,经内质网加氧酶和环化酶的作用,环化生成羊毛固醇,后者再经氧化、脱羧、还原等多步反应,脱去 3 分子 CO_2,合成 27 碳的胆固醇。

4. 胆固醇合成的调节　HMG-CoA 还原酶是胆固醇生物合成的限速酶,各种因素对胆固醇生物合成的调节主要通过影响此酶的活性实现。

(1)饥饿与饱食的调节:饥饿与禁食可减少 HMG-CoA 还原酶的合成,降低其活性;还可减少胆固醇合成原料乙酰 CoA、$NADPH+H^+$ 和 ATP 的来源,抑制胆固醇的合成。相反,摄取高糖、高饱和脂肪膳食后,肝 HMG-CoA 还原酶活性增加,胆固醇合成增加。

(2)激素的调节:胰高血糖素和糖皮质激素能抑制 HMG-CoA 还原酶的活性,使胆固醇的合成减少。胰岛素能诱导 HMG-CoA 还原酶的合成,从而增加胆固醇的合成。甲状腺激素除可提高 HMG-CoA 还原酶的活性,增加胆固醇的合成外,还可促进胆固醇向胆汁酸的转化,而且转化作用强于合成,因此,甲状腺功能亢进的患者血清中胆固醇的含量降低。

(3)反馈调节:胆固醇可反馈抑制 HMG-CoA 还原酶的活性,使其合成减少,这种反馈调节主要存在于肝。相反,长期低胆固醇饮食,对酶的抑制解除,胆固醇合成增加。但小肠胆固醇的生物合成不受这种反馈的调节,因此,大量进食胆固醇,仍可使血浆胆固醇浓度升高。

(二) 胆固醇的酯化

细胞内和血浆中的游离胆固醇都可以被酯化成胆固醇酯。在组织细胞内,游离胆固醇可在脂酰 CoA-胆固醇脂酰转移酶(ACAT)的催化下,接受脂酰 CoA 的脂酰基形成胆固醇酯及 HSCoA。在血浆中,经卵磷脂胆固醇脂酰转移酶(LCAT)的催化,卵磷脂第 2 位碳原子的脂酰基(多为不饱和脂肪酸),转移至胆固醇 3 位羟基上,生成胆固醇酯及溶血卵磷脂。LCAT 在维持血浆中胆固醇与胆固醇酯的比例中起重要作用。当肝实质病变或肝细胞损害时,可使 LCAT 合成量减少,导致血浆胆固醇酯含量下降。

(三) 胆固醇在体内的转变与排泄

胆固醇与糖、脂肪和蛋白质不同,它在体内不能彻底氧化成 CO_2 和 H_2O,产生能量,而是经过氧化、还原等反应转变成某些重要的生理活性物质或排出体外。胆固醇在体内除构成膜的组分外主要有四条代谢去路,见图 6-12。

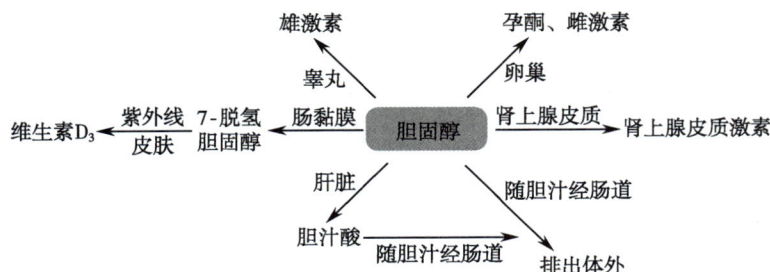

图 6-12　胆固醇在体内的转变与排泄

1. 转变为胆汁酸　在肝中转变为胆汁酸是胆固醇在体内的主要代谢去路,也是机体清除胆固醇的主要方式。

2. 转变为维生素 D_3　人体皮肤细胞内的胆固醇经酶催化脱氢生成 7-脱氢胆固醇,后者经紫外线照射后转变成维生素 D_3。

3. 转变为类固醇激素　胆固醇是肾上腺皮质、睾丸及卵巢等内分泌腺合成类固醇激素的原料。

4. 胆固醇的排泄　转变成胆汁酸随胆汁进入肠道是胆固醇的主要排泄方式。另外有少量胆固醇直接溶解于胆汁中,随胆汁进入肠道,并有一部分可被肠道细菌还原成粪固醇随粪便排出体外。当胆汁的成分及含量发生异常变化或胆汁中的胆固醇过多时,这部分胆固醇不能有效地溶解于胆汁中,会析出形成结晶,即胆石。

▶▶ **边学边练**

通过实验十二,血清总胆固醇测定的操作来了解临床实验室是如何测定血清中总胆固醇含量的。

点滴积累 ∨

1. 磷脂包括甘油磷脂和鞘磷脂两大类,含量以甘油磷脂为主。
2. 胆固醇是以乙酰 CoA 为原料,主要在肝细胞胞液及内质网合成的大分子,合成过程中的关键酶为 HMGCoA 还原酶。
3. 体内胆固醇在 ACAT 或 LCAT 的催化下可酯化生成胆固醇酯,也能转变成胆汁酸、类固醇激素、维生素 D_3 等,还能转变成粪固醇排出体外。

第四节　血脂与脂类的运输

一、血脂

血浆中所含的脂类统称为血脂,主要包括甘油三酯、磷脂、胆固醇、胆固醇酯及游离脂肪酸等。血脂只占机体脂类的极少一部分,但在一定程度上反映了机体脂类代谢状况。血脂含量的测定,在临床上可作为高脂血症、动脉硬化及冠心病等的辅助诊断。血脂含量不如血糖恒定,受膳食、年龄、性别、职业及代谢等的影响,波动范围较大。各种脂类在血脂中所占比例不同,正常成人空腹 12～14 小时血脂含量见表 6-1。

表 6-1　正常成人空腹血脂的组成及含量

组成	血浆含量		空腹时主要来源
	mmol/L	mg/dl	
甘油三酯	0.11～1.69	10～150	肝
总胆固醇	2.59～6.47	100～250	肝

组成	血浆含量		空腹时主要来源
	mmol/L	mg/dl	
胆固醇酯	1.81~5.17	70~250	
游离胆固醇	1.03~1.81	40~70	
总磷脂	48.44~80.73	150~250	肝
游离脂肪酸	0.20~0.78	5~20	脂肪组织

血脂按其来源分为外源性和内源性两种,外源性的即食物中的脂类经消化吸收进入血液的;内源性的即由肝、脂肪等组织合成或由脂库动员释放入血的。血液中的脂类随血液运至全身各组织被利用。血脂的去路除氧化供能外,其余部分进入脂库储存、构成生物膜以及转变为其他物质。

二、脂类在血中的运输

脂类不溶于水,在水中呈现乳浊状。然而正常人血浆含脂类虽多,却仍清澈透明,说明血脂在血浆中不是以游离状态存在的,而是与载脂蛋白(apolipoprotein,Apo)结合成血浆脂蛋白(lipoprotein,LP),以可溶性形式存在。但脂肪动员释放入血的游离脂肪酸也不溶于水,常与血浆中的清蛋白结合而运输,不被列入血浆脂蛋白之内。

(一)血浆脂蛋白的分类

血浆脂蛋白由脂类和蛋白质两部分组成,但不同的脂蛋白所含的脂类和蛋白质有很大的差异,故其密度、颗粒大小、表面电荷、电泳以及免疫性均有所不同。根据这种差异可采用适当的方法将它们分离开。通常分离血浆脂蛋白的方法有两种,即电泳法和超速离心法。

1. 电泳法 由于不同的脂蛋白中脂类和蛋白质所占的比例不同,因此它们的颗粒大小及表面所带的电荷量不同,在电场中具有不同的电泳迁移率。按移动快慢,由正极到负极依次为 α-脂蛋白(α-LP)、前 β-脂蛋白(preβ-LP)、β-脂蛋白(β-LP)及乳糜微粒(CM),α-LP 移动最快。

2. 超速离心法(密度分离法) 不同的脂蛋白中,蛋白质和各种脂类所占的比例不同,因而其密度不同(甘油三酯含量多者密度低,蛋白质含量多者分子密度高)。血浆在一定密度的盐溶液中进行超速离心时,表现出不同的沉降情况,据此可将血浆脂蛋白分为四类:乳糜微粒(chylomicron,CM)、极低密度脂蛋白(very low density lipoprotein,VLDL)、低密度脂蛋白(low density lipoprotein,LDL)和高密度脂蛋白(high density lipoprotein,HDL),分别相当于电泳分离中的乳糜微粒、前 β-脂蛋白、β-脂蛋白和 α-脂蛋白,见图 6-13。

除上述几类脂蛋白以外,还有一种中间密度脂蛋白(intermediate density lipoprotein,IDL)其密度位于 VLDL 与 LDL 之间,是 VLDL 代谢的中间产物。

(二)血浆脂蛋白的组成与结构

血浆脂蛋白主要由蛋白质、甘油三酯、磷脂、胆固醇及胆固

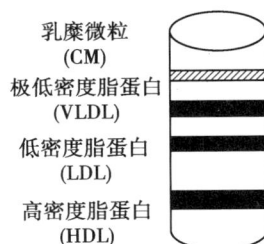

血浆脂蛋白
琼脂糖凝胶
电泳图谱

乳糜微粒
(CM)
极低密度脂蛋白
(VLDL)
低密度脂蛋白
(LDL)
高密度脂蛋白
(HDL)

图 6-13 脂蛋白超速离心法分类

醇酯组成。各种血浆脂蛋白都含有这五种成分,但不同的血浆脂蛋白中各种脂类和蛋白质所占的比例和含量不同。乳糜微粒颗粒最大,含甘油三酯最多,占80%~95%,蛋白质最少,仅1%,故密度最小,<0.95,血浆静止即可漂浮。VLDL也富含甘油三酯,达50%~70%,但其蛋白质含量(约10%)高于CM,故密度比CM大,近于1.006。LDL含胆固醇酯最多,约40%~50%,密度高于VLDL。HDL含蛋白质量最多,约50%,故密度最高,颗粒最小。

ER 6-14

各种血浆脂蛋白的性质、组成和功能

各种血浆脂蛋白的结构基本相似,具有球形的微团结构(图6-14)。疏水性较强的甘油三酯、胆固醇酯处于脂蛋白的内核,而极性较强的载脂蛋白、磷脂、胆固醇将其极性基团朝外,伸向微团的表面并突入周围的水相,而将其非极性基团伸向微团内部,与内部的疏水链相连。这样,整个脂蛋白微团呈球形,具有较强的水溶性,能有效地溶解于血浆中。

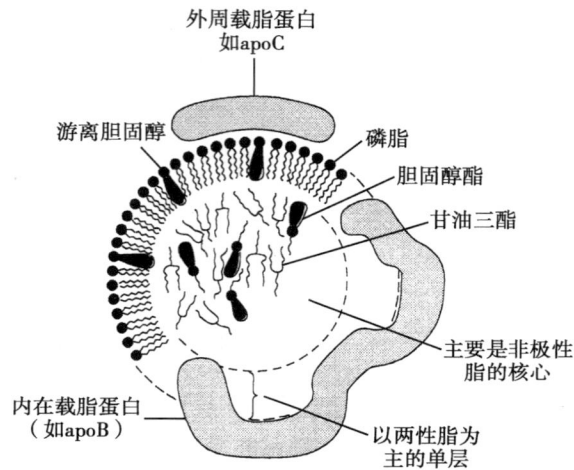

图6-14 血浆脂蛋白结构示意图

（三）载脂蛋白

血浆脂蛋白中的蛋白质部分称载脂蛋白(apolipoprotein,Apo),到目前为止已从血浆中分离出至少20种载脂蛋白。载脂蛋白的主要功能是参与脂类物质的转运及稳定脂蛋白的结构。此外,某些载脂蛋白还有其特殊的功能,例如ApoA I 能激活LCAT,促进胆固醇的酯化;ApoC II 能激活脂蛋白脂肪酶(lipoprotein lipase,LPL),促进CM和VLDL中的甘油三酯降解;ApoB$_{100}$及ApoE参与LDL受体的识别,促进LDL的代谢。

（四）血浆脂蛋白代谢

1. **乳糜微粒（CM）** CM的主要功能是运输外源性的甘油三酯。CM由小肠黏膜上皮细胞合成,经淋巴管进入血液,含甘油三酯80%~95%。正常人CM在血浆中代谢迅速,半衰期为5~15分钟,正常人空腹12~14小时后血浆中不含CM。进食大量脂肪后,血浆因CM大量增多而呈浑浊状,但在脂蛋白脂肪酶(LPL)的催化下,CM被逐渐分解消失,故数小时后血浆变澄清,这种现象称为脂肪的廓清。

2. **极低密度脂蛋白（VLDL）** VLDL的主要功能是运输内源性的甘油三酯。VLDL主要由肝细胞合成,肝细胞将自身合成的甘油三酯,加上磷脂、胆固醇及载脂蛋白结合成 VLDL,经血液运送到肝外组织。VLDL 在血浆中的半衰期为 6~12 小时。故正常成人空腹血浆中含量较低。

3. 低密度脂蛋白(LDL) LDL 代谢的功能是将肝脏合成的内源性胆固醇运到肝外组织,保证组织细胞对胆固醇的需求。LDL 由 VLDL 转变而来,是正常成人空腹血浆中的主要脂蛋白,约占血浆脂蛋白总量的 2/3。LDL 含有丰富的胆固醇及胆固醇酯。血浆 LDL 增高的人,可使血浆胆固醇水平升高,不仅可造成血管内皮细胞损伤,而且还刺激血管平滑肌细胞内胆固醇酯堆积而转变成泡沫细胞,泡沫细胞是动脉粥样硬化的典型损害之一。故血浆中 LDL 浓度与动脉粥样硬化的发生率呈正相关。

4. 高密度脂蛋白(HDL) HDL 的主要功能是逆向转运肝外胆固醇回肝。HDL 主要由肝脏合成,小肠黏膜上皮细胞也能合成少部分。正常人空腹血浆中 HDL 含量约占脂蛋白总量的 1/3。HDL 可将肝外细胞释放的胆固醇转运到肝内进行代谢,这种过程称胆固醇的逆向转运,这样可以防止胆固醇在血中聚积,防止动脉粥样硬化发生,故血浆中 HDL 浓度与动脉粥样硬化的发生率呈负相关。

三、高脂蛋白血症

▶▶ **课堂活动**

患者男,54 岁,公司中层干部,平时应酬多,饮食偏荤,基本不进行体育锻炼,肥胖,吸烟,饮酒。

体检:血压:舒张压 110mmHg,收缩压 150mmHg,血清测得甘油三酯:5.03mmol/L,总胆固醇:7.14mmol/L,高密度脂蛋白:0.91mmol/L(理想范围 >1.04mmol/L),低密度脂蛋白:4.34mmol/L(理想范围 <3.37mmol/L),空腹血糖:5.4mmol/L。

思考:1. 该患者的可能诊断是什么?

2. 除药物治疗之外,该患者平时应注意哪些问题?

ER-6-15

思考题答案

(一)高脂蛋白血症

血脂高于正常人上限即为高脂血症,由于血脂以脂蛋白形式运输,实际上也可以称为高脂蛋白血症。正常人上限标准因地区、膳食、年龄、劳动状况、职业以及测定方法不同而存在差异。目前判断高脂蛋白血症一般以成人空腹 12~14 小时血中胆固醇总浓度超过 6.21mmol/L 或甘油三酯浓度超过 2.26mmol/L,儿童胆固醇超过 4.14mmol/L 为标准。1970 年世界卫生组织(WHO)建议将高脂蛋白血症分为五型六类。此类分型主要是根据临床化验结果,很少考虑患者的病因和体征。

高脂蛋白血症可分为原发性与继发性两大类。原发性高脂蛋白血症是原因不明的高脂血症,也称家族性高脂蛋白血症,多为先天性遗传性疾病,可有家族史,已证明与脂蛋白的组成和代谢过程中有关的载脂蛋白、酶和受体等的先天性缺陷有关;而继发性高脂蛋白血症继发于其他疾病,如糖尿病、肾病、肝病及甲状腺功能减退等。

(二)高脂血症与动脉粥样硬化

通常来说高脂血症常伴有动脉粥样硬化。血浆 HDL 较低的人,即使血浆总胆固醇含量不高,也容易发生动脉粥样硬化。糖尿病患者及肥胖者血浆中的 HDL 均比较低,因此容易患冠心病。高血压、家族性糖尿和高血糖症及长期吸烟者均可致动脉内皮细胞损伤,有利于胆固醇沉积,可导致动脉粥样硬化。HDL 具有抗动脉粥样硬化的作用,这是由于 HDL 既能清除周围组织的胆固醇,又能保护内膜不受 LDL 损害。目前的一些调查研究证实,血浆 HDL 较高的人不仅长寿,而且很少发生心肌梗死。

| 高脂蛋白血症分型 | 动脉粥样硬化 | 常用的降血脂药物 |

点滴积累 ✓

1. 血脂是血浆中脂类的统称,包括甘油三酯、磷脂、胆固醇、胆固醇酯、游离脂肪酸等,以血浆脂蛋白的形式运输。

2. 血浆脂蛋白分类的方法有电泳法和超速离心法,血浆脂蛋白主要由蛋白质、甘油三酯、磷脂、胆固醇及胆固醇酯组成。

复习导图

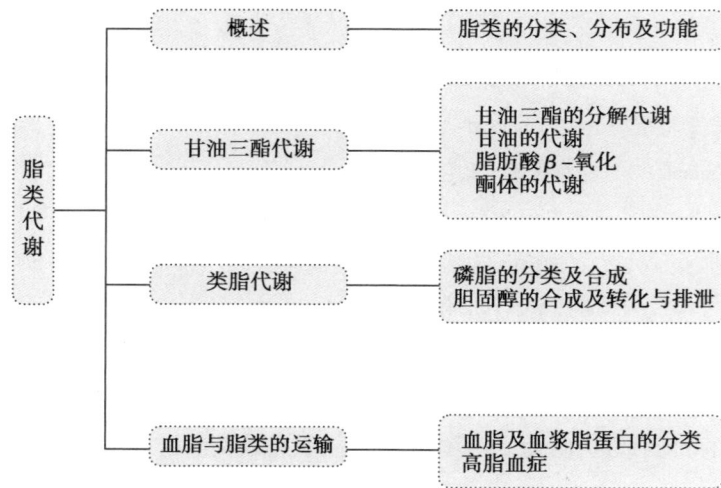

	概述	脂类的分类、分布及功能
脂类代谢	甘油三酯代谢	甘油三酯的分解代谢 甘油的代谢 脂肪酸 β-氧化 酮体的代谢
	类脂代谢	磷脂的分类及合成 胆固醇的合成及转化与排泄
	血脂与脂类的运输	血脂及血浆脂蛋白的分类 高脂血症

目标检测

一、选择题

(一)单项选择题

1. 下列物质不是血脂成分的是(   )

    A. 甘油三酯　　　　　B. 磷脂　　　　　C. 胆固醇　　　　　D. 糖脂

2. 脂肪酸 β-氧化的终产物是(   )

    A. 尿酸　　　　　B. 乳酸　　　　　C. 丙酮酸　　　　　D. 乙酰辅酶 A

3. 合成胆固醇所需的氢由(　　　)提供

　　A. $NADH+H^+$　　　　　　B. $NADPH+H^+$　　　　C. $FADH_2$　　　　　D. $FMNH_2$

4. 致人体动脉粥样硬化的真正危险因子是(　　　)

　　A. B 型 LDL　　　　　　B. CM　　　　　　　C. VLDL　　　　　D. HDL

5. 合成酮体的主要器官是(　　　)

　　A. 肝脏　　　　　　　　B. 心脏　　　　　　C. 肾脏　　　　　D. 脾脏

6. 脂肪酸 β-氧化反应的场所是(　　　)

　　A. 细胞质内　　　　　　B. 细胞核内　　　　C. 高尔基体内　　D. 线粒体内

7. 酮体合成的限速酶是(　　　)

　　A. HMG-CoA 裂解酶　　　　　　　　B. HMG-CoA 合成酶

　　C. 硫解酶　　　　　　　　　　　　　D. HMG-CoA 还原酶

8. 参与脂肪酸合成的乙酰 CoA 主要来自(　　　)

　　A. 胆固醇　　　　　　　B. 葡萄糖　　　　　C. 丙氨酸　　　　D. 酮体

9. 转运内源性甘油三酯的血浆脂蛋白是(　　　)

　　A. CM　　　　　　　　　B. VLDL　　　　　　C. HDL　　　　　D. LDL

10. 要真实反映血脂的情况,常在饭后(　　　)采血

　　A. 3~6 小时　　　　　　　　　　　B. 8~10 小时

　　C. 12~14 小时　　　　　　　　　　D. 24 小时后

11. 有防止动脉粥样硬化的脂蛋白是(　　　)

　　A. CM　　　　　　　　　B. VLDL　　　　　　C. LDL　　　　　D. HDL

12. 脂酰 CoA 的 β-氧化反应顺序是(　　　)

　　A. 脱氢、加水、硫解、再脱氢　　　　B. 硫解、再脱氢、脱氢、加水

　　C. 脱氢、加水、再脱氢、硫解　　　　D. 脱氢、硫解、加水、再脱氢

(二)多项选择题

1. 酮体包括(　　　)

　　A. 乳酸　　　　　　　　B. β-羟丁酸　　　　　C. 乙酰乙酸

　　D. 丙酮酸　　　　　　　E. 丙酮

2. 组成生物膜的主要物质有(　　　)

　　A. 葡萄糖　　　　　　　B. 胆固醇　　　　　C. 卵磷脂

　　D. 心磷脂　　　　　　　E. 牛磺酸

3. 脂解激素是(　　　)

　　A. 肾上腺素　　　　　　B. 胰高血糖素　　　C. 胰岛素

　　D. 促甲状腺素　　　　　E. 甲状腺素

4. 脂肪酸氧化产生乙酰 CoA,不参与(　　　)代谢

　　A. 合成葡萄糖　　　　　B. 合成脂肪酸　　　C. 合成酮体

　　D. 合成胆固醇　　　　　　　　E. 参与鸟氨酸循环

5. 下列生理或病理因素可引起酮症的有(　　　)

　　A. 饥饿　　　　　　　　B. 高脂低糖膳食　　　　　C. 糖尿病

　　D. 过量饮酒　　　　　　E. 高糖低脂膳食

6. 乙酰 CoA 可以来源于(　　　)物质的分解代谢

　　A. 葡萄糖　　　　　　　B. 脂肪酸　　　　　　　　C. 酮体

　　D. 胆固醇　　　　　　　E. 柠檬酸

二、判断改错题

1. 脂肪酸活化的部位是线粒体。

2. 正常空腹时血浆中主要的脂蛋白是低密度脂蛋白。

3. 属于脂肪酸 β-氧化、酮体生成、胆固醇合成的共同中间产物是 HMGCoA。

4. β-酮脂酰 CoA 硫解后的产物是 β-羟脂酰 CoA。

5. 胆固醇属于可变脂。

6. 血浆中的脂类包括糖脂。

7. 酮体包括丙酮酸、β-羟丁酸、乙酰乙酸。

8. 肉毒碱可携带脂肪酸进入线粒体内。

9. 肝脏含有生成酮体的酶系,但缺乏利用酮体的酶。

10. 长期饥饿时,酮体可作为大脑和肌肉组织的重要能源。

三、简答题

1. 体内胆固醇如何转化与排泄?

2. 为什么 VLDL 含量减少时会导致脂肪肝?

3. 脂肪酸 β-氧化反应的步骤包括哪些?

4. 血浆脂蛋白如何分类,分哪几类,各有何生理功能?

四、实例分析题

　　患者,女性,42 岁,糖尿病史 5 年,平时每天皮下注射胰岛素治疗。2 小时前因发热伴神志不清入院,入院查体示:体温 38.5℃,血压 110/70mmHg,呼吸 27 次/分,脉搏 108 次/分,深大呼吸,呼出气味为烂苹果味。辅助检查示:血糖 21mmol/L,尿糖(++++),尿酮体(++++);动脉血气分析:pH 7.21,HCO_3^- 8mmol/L。

　　问题:试分析患者身患何病,并阐述该病的生化发生机制。

(孙革新)

第七章

氨基酸代谢

▲

导学情景 ∨ ⋯⋯⋯⋯⋯⋯⋯⋯⋯⋯⋯⋯⋯⋯⋯⋯⋯⋯⋯⋯⋯⋯⋯⋯⋯⋯⋯⋯⋯⋯⋯⋯⋯⋯⋯

情景描述

携带相关物品做以下两个实验,让学生们观察并回答问题。

实验一:取1只小白鼠,扣在一个大烧杯下面,向烧杯中投入一个蘸有浓氨水的棉球,观察小鼠的变化。(小白鼠很快出现烦躁不安症状,过了一会儿死去了。)

实验二:取2只小白鼠,事先向鼠1的腹腔中注射2ml生理盐水,鼠2的腹腔中注射2ml的5%的谷氨酸钠溶液,2只小白鼠扣在同一个大烧杯下面。向烧杯中投入一个蘸有浓氨水的棉球,过了一会儿,观察情况。(一段时间后,鼠1死去了,鼠2正常。迅速将鼠2移回原生活处,还能正常存活。)

学前导语

实验一说明什么问题? 实验二中的两只小白鼠为什么会有不同表现? 试想如果继续把实验二中的鼠2扣在大烧杯下面结果会如何呢? 带着这些疑问我们开始新一章的探索。 学完本章后,大家心中的困惑就能解除了。

氨基酸是蛋白质的基本组成单位。在体内,蛋白质需要转变成氨基酸进一步氧化分解。

ER-7-1

扫一扫,知重点

第一节　概述

一、蛋白质的营养作用

(一)蛋白质的生理功能

蛋白质是人体内重要的生物大分子,生理功能多种多样。

1. 蛋白质作为细胞的成分参与维持组织细胞的生长、更新和修补。

2. 蛋白质参与催化、运输、肌肉收缩、免疫及代谢调节等多种重要生命活动。

3. 蛋白质作为能源物质氧化供能,每克蛋白质氧化分解大约产生17.19kJ的能量。

其中前两方面是蛋白质的主要功能,是糖和脂肪不能取代的。

(二)蛋白质的需要量与营养价值

1. 氮平衡　为了研究蛋白质的需要量,做了氮平衡试验。氮平衡是指每天氮的摄入量与排出量之间的关系。氮平衡有三种情况:氮的总平衡、氮的正平衡和氮的负平衡。

(1)氮的总平衡:摄入氮=排出氮,正常成人属此类型。表明蛋白质合成代谢与分解代谢基本平衡。

(2)氮的正平衡:摄入氮>排出氮,表示体内蛋白质的合成代谢大于分解代谢。常见于婴幼儿、青少年、妊娠期妇女、哺乳期妇女及病后恢复期患者。

(3)氮的负平衡:摄入氮<排出氮。见于长期饥饿、营养不良、慢性消耗性疾病等。表示体内蛋白质的分解代谢大于合成代谢。

2. 蛋白质的需要量　根据氮平衡试验,在禁食条件下,人体每天通过各种途径排泄大约 3.18g 氮,相当于分解 20g 左右的组织蛋白质。由于食物蛋白质的氨基酸组成与人体有差异,不能完全被人利用,故成人每日蛋白质的需要量最低为 30~50g。中国营养学会推荐成人每日蛋白质需要量为 80g,生长发育期的儿童及青少年、妊娠期妇女、哺乳期妇女及恢复期患者应酌情增加。

3. 食物蛋白质的营养价值　食物蛋白质的营养价值取决于所含营养必需氨基酸的种类、数量和比例。

根据人体合成情况,构成天然蛋白质的 20 种氨基酸分为两大类:营养必需氨基酸(essential amino acid)和营养非必需基酸(non-essential amino acid)。人体需要但自身不能合成,必须由食物提供的氨基酸称为营养必需氨基酸。人体需要但体内能合成的氨基酸为营养非必需氨基酸。

必需氨基酸共有 8 种,分别是:甲硫氨酸、缬氨酸、异亮氨酸、亮氨酸、苯丙氨酸、色氨酸、苏氨酸和赖氨酸。其余 12 种氨基酸为非必需氨基酸。

食物所含必需氨基酸种类、数量、比例与人体蛋白质越接近,则该食物蛋白营养价值越高。一般来说,动物蛋白营养价值高于植物蛋白。

将营养价值较低且必需氨基酸相互补充的几种蛋白质混合食用,可提高其营养价值,称为蛋白质的互补作用。如谷类蛋白质中赖氨酸较少,而色氨酸较多;豆类含赖氨酸较多,色氨酸较少;若将两者混合食用,营养价值得到提高,这就是蛋白质的互补作用。

中国居民平衡膳食宝塔

▶ **课堂互动**

1. 如果做一顿营养丰富的粥,你认为单独煮大米、小米、玉米等还是加入一定的豆类混合搭配来煮,为什么?

2. 素食主义者更健康吗?　请说明理由。

二、蛋白质的消化、吸收与腐败

(一) 蛋白质的消化吸收

食物蛋白质的消化从胃开始,主要在小肠进行。胃中有胃蛋白酶,小肠中有多种蛋白酶,包括内肽酶(如胰蛋白酶、糜蛋白酶及弹性蛋白酶等)和外肽酶(如氨肽酶和羧肽酶等),可逐步水解蛋白质为寡肽(主要为二肽和三肽)和氨基酸。寡肽和氨基酸通过主动转运机制被吸收进入小肠黏膜细胞,在小肠黏膜细胞内,寡肽全部被水解为

蛋白质的消化

氨基酸,进入血液循环。

（二）蛋白质的腐败作用

肠道中少量未消化的蛋白质及未吸收的寡肽和氨基酸,被肠道细菌分解的过程称为腐败作用（putrefaction）。腐败作用的产物是胺、氨、苯酚、吲哚、硫化氢等,它们大多对人体是有毒有害的。腐败产物大部分随粪便排出,少量被吸收进入体内后运至肝内经生物转化作用而解毒。

点滴积累 ∨

1. 氮平衡有三种情况：氮的总平衡、氮的正平衡和氮的负平衡。
2. 人体每天蛋白质最低摄入量为 30 ~ 50g，建议 80g。
3. 必需氨基酸有 8 种，食物蛋白的营养价值取决于必需氨基酸的种类、数量和比例。
4. 食物蛋白质在酶的作用下水解生成寡肽和氨基酸被吸收进入体内，未消化的蛋白质及氨基酸可被肠道细菌腐败生成有害物质。

第二节 氨基酸的分解代谢

一、氨基酸的代谢概况

体内氨基酸主要有三个来源：①食物蛋白质的消化吸收；②组织蛋白的降解；③体内合成的非必需氨基酸。这些氨基酸在组织细胞和血液中混在一起,共同代谢,构成了氨基酸代谢库也称氨基酸代谢池。

体内氨基酸的去路也主要有三方面：①合成组织蛋白质。代谢库中的氨基酸75%被作为原料合成新的组织蛋白质。②转变为其他含氮化合物,如嘌呤、嘧啶、肾上腺素等。③氧化分解。氨基酸主要通过脱氨基和脱羧基作用进行分解。氨基酸的代谢概况如图7-1所示。

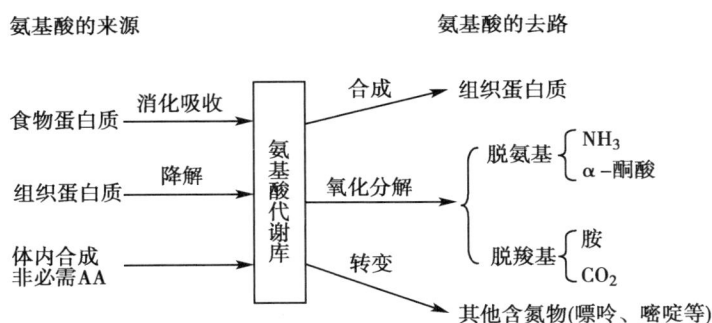

图 7-1 氨基酸的来源和去路

二、氨基酸的脱氨基作用

氨基酸在酶的作用下脱去氨基生成氨和 α-酮酸的过程,称为氨基酸的脱氨基作用,这是体内氨基酸分解代谢的主要途径。体内脱氨基的方式包括转氨基作用、氧化脱氨基作用、联合脱氨基作用及嘌呤核苷酸循环,以联合脱氨基作用最为重要。

（一）转氨基作用

在氨基转移酶催化下，氨基酸将氨基转移到 α-酮酸分子上，自身生成相应的 α-酮酸，原来的 α-酮酸接受氨基转变为相应氨基酸的过程称为转氨基作用。催化转氨基的酶为转氨酶，其辅酶为磷酸吡哆醛（含维生素 B_6）。转氨基反应过程如图 7-2 所示。

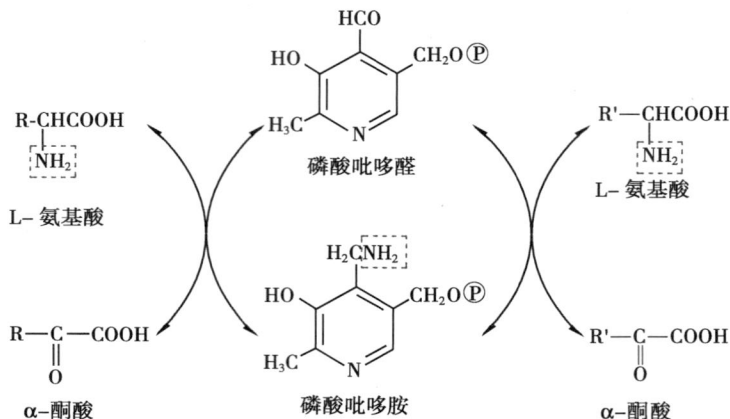

图 7-2　氨基酸的转氨基作用

人体内转氨酶种类多，分布广。但转氨酶为胞内酶，正常情况下，血清中的活性很低，当细胞膜通透性增高或组织损伤、细胞破裂时，转氨酶可大量释放入血，致使血清中转氨酶活性明显升高。不同转氨酶在体内各组织中含量不等。例如，正常情况下，丙氨酸转氨酶（alanine aminotransferase，ALT）在肝细胞内活性最高，急性肝炎患者，血清中 ALT 活性显著增高；正常情况下，天冬氨酸转氨酶（aspartate aminotransferase，AST）在心肌细胞内活性最高，肝内次之。心肌梗死患者血清中 AST 明显上升，肝功能损伤时也会有不同程度的升高。因此，在临床上测定血清中的 ALT 或 AST 含量可作为肝脏及心肌疾病诊断的重要指标。ALT 与 AST 催化的转氨基反应如图 7-3 所示。

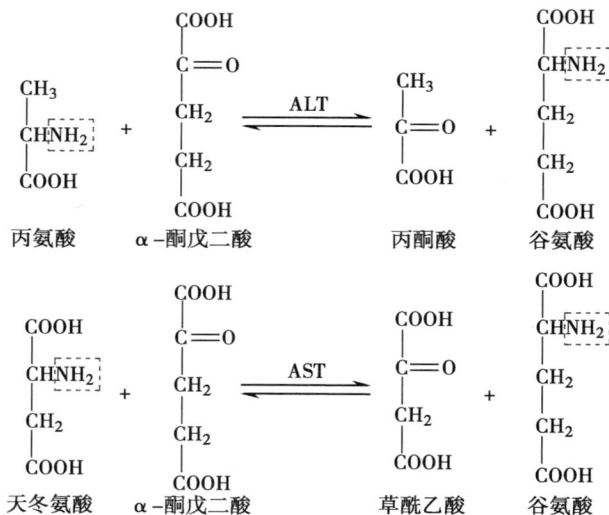

图 7-3　ALT 与 AST 转氨基反应式

临床应用

ALT 和 AST 的临床应用

ALT 主要存在于肝细胞的可溶性部分，当肝脏受损时，此酶可较早释放入血，导致血中该酶的活性增高。因此 ALT 是肝细胞损伤的灵敏指标。慢性活动性肝炎或脂肪肝，ALT 轻度增高；肝硬化或肝癌时，ALT 轻度或中度增高。

在患者发生心肌梗死时，血清中 AST 活性增高；各种肝病患者也可引起血清 AST 活性增高。

临床常同时测定血清 ALT 和 AST，并计算其比值用于判断肝脏疾病的病程、严重程度及病情预后。正常人 AST/ALT≈1.5/1，慢性肝炎、肝硬化和肝癌时，AST/ALT 可分别达到 1.0/1、2.0/1 和 3.0/1。

转氨基过程是可逆的，是体内合成非必需氨基酸的重要途径。但转氨基作用只是氨基的转移，并未真正脱掉氨基。

（二）氧化脱氨基作用

氧化脱氨基作用是指在氨基酸氧化酶作用下，氨基酸脱氢并脱去氨基的过程。体内催化氧化脱氨基的酶有多种，其中以 L-谷氨酸脱氢酶最重要。L-谷氨酸脱氢酶能催化 L-谷氨酸氧化脱氨基生成 α-酮戊二酸和氨，如图 7-4 所示。

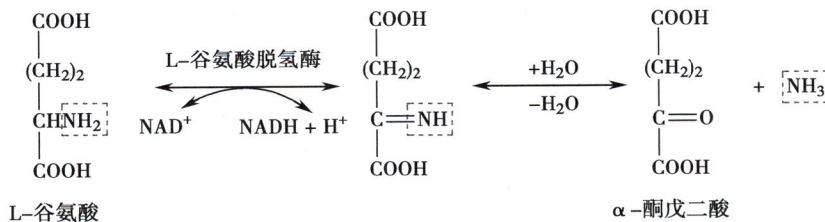

图 7-4　L-谷氨酸脱氢酶催化的氧化脱氨基作用

案例分析

案例

某女，20 岁，近日食欲减退，恶心厌油，发热，全身疲乏无力，右上腹痛。

问诊：近日食毛蚶；触诊：肝大，肝区叩痛。

肝功：ALT 显著增高；AST 增高；两对半正常（乙肝指标）。

诊断：急性病毒性肝炎。

分析

正常情况下，ALT 在肝细胞内活性最高，AST 次之。急性肝功能损伤时，肝细胞内酶释放入血，血中转氨酶增高。该女食用的毛蚶为长江入海口毛蚶，未完全煮透食用，恰巧此批毛蚶携带甲肝病毒，使该女患病。

L-谷氨酸脱氢酶的优点在于在人体内分布广且活性高,它的缺点是特异性过强,并且在心肌和骨骼肌中活性低,因此这种方式不能作为氨基酸脱氨基的主要方式。

(三) 联合脱氨基作用

在转氨酶和L-谷氨酸脱氢酶的联合作用下使氨基酸脱去氨基的作用称为联合脱氨基作用。氨基酸在转氨酶作用下将氨基转移给 α-酮戊二酸生成谷氨酸,再由 L-谷氨酸脱氢酶催化谷氨酸脱氨基生成 α-酮戊二酸和氨。联合脱氨基作用过程如图 7-5 所示。

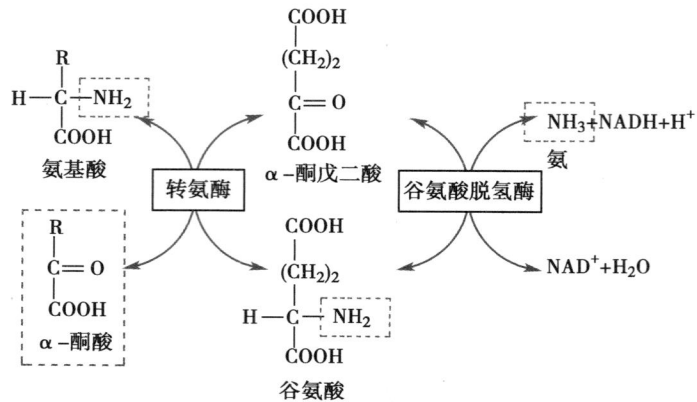

图 7-5　联合脱氨基作用

通过联合脱氨基作用,氨基酸分子中的氨基被真正脱去,生成了氨和相应的 α-酮酸,因此联合脱氨基作用是体内多数组织氨基酸脱氨基的主要方式。联合脱氨基作用的反应过程是可逆的,其逆反应是体内合成非必需氨基酸的主要途径。

由于谷氨酸脱氢酶在心肌和骨骼肌中的活性很低,该作用不能作为心肌和骨骼肌中氨基酸脱氨基的主要方式。

(四) 嘌呤核苷酸循环

在肌肉细胞内存在一种特殊的联合脱氨基反应称为嘌呤核苷酸循环。氨基酸通过多次转氨基反应,将氨基酸的氨基转移到腺嘌呤核苷酸分子上,最终由腺苷酸脱氨酶将氨基脱去生成氨。心肌和骨骼肌细胞中氨基酸以这种方式脱去氨基。

三、氨基酸的脱羧基作用

氨基酸在脱羧酶的作用下脱去羧基生成相应的胺类和二氧化碳,称为脱羧基作用。氨基酸脱羧酶的辅酶是磷酸吡哆醛。

(一) γ-氨基丁酸

谷氨酸在谷氨酸脱羧酶催化下脱羧生成 γ-氨基丁酸(GABA)。谷氨酸脱羧酶的辅酶是磷酸吡哆醛。此酶在脑及肾组织中活性高。

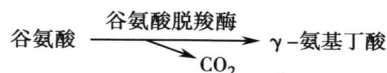

$$谷氨酸 \xrightarrow[CO_2]{谷氨酸脱羧酶} \gamma-氨基丁酸$$

γ-氨基丁酸是一种抑制性神经递质,对中枢神经有抑制作用。临床上用维生素 B_6 治疗妊娠性呕吐和小儿惊厥,就是因为维生素 B_6 的活性形式磷酸吡哆醛是谷氨酸脱羧酶的辅酶,从而促进 GABA 的生成,使过度兴奋的神经受到抑制。

（二）组胺

组氨酸脱羧生成组胺。组胺在体内广泛分布于乳腺、肺、肝、肌肉及胃黏膜等。肥大细胞及嗜碱性粒细胞在过敏反应、创伤等情况下可产生过量的组胺。

$$组氨酸 \xrightarrow[\quad CO_2 \quad]{\text{组氨酸脱羧酶}} 组胺$$

组胺是一种强烈的血管扩张剂,并能使毛细血管的通透性增加,造成血压下降,甚至休克;组胺还可使平滑肌收缩,引起支气管痉挛而发生哮喘等。

（三）5-羟色胺

5-羟色胺(5-HT)是色氨酸的代谢产物。色氨酸通过色氨酸羟化酶的作用首先生成 5-羟色氨酸,再经脱羧酶作用生成 5-羟色胺。

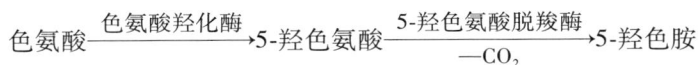

$$色氨酸 \xrightarrow{\text{色氨酸羟化酶}} 5\text{-}羟色氨酸 \xrightarrow[-CO_2]{\text{5-羟色氨酸脱羧酶}} 5\text{-}羟色胺$$

5-羟色胺广泛存在于体内各种组织中,特别是在脑中含量较高。胃肠、血小板及乳腺细胞中也有 5-羟色胺。

脑中的 5-羟色胺是一种重要的神经递质,对中枢起抑制作用;在外周组织中,5-羟色胺具有收缩血管的作用。

快乐因子——
5-羟色胺

（四）牛磺酸

牛磺酸是半胱氨酸的代谢产物。半胱氨酸首先氧化成磺酸丙氨酸,再经磺酸丙氨酸脱羧酶催化脱去羧基生成牛磺酸。牛磺酸是结合胆汁酸的组成成分。脑中含有较多牛磺酸。

$$半胱氨酸 \xrightarrow{\text{色氨酸羟化酶}} 磺酸丙氨酸 \xrightarrow{\text{磺酸丙氨酸脱羧酶}} 牛磺酸$$

从牛磺酸谈
母乳喂养必
要性

（五）多胺

某些氨基酸经脱羧基作用可产生含多个氨基的化合物,称为多胺。例如鸟氨酸脱羧基生成腐胺,然后再转变成精脒和精胺。精脒和精胺属于多胺,是调节细胞生长的重要物质。凡属生长旺盛的组织,如胚胎、再生肝及癌瘤组织等,其多胺含量均有增高。

在临床上,测定血液或尿液中多胺含量可作为肿瘤辅助诊断及病情变化监测的生化指标。

四、氨基酸分解产物的去向

氨基酸通过脱氨基生成氨和 α-酮酸,脱羧基生成胺和 CO_2。CO_2 随呼吸排出,其他物质在体内继续代谢。胺属于非营养物质,可转运到肝内进行生物转化作用。这里主要介绍氨和 α-酮酸的代谢。

（一）氨的代谢

氨是强烈的神经毒物，能透过细胞膜及血脑屏障，对中枢神经系统的毒害作用尤其明显。

1. 氨的来源 血液中的氨称为血氨，主要有三个来源：

（1）氨基酸的脱氨基作用产氨：由氨基酸脱氨基产生的氨是体内氨的主要来源。少量氨也可来自胺类及嘌呤、嘧啶的分解。

（2）肠道吸收的氨：肠道的氨可由两个渠道产生：①主要来自肠道细菌对蛋白质或氨基酸的腐败作用产生的氨；②血中尿素扩散入肠道，在肠道细菌脲酶作用下尿素水解产生氨；肠道产氨较多，每日约4g。NH_3 比 NH_4^+ 易透过细胞膜吸收入血，在肠道 pH 较高时，NH_4^+ 偏向于转变成 NH_3，使氨的吸收加强。临床上对高血氨患者禁用碱性肥皂水灌肠，就是为了减少氨的吸收。

（3）肾小管上皮细胞分泌的氨：肾小管上皮细胞中的谷氨酰胺在谷氨酰胺酶催化下水解，生成谷氨酸和 NH_3，NH_3 扩散入血形成血氨。

2. 氨的转运 各种组织所产生的氨，在血液中主要以无毒的谷氨酰胺和丙氨酸两种形式运输。

（1）谷氨酰胺的运氨作用：脑和肌肉等组织产生的氨经谷氨酰胺合酶催化与谷氨酸结合生成谷氨酰胺，后者经血液运送到肝或肾进行代谢，此反应消耗 ATP。这是体内运输氨的主要形式，也是贮氨及解氨毒的重要方式。

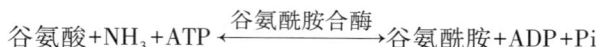

$$谷氨酸 + NH_3 + ATP \xrightleftharpoons{谷氨酰胺合酶} 谷氨酰胺 + ADP + Pi$$

（2）丙氨酸-葡萄糖循环：肌肉组织中蛋白质分解旺盛，产生较多氨基酸。这些氨基酸脱下的氨基可经丙氨酸-葡萄糖循环转运至肝内。在肌肉细胞内，氨基酸脱氨基产生的氨通过转氨基作用最终转给丙酮酸生成无毒的丙氨酸，丙氨酸随血液循环到肝细胞内；在肝内广泛存在的转氨酶作用下，丙氨酸脱去氨基重新生成丙酮酸，后者在肝内经糖异生途径生成葡萄糖，葡萄糖可随血液循环进入肌肉组织氧化利用。通过此循环，不仅使肌肉组织内产生的氨以无毒的丙氨酸形式运送到肝，同时又将肝细胞内糖异生产生的葡萄糖转运至肌肉组织氧化利用。丙氨酸-葡萄糖循环过程如图7-6所示。

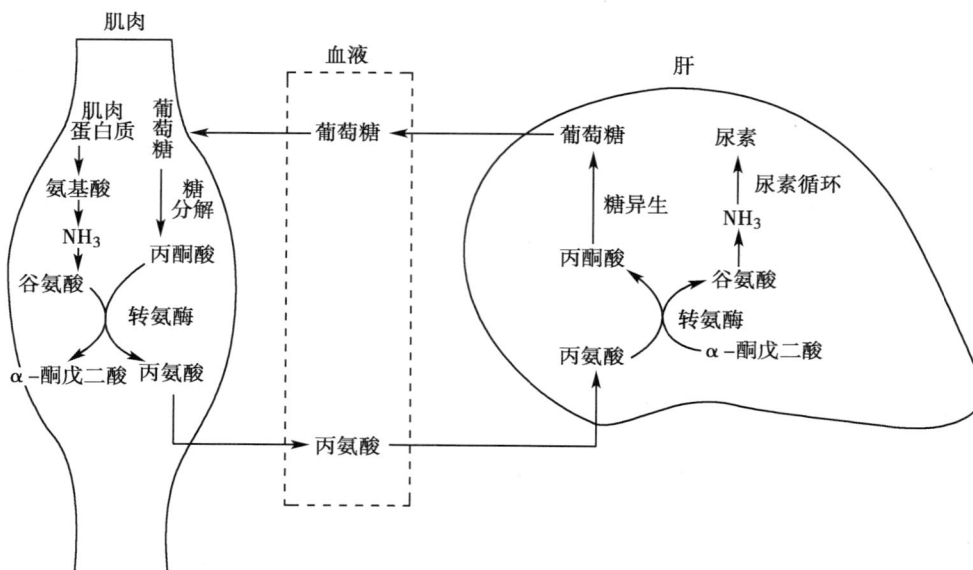

图 7-6 丙氨酸-葡萄糖循环

3. 氨的去路　氨以谷氨酰胺或丙氨酸形式被转运到肝和肾后,其代谢去路主要有以下三条。

（1）在肝脏中合成尿素:体内氨的主要去路是在肝内合成尿素随尿排出。尿素合成的过程称为鸟氨酸循环,即尿素循环,此过程在肝细胞的线粒体和胞液中进行,可划分为四个阶段。

1)氨基甲酰磷酸的合成:在肝细胞线粒体内,1 分子 NH_3 和 1 分子 CO_2 由氨基甲酰磷酸合成酶催化生成氨基甲酰磷酸。此反应为不可逆反应,消耗 2 个 ATP,反应式如下:

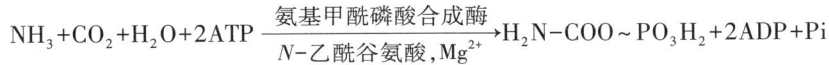

$$NH_3+CO_2+H_2O+2ATP \xrightarrow[\text{N-乙酰谷氨酸,Mg}^{2+}]{\text{氨基甲酰磷酸合成酶}} H_2N-COO \sim PO_3H_2+2ADP+Pi$$

2)瓜氨酸的合成:在鸟氨酸氨基甲酰转移酶催化下,氨基甲酰磷酸与鸟氨酸缩合生成瓜氨酸,该反应不可逆,在线粒体中进行。

3)精氨酸的合成:瓜氨酸生成后,被转运到胞液,在精氨酸代琥珀酸合成酶催化下,由 ATP 供能,与天冬氨酸作用生成精氨酸代琥珀酸。精氨酸代琥珀酸再经精氨酸代琥珀酸裂解酶催化,生成精氨酸和延胡索酸。

通过此反应,天冬氨酸分子中的氨基转移至精氨酸分子内。精氨酸代琥珀酸合成酶为尿素合成的限速酶。

4)精氨酸水解生成尿素:精氨酸在胞液中精氨酸酶催化下,水解为尿素与鸟氨酸。鸟氨酸再进入线粒体重复上述反应,构成鸟氨酸循环,如图 7-7 所示。

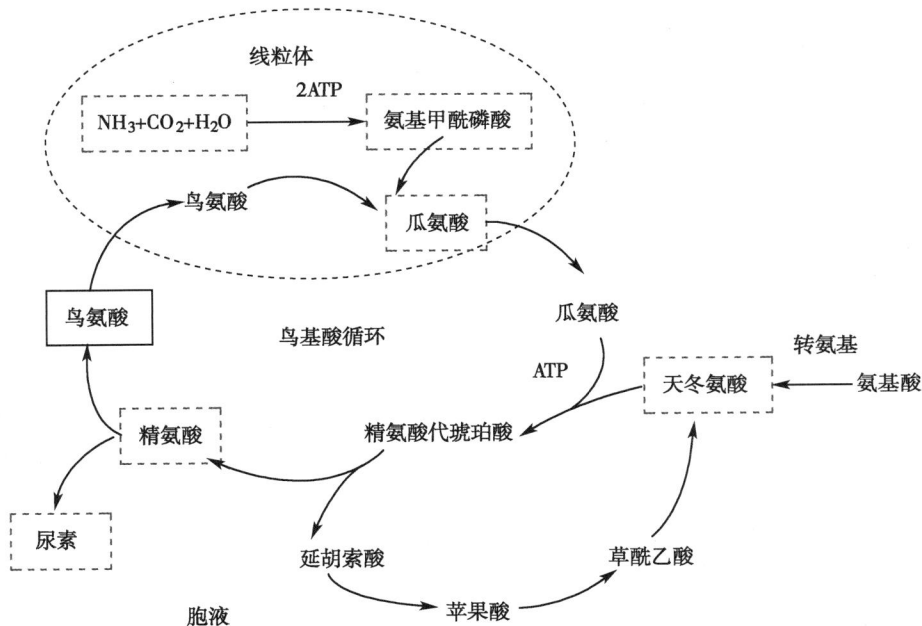

图 7-7　鸟氨酸循环

鸟氨酸循环最重要的生理意义在于将有毒的氨转变成无毒的尿素,随体循环转运到肾脏,经尿液排出体外。

尿素生成的总反应如下：

$$2NH_3+CO_2+3H_2O+3ATP \longrightarrow CO(NH_2)_2+2ADP+AMP+2Pi+PPi$$

可以看出，每合成 1 分子尿素能够清除 2 分子 NH_3，其中 1 分子 NH_3 由氨基酸脱氨基产生，另 1 分子 NH_3 直接来自天冬氨酸的氨基。尿素合成是耗能的过程，每合成 1 分子尿素消耗 3 分子 ATP（4 个高能磷酸键）。

（2）以铵盐的形式由尿排出：在肾小管上皮细胞内，谷氨酰胺在谷氨酰胺酶作用下，生成谷氨酸及 NH_3。NH_3 大部分分泌至尿中，与 H^+ 结合形成 NH_4^+ 随尿排出，少量扩散入血构成血氨的来源。

$$\text{谷氨酰胺}+H_2O \xrightleftharpoons{\text{谷氨酰胺酶}} \text{谷氨酸}+NH_3$$

$$NH_3+H^+ \longrightarrow NH_4^+$$

▶▶ **课堂互动**

请同学们讨论并回答导学情景中的两个实验各说明什么问题。

（3）合成其他含氮化合物：NH_3 与 α-酮酸结合生成非必需氨基酸，这是体内非必需氨基酸的来源之一。氨中的氮还可以为嘌呤和嘧啶等提供氮原子。

氨的三个来源、两种转运方式与三条去路总结如图 7-8 所示。

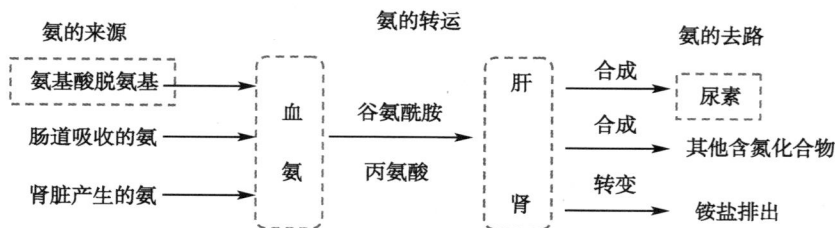

图 7-8　氨的来源、转运与去路

4. 高血氨和氨中毒　正常情况下，血氨的来源和去路维持动态平衡，血氨浓度处于较低的水平。当肝功能严重损伤时或遗传因素导致尿素合成相关酶缺陷时，尿素合成障碍，血氨浓度增高，称为高血氨症。严重高血氨可导致人发生昏迷，称为肝昏迷或肝性脑病。

关于肝性脑病产生的原因，有多种学说。氨中毒学说是这样解释的：当肝功能严重损伤时，尿素合成障碍，血氨过高。氨扩散进入脑组织，与细胞中的 α-酮戊二酸结合生成谷氨酸，谷氨酸进一步与氨结合生成谷氨酰胺。上述反应大量消耗 ATP 且使脑细胞中的 α-酮戊二酸减少，导致三羧酸循环减弱，从而使脑组织中 ATP 生成减少，能量缺乏，引起大脑功能障碍，严重时可产生昏迷。

肝性脑病的假神经递质学说

（二）α-酮酸的代谢

氨基酸脱氨基生成的 α-酮酸主要有以下三条代谢途径：

1. 合成非必需氨基酸　α-酮酸经脱氨基的逆过程合成非必需氨基酸，是机体合成非必需氨基酸的重要途径。

2. 转变成糖及脂肪酸　有些氨基酸脱氨基后生成的 α-酮酸只能通过糖异生途径转变为葡萄糖或糖原,这类氨基酸称为生糖氨基酸,种类最多。有些只能生成乙酰辅酶 A 或乙酰乙酸,这类氨基酸称为生酮氨基酸,如亮氨酸和赖氨酸。还有某些氨基酸既可转变为糖,也能生成酮体,称为生糖兼生酮氨基酸,如异亮氨酸、苯丙氨酸、酪氨酸、色氨酸、苏氨酸。

3. 氧化供能　α-酮酸在体内可进入三羧酸循环,彻底氧化成 CO_2 和水,同时释放出能量供机体需要。

点滴积累　∨

1. 氨基酸的分解途径有脱氨基和脱羧基两种方式,脱氨基作用是主要方式。
2. 氨基酸通过四种方式脱氨基后生成产物为氨及相应的 α-酮酸。 氨有三个来源、两种转运方式,三条去路,最终主要以无毒的尿素排出体外。 血氨过高会导致氨中毒。 α-酮酸可氧化供能或转变成糖或脂肪。

第三节　个别氨基酸的代谢

氨基酸种类较多,有些氨基酸具有独特的代谢方式和产物。

一、一碳单位的代谢

某些氨基酸在分解代谢过程中可以产生含有一个碳原子的有机基团,称为一碳单位,如甲基（—CH_3）、亚甲基（—CH_2—）、次甲基（==CH—）、甲酰基（—CHO）及亚氨甲基（—CH ==NH）等。

（一）一碳单位的来源

一碳单位主要来源于某些氨基酸的分解代谢,如丝氨酸、甘氨酸、组氨酸和色氨酸等。各种不同形式的一碳单位在一定条件下可相互转变。

（二）一碳单位的载体

一碳单位在体内不能单独存在,需要以四氢叶酸（FH_4）作为载体。FH_4 分子上的 N^5 和 N^{10} 是一碳单位的结合位点,两者结合后形成 N^5-甲基四氢叶酸（N^5—CH_3—FH_4）、N^5,N^{10}-亚甲四氢叶酸（N^5,N^{10}—CH_2—FH_4）、N^5,N^{10}-次甲四氢叶酸（N^5,N^{10}==CH—FH_4）等形式在体内运输。

（三）一碳单位的生理作用

1. 一碳单位是嘌呤和嘧啶核苷酸合成的原料,在核酸生物合成中有重要作用。如果人体缺乏叶酸,一碳单位无法正常转运,核苷酸合成障碍,导致红细胞 DNA 及蛋白质合成受阻,产生巨幼红细胞性贫血等。

2. 一碳单位将氨基酸代谢与核苷酸代谢联系在一起。一碳单位来自蛋白质分解产生的某些氨基酸,又可作为核苷酸合成的原料,因此沟通了氨基酸与核苷酸的代谢。

二、芳香族氨基酸的代谢

芳香族氨基酸主要包括苯丙氨酸、酪氨酸、色氨酸。正常情况下苯丙氨酸在苯丙氨酸羟化酶作用下转变为酪氨酸进行代谢。酪氨酸在体内主要有以下几条代谢途径。

（一）转变为儿茶酚胺

酪氨酸经酪氨酸羟化酶作用生成多巴，多巴脱羧生成多巴胺。多巴胺是大脑神经递质，它的含量不足是震颤性麻痹发生的原因，帕金森病患者多巴胺生成减少。多巴胺经羟化生成去甲肾上腺素，后者甲基化转变为肾上腺素。多巴胺、去甲肾上腺素和肾上腺素统称儿茶酚胺。

知识链接

多 巴 胺

2000 年的诺贝尔生理学或医学奖颁发给时年 77 岁的瑞典人阿尔维德·卡尔森、时年 75 岁的美国人保罗·格林加德和时年 71 岁的美国人埃里克·坎德尔，以表彰他们三人在人类"神经系统信号传送"领域做出的突出贡献。　他们的研究发现，多巴胺可以作为人脑中的信号传送器，帕金森症患者正是人脑某个部位中缺少了多巴胺。　进一步的研究发现，多巴胺不仅与人的学习和记忆，及烟酒、毒品、甜品上瘾相关，还与欲望和爱情、运动、自我激励、注意力及精神病等有一定关系。

（二）转变为黑色素

在黑色素细胞中，酪氨酸在酪氨酸酶催化下羟化生成多巴，多巴还可通过氧化、脱羧等反应合成黑色素。先天性酪氨酸酶缺乏的患者，黑色素合成障碍，皮肤、毛发等因缺乏黑色素呈现色浅或呈白色，称为白化病。

（三）氧化分解

酪氨酸可在酪氨酸转氨酶的作用下生成对羟苯丙酮酸，后者经尿黑酸等中间产物进一步分解成延胡索酸和乙酰乙酸，两者可分别参与糖和脂肪酸代谢。

（四）转变为甲状腺激素

甲状腺素是酪氨酸缩合碘化的衍生物，是由甲状腺球蛋白分子中的酪氨酸残基经碘化作用生成的。

当苯丙氨酸羟化酶先天性缺乏时，苯丙氨酸可经转氨酶作用生成苯丙酮酸。苯丙酮酸的含量过高，有一部分会从尿中排出，称苯丙酮酸尿症（PKU）。由于苯丙酮酸过多对中枢神经系统有毒害作用，故苯丙酮酸尿症患者多出现智力发育障碍。苯丙氨酸和酪氨酸是生糖兼生酮氨基酸。

点滴积累 ▽

1. 丝氨酸、甘氨酸、组氨酸、色氨酸分解能产生一碳单位，其载体为四氢叶酸，重要功能是作为核苷酸合成的原料。

2. 芳香族氨基酸包括苯丙氨酸、酪氨酸、色氨酸。　苯丙氨酸正常情况下转变为酪氨酸继续代谢，酪氨酸可代谢生成黑色素、儿茶酚胺、甲状腺素或转变为酮体或糖。　先天缺乏酪氨酸酶及苯丙氨酸羟化酶可分别导致白化病和苯丙酮酸尿症。

复习导图

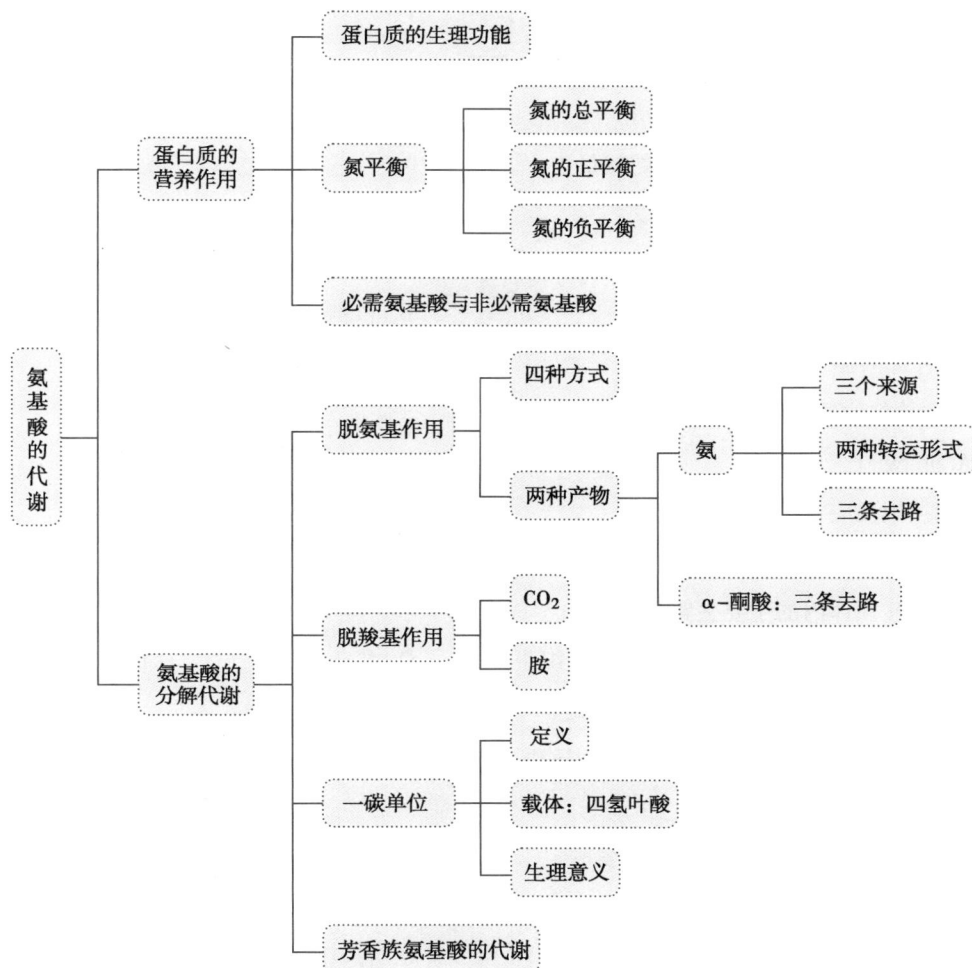

目标检测

一、选择题

（一）单项选择题

1. 中国营养学会推荐成人每日蛋白质需要量为（   ）

    A. 3.18g   B. 20g   C. 30~50g   D. 80g

2. 心肌和骨骼肌中氨基酸脱氨基的主要方式为（   ）

    A. 转氨基作用   B. 联合脱氨基作用

    C. 氧化脱氨基作用   D. 嘌呤核苷酸循环

3. 能够构成转氨酶辅酶的维生素是（   ）

    A. B_1 B. B_2 C. B_6 D. B_{12}

4. ALT 活性最高的组织是（   ）

　　A. 心肌　　　　　　B. 肝　　　　　　C. 骨骼肌　　　　D. 肾

5. 尿素在(　　　)器官合成

　　A. 肝　　　　　　　B. 脾　　　　　　C. 心　　　　　　D. 肾

6. 血氨增高可能与(　　　)器官的严重损伤有关

　　A. 心　　　　　　　B. 肝　　　　　　C. 大脑　　　　　D. 肾

7. 合成 1 分子尿素消耗高能键的数目为(　　　)

　　A. 1　　　　　　　B. 2　　　　　　　C. 3　　　　　　　D. 4

8. 尿素的合成过程称为(　　　)

　　A. 丙氨酸-葡萄糖循环　　　　　　　　B. 核糖体循环

　　C. 柠檬酸循环　　　　　　　　　　　　D. 鸟氨酸循环

9. 一碳单位的载体是(　　　)

　　A. 叶酸　　　　　　B. 二氢叶酸　　　C. 四氢叶酸　　　D. B_2

10. 与过敏反应有关的是(　　　)

　　A. 牛磺酸　　　　　B. 组胺　　　　　C. GABA　　　　　D. 5-HT

11. 氨基酸在体内的主要去路是(　　　)

　　A. 合成核苷酸　　　B. 合成组织蛋白　C. 氧化分解　　　D. 合成糖原

12. 酪氨酸酶先天性缺乏导致的疾病是(　　　)

　　A. 白化病　　　　　B. 苯丙酮酸尿症　C. 尿黑酸症　　　D. 肝性脑病

13. 芳香族氨基酸不包括(　　　)

　　A. 苯丙氨酸　　　　B. 色氨酸　　　　C. 酪氨酸　　　　D. 精氨酸

14. 体内氨的主要运输和贮存形式为(　　　)

　　A. 苯丙氨酸　　　　B. 天冬氨酸　　　C. 谷氨酰胺　　　D. 精氨酸

15. 治疗妊娠呕吐和小儿惊厥常用维生素(　　　)辅助治疗

　　A. B_1　　　　　　B. B_2　　　　　　C. B_6　　　　　　D. B_{12}

(二) 多项选择题

1. 鸟氨酸循环进行的部位是肝细胞的(　　　)

　　A. 胞液　　　　　　　　　B. 内质网　　　　　　　C. 线粒体

　　D. 溶酶体　　　　　　　　E. 细胞核

2. 属于一碳单位的是(　　　)

　　A. CO　　　　　　　　　　B. —COOH　　　　　　　C. —CHO

　　D. CH_4　　　　　　　　　E. —CH_3

3. 只能转变为酮体的氨基酸是(　　　)

　　A. 亮氨酸　　　　　　　　B. 赖氨酸　　　　　　　C. 谷氨酸

　　D. 色氨酸　　　　　　　　E. 苯丙氨酸

4. α-酮酸的代谢去路包括(　　　)

A. 合成非必需氨基酸   B. 转变为酮体   C. 氧化供能

D. 转变为糖   E. 转变为脂肪

5. 儿茶酚胺包括(   )

A. 甲状腺素   B. 去甲肾上腺素   C. 肾上腺素

D. 多巴   E. 多巴胺

二、判断改错题

1. 非必需氨基酸就是人体不需要的氨基酸。

2. 植物蛋白质营养价值更高。

3. 转氨基作用没有真正脱去氨基。

4. 合成尿素的过程称为甲硫氨酸循环。

5. 一碳单位的载体是叶酸。

三、简答题

1. 氨基酸脱氨基的方式有哪些？产物是什么？

2. 简述氨的来源、转运和去路有哪些？

3. 解释肝性脑病的氨中毒学说。

4. 什么是一碳单位？载体什么？一碳单位代谢有何生理意义？

四、实例分析题

某男,50 岁,有肝硬化史,反复性昏迷发生 3 个月,精神有些错乱。血氨增高,转氨酶轻度增高。试分析该患者昏迷产生的原因。

（晃相蓉）

第八章

核酸化学

ER-08章PPT

▲

导学情景 ∨

情景描述

1868 年，瑞士科学家米歇尔（F. Miescher）从脓细胞核中分离出一种含 C、H、O、N、P 的物质，当时定名为核素，后来发现该物质含磷很高，呈酸性，改称为核酸。核酸的发现虽然很早，但其重要的生物学功能却很长时期未被人们所认识。直到 1944 年艾弗里（O. Avery）等人在肺炎链球菌的转化实验中，才首次证明 DNA 是细菌遗传性状的转化因子，是遗传物质。

学前导语

"种瓜得瓜，种豆得豆""子女常常长得像父母"的遗传现象大家都清楚，那么核酸在生物体中是怎样把亲代的生物性状传递到子代的呢？这些都与核酸的组成、分子结构和功能有关，本章我们将带领同学们首先探究核酸的组成、结构和功能等基本知识。

第一节　核酸的化学组成

ER-8-1

扫一扫，知重点

核酸（nucleic acid）是一类含有磷酸基团的重要生物大分子，是遗传的物质基础。

核酸在细胞内通常与蛋白质结合，以核蛋白的形式存在。根据分子中所含戊糖种类的不同，核酸分为脱氧核糖核酸（deoxyribonucleic acid，DNA）和核糖核酸（ribonucleic acid，RNA）两类，它们的组成、结构和功能各不相同。

原核生物中 DNA 集中在核区。真核 DNA 分布在核内，组成染色体。线粒体、叶绿体等细胞器也含有 DNA。病毒或只含有 DNA，或只含有 RNA，尚未发现两者兼有的病毒。

原核生物中 RNA 存在于细胞质，真核生物中 RNA 75% 在细胞质，15% 在线粒体和叶绿体，10% 在细胞核。

"种瓜得瓜，种豆得豆"的遗传现象是通过 DNA 上所携带的遗传信息通过转录成 RNA 并翻译成蛋白质实现的。通过肺炎链球菌转化、噬菌体感染细菌等大量实验表明 DNA 是遗传信息的载体，负责遗传信息的贮存和发布，并通过复制将遗传信息转给子代。RNA 则负责遗传信息的表达，它转录 DNA 的遗传信息，直接参与蛋白质的生物合成，将遗传信息翻译成各种蛋白质，使生物体进行一系列的代谢活动，从而能够使生物体生长、发育、繁殖和遗传。

核酸不仅与正常生命活动如生长繁殖、遗传变异、细胞分化等有着密切关系，而且与生命的异常活动如肿瘤发生、辐射损伤、遗传病、代谢病、病毒感染等息息相关。因此核酸及核酸类药物的研究是现代生物化学、分子生物学和生物医药发展的重要领域。

FR-8-2
著名的肺炎球
菌转化实验

FR-8-3
噬菌体感染
细菌实验

一、核酸的元素组成

核酸由碳、氢、氧、氮、磷5种元素组成,其中磷的含量在各种核酸中变化不大,平均含磷量为9.5%左右,这是定磷法进行核酸含量测定的理论基础。

核酸含量=磷含量×10.5

> **知识链接**
>
> ### 定 磷 法
>
> 通过测定核酸样品中核酸磷含量计算核酸含量的方法。 用强酸将核酸样品中的有机磷转变为无机磷酸,无机磷酸与钼酸反应生成磷钼酸,磷钼酸在还原剂如抗坏血酸、氯化亚锡等的作用下,还原成钼蓝。 钼蓝于660nm处有最大吸收峰,在一定浓度范围内,钼蓝溶液对660nm光的吸光度(A_{660})大小和无机磷酸的含量成正比。 因此,可用分光光度法测定样品中无机磷酸的含量。 该法测得的磷含量为总磷量,需要减去原样品中无机磷的含量才是核酸磷的含量。 核酸分子的平均含磷量为9.5%,即1g核酸磷相当于10.5g核酸。

二、核苷酸

(一) 核苷酸的分子组成

核酸是一种多聚核苷酸,它的基本结构单位是核苷酸(nucleotide)。核苷酸还可以进一步分解成核苷(nucleoside)和磷酸。核苷再进一步分解成碱基(base)和戊糖(pentose)。总之,核苷酸由碱基、戊糖和磷酸组成。核酸的逐步水解产物见图8-1。

1. 碱基 核酸中的碱基分为嘌呤碱和嘧啶碱两类,均为含氮的杂环化合物,具有弱碱性,故称为碱基。

(1)嘌呤碱:核酸中常见的嘌呤碱有两种:腺嘌呤(A)和鸟嘌呤(G),它们由嘌呤衍生而来,为RNA和DNA两类核酸所共有。嘌呤及腺嘌呤、鸟嘌呤的结构见图8-2。

(2)嘧啶碱:嘧啶碱是嘧啶的衍生物。核酸中常见的嘧啶碱有胞嘧啶(C)、尿嘧啶(U)和胸腺嘧啶(T)。其中胞嘧啶为

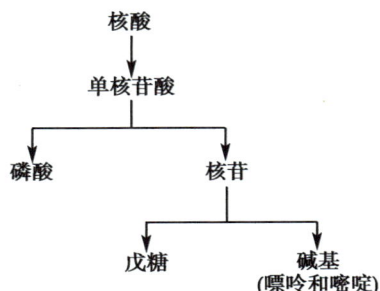

核酸
↓
单核苷酸
↓
磷酸　　核苷
↓
戊糖　　碱基
(嘌呤和嘧啶)

图 8-1 核酸的水解产物

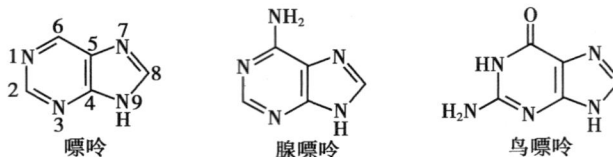

图 8-2 嘌呤及腺嘌呤、鸟嘌呤的分子结构

RNA 和 DNA 两类核酸所共有。胸腺嘧啶主要存在于 DNA 中,但是在 tRNA 中也有少量存在;尿嘧啶只存在于 RNA 中。嘧啶及胞嘧啶、尿嘧啶和胸腺嘧啶的结构见图 8-3。

图 8-3 嘧啶及胞嘧啶、尿嘧啶和胸腺嘧啶的分子结构

(3)稀有碱基:核酸中还有一些含量甚少的碱基,称为稀有碱基。稀有碱基种类很多,它们是常见碱基的衍生物,大部分为甲基化碱基,如 1-甲基腺嘌呤、1-甲基鸟嘌呤、1-甲基次黄嘌呤等,其分子结构见图 8-4。tRNA 中含有较多的稀有碱基,可高达 10%,如次黄嘌呤和二氢尿嘧啶等,其分子结构见图 8-5。

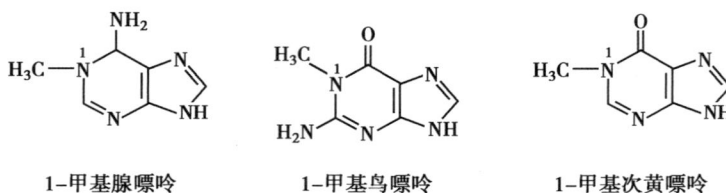

图 8-4 1-甲基腺嘌呤、1-甲基鸟嘌呤和 1-甲基次黄嘌呤的分子结构

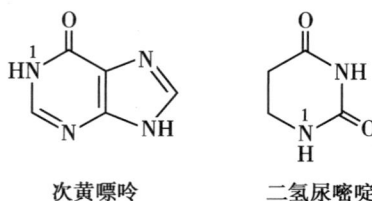

图 8-5 次黄嘌呤和二氢尿嘧啶的分子结构

2. 戊糖 构成 RNA 的戊糖是 β-D-核糖,构成 DNA 的戊糖是 β-D-2-脱氧核糖,其结构差异在于第 2 位碳原子(C_2)上的基团不同,RNA 中是羟基,而 DNA 中是氢原子,见图 8-6。

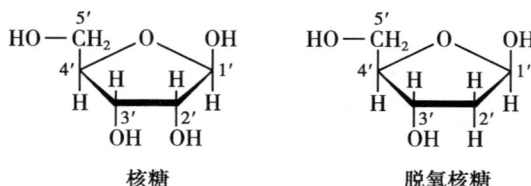

图 8-6 核糖和脱氧核糖的分子结构

3. 核苷 戊糖与碱基通过糖苷键连成核苷。戊糖第 1 位碳原子(C_1)上的羟基与嘌呤碱第 9 位氮原子(N_9)或嘧啶碱第 1 位氮原子(N_1)上的氢脱水缩合形成 C—N 糖苷键。核糖与碱基通过糖苷键连成核糖核苷,脱氧核糖与碱基通过糖苷键连成脱氧核糖核苷。基本核苷的种类及结构见图 8-7。

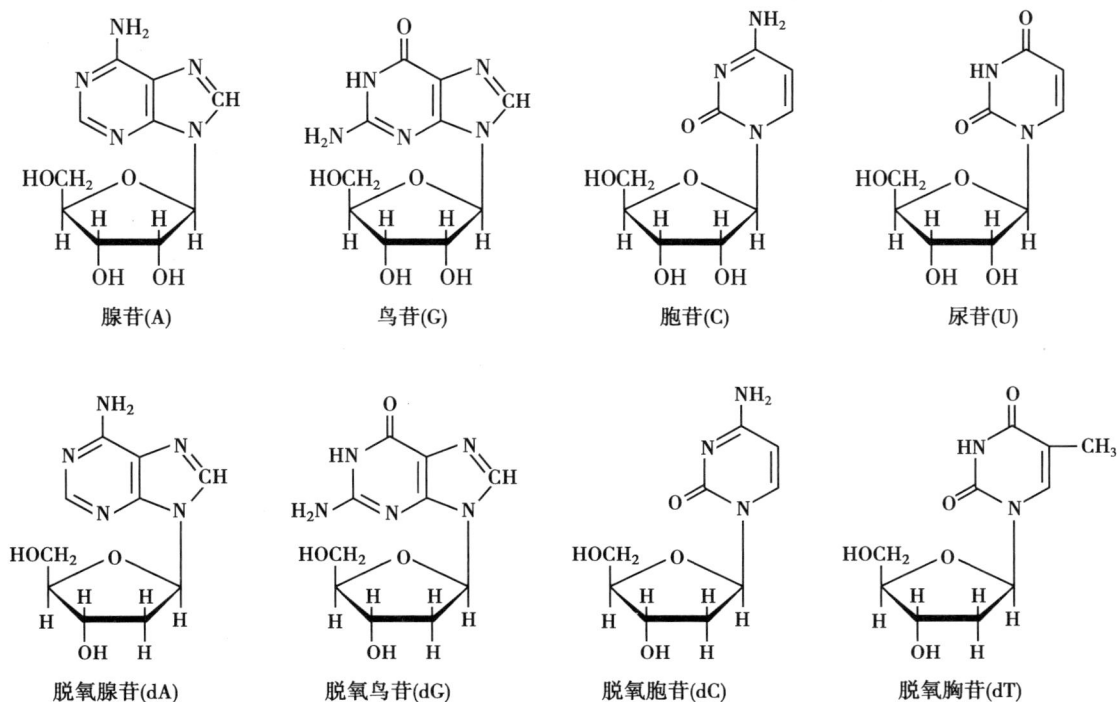

| 腺苷(A) | 鸟苷(G) | 胞苷(C) | 尿苷(U) |

| 脱氧腺苷(dA) | 脱氧鸟苷(dG) | 脱氧胞苷(dC) | 脱氧胸苷(dT) |

图 8-7 基本核苷的种类及结构

（二）核苷酸的分子结构

1. 核苷酸 核苷中戊糖的自由羟基与磷酸通过磷酸酯键连接形成的化合物则为核苷酸。根据所含戊糖的不同,核苷酸分为核糖核苷酸和脱氧核糖核苷酸两大类。

核糖核苷的糖环上有 3 个自由羟基,能形成 3 种不同的核苷酸:2′-核糖核苷酸,3′-核糖核苷酸和 5′-核糖核苷酸。脱氧核苷的糖环上只有 2 个自由羟基,所以只能形成两种核苷酸:3′-脱氧核糖核苷酸和 5′-脱氧核糖核苷酸。

2. 5′-核苷酸 生物体内游离存在的核苷酸主要是 5′-核苷酸。通常由核苷的戊糖 C_5′的自由羟基(—OH)与磷酸的羟基脱水缩合形成磷酸酯键,从而形成 5′-核苷酸,如 5′-腺苷酸(AMP)、5′-脱氧腺苷酸(dAMP)等,其结构见图 8-8。

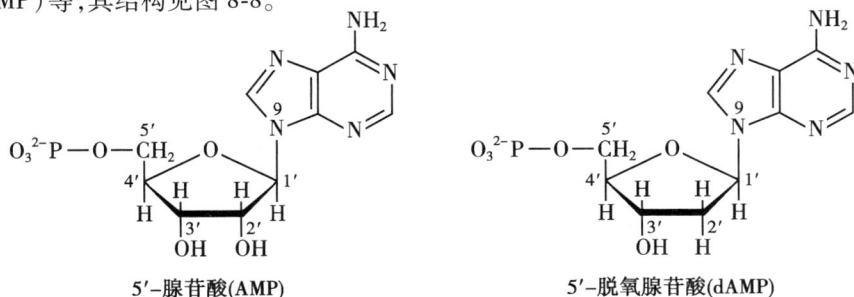

| 5′-腺苷酸(AMP) | 5′-脱氧腺苷酸(dAMP) |

图 8-8 5′-腺苷酸(AMP)和 5′-脱氧腺苷酸(dAMP)分子结构

常见核糖核苷酸(NMP)和脱氧核糖核苷酸(dNMP)各4种,分别是构成 RNA 和 DNA 的基本结构单位,DNA 与 RNA 的主要碱基、核苷及核苷酸组成见表 8-1。

表 8-1 两类核酸的主要碱基、核苷及核苷酸组成

核酸	戊糖	碱基	核苷	核苷酸
DNA	β-D-2-脱氧核糖	腺嘌呤(A)	脱氧腺苷(dA)	脱氧腺苷酸(dAMP)
		鸟嘌呤(G)	脱氧鸟苷(dG)	脱氧鸟苷酸(dGMP)
		胞嘧啶(C)	脱氧胞苷(dC)	脱氧胞苷酸(dCMP)
		胸腺嘧啶(T)	脱氧胸苷(dT)	脱氧胸苷酸(dTMP)
RNA	β-D-核糖	腺嘌呤(A)	腺苷(A)	腺苷酸(AMP)
		鸟嘌呤(G)	鸟苷(G)	鸟苷酸(GMP)
		胞嘧啶(C)	胞苷(C)	胞苷酸(CMP)
		尿嘧啶(U)	尿苷(U)	尿苷酸(UMP)

三、体内重要的游离核苷酸及其衍生物

1. **多磷酸核苷酸** 结合一个磷酸的核苷酸称为核苷一磷酸(NMP 和 dNMP),如 5′-腺苷酸(AMP)和 5′-脱氧腺苷酸(dAMP)又称为腺苷一磷酸和脱氧腺苷一磷酸。

核苷一磷酸的磷酸基团再次与磷酸基团连接形成核苷二磷酸(NDP 和 dNDP)。同样,核苷二磷酸再连接一个磷酸基团则形成核苷三磷酸(NTP 和 dNTP),又称多磷酸核苷酸。

细胞内有一些游离存在的多磷酸核苷酸,它们是核酸合成的前体、重要的辅酶和能量载体。NTP 和 dNTP 分别是合成 RNA 和 DNA 的直接原料。AMP、ADP、ATP 分别代表腺苷一磷酸、腺苷二磷酸、腺苷三磷酸,其结构示意图见图 8-9。

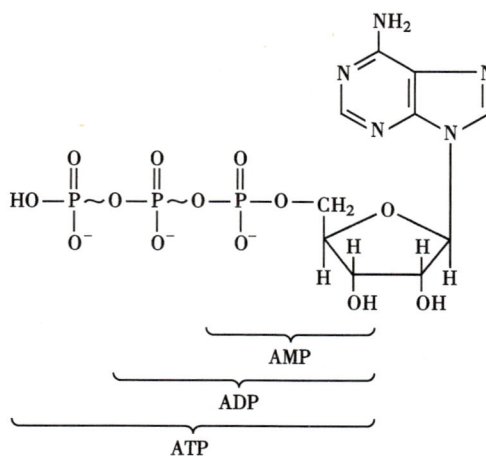

图 8-9 AMP、ADP、ATP 的结构示意图

2. **环化核苷酸** 细胞中普遍存在的两种环化核苷酸:3′,5′-环鸟苷酸(cGMP)和 3′,5′-环腺苷酸(cAMP),其结构见图 8-10。

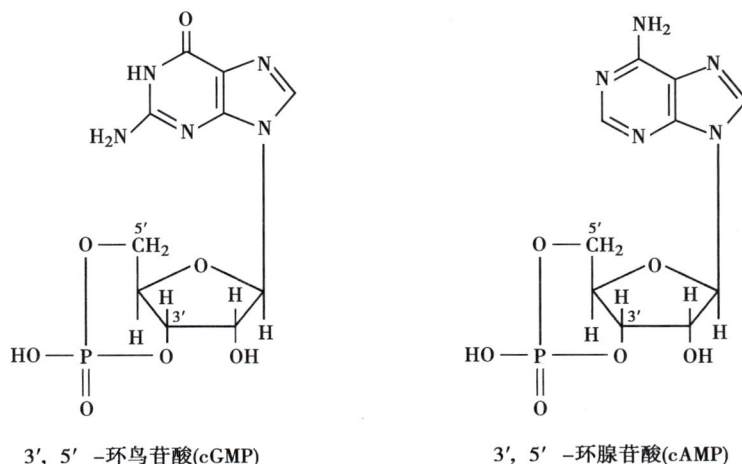

3′,5′-环鸟苷酸(cGMP)　　　　　　3′,5′-环腺苷酸(cAMP)

图 8-10　3′,5′-环鸟苷酸(cGMP)和 3′,5′-环腺苷酸(cAMP)分子结构

　　环化核苷酸不是核酸的组成成分,在细胞中含量很少,但有重要的生理功能。现已证明,两者分别具有放大和缩小激素信号的功能,因此称为激素的第二信使,在细胞的代谢调节中有重要作用。

　　外源 cAMP 不易通过细胞膜,cAMP 的衍生物丁酰 cAMP 可通过细胞膜,已应用于临床,对心绞痛、心肌梗死等有一定疗效。

　　3. 辅酶类核苷酸　一些核苷酸的衍生物是重要的辅酶(辅基),如烟酰胺腺嘌呤二核苷酸(NAD[+],辅酶Ⅰ)、烟酰胺腺嘌呤二核苷酸磷酸(NADP[+],辅酶Ⅱ)以及黄素腺嘌呤二核苷酸(FAD)等。

知识链接

核酸类药物

　　核酸类药物是指具有药用价值的核酸、核苷酸、核苷、碱基及其衍生物。 核酸类药物可分为两类:一类为具有天然结构的核酸类物质,有助于改善机体的物质代谢和能量平衡,加速受损组织的修复,促进缺氧组织恢复正常生理功能。 临床上用于放射病、血小板减少症、急慢性肝炎、心血管疾病、肌肉萎缩等代谢障碍。 如肌苷、ATP、辅酶 A、脱氧核苷酸、肌苷酸、CDP-胆碱等。 第二类为碱基、核苷、核苷酸等结构的类似物或聚合物,这一类核酸类药物通常可作为抗病毒、抗肿瘤、提高机体免疫的重要药物,如氟尿嘧啶、叠氮胸苷、阿糖腺苷、三氮唑核苷、阿糖胞苷、聚肌胞苷酸、阿昔洛韦和喷昔洛韦等。

点滴积累　∨

1. 核酸的分类:根据所含戊糖的不同,核酸分为核糖核酸(RNA)和脱氧核糖核酸(DNA)两类。

2. 核酸的元素组成:由 C、H、O、N、P 5 种元素组成,其中平均含 P 量约为 9.5%,可通过测定样品的含核酸磷量确定核酸的含量。

3. 核酸的基本结构单位:核苷酸;核苷酸由磷酸、戊糖和碱基组成。 DNA 和 RNA 的组成差异:RNA 含核糖,A、C、G、U 四种碱基;DNA 含脱氧核糖,A、C、G、T 四种碱基。

第二节 DNA 的分子结构与功能

核酸是由许多单核苷酸分子构成的。核酸的一级结构是指构成核酸的各个单核苷酸之间连接键的性质以及分子组成中核苷酸的数目和排列顺序(碱基排列顺序)。

一、DNA 的一级结构

DNA 是由很多个脱氧核苷酸聚合形成的多聚脱氧核苷酸,是生物体的主要遗传物质。图 8-11 是多聚脱氧核苷酸的结构示意图。可见,一个脱氧核苷酸 C_5 上的磷酸与下一位脱氧核苷酸的 C_3 上的羟基(—OH)缩合脱水形成 $3',5'$-磷酸二酯键,多个脱氧核苷酸经 $3',5'$-磷酸二酯键构成一条没有分支的多聚脱氧核苷酸链,$3',5'$-磷酸二酯键是 DNA 的主键(图 8-11A)。

多聚脱氧核苷酸链的两个末端,分别称为 $5'$ 末端和 $3'$ 末端。构成多脱氧核苷酸链的脱氧核苷酸称为脱氧核苷酸残基,多脱氧核苷酸链中的脱氧核苷酸残基没有了游离的 $3'$-OH 和 $5'$-磷酸基。但

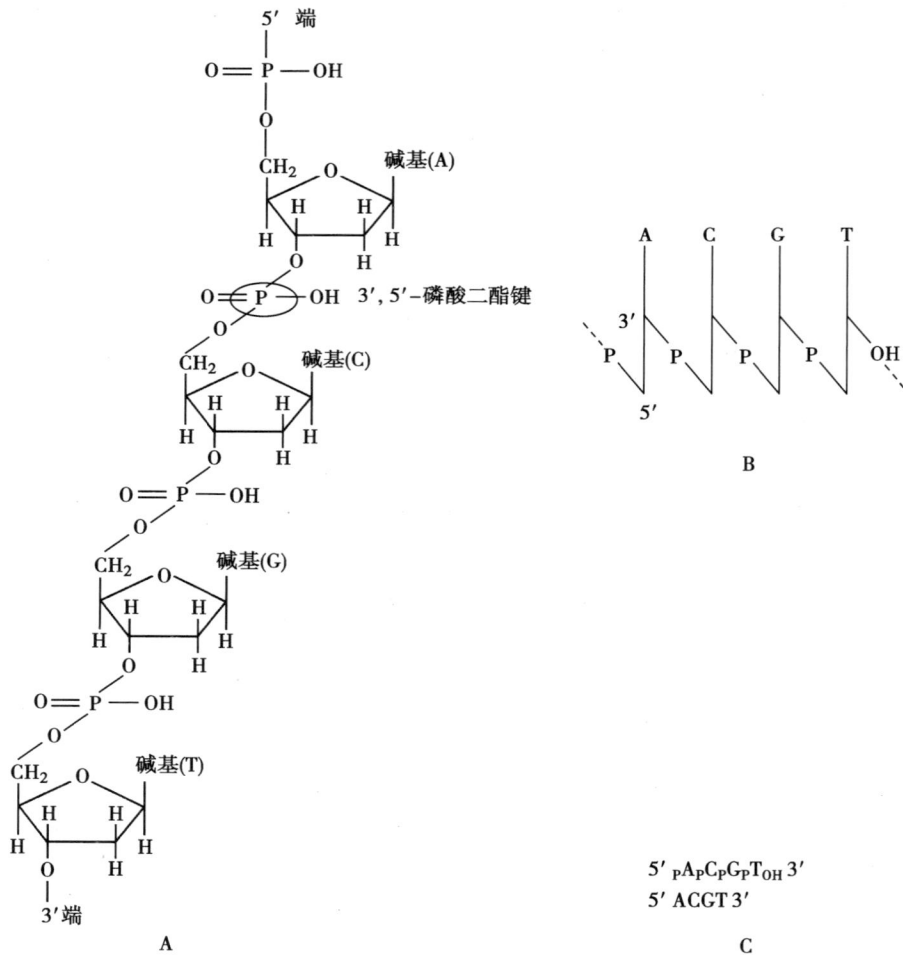

图 8-11 DNA 分子中多聚脱氧核苷酸链的一个小片段及缩写符号
A:DNA 分子中多聚脱氧核苷酸链的一个小片段;B:为线条式缩写;C:为文字式缩写

是多脱氧核苷酸链5′末端和3′末端的脱氧核苷酸残基分别含有游离的5′-磷酸和游离的3′-OH,多脱氧核苷酸链是有方向的,规定5′→3′为正方向。

多脱氧核苷酸链的主骨架由有规律的、交替出现的磷酸、戊糖组成,其差异在于碱基的不同。因此,多脱氧核苷酸链的结构书写可以用线条式缩写(图8-11B)。最为简便有效的方法是用碱基的排列顺序表示多脱氧核苷酸中脱氧核苷酸的排列顺序,并标明5′末端和3′末端(图8-11C),即多脱氧核苷酸的结构可书写成:5′……ACGT……3′。

DNA分子两条链中脱氧核苷酸按一定的顺序通过磷酸二酯键相连而成,形成了每一种DNA分子特定的脱氧核苷酸序列,DNA分子的脱氧核苷酸排列顺序构成DNA的一级结构。

DNA分子的序列特征代表其一级结构特征,同时记录有相应的遗传信息。分析DNA分子的一级结构对阐明DNA结构与功能的关系具有重要的意义。

二、DNA 的空间结构

1953年,Watson和Crick提出的DNA双螺旋结构模型,被认为是生物学发展的里程碑。研究证明,多数DNA是由两条多脱氧核苷酸链构成的双链分子,具有特定的空间结构并随着功能状态的不同发生动态变化。

(一) DNA 的二级结构

Watson和Crick根据DNA的X衍射分析数据和碱基分析数据,提出了DNA的双螺旋结构模型,确定了DNA的二级结构形式(图8-12)。

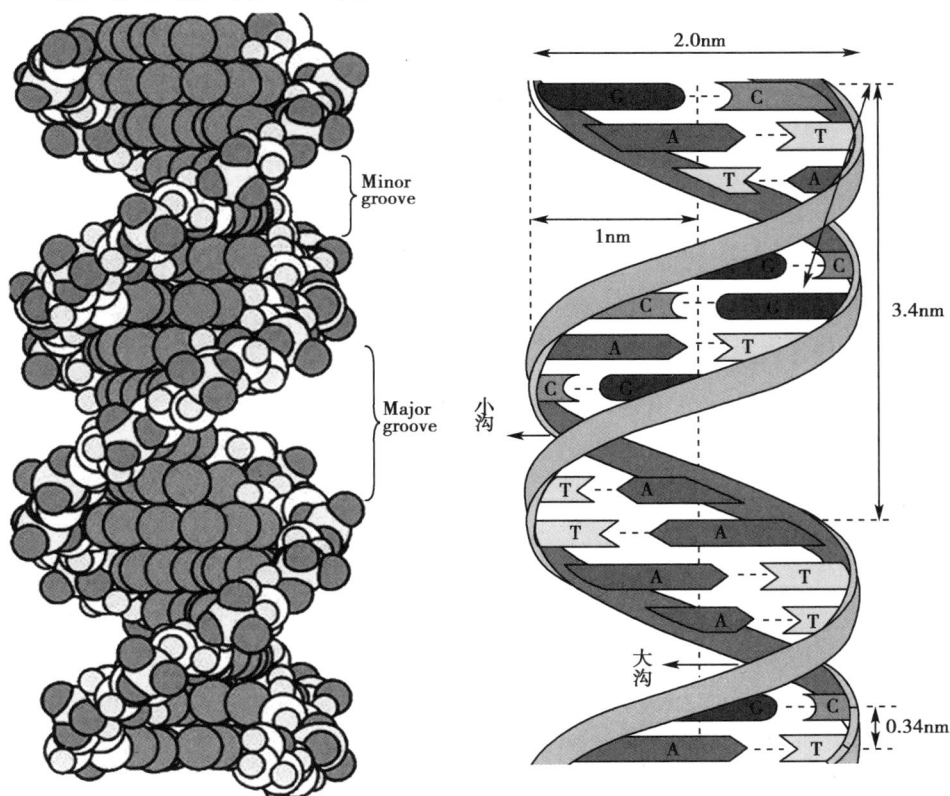

图 8-12 DNA 的双螺旋结构

DNA双螺旋结构模型要点如下：

1. DNA分子由两条方向相反、相互平行的多核苷酸链围绕中心轴形成右手螺旋结构。一条链5′→3′,另一条链3′→5′。螺旋的直径为2nm。

2. 磷酸和脱氧核糖位于螺旋外侧。碱基位于螺旋内侧,两条链的碱基之间通过氢键相互作用,形成碱基配对关系。

3. 碱基配对具有一定的规律性,即A与T配对,G与C配对,这种配对规律称为碱基互补规律。配对的两个碱基称为互补碱基,通过互补碱基而结合的两条链彼此称为互补链。配对碱基所处的平面称为碱基对平面,碱基对平面相互平行,并与中心轴垂直。碱基对之间的距离为0.34nm,螺旋一圈含10个碱基对,螺距为3.4nm。A与T之间形成两个氢键,G与C之间形成三个氢键(图8-13)。

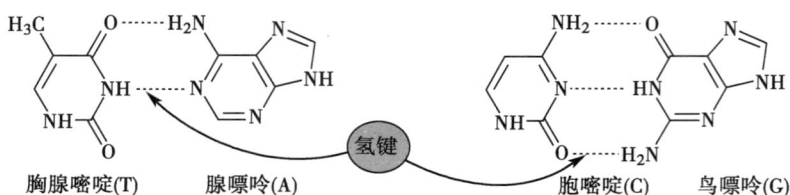

图8-13　碱基通过氢键互补配对

4. DNA双螺旋表面形成沟槽结构,有大沟和小沟之分,大沟处在上下两个螺旋之间,小沟则处在平行的两条链之间。

碱基配对规律具有十分重要的生物学意义,DNA复制、转录、RNA的逆转录及翻译等过程都遵循这一规律。

5. 双螺旋结构稳定的因素　DNA双螺旋结构稳定主要有三种作用力维持,其中第一种作用力是碱基堆积力,是主要的稳定因素。碱基堆积力是层叠堆积的碱基平面间的疏水作用形成的一种力,使水分子不能进入DNA分子内部,有利于互补碱基间形成氢键。第二种作用力是碱基对之间的氢键,是稳定DNA结构的因素之一,但相对较弱;第三种作用力是磷酸基的负电荷与介质中的阳离子的正电荷之间形成的离子键。

（二）DNA螺旋结构的多态性

DNA 二级结构模型示意图

Watson和Crick提出的DNA双螺旋结构是生理条件下最稳定的结构,称为DNA的B型构象,相对湿度为92%。研究表明DNA的结构是动态变化的,在不同的环境条件下呈现多种不同的构象。这些不同的构象与DNA执行有关功能状态有关。如在相对失水,湿度为75%的状态下,由DNA的B型构象转变为A型构象,其碱基平面倾斜20°,每个螺旋含11个碱基对,其大沟变窄、变深,小沟变宽、变浅,大沟、小沟是DNA行使功能时蛋白质因子的识别位点,所以DNA由B型变为A型构象与其执行相关功能有关。另外发现一些人工合成的DNA,主链呈锯齿形向左盘绕而成,称为DNA的Z型构象。A-DNA、B-DNA、Z-DNA的多态性见图8-14,其结构参数见表8-2。

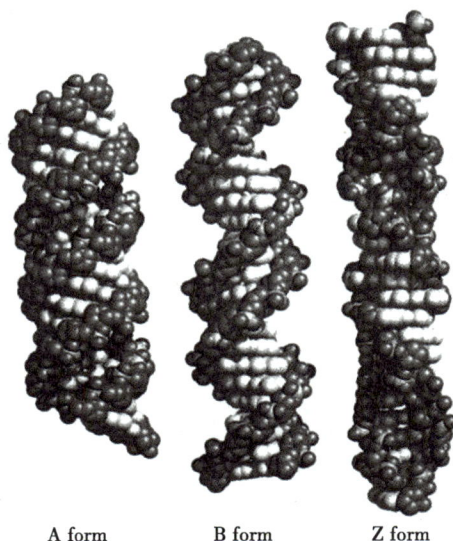

A form B form Z form

图 8-14 DNA 双螺旋结构的多态性

表 8-2 DNA 双螺旋的结构参数

类型	螺旋方向	螺旋直径/nm	螺距/nm	每转碱基对数目	碱基对间垂直距离/nm	碱基对与水平面倾角
A-DNA	右	2.3	2.8	11	0.255	20°
B-DNA	右	2.0	3.4	10	0.34	0°
Z-DNA	左	1.8	4.5	12	0.37	7°

（三）DNA 的高级结构

在细胞内,DNA 分子在双螺旋结构基础上进一步扭曲螺旋形成 DNA 的三级结构。

细菌质粒、某些病毒及线粒体的环状 DNA 分子,多扭曲成所谓"麻花"状的超螺旋结构,即 DNA 的三级结构(图 8-15)。

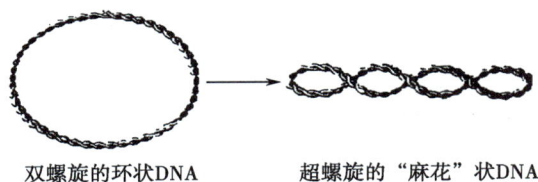

双螺旋的环状DNA   超螺旋的"麻花"状DNA

图 8-15 环状 DNA 的三级结构示意图

在真核细胞中,线性的双螺旋 DNA 分子的长度是很长的,必须通过反复的盘曲折叠形成三级结构才能存在于细胞核中。真核细胞中 DNA 成熟的三级结构形式就是染色体。线状的 DNA 先围绕组蛋白核心盘绕形成核小体结构,核小体中的 DNA 呈现超螺旋状态,许多核小体由 DNA 相连构成串珠状结构,串珠状结构进一步盘绕压缩成染色质的结构(图 8-16)。染色质是 DNA 的载体,其结构和状态的改变会引起 DNA 功能、活性状态和稳定性的改变。真核生物染色质 DNA 组装不同层次的结构并进一步形成染色体的结构模式(图 8-17)。

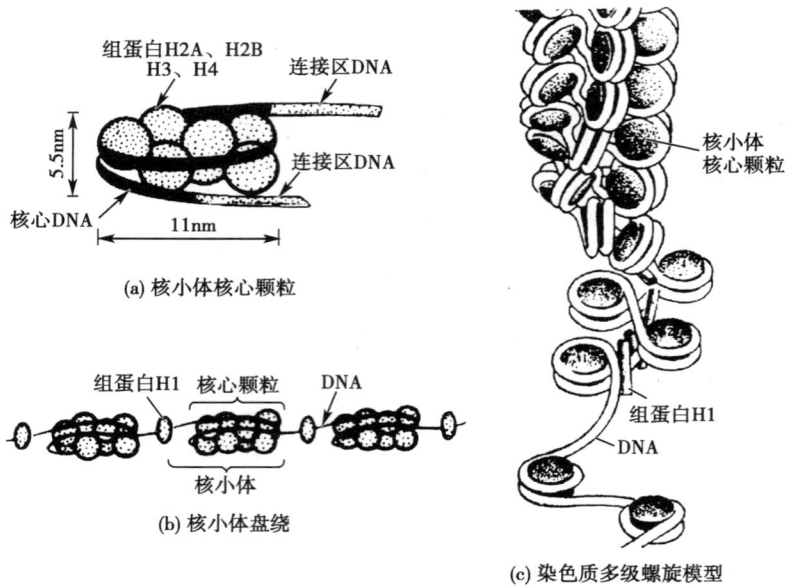

图 8-16 核小体盘绕及染色质多级螺旋示意图

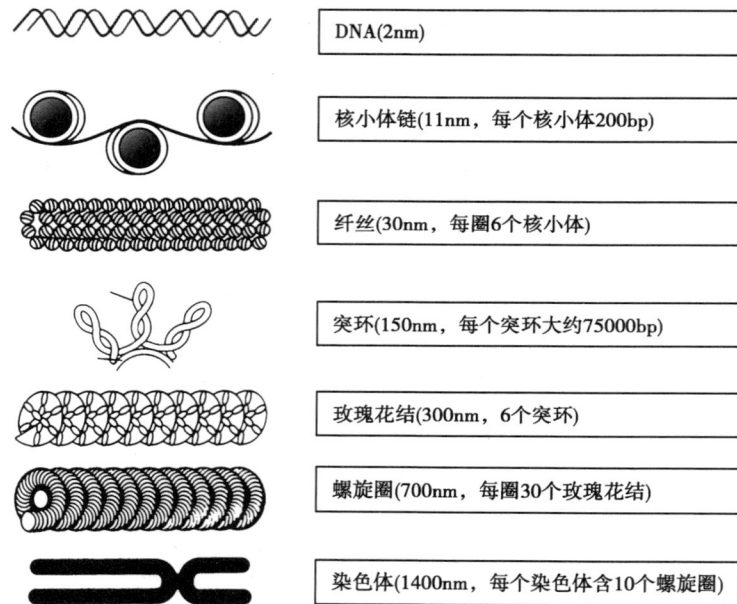

图 8-17 真核生物染色体 DNA 组装不同层次的结构

▶▶ 课堂活动

人体细胞碱基对有 3.2×10^9 对，求人体细胞核中 DNA 分子长度。

扫一扫，知
答案

真核生物 DNA
高级结构——染
色体的形成

（四）基因与基因组

DNA 是主要的遗传物质,是基因的主要载体。基因(gene)是有遗传效应的 DNA 片段,是控制生物体性状的基本遗传单位。每个 DNA 分子上有多个基因,不同基因的脱氧核苷酸的排列顺序(碱基序列)不同。真核细胞 DNA 主要存在于细胞核内染色体上,细胞质的线粒体上也有少量 DNA 存在。基因在染色体上的位置称为座位,每个基因在染色体上都有自己特定的座位。

基因组(genome),通常指某一生物或者某一特定结构的全套基因,比如,线粒体 DNA 所含的全部基因称为线粒体基因组,真核细胞细胞核 DNA 所含的全部基因称为核基因组。

基因组学,是研究生物体基因和基因组的结构组成及功能的一门学科。包括结构基因组学和功能基因组学。结构基因组学研究基因和基因组的结构、各遗传元件的序列特征和基因定位等。功能基因组学研究基因结构与功能的关系、基因表达的调控等。

知识链接

人类基因组计划（HGP）

人类基因组计划（HGP）是由美国科学家率先提出,美、英、法、德、日和我国科学家共同参与完成的计划项目。 按照这个计划的设想,要把人类基因组约 10 万个基因的序列全部测定,绘制出人类 DNA 的基因谱图。 人类基因组计划与曼哈顿原子弹计划和阿波罗计划并称为三大科学计划。 人类基因组研究的目的不只是读出全部的 DNA 序列,更重要的是读懂每个基因的功能,每个基因与某种疾病的种种关系,真正对生命进行系统的科学解码,从而达到从根本上认识生命、认识疾病产生的机制等目的。 HGP 从 1990 年正式启动,我国承担了人类 3 号染色体短臂上约 30Mb 区域的测序任务,该区域约占整个基因组的 1%。 2003 年 4 月 14 日 6 国科学家宣布人类基因组计划所有目标全部实现,提前两年时间完成了该计划。

ER-8-7

DNA 指纹技术

点滴积累　∨

1. 核酸的一级结构是指构成核酸的各个单核苷酸之间连接键的性质（3′,5′-磷酸二酯键）以及分子组成中核苷酸的数目和排列顺序（碱基排列顺序）。

2. DNA 的二级结构为双螺旋结构,两条链反向平行,呈右手螺旋;脱氧核糖和磷酸在双螺旋外侧,碱基对在内侧通过氢键互补配对（A＝T, G≡C）。 双螺旋直径 2nm,碱基堆积距离 0.34nm,每转一周为 10 碱基对（bp）。

3. 碱基堆积力、氢键和离子键是维持 DNA 二级结构稳定的主要因素。

4. 基因是有遗传效应的 DNA 片段。 生物体或有关结构的全套基因构成一个基因组。

第三节 RNA 的分子结构与功能

一、RNA 分子组成及结构

RNA 是由很多个核苷酸通过 3′,5′-磷酸二酯键聚合形成的多聚核苷酸,RNA 的一级结构与 DNA 的一级结构相似,不同之处是 RNA 形成的是多聚核苷酸链,组成链的单核苷酸为腺苷酸、鸟苷酸、胞苷酸和尿苷酸;而 DNA 形成的是多聚脱氧核苷酸链,组成链的单核苷酸为脱氧腺苷酸、脱氧鸟苷酸、脱氧胞苷酸和脱氧胸苷酸。

RNA 通常由一条多核苷酸链构成单链分子,其核苷酸排列顺序代表了其一级结构。对 RNA 的某些理化性质和 X 射线分析研究证明,大多数天然 RNA 分子自身在许多区域发生回折,通过碱基配对(A 与 U 配对形成两个氢键、G 与 C 配对形成三个氢键),形成局部的双螺旋区,不能配对的碱基序列则形成环状突起(见图 8-18)。RNA 的这种突环及其相连的局部双螺旋结构即为其二级结构。

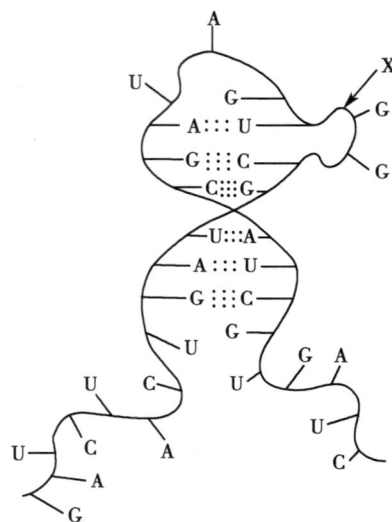

图 8-18 RNA 的双螺旋区(X 是环状突起)

根据功能不同,可将 RNA 分为核糖体 RNA(rRNA)、转运 RNA(tRNA)和信使 RNA(mRNA)等。

二、三种 RNA 分子结构及生物学功能

(一)转运核糖核酸(tRNA)的分子结构与功能

1. tRNA 的二级结构 tRNA 分子中有些区段经过自身回折形成双螺旋区,具有相似的三叶草型结构,其中的双螺旋区叫作臂,不能配对的部分叫作环,大多数 tRNA 由 4 个臂和 4 个环组成(图 8-19),含有很多稀有碱基(稀有核苷)如:次黄苷(I),假尿苷(ψ),胸苷(T),双氢尿嘧啶(D)以及甲基化的碱基。假尿苷(ψ)的分子结构式见图 8-20。

(1)氨基酸臂:含有 5~7 个碱基对,3′端均为—CCA—OH 结构,其中腺苷酸的 3′-OH 为结合氨

基酸的位点。

（2）反密码环：与氨基酸臂相对的环，由 7 个核苷酸组成，环中部由 3 个核苷酸组成反密码子。在蛋白质生物合成时，tRNA 通过反密码子辨认识别 mRNA 上相应的密码子，使其携带的氨基酸"对号入座"，参与蛋白质的装配。

2. tRNA 的三级结构 tRNA 通过二级结构的折叠，形成倒 L 形的三级结构（图 8-21）。

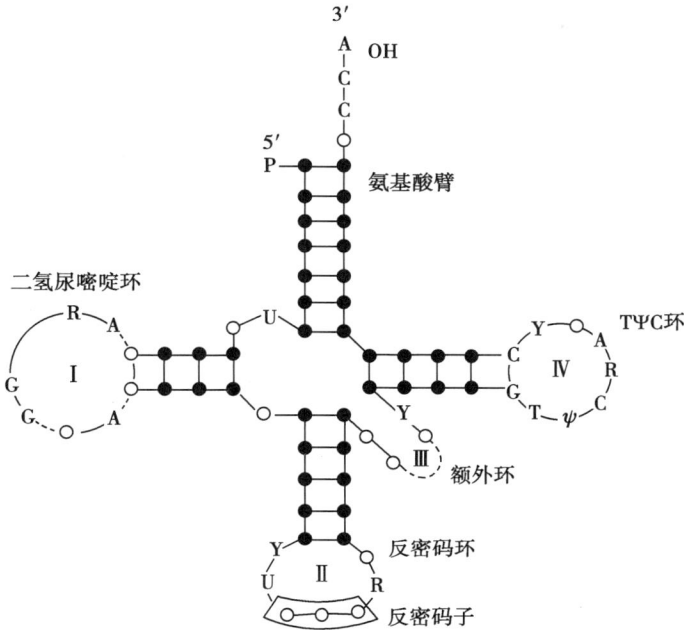

图 8-19 tRNA 的二级结构

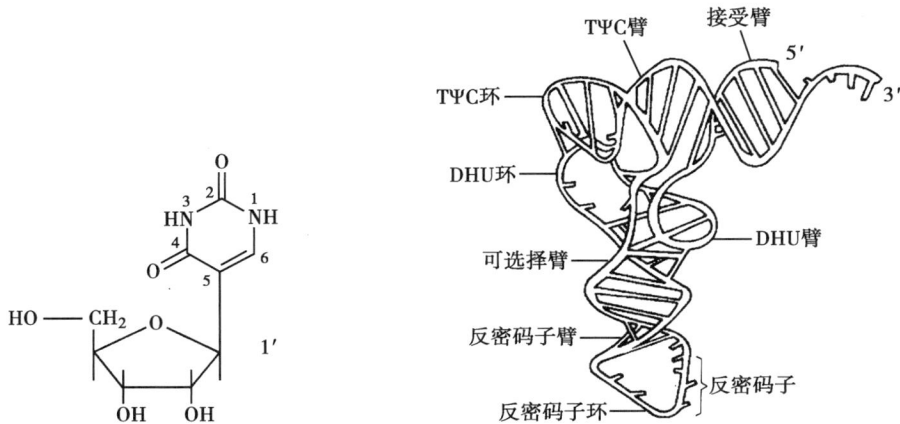

图 8-20 假尿苷（ψ）的分子结构式

图 8-21 tRNA 的三级结构

3. tRNA 的功能 tRNA 是携带转运氨基酸的工具，一般由 74~95 个核苷酸构成。一种氨基酸可有一种或一种以上的 tRNA 转运，但是每一种 tRNA 只能运载一种氨基酸，体现了 tRNA 转运氨基酸的特异性。不同氨基酸的 tRNA 的简写符号是在 tRNA 的右上角标注 3 个字母的氨基酸英文简称，如 tRNA^Met、tRNA^Tyr 分别是转运甲硫氨酸和酪氨酸的 tRNA。

（二）核糖体核糖核酸（rRNA）的分子结构与功能

rRNA 是细胞中主要的一类 RNA，占细胞中 RNA 总量的 80%。原核生物有 3 种 rRNA，分别为 5S、16S、23S 的 rRNA。真核生物有 4 种 rRNA，分别为 5S、5.8S、18S、28S 的 rRNA。不同 rRNA 的碱基比例和碱基序列各不同，分子结构基本上都是由部分双螺旋和部分单链突环相间排列而成。图8-22 是大肠埃希菌 5S rRNA 的结构。细胞中的 rRNA 含量丰富，与蛋白质一起构成核糖体（亦称核蛋白体），作为蛋白质合成的场所。核糖体由大、小两个亚基组成，原核生物和真核生物细胞的核糖体组成和大小不一样，比较如下，见表8-3。

表 8-3　比较原核生物和真核生物细胞的核糖体

核糖体	大亚基	组成	小亚基	组成
原核生物 70S	50S	5S rRNA 23S rRNA 34 种蛋白质	30S	16S rRNA 21 种蛋白质
真核生物 80S	60S	5S rRNA 5.8S rRNA 28S rRNA 49 种蛋白质	40S	18S rRNA 33 种蛋白质

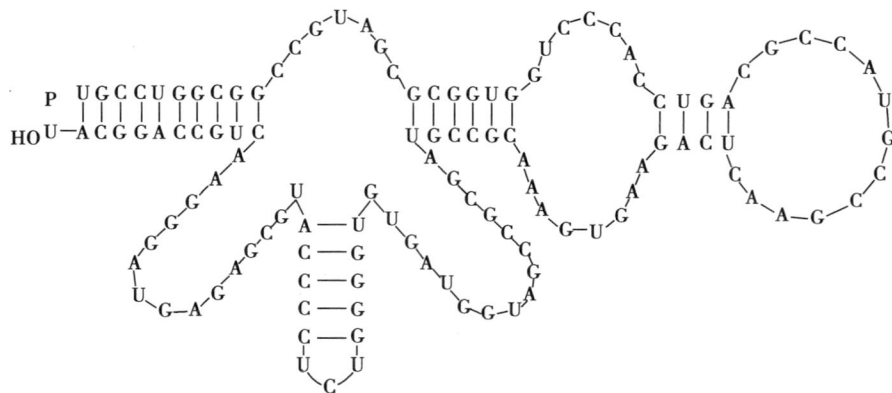

图 8-22　大肠埃希菌 5S rRNA 的结构示意图

（三）信使核糖核酸（mRNA）的分子结构及功能

1. mRNA 是活化基因转录形成的产物，是蛋白质合成的模板。真核细胞成熟的 mRNA 的结构有如下特征（图8-23）：

（1）3′端有 80~250 个腺苷酸残基连接成的多聚腺苷酸 [poly(A)] 的结构，称为 poly(A) 尾。

（2）5′端有一个特殊的 5′-帽结构：7-甲基鸟苷三磷酸（m^7Gppp）。

研究认为，真核细胞 mRNA 的帽和尾的结构与其从细胞核到细胞质的转移及其稳定性和调控翻译的起始有关。原核细胞 mRNA 不具上述特征。

2. 一个完整的 mRNA 包括 5′非翻译区、编码区和 3′非翻译区（图8-23）。mRNA 的编码区从 5′端的 AUG 开始，每 3 个核苷酸为一组，决定肽链上的一个氨基酸，称为三联体密码或密码子。AUG

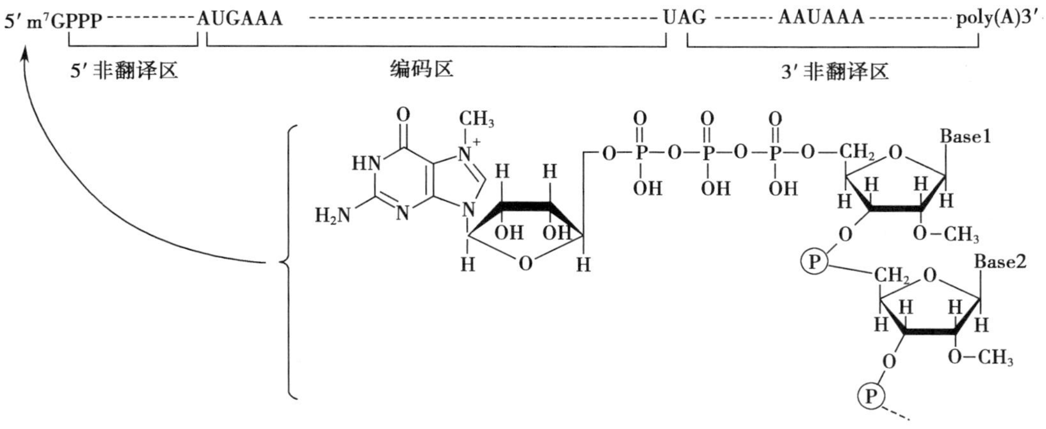

图 8-23 真核 mRNA 结构示意图

是起始密码子,由 AUG 及其后连续的三联体密码组成的核苷酸序列称为开放阅读框(ORF),ORF 是多肽链的编码序列,ORF 终止于终止密码子(如 UAG、UGA 和 UAA)。

3. 在细胞内,mRNA 含量很低,但种类非常多。不同组织细胞及细胞在发育的不同时期活化基因的种类不一样,转录形成的 mRNA 种类也就不一样。

点滴积累 ∨

1. RNA 的二级结构:单链,局部双螺旋发卡结构。

2. tRNA 的二级结构:三叶草结构。 3′-末端 CCA—OH 是氨基酸臂,结合氨基酸;靠近 5′-末端的反密码环中的反密码子与 mRNA 上的密码子通过碱基互补配对。

3. 三种 RNA 功能:mRNA 是蛋白质合成的模板,tRNA 是携带转运氨基酸的工具,rRNA 与蛋白质构成的核糖体是蛋白质合成的场所。

第四节 核酸的性质及应用

一、核酸的理化性质及含量测定

1. **核酸的一般性质** 核酸都是白色固体物质,DNA 分子是长而没有分支的多核苷酸链,呈纤维状,为白色、类似石棉样的纤维状物,DNA 纯品为白色纤维状固体;RNA 分子短,局部螺旋,呈粉末状,其纯品为白色粉末状固体或结晶。

由于 DNA 具有双螺旋结构,使其分子具有一定的刚性。但由于 DNA 分子极为细长,其长度与直径之比可达 10^7,因此又具有柔性,使天然 DNA 可形成高度压缩的盘曲结构。

2. **核酸的酸碱性质** 核酸是两性电解质,有酸性解离的磷酰基和碱性解离的碱基,磷酰基比碱基更易解离,使核酸通常表现为酸性,在体液中,所带净电荷为负。

由于核酸带电,所以可用电泳法对核酸进行分离分析。核酸电泳通常在琼脂糖凝胶或聚丙烯酰胺凝胶中进行,浓度不同的琼脂糖和聚丙烯酰胺可形成分子筛网孔大小不同的凝胶,可用于分离不同分子量的核酸片段。琼脂糖是从海藻中提取出来的一种高聚物。将琼脂糖加入相应的缓冲液中加热熔化成清澈、透明的溶胶,然后倒入胶模中,凝固后形成一种固体基质,其密度取决于琼脂糖的浓度。核酸样品经处理后加入凝胶一同置电场中,在中性 pH 下带负电荷的核酸通过凝胶网孔向阳极迁移,迁移速率受核酸的分子大小、构象、琼脂糖浓度、所加电压、电泳缓冲液等因素影响,大小和构象不同的核酸片段经电泳一定时间后将处在凝胶不同位置上,从而达到分离的目的。核酸的电泳是分子生物学研究的常用技术之一。

3. 含量测定 核酸可被酸、碱或酶水解成各种组分,其水解程度因水解条件而异。RNA 能在室温条件下被稀碱水解成核苷酸,而 DNA 对碱较稳定,常利用此性质测定 RNA 的碱基组成或除去溶液中的 RNA 杂质。

RNA 和 DNA 分子中分别存在核糖和脱氧核糖,可以通过这两种糖的显色反应区别 DNA 和 RNA 或作为两者含量测定的基础。

RNA 与浓盐酸和甲基间苯二酚一起加热,可生成绿色化合物;DNA 与二苯胺在酸性条件下加热,产生蓝色化合物。可利用这两种特殊颜色反应分别进行 RNA 和 DNA 含量的测定。

二、核酸的高分子性质

1. 核酸的分子大小 核酸是大分子化合物。1bp(base pair,碱基对)相当的核苷酸,其相对分子质量平均为 660;长度为 $1\mu m$ 的 DNA 双螺旋相当于 2940bp,其相对分子质量为 1.94×10^6。DNA 的相对分子质量特别巨大,一般在 $10^6\sim10^{10}$。不同生物、不同种类 DNA 的相对分子质量差异很大,如多瘤病毒 DNA 的相对分子质量为 1.94×10^6,而果蝇巨染色体 DNA 的相对分子质量为 8×10^{10}。RNA 的相对分子质量比 DNA 小得多,在数百至数百万之间。

2. 核酸的溶解性 DNA 和 RNA 都是极性生物大分子,都微溶于水,形成有一定黏度的溶液。DNA 和 RNA 都易溶于碱金属的盐溶液中,不溶于乙醇、乙醚和氯仿等一般的有机溶剂。

DNA 和 RNA 在细胞中常以核酸-蛋白复合体(核蛋白)形式存在,两种核蛋白在盐溶液中的溶解度不同。DNA 核蛋白在高盐的溶液中(1~2mol/L NaCl)溶解度较大,但在低盐的溶液中(0.14mol/L NaCl)溶解度较小;而 RNA 核蛋白在盐溶液中的溶解度和 DNA 正好相反,即在高盐的溶液中溶解度较小,但在低盐的溶液中溶解度较大。

核酸的提取概述

所以,常用 NaCl 溶液来抽提 DNA,用乙醇、异丙醇从溶液中沉淀提取核酸。

▶▶ 边学边练

前面我们已经学习了 DNA 和 RNA 的酸碱性、溶解性等性质,在不同盐的浓度下溶解度不同,在实际工作中可以利用上述性质从动物组织或植物组织中提取到 DNA 或 RNA。请同学们练习实验十四、十五。

3. 核酸的黏度 由于 DNA 分子长,呈纤维状,而 RNA 分子短,局部螺旋,呈颗粒状,因此,DNA 溶液比 RNA 溶液黏度大,DNA 溶液的黏度很大,相对分子质量越高黏度越大,浓度越高黏度也越高;而 RNA 的相对分子质量相对较低,所以 RNA 溶液的黏度要小得多。核酸发生变性或降解后其黏度会发生变化,黏度会降低。

三、核酸的紫外吸收特性

嘌呤和嘧啶碱基具有共轭双键,有很强的紫外吸收特性,使得核酸具有紫外吸收性,最大吸收峰在260nm附近(图8-24)。因此,可以用紫外分光光度法对样品进行定量分析。对于纯的核酸样品溶液,只要测出其对260nm紫外光的吸光度(A_{260})即可算出其核酸含量,通常按A值为1(比色杯内径为1cm)相当于50μg/ml双螺旋DNA,或40μg/ml单链DNA(或RNA),或20μg/ml寡核苷酸来进行计算。DNA样品中如含有杂蛋白、苯酚等,则对280nm紫外光吸收增强,因此,可通过测定DNA样品的A_{260}和A_{280},以A_{260}/A_{280}的值来判断DNA样品的纯度,纯的DNA、RNA样品溶液A_{260}/A_{280}值应分别为1.8和2.0,而含杂蛋白和酚的核酸样品溶液此比值则会降低。

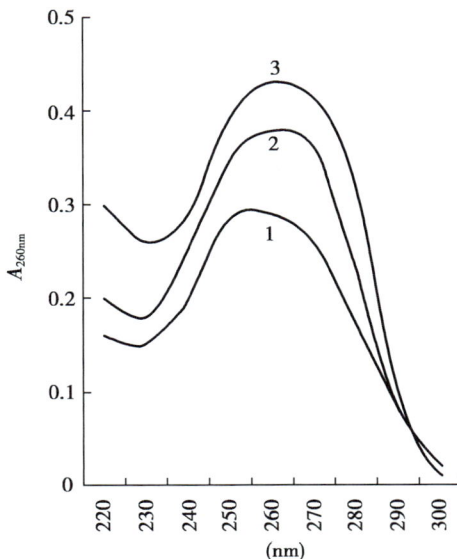

图 8-24 不同状态 DNA 的紫外吸收光谱
1. 天然 DNA 2. 变性 DNA 3. 降解的 DNA

▶ 课堂活动

如何利用核酸的性质进行含量测定? 根据上面所学内容,请归纳核酸定性或定量分析的方法及其原理。

四、核酸的变性、复性与杂交

1. 核酸的变性 是指在某些理化因素作用下,核酸分子中双螺旋之间氢键断裂,其空间结构被破坏(一级结构不变)的过程。DNA分子变性时,双链会解成单链;RNA分子变性时,局部双螺旋解开,形成线性单链结构。引起核酸变性的因素有化学因素(如强酸、强碱、尿素等)和物理因素(如高温)。由温度升高而引起的变性称热变性,由酸碱引起的变性称酸碱变性。

核酸变性后,致双螺旋内部的碱基外露,对260nm的紫外光吸收明显增强,此现象称为增色效应(图8-24)。

当将DNA的稀盐溶液加热到80~100℃时,双螺旋结构即发生解体,两条链分开,形成无规线团(图8-25)。一系列物化性质也随之发生变化:260nm区紫外吸光值升高,黏度降低,浮力密度升高,双折射现象消失,比旋下降,酸碱滴定曲线改变等。DNA变性的特点是爆发式的,变性作用发生在一个很窄的温度范围内,有一个相变的过程。通常把加热变性使DNA的双螺旋结构失去一半时的温度称为该DNA的熔点或解链温度或熔解温度,用T_m表示,见图8-26。DNA的T_m值一般在82~95℃。

研究发现,T_m 的大小与 DNA 的碱基组成有关,G、C 含量高的 DNA 其 T_m 值高,这是因为 G—C 碱基对之间有三个氢键,提高了 DNA 的稳定性。研究发现,在离子浓度较高的溶液中,DNA 的 T_m 值变高。

2. DNA 复性 变性 DNA 在适宜条件下,两条彼此分开的互补链可重新恢复成双螺旋结构,这个过程称 DNA 的复性。热变性的 DNA 经缓慢冷却而复性的过程称为退火,见图 8-27。DNA 复性后,对紫外光的吸收明显减弱,这种现象叫减色效应。

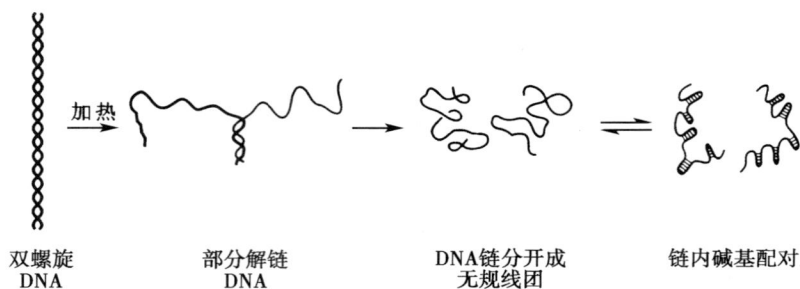

图 8-25 DNA 的变性过程

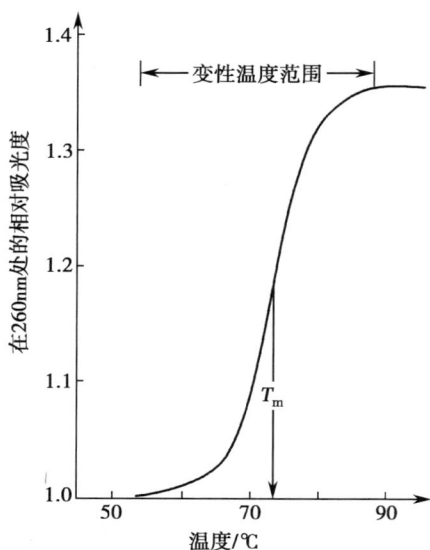

图 8-26 DNA 热变性曲线(熔解温度)

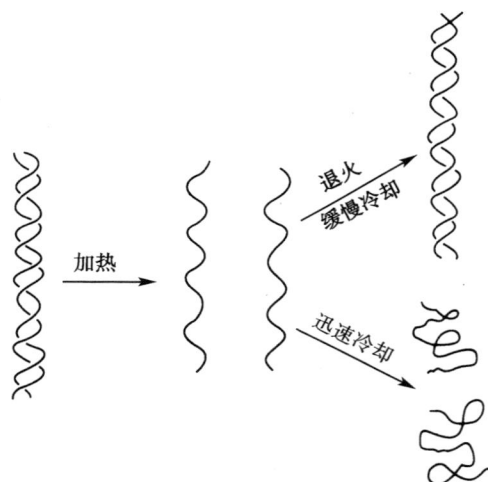

图 8-27 DNA 的复性过程

3. 核酸的杂交 将不同来源的 DNA 经热变性后,降温,使其复性,在复性时,异源的 DNA 单链之间具有一定的互补序列,它们就可以结合形成杂交的 DNA 分子,DNA 与互补的 RNA 之间也能形成杂交分子。形成这些杂交分子的过程,统称为核酸分子杂交。用标记(放射性或非放射性标记)的已知序列的寡核苷酸片段作为探针,通过核酸分子杂交技术,可以定性或定量检测目标 DNA 或 RNA 片段,进行基因结构分析、基因定位、遗传病的诊断及亲子鉴定等。

案例分析

案例

2004 年 12 月 26 日，印度洋海域发生强烈地震并引发巨大海啸，遇难者数以万计，大量的身份无法识别。怎么办？由于尸体高度腐烂，DNA 检测几乎是身份鉴别的唯一手段。华大方瑞司法物证鉴定中心负责人邓亚军博士带领四名同事共赴灾区，与来自 30 多个国家的救援专家组成了大型灾难遇难者个体识别协助组，对高度腐烂的尸体进行取样，9 个月后 1596 份海啸遇难者样本的鉴定工作全部完成。那么，什么是 DNA 检测呢？

分析

生物个体间的差异本质上是 DNA 分子序列的差异，人类不同个体（同卵双生除外）的 DNA 各不相同。DNA 检测是通过血液、其他体液或细胞应用现代生物医学技术对构成 DNA 的脱氧核糖核苷酸的种类、数量和顺序进行测定，尤其是对特定的基因位点的脱氧核糖核苷酸的精确定量检测。DNA 检测已被广泛用于身份识别、亲缘关系确认、临床疾病诊断和指导药物治疗，以及动植物检疫等。

核酸杂交通常在一支持膜上进行，因此又称为核酸印迹杂交，可分为 Southern 印迹杂交、Northern 印迹杂交、斑点杂交、原位杂交等类型。

Southern 印迹杂交	Northern 印迹杂交	Western 印迹杂交

临床应用

DNA 探针和核酸杂交技术在临床诊断上的应用

DNA 探针和核酸杂交技术可作为临床微生物学的检测方法，与临床上常用的形态学、生化和血清学方法相比，具有特异性高、敏感性强、重复性好、快速、能直接检出微量病原体和一次性大量检测标本等优点，属于第四代诊断技术。可检测乙肝病毒（HBV），诊断乙肝患者；可检测沙眼衣原体、EB 病毒、疱疹病毒、巨细胞病毒、乳头状瘤病毒、轮状病毒、产毒性大肠埃希菌、淋球菌恶性疟原虫、克鲁斯氏锥虫和氏曼原虫等，将 DNA 探针技术用于临床检验学中，大大提高了临床诊断水平，促进了临床诊断学的发展。

DNA 探针还可作为遗传性疾病的产前诊断，如 α-地中海贫血、β-地中海贫血、苯丙酮尿症、Duehenue 氏肌营养不良、X-连锁隐性遗传病（如红绿色盲、DMD 等由携带病理基因的母亲传给儿子而发病）；镰刀细胞性贫血、血友病 B、鸟氨酸氨基甲酰转移酶缺乏症、Lesch-Nyham 症、α-抗胰蛋白酶缺乏症、甲状旁腺功能减退症等，使一些遗传性疾病和先天代谢性疾病的产前诊断成为现实。产前诊断遗传性疾病对预防患儿降生，减轻家庭和社会负担，实现优生、提高人口素质有着重要和深远的意义。

核苷类抗病毒药物治
疗带状疱疹病毒感染
案例解析

微卫星 DNA 标记与亲
子鉴定

点滴积累 ∨

1. 核酸是两性电解质，微溶于水，易溶于碱金属的盐溶液，不溶于一般的有机溶剂。具有紫外吸收的特性，最大吸收峰在 260nm 附近。

2. 升高温度而引起的 DNA 变性称为 DNA 热变性。T_m 值的大小与 DNA 的分子大小和 GC 含量成正相关。DNA 经热变性后，降温可使其复性。异源的 DNA 单链或者和 RNA 单链之间可以通过互补形成杂交分子。

3. 核酸杂交技术用于定性、定量检测目标 DNA 或 RNA 片段，在基因结构分析、基因定位、遗传病诊断等方面应用广泛。

复习导图

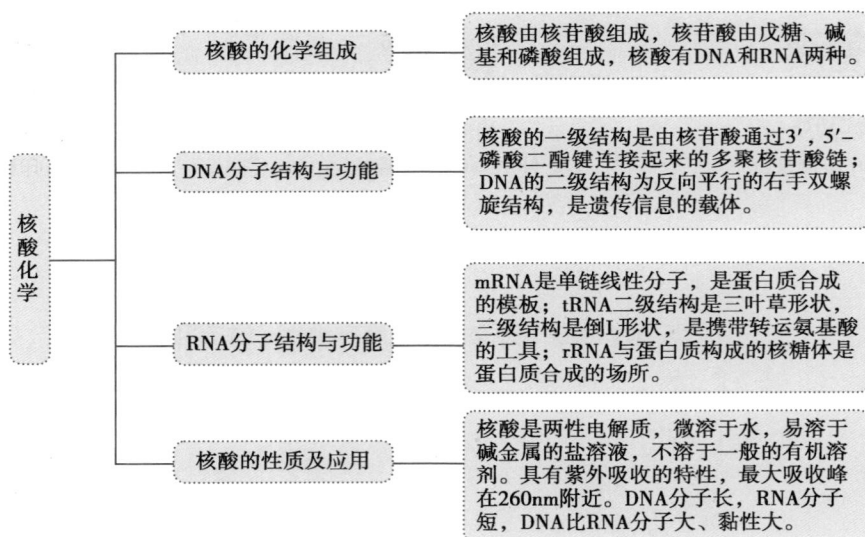

目标检测

一、选择题

（一）单项选择题

1. 核酸中核苷酸之间的连接方式是（   ）

   A. 2′,5′-磷酸二酯键　　B. 氢键　　　　　C. 3′,5′-磷酸二酯键　　D. 糖苷键

2. tRNA 的分子结构特征是（   ）

   A. 有反密码环和 3′-端有—CCA 序列　　　　B. 有反密码环和 5′-端有—CCA 序列

   C. 有密码环　　　　　　　　　　　　　　D. 5′-端有—CCA 序列

3. 下列关于 DNA 分子中的碱基组成的定量关系不正确的是(   )

   A. C+A＝G+T   B. C＝G   C. A＝T   D. C+G＝A+T

4. 下面关于 Watson-Crick DNA 双螺旋结构模型的叙述中正确的是(   )

   A. 两条单链的走向是反平行的   B. 碱基 A 和 G 配对

   C. 碱基之间共价结合   D. 磷酸戊糖主链位于双螺旋内侧

5. RNA 和 DNA 彻底水解后的产物(   )

   A. 核糖相同,部分碱基不同   B. 碱基相同,核糖不同

   C. 碱基不同,核糖不同   D. 碱基不同,核糖相同

6. 维系 DNA 双螺旋稳定的最主要的力是(   )

   A. 氢键   B. 离子键   C. 碱基堆积力   D. 范德华力

7. T_m 是指(   )的温度。

   A. 双螺旋 DNA 达到完全变性时   B. 双螺旋 DNA 开始变性时

   C. 双螺旋 DNA 结构失去 1/2 时   D. 双螺旋结构失去 1/4 时

8. 双链 DNA 的解链温度的增加,提示其中含量高的是(   )

   A. A 和 G   B. C 和 T   C. A 和 T   D. C 和 G

9. 某双链 DNA 纯样品含 15% 的 A,该样品中 G 的含量为(   )

   A. 35%   B. 15%   C. 30%   D. 20%

10. DNA 碱基配对主要靠(   )

   A. 范德华力   B. 氢键   C. 疏水作用   D. 共价键

(二) 多项选择题

1. 体内存在的两种环核苷酸是(   )

   A. cAMP   B. cCMP   C. cGMP   D. cTMP   E. cUMP

2. 含有腺苷酸的辅酶有(   )

   A. NAD$^+$ B. NADP$^+$ C. FAD   D. FMN   E. CoASH

3. DNA 水解后可得到的最终产物有(   )

   A. 磷酸   B. 核糖   C. 腺嘌呤   D. 胞嘧啶   E. 尿嘧啶

4. 对 DNA 二级结构的正确描述有(   )

   A. 两条多核苷酸链反向平行围绕同一中心轴构成双螺旋

   B. 以 A—T,G—C 方式形成碱基配对

   C. 碱基位于螺旋外侧

   D. 链状骨架由脱氧核糖和磷酸组成

   E. 只含有一条链

5. 以下属于 tRNA 的结构特征的是(   )

   A. 帽子结构   B. 氨基酸臂   C. 反密码子

   D. 3′-OH 端 CCA 结构   E. 多聚腺苷酸尾

二、判断改错题

1. B-DNA 代表细胞内 DNA 的基本构象,在某些情况下,还会呈现 A 型、Z 型和三股螺旋的局部构象。

2. Watson 和 Crick 于 1953 年提出 DNA 反向平行的左手双螺旋结构模型。

3. 核酸的基本单位是核苷酸,它们之间通过肽键相互连接而形成多核苷酸链。

4. 两类核酸在细胞中的分布不同,DNA 主要位于细胞核中,RNA 主要位于细胞质中。

5. 真核 mRNA 的 3′ 端通常有 200 个 Poly A 的结构,5′ 端含有 7-甲基鸟苷三磷酸的结构。

6. 某物种体细胞 DNA 样品含有 25% 的 A,则其 T 的含量为 25%,G 的含量也应为 25%。

7. DNA 变性后,紫外吸收减少,黏度降低,旋光性下降,浮力密度升高,生物活性将丧失或改变。

8. 核酸在 260nm 波长下有吸收,这是由于其分子结构中含有嘌呤碱和嘧啶碱。

9. 同一生物体的不同组织中的 DNA,其碱基组成相同。

10. mRNA 是细胞内种类最多、含量最丰富的 RNA。

三、简答题

1. DNA 和 RNA 在化学组成、分子结构、细胞内分布和生理功能上的主要区别是什么?

2. DNA 双螺旋结构有些什么基本特点? 这些特点能解释哪些最重要的生命现象?

3. 查阅资料,总结 DNA 指纹技术、Southern 印迹技术和 Northern 印迹技术的具体操作。

四、实例分析题

下图为研究人员通过亲和层析法纯化 DNA 疫苗时的层析图谱:

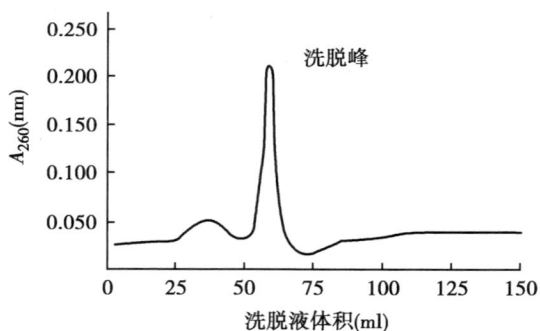

收集图中显示的 DNA 紫外吸收曲线洗脱峰所对应的洗脱流出液并进行离心浓缩,所得 DNA 样品经琼脂糖凝胶电泳检测,呈单一条带。

分析思考:

1. 试解释 DNA 具有紫外吸收特性的原因。

2. 试说明测定洗脱液紫外吸收峰值的原因。

3. 假设洗脱液温度发生变化,此洗脱液紫外吸收峰谱图是否会发生移位?

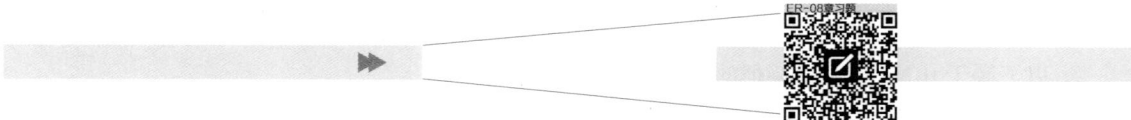

（李　霞）

第九章

核苷酸代谢

导学情景 ∨

情景描述

患者王先生，45 岁，在饭后右脚姆指突然出现红肿，剧烈疼痛，于是到医院就诊，经检查诊断为痛风。王先生发病前健康状况良好，只是近 2 年体检尿酸水平偏高。

学前导语

什么是痛风？什么是尿酸？尿酸与痛风有何关系？痛风与饮食有关吗？痛风又与核苷酸代谢有何关系？学习本章之后你就能回答这些问题。

核苷酸是核酸的基本组成单位,细胞中主要以 5'-核苷酸形式存在,包括核糖核苷酸和脱氧核糖核苷酸。

扫一扫,知重点

核苷酸具有多种生物学功能:①其最主要功能是合成核酸的重要原料;②作为直接供能物质为机体提供能量,如 ATP、GTP 等;③作为活性中间产物的载体参与许多物质的合成代谢,如 UDPG 参与糖原的合成、CDP-胆碱参与磷脂的合成等;④某些核苷酸参与构成多种酶或蛋白的辅助因子,如 NAD、FAD、辅酶 A 中都含有腺嘌呤核苷酸;⑤cAMP、cGMP 还可作为第二信使参与细胞内信号转导。在临床上,核苷酸及其衍生物也是一类重要的生物药品。

核酸类药物及功能

食物中的核酸多以核蛋白的形式存在。核蛋白在胃酸作用下消化分解为蛋白质和核酸;在小肠,核酸在核酸酶作用下水解为核苷酸,并进一步降解为戊糖、碱基等(图 9-1)。戊糖可通

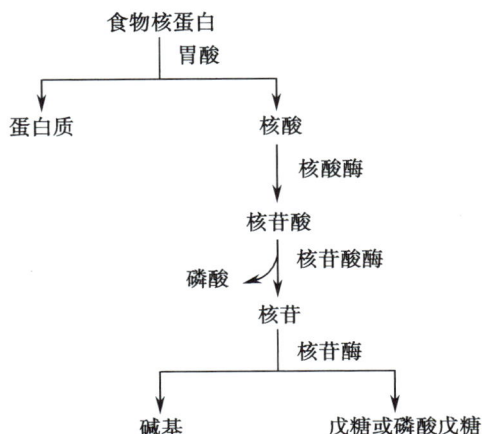

图 9-1 食物核酸的消化

饮食中核酸是必需营养素吗?

过磷酸戊糖途径进行代谢,部分碱基被吸收可参与补救合成再利用,而大部分碱基被分解后随尿排出,因此体内的核苷酸主要来自机体的自身合成。

第一节 核苷酸的合成代谢

体内合成核苷酸的途径有两种:一是利用磷酸核糖、氨基酸、一碳单位等简单物质为原料,经一系列酶促反应合成核苷酸,称为从头合成途径;另一种为补救合成途径,即利用体内游离的碱基或核苷,经简单的反应直接合成核苷酸。

两种途径在不同组织的重要性不同,如肝、小肠黏膜及胸腺等组织主要进行从头合成途径,而脑和骨髓主要进行补救合成。一般情况下,前者是体内合成核苷酸的主要途径,而在核苷酸类药物发酵生产中,补救合成途径同样具有重要意义。

一、核苷酸的从头合成途径

（一）嘌呤核苷酸的从头合成

1. 合成原料 嘌呤核苷酸从头合成的原料包括:5-磷酸核糖、甘氨酸、天冬氨酸、谷氨酰胺、CO_2和一碳单位。实验表明,合成嘌呤碱基的各原子来源如图 9-2 所示。

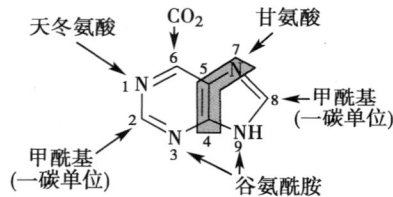

图 9-2 嘌呤碱基的元素来源

2. 合成过程 嘌呤核苷酸的从头合成过程比较复杂,可以分为 2 个阶段:

(1)次黄嘌呤核苷酸(IMP)的合成:首先 5-磷酸核糖(来自磷酸戊糖途径)在磷酸核糖焦磷酸激酶(亦称 PRPP 合成酶)的作用下,活化生成磷酸核糖焦磷酸(PRPP);然后由谷氨酰胺提供酰胺基取代 PRPP 上的焦磷酸基生成 5-磷酸核糖胺(PRA),磷酸核糖酰胺转移酶(PRPP 酰胺转移酶)催化此反应的进行,PRPP 合成酶和 PRPP 酰胺转移酶是 IMP 合成的限速酶;在 PRA 的基础上,甘氨酸、N^{10}—CHO—FH_4、谷氨酰胺、CO_2、天冬氨酸、N^{10}—CHO—FH_4 依次参与,最后脱水环化形成 IMP。此过程多步反应需要消耗 ATP。简要过程如图 9-3 所示。

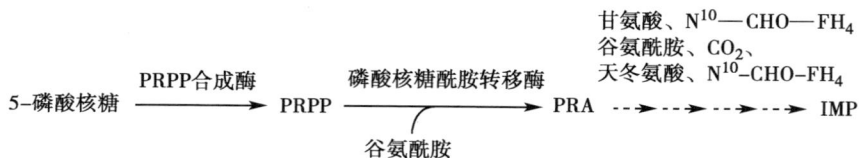

图 9-3 次黄嘌呤核苷酸的从头合成

（2）IMP 转变为腺嘌呤核苷酸（AMP）和鸟嘌呤核苷酸（GMP）：IMP 是 AMP 和 GMP 合成的前体,可以分别转变为 AMP 和 GMP（图 9-4）。

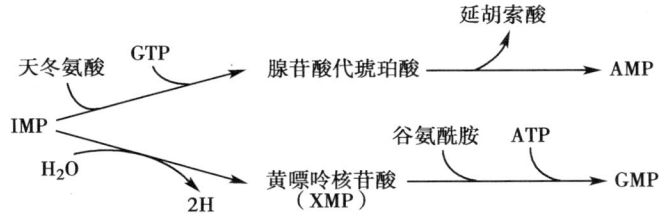

图 9-4　IMP 转变为 AMP、GMP

AMP 和 GMP 在激酶的催化下可经 2 次磷酸化反应分别生成 ATP 和 GTP。

（二）嘧啶核苷酸的从头合成

1. 合成原料　嘧啶核苷酸从头合成的原料包括:谷氨酰胺、CO_2、天冬氨酸和 5-磷酸核糖。同位素示踪实验证明,嘧啶核苷酸中嘧啶碱基各原子的来源如图 9-5 所示。

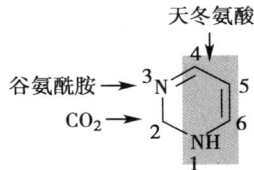

图 9-5　嘧啶碱基的元素来源

2. 合成过程　嘧啶核苷酸的从头合成过程与嘌呤核苷酸的合成不同,它是先形成嘧啶环,再与磷酸核糖结合;首先合成尿嘧啶核苷酸（UMP）,然后再转变成其他嘧啶核苷酸。

（1）UMP 的生成:首先在氨基甲酰磷酸合成酶Ⅱ的催化下,谷氨酰胺和 CO_2 合成氨基甲酰磷酸,再与天冬氨酸结合生成具有嘧啶环的二氢乳清酸,再脱氢,与 PRPP 结合生成乳清酸核苷酸,后者再脱羧生成 UMP。氨基甲酰磷酸合成酶Ⅱ是嘧啶核苷酸合成的限速酶。基本过程如图 9-6 所示。

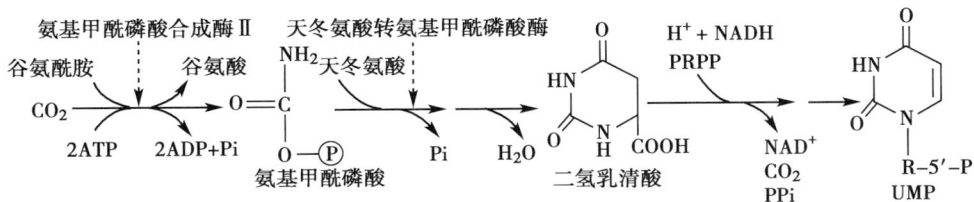

Ⓟ:磷酸基团　　Pi:磷酸　　R-5′-P:5′磷酸核糖基团　　　PPi:焦磷酸

图 9-6　尿嘧啶核苷酸的从头合成

（2）CTP 的生成:UMP 在激酶的连续作用下生成 UTP,再在 CTP 合成酶催化下,从谷氨酰胺接受氨基合成 CTP。

二、核苷酸的补救合成途径

（一）嘌呤核苷酸的补救合成

1. 嘌呤核苷酸的补救合成有两种方式

（1）嘌呤碱基与 PRPP 直接合成嘌呤核苷酸：体内存在腺嘌呤磷酸核糖转移酶（APRT）和次黄嘌呤-鸟嘌呤磷酸核糖转移酶（HGPRT），分别催化 AMP、GMP 和 IMP 的生成。

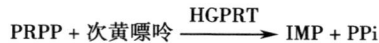

$$PRPP + 腺嘌呤 \xrightarrow{\text{APRT}} AMP + PPi$$

$$PRPP + 鸟嘌呤 \xrightarrow{\text{HGPRT}} GMP + PPi$$

$$PRPP + 次黄嘌呤 \xrightarrow{\text{HGPRT}} IMP + PPi$$

（2）嘌呤核苷经核苷激酶作用生成核苷酸：如腺嘌呤核苷在腺苷激酶催化下磷酸化生成腺嘌呤核苷酸。

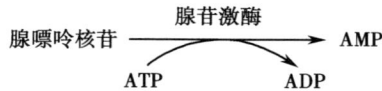

$$腺嘌呤核苷 \xrightarrow[\substack{ATP \quad ADP}]{\text{腺苷激酶}} AMP$$

2. 嘌呤核苷酸的补救合成有重要的生物学意义

（1）嘌呤核苷酸的补救合成节省了从头合成所需的大量能量及氨基酸等原料。

（2）体内某些组织器官如脑、骨髓等，由于缺乏从头合成的有关酶，只能进行嘌呤核苷酸的补救合成。对这些组织器官来说，补救合成途径更为重要。

某些个体 HGPRT 基因缺陷，会导致嘌呤核苷酸补救合成途径障碍，脑合成嘌呤核苷酸能力低下，从而引起中枢神经系统发育不良。这样的个体会出现高尿酸血症及神经系统症状，临床上称为 Lesch-Nyhan 综合征。

案例分析

案例

患儿男性，6 个月大时发现运动发育迟缓，尿布上偶有橘红色结晶，并有强迫性咬自己手指及嘴唇的倾向。经检查诊断为 Lesch-Nyhan 综合征。

分析

Lesch-Nyhan 综合征由 Lesch 和 Nyhan 与 1964 年首次报道，是一种 X 染色体连锁遗传病，多见于男性，临床表现为尿酸增高和脑发育不全、智力低下，常咬伤自己的嘴唇、手和足趾，故亦称为自毁容貌征。该病是由于基因缺陷 HGPRT 缺失所致。HGPRT 缺乏，补救合成受阻，一方面导致神经系统病变，患儿出现强迫性咬自己手指及嘴唇等病症；另一方面，也会激活核苷酸的从头合成，产生更多嘌呤核苷酸，而嘌呤核苷酸分解产生的次黄嘌呤和鸟嘌呤不能用于合成 IMP 和 GMP，只能分解产生过多的尿酸，因而患儿尿液中尿酸显著升高。

（二）嘧啶核苷酸的补救合成

嘧啶核苷酸补救合成途径与嘌呤核苷酸类似,主要通过嘧啶磷酸核糖转移酶和嘧啶核苷激酶的作用,将嘧啶碱基或嘧啶核苷转变成相应的核苷酸。如尿嘧啶核苷的补救合成:

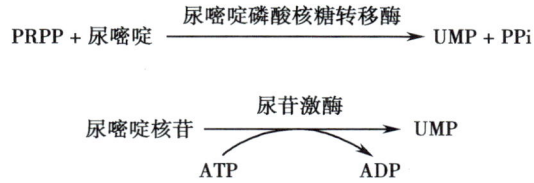

$$PRPP + 尿嘧啶 \xrightarrow{\text{尿嘧啶磷酸核糖转移酶}} UMP + PPi$$

$$尿嘧啶核苷 \xrightarrow[\substack{ATP \quad ADP}]{\text{尿苷激酶}} UMP$$

三、脱氧核苷酸的生成

DNA 的基本组成单位是脱氧核苷酸,体内脱氧核苷酸直接通过核苷酸还原生成,还原反应多发生在二磷酸核苷(NDP)水平,由核苷酸还原酶催化。

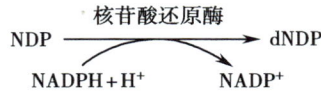

$$NDP \xrightarrow[\substack{NADPH+H^+ \quad NADP^+}]{\text{核苷酸还原酶}} dNDP$$

脱氧胸苷酸(dTMP)由 dUMP 在 dTMP 合酶的催化下,N^5,N^{10}—CH_2—FH_4 提供甲基,经甲基化反应转变生成。

$$dUMP \xrightarrow[\substack{N^5,N^{10}-CH_2-FH_4 \quad FH_2}]{\text{dTMP合酶}} dTMP$$

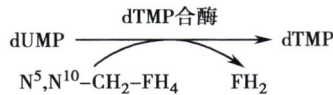

四、核苷酸的抗代谢物

核苷酸的抗代谢物是一些核苷酸合成代谢途径中的底物或辅酶的结构类似物,如碱基、氨基酸、核苷、核苷酸及叶酸的类似物等(图 9-7)。它们主要通过竞争性抑制方式干扰或阻断核苷酸合成代谢,或以假乱真掺入核酸,从而进一步阻止核酸及蛋白质的生物合成,因而在临床上可作为抗病毒或抗肿瘤药物。肿瘤细胞生长旺盛,摄取抗代谢物较多,抗代谢物可有效抑制肿瘤细胞生长。但其也会作用于增殖速度较快的正常细胞如骨髓造血细胞、消化道上皮细胞、毛囊细胞等,引起白细胞减少、恶心、呕吐及脱发等副作用。

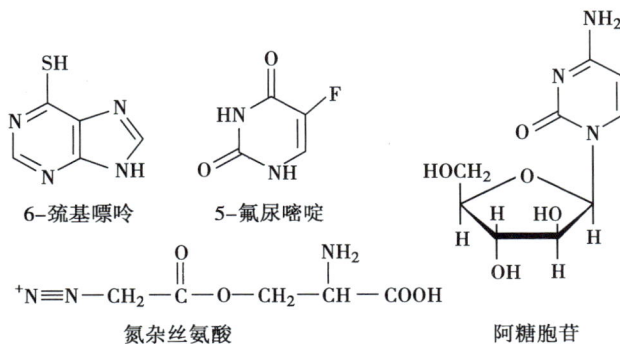

图 9-7 常见核苷酸的抗代谢物

1. **碱基类似物**　包括嘌呤及嘧啶结构类似物,如 6-巯基嘌呤(6-MP)、5-氟尿嘧啶(5-FU)等。6-MP 的结构与次黄嘌呤类似,影响 IMP 向 AMP、GMP 的转化,还可反馈抑制 PRPP 酰胺转移酶的活性,抑制嘌呤核苷酸的从头合成。5-FU 与胸腺嘧啶结构相似,在体内转变成一磷酸氟尿嘧啶脱氧核苷(FdUMP)和三磷酸氟尿嘧啶核苷(FUTP)后,抑制 dTMP 的合成;FUMP、FUTP 也可以假乱真加入到 RNA 分子中,破坏 RNA 的结构与功能。6-MP、5-FU 作为最早的抗癌药物广泛应用于临床。

2. **氨基酸类似物**　氮杂丝氨酸与谷氨酰胺结构相似,可干扰谷氨酰胺在嘌呤核苷酸从头合成中的作用,抑制嘌呤核苷酸的合成。

3. **核苷类似物**　核苷类似物包括阿糖胞苷、安西他滨、三氟代胸苷等。阿糖胞苷与胞苷结构类似,抑制 CDP 还原为 dCDP,进而影响 DNA 的生物合成。

4. **叶酸类似物**　氨蝶呤、甲氨蝶呤是叶酸的类似物,均可竞争性抑制二氢叶酸合成酶活性,从而影响辅酶四氢叶酸的生成,抑制嘌呤核苷酸及脱氧胸苷酸的合成。

知识链接

核酸类药物

核酸类药物包括核酸、核苷酸、核苷、碱基及其衍生物,根据其作用可分为两类。

第一类为具有天然结构的核酸类物质。 这些物质都是体内物质代谢尤其合成代谢的原料或参与酶的组成,如 NTP、dNTP、腺嘌呤、腺苷、辅酶 A 等。 这类药物有助于改善物质代谢与能量代谢的平衡,改善机体功能。 这些药物多是自身能够合成的物质,主要通过微生物发酵或从生物资源中提取生产。

第二类为天然结构碱基、核苷、核苷酸的结构类似物。 这类药物主要通过竞争性抑制作用干扰核苷酸的合成进而阻碍核酸、蛋白质的生物合成,是目前治疗病毒、肿瘤、艾滋病的重要药物。 如巯基嘌呤、氟胞嘧啶、阿糖胞苷等已应用于临床。

点滴积累 ⋁

1. 核苷酸合成途径有两条: 从头合成途径和补救合成途径,以从头合成为主。

2. 嘌呤核苷酸从头合成是在磷酸核糖基础上逐步合成嘌呤环,首先合成 IMP,再转变为 AMP 和 GMP;嘧啶核苷酸从头合成是合成嘧啶环后再与磷酸核糖相连,首先合成 UMP,再转变为 CMP 和 dTMP。 补救合成则是机体对游离碱基或核苷的再利用,对脑、骨髓等神经组织更为重要。 脱氧是在二磷酸基础上进行的。

3. 核苷酸抗代谢物干扰正常核苷酸的合成代谢,进而影响核酸、蛋白质的生物合成。 临床上常用作抗肿瘤药物。

第二节　核苷酸的分解代谢

一、嘌呤核苷酸的分解代谢

在体内,核苷酸首先在核苷酸酶作用下水解为核苷,核苷经核苷磷酸化酶催化分解为碱基和核糖-1-磷酸。嘌呤碱基可参与嘌呤核苷酸的补救合成,也可进一步分解。在人体内,嘌呤碱分解的终产物为尿酸,随尿排出体外。尿酸生成的简要过程见图9-8。AMP分解生成次黄嘌呤,后者在黄嘌呤氧化酶作用下生成黄嘌呤,继续在黄嘌呤氧化酶催化下生成尿酸;GMP分解生成鸟嘌呤,后者再转变为黄嘌呤,最后生成尿酸。

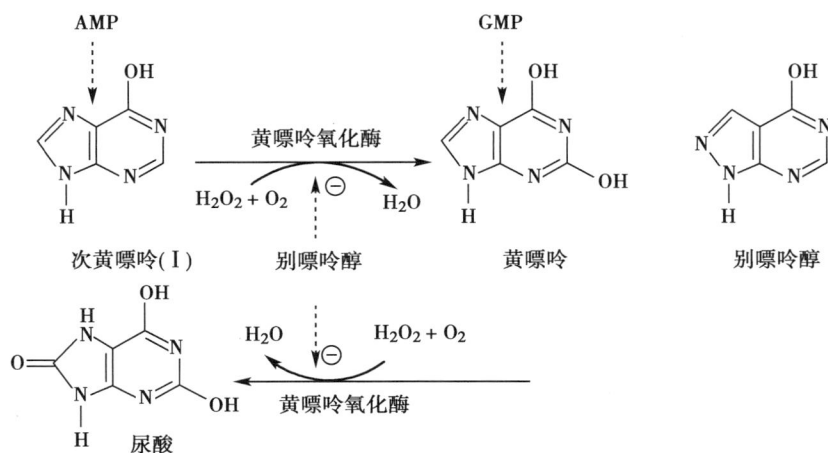

图 9-8　尿酸的生成及别嘌醇的抑制作用

不同生物嘌呤核苷酸分解代谢的差异

尿酸是嘌呤碱基分解代谢的终产物,水溶性较差。正常成人血清尿酸含量为 $0.12 \sim 0.36 \text{mmol/L}$,当血中尿酸超过 0.48mmol/L 时,会形成尿酸盐的结晶,沉积在关节、软组织及肾等处,进而引起关节炎、尿路结石及肾脏疾病。尿酸沉积引起的疼痛症状临床上称为痛风症。

别嘌醇可用于痛风症的治疗。别嘌醇与次黄嘌呤结构相似,可竞争性抑制黄嘌呤氧化酶,减少尿酸的生成。同时,别嘌醇还可与PRPP生成别嘌呤核苷酸,一方面消耗PRPP,使其含量减少;另一方面别嘌呤核苷酸与IMP结构相似,反馈抑制嘌呤核苷酸的从头合成,从而使嘌呤核苷酸合成减少。

痛风病与药物治疗

日常饮食中的高嘌呤食物

知识链接

嘌呤核苷酸代谢与痛风

血液中尿酸的溶解度为$381\mu mol/L$,当其浓度超过溶解能力时,高浓度的尿酸易形成尿酸盐结晶,沉积于关节、软骨、软组织及肾等处,形成痛风。其发病机制尚不完全清楚,可能与尿酸产生过多、尿酸排出过少、嘌呤核苷酸代谢酶缺陷等有关,另外核酸分解过快、某些药物也会影响尿酸水平。

尿酸主要来自内源性嘌呤核苷酸的分解,但食物中大多数嘌呤碱在肠道黄嘌呤氧化酶作用下分解为尿酸,因此痛风患者还需限制饮食。

二、嘧啶核苷酸的分解代谢

嘧啶核苷酸首先水解脱去核糖和磷酸,产生的嘧啶碱基再进一步分解,分解产物均易溶于水。胞嘧啶脱氨生成尿嘧啶,尿嘧啶最终分解生成NH_3、CO_2和β-丙氨酸,胸腺嘧啶分解为NH_3、CO_2和β-氨基异丁酸。NH_3、CO_2合成尿素随尿排出,β-丙氨酸、β-氨基异丁酸可直接随尿排出或进一步分解为CO_2和H_2O(图9-9)。尿液中β-氨基异丁酸的多少可反映细胞内DNA破坏的程度,故检测尿中β-氨基异丁酸水平可监测放射性治疗或化学治疗的癌症患者放化疗的程度。

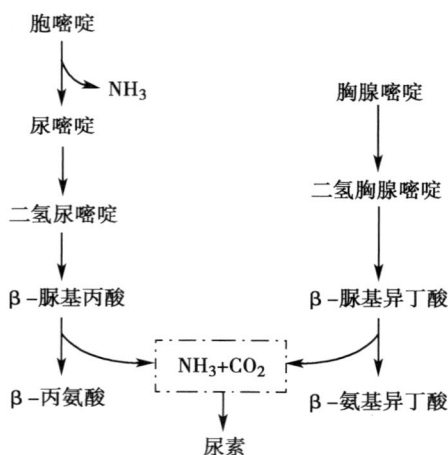

图9-9　嘧啶核苷酸的分解代谢

点滴积累 ∨

1. 嘌呤核苷酸分解产生磷酸、戊糖和嘌呤碱基。嘌呤碱在人体内分解代谢的终产物是尿酸,尿酸水溶性较差,血尿酸过高或排泄障碍,会引起痛风病。

2. 嘧啶核苷酸分解代谢主要生成NH_3、CO_2、β-丙氨酸及β-氨基异丁酸。这些代谢产物水溶性强,可由肾直接排泄或进一步代谢。

3. 核苷酸分解产生的碱基、核苷等中间产物还可被重新利用,参与核苷酸的补救合成。

复习导图

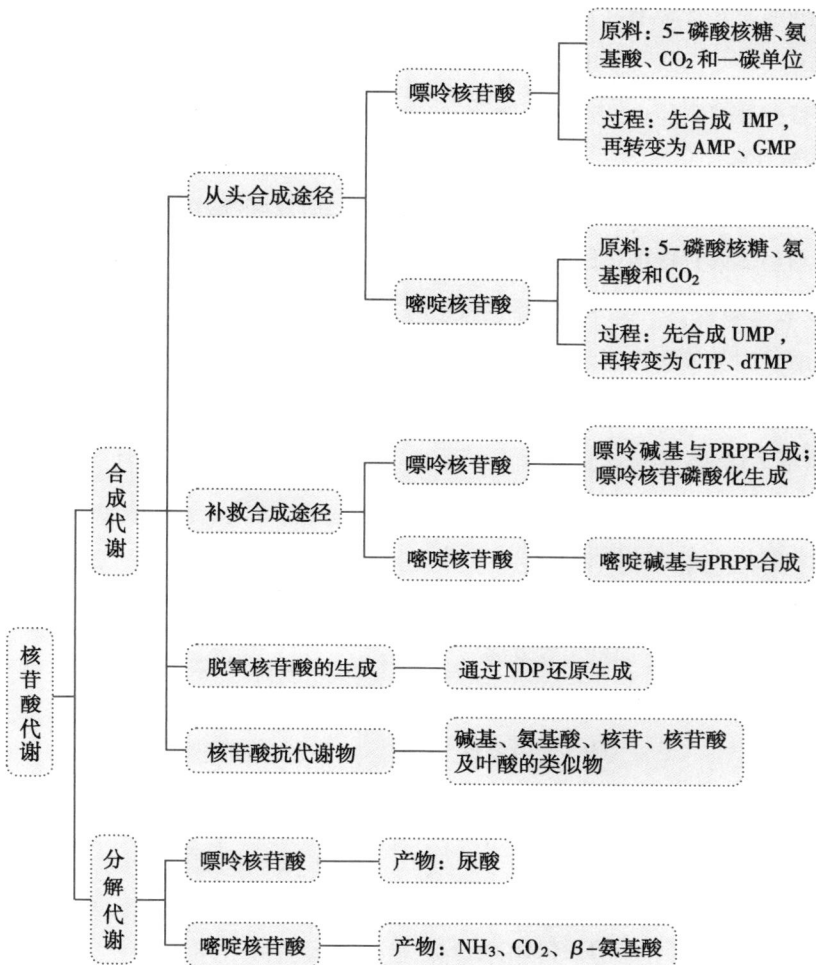

目标检测

一、选择题

（一）单项选择题

1. 嘌呤核苷酸从头合成时首先生成的是（　　）

    A. GMP　　　　　　　　B. AMP　　　　　　　　C. IMP　　　　　　　　D. 乳清酸

2. 核苷酸补救合成途径的主要部位是（　　）

    A. 脑　　　　　　　　　B. 肝脏　　　　　　　　C. 肾　　　　　　　　　D. 肠

3. 5-氟尿嘧啶的抗癌作用机制是（　　）

    A. 合成错误的 DNA　　　　　　　　　　　　B. 抑制尿嘧啶的合成

    C. 抑制胞嘧啶的合成　　　　　　　　　　　　D. 抑制胸苷酸的合成

4. 人体内嘌呤核苷酸分解代谢的主要终产物是（　　）

　　A. 尿素　　　　　　　　B. 肌酸　　　　　　　C. β-丙氨酸　　　　　D. 尿酸

5. 在体内分解为 β-氨基异丁酸的核苷酸是（　　）

　　A. dCMP　　　　　　　B. UMP　　　　　　　C. dTMP　　　　　　D. dGMP

6. 别嘌醇特异性抑制（　　）

　　A. 尿酸氧化酶　　　　　　　　　　　B. 腺苷激酶

　　C. 黄嘌呤氧化酶　　　　　　　　　　D. 尿嘧啶核糖转移酶

7. 哺乳类动物体内直接催化尿酸生成的酶是（　　）

　　A. 尿酸氧化酶　　　　B. 黄嘌呤氧化酶　　　C. 腺苷酸脱氨酶　　　D. 鸟嘌呤脱氨酶

8. 将氨基酸代谢与核酸代谢紧密联系起来的是（　　）

　　A. 磷酸戊糖途径　　　　　　　　　　B. 三羧酸循环

　　C. 一碳单位代谢　　　　　　　　　　D. 嘌呤核苷酸循环

（二）多项选择题

1. 嘌呤核苷酸从头合成的原料有（　　）

　　A. 5-磷酸核糖　　　　B. 天冬氨酸　　　　　C. 一碳单位

　　D. CO_2　　　　　　　E. 谷氨酸

2. IMP、UMP 从头合成的共同原料包括（　　）

　　A. 甘氨酸　　　　　　B. 天冬氨酸　　　　　C. 谷氨酰胺

　　D. 一碳单位　　　　　E. 5-磷酸核糖

3. 叶酸类似物能抑制（　　）

　　A. AMP 的合成　　　　B. GMP 的合成　　　　C. CMP 的合成

　　D. dTMP 的合成　　　　E. UMP 的合成

二、判断改错题

1. 嘌呤核苷酸从头合成过程中不会产生游离的嘌呤碱基。

2. 嘌呤环的氮原子均来自于氨基酸的氨基。

3. 嘧啶核苷酸从头合成过程中碱基是在 5-磷酸核糖上逐步形成的。

4. IMP 是其他嘌呤核苷酸合成的前体物质。

5. 抑制黄嘌呤氧化酶的活性可以减轻 Lesch-Nyhan 综合征。

6. 叶酸类似物可抑制胸腺嘧啶核苷酸的生成。

三、简答题

1. 试比较嘌呤核苷酸和嘧啶核苷酸从头合成。

2. 简要说明别嘌醇降低血尿酸的机制。

四、实例分析题

男，51 岁，近 3 年来出现关节炎症状和尿路结石，进食海鲜食物时，病情加重。

1. 该患者发生的疾病涉及哪些代谢途径？试述其可能的机制。

2. 为什么进食海鲜食物时病情加重？

ER-09 章习题

（梁金环）

第十章

核酸的生物合成

导学情景 ∨

情景描述

有这样一个群体，从出生起就不能喝妈妈的奶，不能品尝酸甜苦辣，不能吃普通的大米白面，否则将变为智残、脑瘫，甚至导致死亡。 他们被称为不食人间烟火的孩子。 他们得了一种叫苯丙酮尿症（PKU）的病。 这是一种常染色体隐性遗传疾病，患儿体内缺乏一种酶，无法代谢苯丙氨酸。 PKU 患儿出生时与正常孩子一样，但如按普通孩子喂养，患儿头发会逐渐变黄，皮肤变白，出生 3 个月后出现智能和语言发育障碍，并随年龄增大而加重。PKU 临床上分经典和非经典型两种，在治疗方面，经典型需严格限制含有苯丙酮酸的食物摄入，非经典型则以补充四氢生物蝶呤（BH_4）为主。

学前导语

生物的繁衍生息和自身的成长过程都依赖于遗传信息的正确传递和使用。 一旦遗传信息出现异常，往往会引起生物体自身出现异常、疾病，甚至死亡，并且这种缺陷有可能传递给下一代，使后代产生相似的状况。 那么遗传信息是如何传递的呢？ 本章我们将带领同学们学习这种神奇的传递过程。

核酸的生物合成过程正是遗传信息的传递过程。为了表明遗传信息传递的基本规律，1958 年，Crick 提出了遗传信息传递的中心法则，明确了遗传信息需通过DNA 的复制、转录和翻译等过程完成传递和表达。随着对 DNA 和 RNA 的深入研究，又发现了生物界存在逆转录和 RNA 自我复制的现象，遗传信息传递的中心法则得到了补充(图 10-1)。

扫一扫，知重点

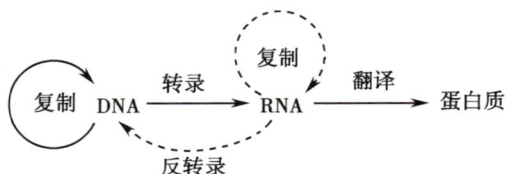

图 10-1 遗传信息传递的中心法则图解

第一节 DNA 的生物合成

遗传是生物的基本特征之一,而 DNA 是生物的主要遗传物质,它贮存着生物体的遗传信息。DNA 的生物合成方式包括 DNA 的复制和逆转录。

一、DNA 的复制

DNA 复制是指在生物体内以亲代 DNA 分子的两条链为模板,合成出相同的两个子代 DNA 分子的过程。生物体通过 DNA 的复制能够将亲代的遗传信息传递给子代,生物性状得以代代相传。

(一) DNA 复制的特征

1. DNA 复制的半保留性 在 DNA 复制时,亲代 DNA 的双螺旋先行解旋和分开,然后以每条单链为模板,按照碱基互补配对原则,各形成一条互补链。这样亲代 DNA 的分子可以精确地复制成 2 个子代 DNA 分子,在每个子代 DNA 分子中,有一条链是从亲代 DNA 来的,另一条则是新合成的,可见 DNA 复制具有半保留性,所以叫作半保留复制(图 10-2)。这种半保留复制保证了复制过程的高度保真,即子代 DNA 具有与亲代 DNA 相同的核苷酸序列。

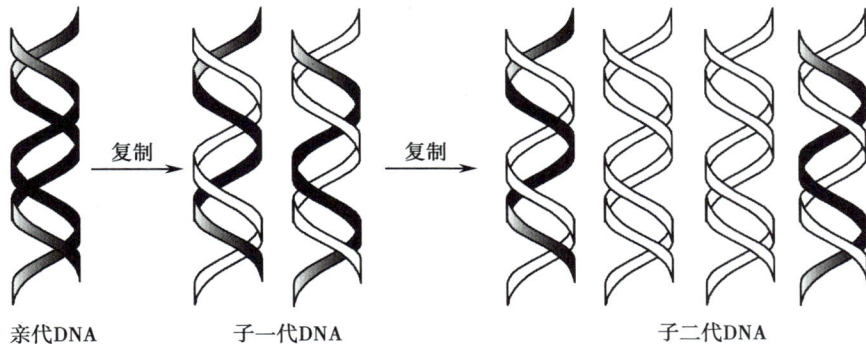

亲代DNA　　　　子一代DNA　　　　　　子二代DNA

图 10-2　DNA 半保留复制模式图

2. DNA 复制具有特定的起始点 研究发现,DNA 复制是从 DNA 分子上特定部位开始的,这一部位叫作复制起始点,用 ori 表示。大肠埃希菌(*E. coli*)的复制起始点记为 oriC,oriC 具有特定的保守的核苷酸序列,并富含 A、T 碱基。大多数 DNA 复制是从复制起始位点开始向两个方向进行的双向复制。复制起始后,往往形成一个泡状结构,称为复制泡,泡状结构的突起部分由新合成的 DNA 片段构成,与两侧未打开的 DNA 双链形成了一个叉形结构,被称为复制叉。随着复制的进行,复制叉不断向前推进(图 10-3)。少数 DNA(如质粒 Col E1)的复制是单向复制,复制从起始点开始,复制叉向一个方向推进。

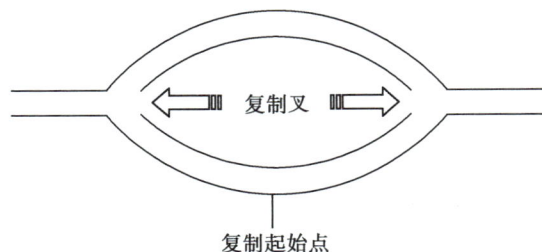

图 10-3　复制叉模式图

3. DNA复制的半不连续性 1968年,日本学者冈崎研究大肠埃希菌DNA复制时发现,DNA分别以两条单链为模板合成了与之互补的两条新的DNA单链,其中一条新链是连续合成的,而另一条新链的合成是不连续的。连续合成的新链称为前导链(也称领头链),不连续合成的新链称为后随链(也称随从链)。由于DNA分子的两条链是反向平行的,即一条链的走向是5′→3′方向,另一条链的走向是3′→5′方向,但生物体内DNA聚合酶只能催化DNA按照5′→3′方向延伸合成。所以,在复制叉推进方向上,3′→5′走向的母链为模板能连续合成出一条5′→3′方向的前导链,前导链合成的延伸方向与复制叉推进方向一致,而另一条5′→3′走向的DNA母链,只能在局部形成回折后作为模板指导合成一小段DNA,称为冈崎片段,随着复制叉的不断前进,5′→3′走向的DNA母链上结合有若干冈崎片段,这些冈崎片段最后连接成为完整的后随链。

冈崎片段的发现

(二)DNA复制体系的构成

DNA的复制是在细胞内完成的,主要发生在细胞分裂间期的S期,细胞为其提供了各种理化条件。DNA复制过程需要许多物质参与,这些物质构成DNA的复制体系。可以将这些物质归纳为合成原料、合成模板、合成引物以及酶和蛋白质因子等。

1. DNA复制的原料 DNA复制时需要四种脱氧核苷三磷酸(dNTP):dATP、dGTP、dCTP、dTTP。四种脱氧核苷酸都是高能化合物,参与合成时均脱去两个高能磷酸基团。可见,DNA复制是一个耗能过程,DNA的复制过程还需ATP和GTP提供能量。

2. DNA复制的模板 DNA的两条链解成单链后都可作为合成DNA分子的模板。

3. DNA的复制需要引物 多数DNA合成的引物是一小段RNA片段,个别DNA复制以DNA或者核苷酸为引物,引物提供了3′-OH为dNTP的加入聚合提供了基础。

4. DNA的复制涉及许多酶和蛋白质因子 DNA复制是由若干种酶和蛋白质因子参与的复杂连续的酶促反应。

(1)DNA解链酶:也称解旋酶,其作用是打开DNA双链之间的氢键以解开DNA双链,解链酶每解开一个碱基对,需要消耗两分子ATP。

(2)DNA拓扑异构酶:在DNA复制时,复制叉行进的前方DNA扭结、拧转形成正超螺旋,拓扑异构酶可在正超螺旋处切断DNA,将扭结、拧转的正超螺旋松解打开,减少了由于解链形成的张力,有利于复制叉的前进及DNA的合成。DNA拓扑异构酶有Ⅰ型和Ⅱ型,它们广泛存在于原核生物及真核生物中。拓扑异构酶Ⅰ切断DNA双链中的一股,使DNA断端沿松解的方向转动,然后再将切口封闭,不需要ATP供能。拓扑异构酶Ⅱ需要ATP供能,同时切断DNA的双股链,使DNA断端沿松解的方向转动,然后再将切口原位对接封闭。通过拓扑异构酶的作用,协同DNA的解链,有利于DNA复制的顺利进行。

拓扑异构酶

(3)DNA单链结合蛋白:DNA单链结合蛋白(SSB)与解开的DNA单链结合,稳定DNA单链状态并起到保护DNA单链的作用,使其免于被核酸酶水解。

(4)引物酶:也称引发酶,催化合成一小段与DNA互补的RNA,即RNA引物。在RNA引物的3′-OH末端,由DNA聚合酶作用引入dNTP并发生聚合。

（5）DNA 聚合酶：目前已知的 DNA 聚合酶有多种，它们的组成、结构和功能均不相同。1956 年，Kornberg 首先在大肠埃希菌中发现 DNA 聚合酶 I（DNA pol I），后来又相继发现了 DNA 聚合酶 II 和 DNA 聚合酶 III（DNA pol II，DNA pol III）。三种 DNA 聚合酶都属于多功能酶，它们除了具有 5′→3′聚合酶活性，还具有 3′→5′核酸外切酶活性和 5′→3′核酸外切酶活性。在正常聚合条件下，3′→5′外切酶活性很低。一旦出现碱基错配，则聚合反应停止，由 3′→5′外切酶将错配的核苷酸切除，然后继续进行正常的聚合反应。3′→5′核酸外切酶被认为具有校读的功能。5′→3′核酸外切酶的功能是由 5′端水解双链 DNA，切下单核苷酸或一段寡核苷酸。它可能起着切除 DNA 损伤部分或将 5′端 RNA 引物切除的作用。3′→5′核酸外切酶活性赋予了 DNA 聚合酶的校读修正功能。5′→3′核酸外切酶活性赋予了 DNA 聚合酶切除引物和损伤修复方面的功能。大肠埃希菌中 DNA 复制过程主要靠 DNA pol III 起聚合作用，而 DNA pol I 和 DNA pol II 在引物切除、DNA 错配的校正和损伤的修复中起作用（表 10-1）。

表 10-1　大肠埃希菌三种 DNA 聚合酶比较

	DNA pol I	DNA pol II	DNA pol III
分子组成	单一肽链	不清	含 20 多个亚基
5′→3′聚合酶活性	+	+	+
3′→5′核酸外切酶活性	+	+	+
5′→3′核酸外切酶活性	+	-	-
功能	切除引物修复、填补、校读作用	DNA 损伤的应急状态修复	DNA 复制、校读作用

目前发现的真核生物中常见的 DNA 聚合酶有五种，有着不同的组成、结构和功能（表 10-2）。

表 10-2　真核生物的五种 DNA 聚合酶比较

	pol α	pol β	pol γ	pol δ	pol ε
亚基数	4~8	1	2	4	4
分布	核内	核内	线粒体	核内	核内
5′→3′聚合酶活性	+	+	+	+	+
3′→5′核酸外切酶活性	-	-	+	+	+
5′→3′核酸外切酶活性	-	-	-	-	-
引物酶活性	+	-	-	-	-
功能	引物合成	修复	线粒体 DNA 复制	核 DNA 复制和修复	核 DNA 复制和修复

DNA 聚合酶的聚合反应模式如图 10-4。DNA 聚合酶催化 dNTP 与引物片段或延长中的 DNA 片段的 3′-羟基发生反应形成 3′,5′-磷酸二酯键。

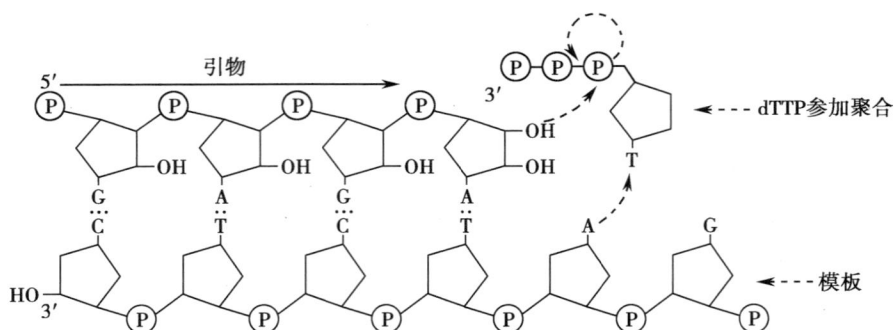

图 10-4　DNA 聚合酶的聚合反应模式图

（6）DNA 连接酶：催化相邻 DNA 片段 5′-磷酸和 3′-羟基之间形成磷酸酯键。在 DNA 复制过程中,后随链相邻的两个冈崎片段的引物经聚合酶切除后留下的空缺由聚合酶填补,但会留下一个裂口,裂口处有游离的 5′-磷酸和 3′-羟基,它们在 DNA 连接酶作用下形成 3′,5′-磷酸二酯键（图 10-5）。

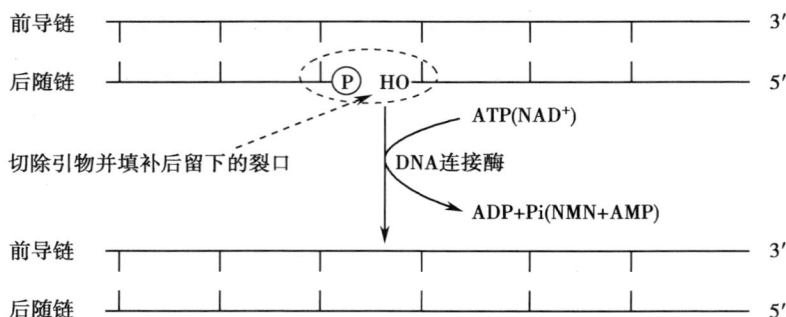

图 10-5　DNA 连接酶催化的反应

总之,参与 DNA 复制的有 30 多种蛋白质因子和酶类,各自承担着不同的作用,同时又相互协调共同完成 DNA 的复制过程。

（三）DNA 复制过程

为了便于描述,把 DNA 的复制过程分为三个阶段:起始、延伸、终止。原核生物和真核生物 DNA 的复制有着相似的特点,但也有不同。这里主要以原核生物大肠埃希菌为例说明 DNA 的复制过程。

1. **起始**　在解旋酶、拓扑异构酶、单链结合蛋白、引物酶及其他的蛋白质因子共同作用下,完成复制起始点的识别、在复制起始部位打开双螺旋、形成单链模板、合成 RNA 引物,为 DNA 聚合酶的聚合延伸作用准备了必备的条件。DNA 合成过程中,引物酶和 DNA 解旋酶形成为一个蛋白质复合体,称为引发体。在 DNA 合成过程中引发体执行着一系列的功能,包括在延伸阶段沿着复制叉行进方向不断解链、合成冈崎片段的引物并引发冈崎片段合成的起始等。

多数 DNA 从复制起始点开始双向复制,形成两个复制叉,真核生物的 DNA 比较长,往往是多个起始点的双向复制,大肠埃希菌 DNA 只有一个起始点。

2. **延伸**　DNA 链的延伸是在引发体、DNA 单链结合蛋白以及 DNA 聚合酶的协同作用下完成的。引发体、DNA 单链结合蛋白使 DNA 在复制叉行进方向上不断解开成单链模板,合成冈崎片段的引物（图 10-6）。DNA 聚合酶以四种三磷酸脱氧核苷（dNTP,即 dATP、dGTP、dCTP、dTTP）为原料,进行聚合作用。聚合作用是在引物链(或者子链 DNA)的 3′-OH 上逐个加入与模板链对应的碱基互补的 dNTP,3′-OH 进攻 dNTP 的第 1 位磷酸基团同时脱下焦磷酸 PPi(图 10-4)。后随链与前导链都在复制叉行进方向上按 5′→3′方向聚合延伸。前导链的延伸是连续的,而后随链是不连续的,合成出的前导链为一条连续的长链,后随链则是由冈崎片段组成。前导链和冈崎片段的 RNA 引物由 DNA 聚合酶切除并修补,但会留下一个裂口,裂口必须在连接酶的催化下连接形成 3′,5′-磷酸二酯键(图 10-6)。

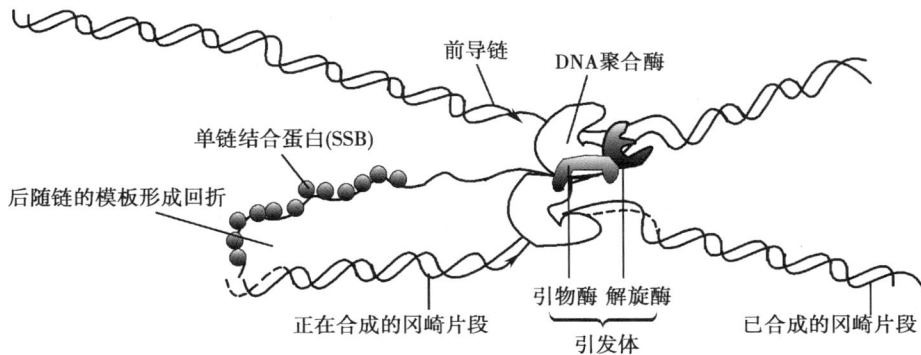

图 10-6 DNA 聚合酶催化的延伸反应

3. 终止 对于原核生物大肠埃希菌而言,DNA 是环状的,DNA 复制的终止发生在两个复制叉的结合点。DNA 复制完成后,在拓扑异构酶作用下,将 DNA 分子引入超螺旋结构,进一步装配成大肠埃希菌的环状染色体。

DNA 复制与端粒

(四) DNA 的损伤与修复

某些物理、化学因素,如紫外线、电离辐射和化学诱变剂等,都能引起生物遗传基因的突变。因为它们均能作用于 DNA,造成其结构和功能的破坏。生物体含有起修复作用的酶系统,复制扫描并寻找受损的 DNA,一旦发现 DNA 的损伤,就会启动相关修复机制。现简要介绍四种修复方法:光复活修复,切除修复,重组修复和诱导修复。后三种机制不需要光照,因此又称为暗修复。

1. 光复活修复 紫外线照射会引起 DNA 相邻的嘧啶碱基共价结合形成嘧啶二聚体,导致 DNA 结构的异常。可见光(最有效波长为 400nm 左右)能激活体内的光复活酶,它能分解由于紫外线照射而形成的嘧啶二聚体,使得 DNA 得以修复(图 10-7)。

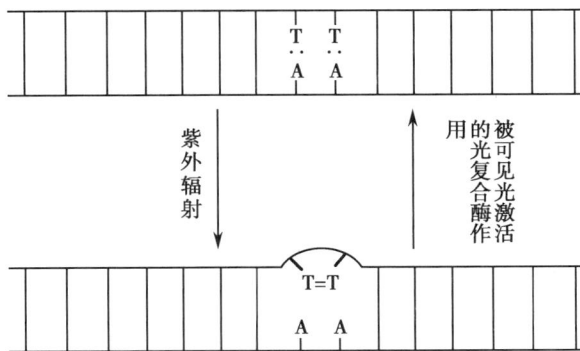

图 10-7 胸腺嘧啶二聚体的形成与消除

光复活修复

2. 切除修复 在一系列酶的作用下,将 DNA 分子中受损伤部分切除掉,并以完整的那一条链为模板,合成出切去的部分,然后使 DNA 恢复正常结构。由于发生在 DNA 复制前,故与光复活修复一样,属于复制前修复。切除修复是比较普遍的一种修复机制,它对多种损伤均能起修复作用。参与切除修复的酶主要有:特异的核酸内切酶、核酸外切酶、DNA 聚合酶和 DNA 连接酶等(图 10-8)。

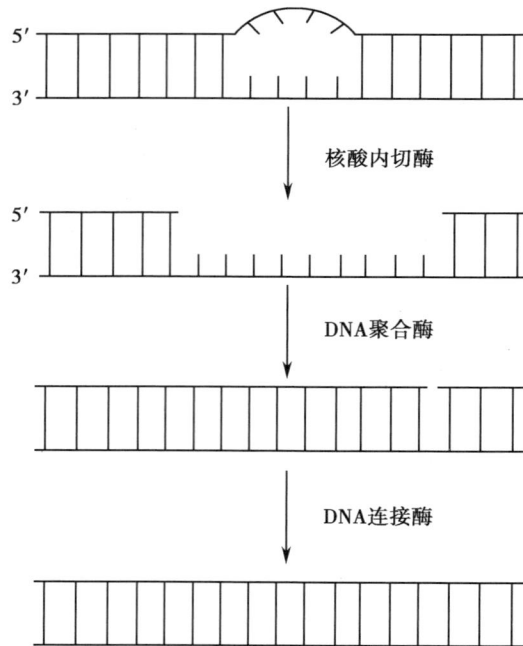

图 10-8 DNA 的切除修复机制

切除修复

3. 重组修复 通过 DNA 重组来进行的修复。重组修复发生在复制之后,又称为复制后修复。有缺损的 DNA 复制到损伤部位时,先跨过损伤部位,复制形成有缺口的子代链,缺口由另一完整的母链上相应核苷酸序列片段移位填补。该母链上形成的缺口再通过 DNA 聚合酶和连接酶填补(图 10-9)。

4. SOS 修复 是细胞 DNA 受到严重损伤或者 DNA 复制系统受到抑制的紧急情况下,出现的应急修复机制。SOS 修复往往是损伤 DNA 诱导的纠错性修复。诱导的 DNA 聚合酶缺乏校正功能,遇到错配碱基仍然进行复制,结果导致突变增加但免于细胞的死亡。SOS 修复广泛存在于原核生物和真核生物,是生物在极为不利的环境中求得生存的一种基本功能。细胞的癌变可能是由于 SOS 反应造成的,一些诱变剂会引起 SOS 反应而激活相关蛋白。检测某些物质的致癌作用,简单的方法就是测定其对细菌进行诱变的 SOS 反应。

DNA 损伤修复与疾病

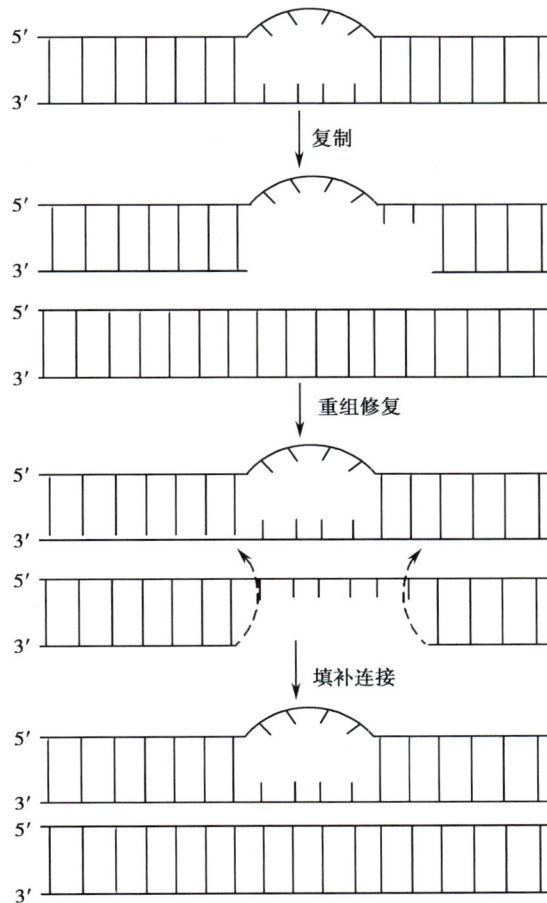

图 10-9　DNA 的重组修复机制

知识链接

着色性干皮病

着色性干皮病是一种罕见的主要由 DNA 修复基因缺陷所致的常染色体隐性遗传性病。 患者主要的临床表现为皮肤对日光，特别是紫外线高度敏感，暴露部位皮肤出现色素沉着、干燥、角化、萎缩及癌变等，其皮肤和眼部肿瘤的发生率是正常人的 1000 倍。

二、DNA 的逆转录合成

一些 RNA 病毒在宿主细胞内以 RNA 为模板合成 DNA 分子，这种 DNA 的合成方式称为逆转录（反转录）。DNA 的逆转录合成是在逆转录酶作用下完成的，该酶以 RNA 为模板合成 DNA，又称 RNA 指导的 DNA 聚合酶。1970 年美国科学家 Temin 和 Baltimore 分别于动物致癌 RNA 病毒中发现逆转录酶，他们因此获得 1975 年度诺贝尔生理学奖。后来发现，逆转录酶不仅普遍存在于 RNA 病毒，哺乳动物的胚胎细胞和正在分裂的淋巴细胞中也有。

逆转录酶以 dNTP 为底物，以 RNA 为模板，按 5′→3′方向，合成一条与 RNA 模板互补的 DNA 单链,这条 DNA 单链叫作互补 DNA(写为 cDNA),它与 RNA 模板形成 RNA-DNA 杂化分子。随后又在逆转录酶的作用下,水解掉 RNA 链,再以 cDNA 为模板合成第二条 DNA 链。至此完成由 RNA 指导的 DNA 合成过程(图 10-10)。

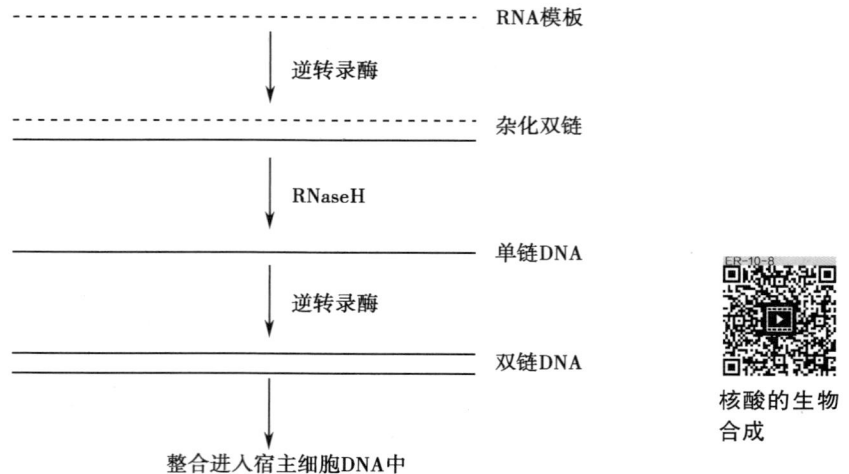

```
-------------------------------------  RNA模板
                    │
                    │ 逆转录酶
                    ↓
-------------------------------------  杂化双链
_____
                    │
                    │ RNaseH
                    ↓
_____  单链DNA
                    │
                    │ 逆转录酶
                    ↓
_____  双链DNA
_____
                    │
                    ↓
           整合进入宿主细胞DNA中
```

图 10-10 DNA 逆转录合成示意图

逆转录合成的双链 cDNA 可整合到宿主的染色体 DNA 中,潜伏(不表达)数代,遇到适合条件时被激活,利用宿主的酶系统转录成相应的 RNA,其中一部分作为病毒的遗传物质,另一部分则作为 mRNA 翻译成病毒特有的蛋白质。最后,RNA 和蛋白质被组装成新的病毒粒子。整合的 DNA 可能含有癌基因使宿主细胞转化成癌细胞。

大多数逆转录酶为多功能酶,常包括以下几种活性:①RNA 指导的 DNA 聚合酶活性,如上所述;②RNase H 活性,从 5′端水解 cDNA-RNA 杂化分子中的 RNA 分子;③DNA 指导的 DNA 聚合酶活性,以 cDNA 单链为模板,合成与之互补的第二条 DNA 链。

以某一组织细胞中提取的各种 mRNA 为模板,经逆转录酶催化,体外合成各种 mRNA 对应的 cDNA,再经 PCR 扩增后与适当的基因载体(常用噬菌体或质粒载体)连接,形成重组 DNA,重组 DNA 转化受体菌,将所有转化的受体菌繁殖扩增后形成一个克隆群,克隆群包含着细胞全部的 mRNA 对应的基因片段(即各种 cDNA),这样的克隆群被称为该组织细胞的 cDNA 文库。cDNA 文库的构建和运用对基因功能的研究具有重要意义。

点滴积累 ∨

1. DNA 的生物合成包括复制和逆转录两种方式。

2. DNA 的复制以四种 dNTP 为原料,两条链为模板,从特定的起始点开始,半保留半不连续复制。大多双向复制,链的延伸方向为 5′→3′方向。

3. 解旋酶使 DNA 双螺旋解开;拓扑异构酶松解超螺旋;DNA 单链结合蛋白(SSB)维持 DNA 单链的稳定;引物酶合成 RNA 引物;DNA 连接酶催化相邻 DNA 片段 5′-磷酸和 3′-羟基之间形成磷酸酯键;DNA 聚合酶是多功能酶,具有聚合、校正和填补修复功能。

4. 逆转录合成的 DNA 通常称为 cDNA,cDNA 文库的构建具有重要的科学研究价值。

第二节　RNA 的生物合成

RNA 的生物合成主要通过转录方式。一些 RNA 病毒则以其 RNA 为模板复制合成 RNA。

一、RNA 的转录

以 DNA 为模板合成 RNA 分子的方式称为转录，转录的产物包括 mRNA、tRNA 和 rRNA 等。

（一）转录体系

转录过程也是由许多分子和酶以及蛋白质因子共同作用完成的，这里主要介绍转录体系的三方面构成。

1. **原料**　RNA 合成的原料为 4 种三磷酸核苷（NTP），即 ATP、GTP、CTP、UTP。

2. **模板**　转录是基因表达的第一步，基因表达受到机体的精密调控，表现之一就是机体在特定的组织内和生长发育阶段只是启动 DNA 上部分基因的转录。可被转录形成一个 RNA 的 DNA 片段称为一个转录单元，一个转录单元可以是单独的基因，也可能是一些相邻的基因。因此，转录是以非 DNA 全长的、DNA 的某一区段（即活化的基因或者转录单元）作为模板，作为模板的这一条链通常称为模板链，另一条链称为编码链（因为其碱基序列与转录出的 RNA 碱基序列几乎相同，只是 RNA 中的碱基 U 取代了该链中的碱基 T）。不同的活化基因其模板链的选择并不固定在 DNA 的某一条单链，特定的基因则以 DNA 的某一条单链作为模板，此现象被称为转录的不对称性。

3. **RNA 聚合酶**　是转录过程中的主要酶类。对大肠埃希菌的 RNA 聚合酶研究较深入。这个酶的全酶由 5 种亚基（$\alpha_2 \beta\beta'\sigma$）组成，在 RNA 合成起始之后，$\sigma$ 亚基便从全酶中离开。不含 σ 亚基的 RNA 聚合酶催化 RNA 的聚合延伸，因此称之为核心酶。σ 亚基特异性地识别 DNA 模板链上的起始部位，通常称之为"启动因子"。

知识链接

RNA 聚合酶的特异性抑制剂

利福霉素是原核生物 RNA 聚合酶的特异性抑制剂，与 RNA 聚合酶 β 亚基非共价结合，使它具有广谱抗菌作用，对结核杆菌、麻风杆菌、链球菌、肺炎球菌等革兰阳性细菌，特别是耐药性金黄色葡萄球菌的作用都很强，对某些革兰阴性菌也有效。

真核细胞的细胞核内有 RNA 聚合酶 Ⅰ、Ⅱ 和 Ⅲ，通常由 4~6 种亚基组成。RNA 聚合酶 Ⅰ 存在于核仁中，主要催化 rRNA 前体的转录。RNA 聚合酶 Ⅱ 和 Ⅲ 存在于核质中，分别催化 mRNA 前体和小分子量 RNA 的转录。此外线粒体和叶绿体也含有 RNA 聚合酶，其特性类似原核细胞的 RNA 聚合酶。

（二）转录过程

以大肠埃希菌的 RNA 转录为例说明 RNA 的转录过程。RNA 转录过程可分为起始、延伸、终止三个阶段。

1. 起始　转录的起始从 RNA 聚合酶识别启动子并与之结合开始。所谓启动子,就是在转录起始点上游的一段核苷酸序列,能够被 RNA 聚合酶识别并且结合,这样的序列影响着基因的转录和表达。启动子有两个重要的保守序列:-35 序列和-10 序列,分别是转录起始点上游第 35 位和第 10 位碱基为核心的一小段序列,分别与 RNA 聚合酶的识别和结合有关。

RNA 聚合酶通过 σ 亚基识别启动子的-35 序列,结合生成较松弛的封闭型启动子复合物,接着通过构象改变,RNA 聚合酶紧密结合于启动子的-10 区,在-10 区解开 DNA 双链(该区富含 A—T),辨识模板链,得到开放型的启动子复合物。开放型复合物一旦形成,DNA 就继续解链,RNA 聚合酶移动到转录起始位点。

在转录起始位点,RNA 聚合酶结合第一个三磷酸核苷(GTP 或 ATP),紧接着在 RNA 聚合酶不动的情况下可以聚合 6~9 个核苷酸,形成由启动子、RNA 聚合酶和寡核苷酸链构成的三元起始复合物。三元起始复合物形成后,σ 亚基从 RNA 聚合酶上脱落(图 10-11)。

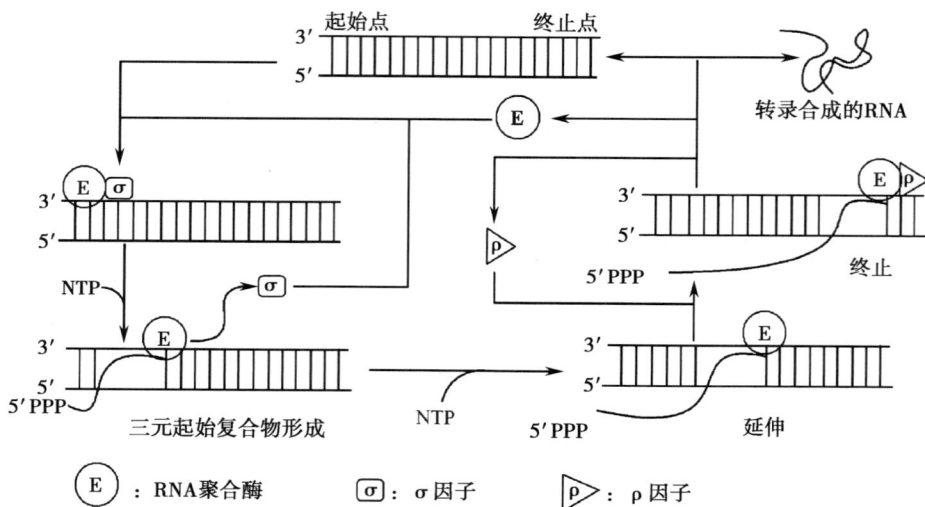

图 10-11　转录全过程图解

案例分析

案例

为探讨胰岛素基因启动子突变是否与中国人 2 型糖尿病相关,随机选择 89 例 2 型糖尿病患者,应用聚合酶链反应——单链构象多态性(PCR- SSCP)检测方法检测胰岛素启动子突变。 结果:89 例 2 型糖尿病中未发现异常。 结论:胰岛素基因启动子突变可能不是中国人 2 型糖尿病的重要遗传因素。 文献报道非裔美国人中胰岛素基因启动子突变与 2 型糖尿病相关,提示此种相关有明显的种族特异性。

分析

1. 胰岛素基因启动子的突变直接影响 RNA 聚合酶的结合，影响胰岛素基因的表达活性。

2. 根据人类胰岛素基因启动子两侧保守序列设计一对 PCR 引物，通过 PCR 可以扩增出某一个体的胰岛素基因启动子的 DNA 片段。

3. PCR-SSCP 技术的基本原理是 PCR 扩增后的 DNA 片段经变性成单链 DNA，单链 DNA 在中性聚丙烯酰胺凝胶中电泳时形成不同的立体构象，其构象直接影响泳动速率，相同长度的 DNA 单链其核苷酸顺序仅有单个碱基的差别，就可以产生立体构象的不同，造成泳动速率的不同，产生不同的泳动带。

2. 延伸 RNA 链的聚合延伸由 RNA 聚合酶的核心酶催化。核心酶持续解开聚合点前的 DNA 双螺旋，并按照碱基配对原则（A—U 配对，C—G 配对，T—A 配对）选择与模板链序列互补的核苷三磷酸参加聚合，依次将核苷三磷酸加到延伸的 RNA 链的 3'-OH 端，催化形成磷酸二酯键。RNA 链的合成方向也为 5'→3'，核心酶必须沿模板链的 3'→5' 方向解链。RNA 链延伸时，DNA 双链局部被 RNA 聚合酶解开形成泡状结构，称为转录泡。大肠埃希菌形成的转录泡平均长度为 18 个碱基（图 10-12）。

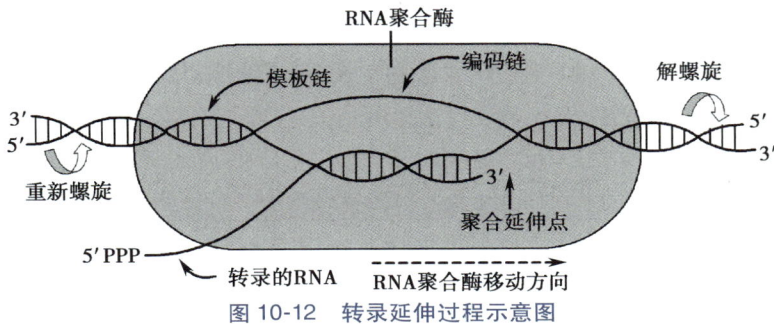

图 10-12 转录延伸过程示意图

3. 终止 在 DNA 分子上引起转录终止的特殊碱基序列称为终止子。有的终止子（称为弱终止子）需要有 ρ 因子帮助才能引起转录的终止，ρ 因子是一个四聚体蛋白质，它在 RNA 聚合酶遇到弱终止子时，与 RNA 聚合酶结合，阻止其向前移动而终止转录，释放出已转录完成的 RNA 链（图 10-13）。不依赖于 ρ 因子的终止子是强终止子，对强终止子序列进行分析，发现有一个富含 G—C 的二重对称区以及紧接其后的 6 个以上的 AT 碱基对串。富含 G—C 的二重对称区转录形成的 RNA 链会形成富含 G—C 的发卡结构，阻止 RNA 聚合酶向前移动使转录终止。AT 碱基对串转录形成 RNA 链 3' 末端一连串的 U，寡聚 U 促使 RNA 链从转录复合体上脱离，并可能提供信号使 RNA 聚合酶脱离模板（图 10-13）。

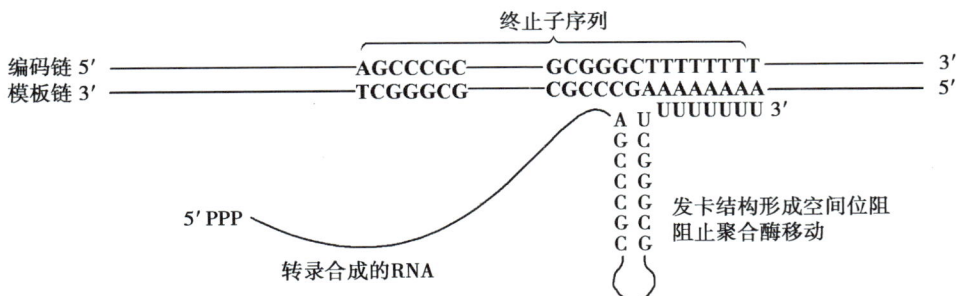

图 10-13 终止子及其转录形成的发卡结构

▶ **课堂活动**

试比较 DNA 复制和转录的异同。

（三）转录后的加工修饰

由 RNA 聚合酶催化合成的原初转录物（写成 pre-RNA）往往需要经过一系列的剪接和加工修饰过程才能转变为成熟的 RNA 分子。由于真核生物存在细胞核结构，转录和翻译在时间、空间上都被分隔开来，与原核生物相比，真核生物 RNA 的加工更为复杂和重要。

1. mRNA 前体的加工 原核生物的转录和翻译通常是同时进行的，mRNA 一般不进行转录后加工。

真核生物 mRNA 的原初转录物（pre-mRNA）是相对分子质量很大的前体，它们在核内迅速合成和降解，其半衰期很短，只有几分钟。pre-mRNA 分子中大部分序列被剪除，只有少部分拼接成成熟的 mRNA，这部分序列称为外显子，而剪除的序列称为内含子。pre-mRNA 加工成 mRNA 的过程包括：① 5′端加"帽"、3′端加"尾"，即在链的 5′端形成特殊的帽子结构（m⁷GpppmNp），在链的 3′端切除部分序列后加上多聚腺苷酸（PolyA）尾巴，这一过程在转录终止前就已完成；② 切除内含子、拼接外显子；③ 少数核苷的甲基化修饰。

2. rRNA 前体的加工 在原核细胞中，编码三种 rRNA（即 5S、16S、23S 的 rRNA）的基因和一个或几个 tRNA 基因往往排列在一起，成为一个转录单元，形成的原初转录产物为 30S 的 RNA。经甲基化后，切割剪除成为成熟的 rRNA 和 tRNA（图 10-14）。

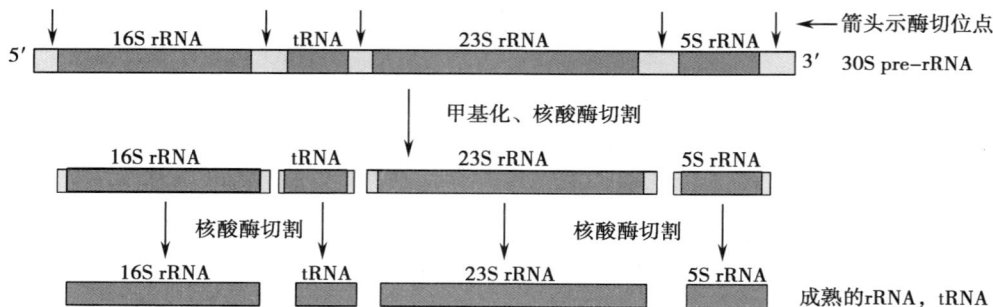

图 10-14 原核生物 rRNA 前体的加工

真核生物细胞的核仁是 rRNA 合成、加工和装配成核糖体的场所。45S 的 pre-rRNA 是 28S、18S、5.8S 的 rRNA 基因构成的转录单元的原初转录物，经甲基化、假尿苷化、切割剪除加工成为三种成熟的 rRNA。真核生物的 5S rRNA 基因成簇排列，转录产物经过适当加工即与 28S rRNA 和 5.8S rRNA 以及有关蛋白质一起组成核糖体的大亚基。18S rRNA 与有关蛋白质则组成小亚基。

3. tRNA 前体的加工 大肠埃希菌染色体基因组共有 tRNA 基因约 60 个。tRNA 基因大多成簇存在，或与编码蛋白质的基因组成混合转录单位。tRNA 前体的加工包括：由核酸内切酶在 tRNA 两端切断；由核酸外切酶从 3′端逐个切去附加的顺序；在 3′端加上 CCAOH 结构；部分核苷的修饰。

真核生物 tRNA 基因的数目比原核生物 tRNA 基因的数目要大得多，成簇排列，但一个 tRNA 基因为一个转录单元。tRNA 基因由 RNA 聚合酶Ⅲ转录，转录产物为稍大的 tRNA 前体。tRNA 前体的加工包括：切除 5′端和 3′端的附加序列和内含子序列；3′端加上 CCAOH；部分碱基修饰。

> **知识链接**
>
> 核酶与脱氧核酶
>
> 1981 年，Cech 研究四膜虫的 rRNA 剪接时发现，在没有任何蛋白质的参与下 rRNA 能够完成特异性的自我剪接，这说明 RNA 有自我催化作用。 人们将具有催化活性的 RNA 称为核酶。 后来又发现具有催化作用的 DNA，称为脱氧核酶。
>
> 核酶的发现和深入研究拓展了人们对酶学的研究范围，开拓了人们的视野。 在天然核酶研究的基础上，人们设计并合成出了人工核酶及脱氧核酶，这些人工核酶及脱氧核酶可以特异性地作用于某些基因，可以应用于抗病毒、抗病原微生物、抗肿瘤的实验研究。

二、RNA 的复制

以 DNA 为模板合成 RNA 是生物界 RNA 合成的主要方式，但有些生物像某些病毒的遗传信息贮存在 RNA 分子中，当它们进入宿主细胞后，靠复制而传代，它们在 RNA 指导的 RNA 聚合酶催化下合成 RNA 分子，即以 RNA 为模板在 RNA 复制酶作用下，按 $5'\rightarrow3'$ 方向合成互补的 RNA 分子。RNA 复制酶缺乏校正功能，因此 RNA 复制时错误率很高，这与逆转录酶的特点相似。RNA 复制酶只对病毒本身的 RNA 起作用，而不会作用于宿主细胞中的 RNA 分子。

病毒 RNA 的复制

点滴积累 ∨

1. 转录以 DNA 的一条链为模板，不需要引物，以四种 NTP 为原料，按照碱基配对原则（A—U 配对，C—G 配对，T—A 配对），由 RNA 聚合酶催化，链的延伸方向为 $5'\rightarrow3'$ 方向。

2. 原核 RNA 聚合酶的全酶组成是 $\alpha_2\beta\beta'\sigma$，其中 σ 亚基识别启动子，$\alpha_2\beta\beta'$ 被称为核心酶，催化 RNA 的聚合。 启动子是一段 DNA 上的核苷酸序列，与转录的启动有关。 终止子是引起转录终止的 DNA 上的核苷酸序列。

3. 除了原核 mRNA，其他 RNA 在合成之后，需要加工修饰才能成为有活性的 RNA。

第三节　基因工程

一、基因工程概述

基因工程又称为重组 DNA 技术或基因克隆技术。它是基因分子水平上的遗传工程，是 20 世纪 70 年代初期在分子生物学基础上发展起来的一个崭新领域，是一门能人工地定向改造生物遗传性状的新技术。基因工程技术在医药生物技术领域中的应用，更是备受国内外生物技术界的广泛关注，在新世纪呈现出更加强劲的蓬勃发展态势。

（一）基因工程技术的特点

基因工程技术与其他技术相比,具有如下特点:

1. 基因工程技术能像工程一样,可按人们的意愿来事先设计和控制。基因工程技术不仅可预知某一基因的改变,而且可以及早纠正,可以有计划、有目的地构建基因,所以基因工程技术是比较定向的。

2. 基因工程技术是人工的、离体的、分子水平上所进行的遗传重组。基因工程技术有能力在极端错综复杂的生物细胞内取出所需要基因,并能人为地将此目的基因在试管中进行剪切、拼接、重组并转化到受体细胞中,经无性繁殖能增产出数百数千倍的新型蛋白质(主要是各种多肽和蛋白质类生物药物),这是基因工程技术最突出的优越性。

3. 基因工程技术能在动植物和微生物间进行任意的,定向的超远缘杂交。基因工程技术的最大威力,在于它能使带有支配各种各样遗传信息的 DNA 片段,越过不同生物间特异的细胞壁,组入到完全不同的没有亲缘关系的生物体内,能定向地控制、装修和改变生物的遗传和变异。

（二）基因工程技术的步骤

基因工程技术实际上是包括能将遗传信息(DNA)从一种生物细胞转移到另一种生物细胞中并得以表达的若干实验技术的总称。概括起来,基因工程技术包括以下六个基本步骤。

1. 外源目的基因的取得。

2. 基因运载体的分离提纯。

3. 重组 DNA 分子的形成。

4. 重组 DNA 引入受体细胞。

5. 重组菌的筛选,鉴定和分析。

6. 工程菌的获得和基因产物的分离。

二、聚合酶链式反应

聚合酶链式反应,其英文是 polymerase chain reaction,简称 PCR。聚合酶链式反应是体外酶促合成特异 DNA 片段的一种方法,由高温变性、低温退火及适温延伸等几步反应组成一个周期,循环进行,使目的 DNA 得以迅速扩增,具有特异性强、灵敏度高、操作简便、省时等特点。它不仅可用于基因分离、克隆和核酸序列分析等基础研究,还可用于疾病的诊断或任何有 DNA、RNA 的地方。

> **知识链接**
>
> ### PCR 与诺贝尔奖
>
> 聚合酶链式反应(polymerase chain reaction, PCR)又称无细胞分子克隆或特异性 DNA 序列体外引物定向酶促扩增技术。由美国科学家 PE（Perkin Elmer 珀金-埃尔默）公司遗传部的 Dr. Mullis 发明,由于 PCR 技术在理论和应用上的跨时代意义, Mullis 获得了 1993 年诺贝尔化学奖。

（一）基本原理

DNA 的半保留复制是生物进化和传代的重要途径。双链 DNA 在多种酶的作用下可以变性解链成单链,在 DNA 聚合酶与启动子的参与下,根据碱基互补配对原则复制成同样的两分子拷贝。在聚合酶链式反应实验中发现,DNA 在高温时也可以发生变性解链,当温度降低后又可以复性成为双链。因此,通过温度变化控制 DNA 的变性和复性,并设计引物做启动子,加入 DNA 聚合酶、dNTP 就可以完成特定基因的体外复制。

（二）PCR 反应体系

PCR 反应体系(表 10-3)由五个部分构成,分别是:

1. 模板 待扩增的 DNA。需要解成单链才能作为模板,体外通过 DNA 的热变性得以实现。

2. DNA 聚合酶 主要使用 Taq 酶。Taq 酶是从极端耐高温微生物中提取的 DNA 聚合酶。

3. 引物 人工设计、合成的寡核苷酸链,通常由 10~30 个核苷酸构成,能与待扩增的 DNA 片段两端序列特异性地结合。设计的引物不能太长,否则与模板结合的效率太低,也不能太短,否则特异性难以得到保证。

4. 原料 4 种 dNTP。

5. 反应缓冲液。

表 10-3 标准的 PCR 反应体系

成分	用量
10×扩增缓冲液	10μl
4 种 dNTP 混合物	各 200μmol/L
引物	各 10~100pmol
模板 DNA	0.1~2μg
TaqDNA 聚合酶	2.5U
Mg^{2+}	1.5mmol/L
	加双蒸水或三蒸水至 100μl

（三）工作步骤

标准的 PCR 过程分为三步:

1. DNA 变性(90~96℃) 双链 DNA 模板在热作用下,氢键断裂,形成单链 DNA。

2. 退火(25~65℃) 系统温度降低,引物与 DNA 模板结合,形成局部双链。

3. 延伸(70~75℃) 在 Taq 酶(在 72℃左右有最佳的活性)的作用下,以 dNTP 为原料,从引物的 5′→3′端延伸,合成与模板互补的 DNA 链。

每一循环经过变性、退火和延伸,DNA 含量即增加一倍。

（四）反应特点

1. 特异性强 PCR 反应的特异性决定因素为:①引物与模板 DNA 特异正确的结合;②碱基配对原则;③Taq DNA 聚合酶合成反应的忠实性;④靶基因的特异性与保守性。其中引物与模板的正确结合是关键。

2. 灵敏度高　PCR 产物的生成量是以指数方式增加的,能将皮克量级的起始待测模板扩增到微克水平。能从 100 万个细胞中检出一个靶细胞;在病毒的检测中,PCR 的灵敏度可达 3 个 RFU(空斑形成单位);在细菌学中最小检出率为 3 个细菌。

3. 简便快速　PCR 反应用耐高温的 Taq DNA 聚合酶,一次性地将反应液加好后,即在 DNA 扩增液和水浴锅上进行变性-退火-延伸反应,一般在 2~4 小时完成扩增反应。

4. 对标本的纯度要求低　不需要分离病毒或细菌及培养细胞,DNA 粗制品及 RNA 均可作为扩增模板。可直接用临床标本如血液、体腔液、洗漱液、毛发、细胞、活组织等进行 DNA 扩增检测。

ER-10-10

Taq 酶与 PCR

三、基因重组技术与医药学的关系

(一)基因工程药物

基因工程制药是基因工程应用最出色的领域。自从 20 世纪 80 年代初第一种基因工程产品——人胰岛素投放市场以来,以基因工程药物为主导的基因工程应用产业已成为全球发展最快的产业之一。

(二)基因治疗

基因治疗是指以正常的基因代替或修补患者细胞中的缺陷基因从而达到治疗疾病的目的,是治疗分子疾病最有效的手段之一。1990 年 9 月美国政府批准实施世界上第一例基因治疗临床方案,对一名患有重度联合免疫缺陷症(SCID)的 4 岁女童进行基因治疗并获得成功。

ER-10-11

基因治疗

(三)基因芯片

生物芯片技术是 20 世纪 90 年代中期以来随着"人类基因组计划"(HGP)的进展而快速发展起来的一门高新技术。1994 年,在美国能源部防御研究计划署、俄罗斯科学院和俄罗斯人类基因组计划的共同资助下,研制出的一种生物芯片,可用于检测 B 地中海贫血患者血样的基因突变,筛选了一百多个 B 地中海贫血已知的突变基因,该方法比传统的检测方法快 1000 倍。

临床应用

血友病的基因诊断

　　F9 基因位于 Xq26.3 ~27.1,全长 34kb,有 8 个外显子和 7 个内含子。　导致乙型血友病(HB)的基因缺陷类型十分繁多,且无明显突变热点。　对于未知突变的检测,目前国外多采用 CSGE 和 dHPLC 检测,而我们采用直接基因测序与间接遗传连锁分析相结合的方法:多重荧光 PCR 法联合 6 个 STR 位点(DXS1192、DXS1211、DXS8094、DXS8013、DXS1227、DXS10^2)作遗传连锁分析。　联合应用这些位点诊断率可达到 99.99%,其中 DXS10^2 位点国内外应用较多,其余位点则均为我们在人类基因库中寻找出的与 FIX 紧密相关的 STR 位点。　Kogen 等于 1987 年,首先采用了 PCR 进行甲型血友病的基因诊断。

点滴积累　$\vee$

1. 基因工程又称为重组 DNA 技术或基因克隆技术。它是基因分子水平上的遗传工程，是一门能人工的定向改造生物遗传性状的新技术。

2. 聚合酶链式反应是体外酶促合成特异 DNA 片段的一种方法，由高温变性、低温退火及适温延伸等几步反应组成一个周期。

复习导图

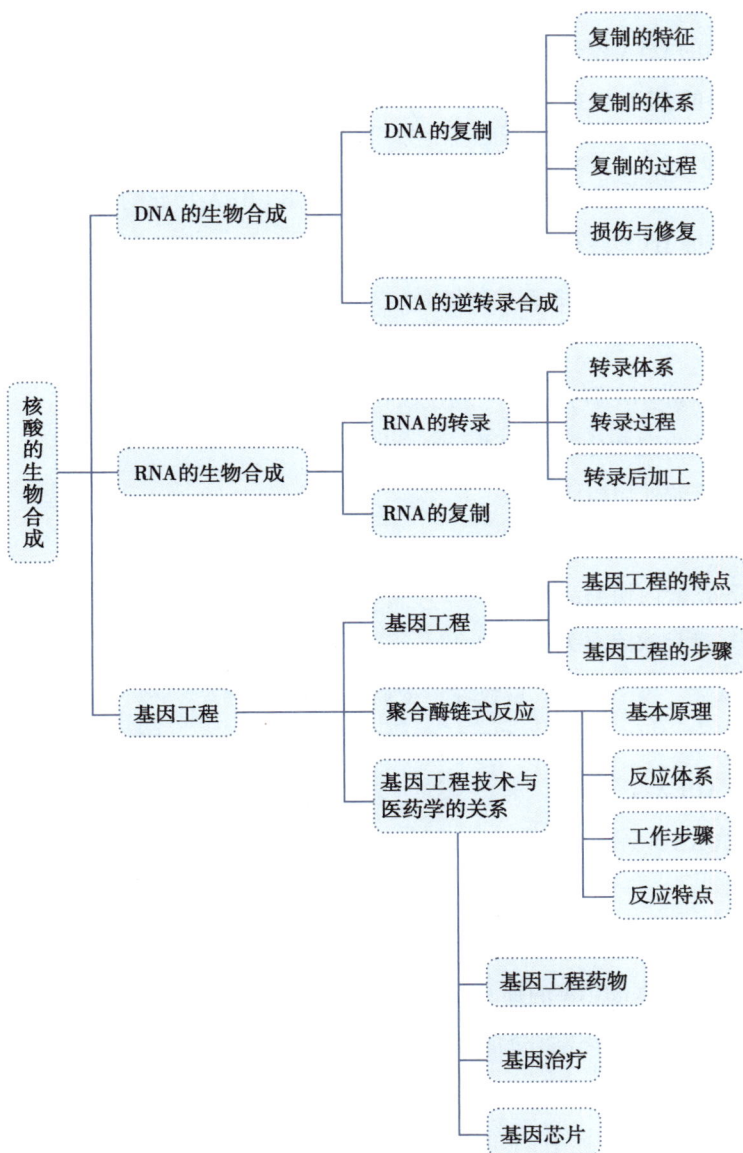

目标检测

一、选择题

（一）单项选择题

1. DNA 复制所需的底物是（　　）

    A. dAMP、dGMP、dCMP、dUMP

    B. ADP、GDP、CDP、TDP

    C. dATP、dGTP、dCTP、dTTP

    D. dADP、dGDP、dCDP、dTDP

2. 催化 DNA 半保留复制的酶是（　　）

    A. DNA 指导的 DNA 聚合酶

    B. RNA 指导的 RNA 聚合酶

    C. RNA 指导的 DNA 聚合酶

    D. DNA 指导的 RNA 聚合酶

3. 逆转录酶是（　　）

    A. DNA 指导的 DNA 聚合酶

    B. RNA 指导的 RNA 聚合酶

    C. RNA 指导的 DNA 聚合酶

    D. DNA 指导的 RNA 聚合酶

4. DNA 复制时，与 5′-TAGA-3′ 互补的链是（　　）

    A. 5′-TCTA-3′　　　　B. 5′-UCUA-3′　　　　C. 5′-GTGA-3′　　　　D. 5′-ATCT-3′

5. 关于大肠埃希菌 DNA 聚合酶 Ⅰ 下列说法错误的是（　　）

    A. 对复制及修复过程中的空缺进行聚合填补

    B. 有 5′→3′ 核酸外切酶活性

    C. 有 3′→5′ 核酸外切酶活性

    D. 有 5′→3′ 核酸内切酶活性

6. 与 DNA 修复过程缺陷有关的病症是（　　）

    A. 尿黑酸尿症　　　　B. 着色性干皮病　　　　C. 黄疸　　　　D. 痛风症

7. 模板链序列 5′-ACGCATTA-3′ 转录形成的 mRNA 序列是（　　）

    A. 5′-ACGCAUUA-3′

    B. 5′-TAATGCGT-3′

    C. 5′-UGCGUAAU-3′

    D. 5′-UAAUGCGU-3′

8. 启动子是（　　）

    A. mRNA 上最早被翻译的那一段核苷酸顺序

    B. 开始转录生成的 mRNA 的那一段核苷酸顺序

    C. RNA 聚合酶最早与之结合的那一段核苷酸顺序

    D. 能与阻抑蛋白结合的那一段核苷酸顺序

9. 下列有关基因工程的叙述中，不正确的是（　　）

    A. DNA 连接酶将黏性末端的碱基对连接起来

    B. 基因探针是指用放射性同位素或荧光分子等标记的 DNA 分子

    C. 基因治疗主要是对有基因缺陷的细胞进行替换

    D. 蛋白质中氨基酸序列可为合成目的基因提供资料

10. 下列有关 PCR 技术的叙述正确的是（   ）

    A. 作为模板的 DNA 序列必须不断地加进每一次的扩增当中

    B. 作为引物的脱氧核苷酸序列必须不断地加进每一次的扩增当中

    C. 反应需要 DNA 聚合酶

    D. 反应需要的 DNA 连接酶必须不断地加进反应当中

（二）多项选择题

1. 关于 DNA 复制，下列说法错误的是（   ）

    A. 有 RNA 指导的 DNA 聚合酶参加　　　B. 为半保留复制

    C. 有 DNA 指导的 DNA 聚合酶参加　　　D. 以四种 NTP 为原料

    E. 有引物酶参加

2. 在 DNA 复制的延长过程中，可以出现的现象有（   ）

    A. 形成复制叉　　　B. 形成 RNA 引物　　　C. 形成冈崎片段

    D. RNA 引物水解　　　E. 生成磷酸二酯键

3. DNA 聚合酶Ⅰ具有（   ）

    A. 3′→5′外切酶活性　　　B. 5′→3′外切酶活性　　　C. 5′→3′聚合酶活性

    D. 3′→5′聚合酶活性　　　E. DNA 连接酶活性

4. DNA 损伤修复机制包括（   ）

    A. 切除修复　　　B. SOS 修复　　　C. 光复活酶修复

    D. 重组修复　　　E. 以上都是

5. 真核细胞内 mRNA 转录后加工包括（   ）

    A. 5′加帽结构　　　B. 去除内含子拼接外显子

    C. 3′端加多聚 A 尾　　　D. 3′端加—CCAOH

    E. 剪切形成含反密码环

二、判断改错题

1. 在 E. coli 细胞和真核细胞中都是由 DNA 聚合酶Ⅰ切除 RNA 引物。

2. DNA 聚合酶Ⅰ、Ⅱ、Ⅲ都属于多功能酶。

3. DNA 聚合酶Ⅰ缺失的突变株仍可正常进行 DNA 复制，但 DNA 损伤修复能力很低。

4. 基因治疗就是把健康的外源基因导入到有基因缺陷的细胞中，达到治疗疾病的目的。

5. 青霉素、白细胞介素、干扰素、乙肝疫苗等都属于基因工程方法生产的药物。

三、简答题

1. 简要说出 DNA 复制的特点。

2. 归纳 DNA 复制和 RNA 转录的原料、模板、有无引物和参加的酶所执行的功能等。

3. 简要列出真核 mRNA 转录后加工的几个方面内容。

四、实例分析题

科学家将控制某药物蛋白合成的基因转移到白色来亨鸡胚胎细胞的 DNA 中,发育后的雌鸡就能产出含该药物蛋白的鸡蛋,在每一只鸡蛋的蛋清中都含有大量的药物蛋白,这些鸡蛋孵出的鸡,是否仍能产出含该药物蛋白的鸡蛋? 并说明原因。

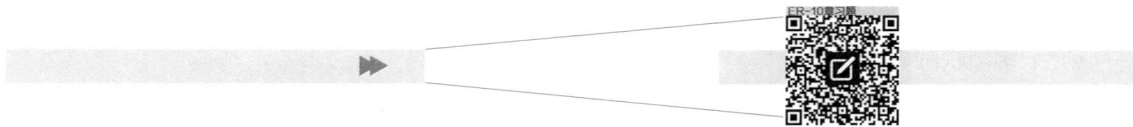

（宋　凯）

第十一章

蛋白质的生物合成

ER-11-1 PPT

导学情景

情景描述

从 1958 年开始,中国科学院上海生物化学研究所、中国科学院上海有机化学研究所和北京大学生物系三个单位联合,共同组成一个协作组,在前人对胰岛素结构和肽链合成方法研究的基础上,开始探索用化学方法合成胰岛素,于 1965 年成功合成结晶牛胰岛素。

学前导语

请同学们思考,为什么人工合成胰岛素会如此振奋人心? 下面我们就开始展开对体内蛋白质生物合成知识的学习。

在生物体内,以 20 种编码氨基酸为原料,mRNA 为模板,合成蛋白质的过程称为蛋白质的生物合成,又称翻译(translation)。翻译的实质是将 mRNA 分子上 4 种核苷酸编码的遗传信息解读为蛋白质一级结构中 20 种氨基酸的排列顺序。

扫一扫,知重点

体内多种组织和细胞都具有蛋白质合成能力,但最重要的器官是肝脏。血浆中的蛋白质,除了免疫球蛋白在浆细胞内合成外,其余均在肝内合成。蛋白质的合成是在基因的指引下,由复杂的蛋白质合成体系来完成的。

第一节 蛋白质生物合成体系

蛋白质生物合成体系包括:原料、模板、转运载体、特定装配场所、酶及蛋白因子、能量供给体等。

一、mRNA 与遗传密码

翻译概况   翻译的体系图   三种 RNA 与蛋白质合成   核糖体与 mR-NA

mRNA 含有遗传信息,是肽链合成的直接模板。在 mRNA 分子上,沿 5′→3′方向,从 AUG 开始,每三个相邻核苷酸构成的三联体,称为遗传密码或密码子(coden)。

$$5'\cdots\underbrace{AUG}\underbrace{GAC}\underbrace{UAC}\underbrace{GUA}\underbrace{GAU}\underbrace{GA}\cdots3'$$

（一）遗传密码的种类及含义

构成 RNA 的 4 种核苷酸任意排列组合可形成 64 种不同的三联体密码子,它们有不同的含义。其中 61 个密码子代表 20 种氨基酸;位于 mRNA 5'端的 AUG 除代表甲硫氨酸外,还可代表蛋白质生物合成的起始信号,称为起始密码;UAA、UGA 和 UAG 不编码任何氨基酸,是蛋白质生物合成的终止信号,称为终止密码。密码子的含义见表 11-1。

表 11-1　遗传密码表

第一个核苷酸（5′端）	第二个核苷酸				第三个核苷酸（3′端）
	U	C	A	G	
U	苯丙氨酸	丝氨酸	酪氨酸	半胱氨酸	U
	苯丙氨酸	丝氨酸	酪氨酸	半胱氨酸	C
	亮氨酸	丝氨酸	终止信号	终止信号	A
	亮氨酸	丝氨酸	终止信号	色氨酸	G
C	亮氨酸	脯氨酸	组氨酸	精氨酸	U
	亮氨酸	脯氨酸	组氨酸	精氨酸	C
	亮氨酸	脯氨酸	谷氨酰胺	精氨酸	A
	亮氨酸	脯氨酸	谷氨酰胺	精氨酸	G
A	异亮氨酸	苏氨酸	天冬酰胺	丝氨酸	U
	异亮氨酸	苏氨酸	天冬酰胺	丝氨酸	C
	异亮氨酸	苏氨酸	赖氨酸	精氨酸	A
	甲硫氨酸*	苏氨酸	赖氨酸	精氨酸	G
G	缬氨酸	丙氨酸	天冬氨酸	甘氨酸	U
	缬氨酸	丙氨酸	天冬氨酸	甘氨酸	C
	缬氨酸	丙氨酸	谷氨酸	甘氨酸	A
	缬氨酸	丙氨酸	谷氨酸	甘氨酸	G

* AUG 位于 mRNA 起始部位时是起始密码子,在真核生物体内编码甲硫氨酸,在原核生物中编码甲酰甲硫氨酸。

（二）遗传密码的特点

1. **方向性**　密码子的阅读方向是 5'→3'。从 mRNA 分子的 5'端 AUG 开始至 3'端终止密码之间的核苷酸序列,称为开放阅读框架（ORF）。蛋白质生物合成时,核糖体就是沿 mRNA 5'→3'移动并读码的。

2. **连续性**　遗传密码无间隔。从 5'端的起始密码 AUG 开始,每 3 个一组连续向 3'端读下去,直至出现终止密码为止,此特点称为连续性。如果 mRNA 分子上出现 1 或 2 个碱基的插入或缺失,此后的读码顺序就会完全改变,可能导致由其编码的氨基酸序列的变化,称为移码突变。

例如:正常 mRNA:5'…AUGC̲AGGUACGUAGAUGA…3'

由 AUG、CAG、GUA、CGU、AGA、UGA 等密码构成,编码的多肽链的氨基酸顺序为:蛋、谷酰、缬、精、精、终止密码。

缺失 A̲ 后:5'…AUGCGGUACGUAGAUGA…3'

则密码顺序变为:AUG,CGG,UAC,GUA,GAU……编码的多肽链的氨基酸顺序为:蛋、精、酪、缬、天冬。

3. **通用性** 这套密码系统对原核生物和真核生物均通用，称为密码的通用性，只有少数例外。例如动物细胞的线粒体内，AUA 编码甲硫氨酸兼做起始密码，AGA、AGG 为终止密码等。

4. **简并性** 同一个氨基酸具有两种或两种以上的密码子，称为密码的简并性。20 种氨基酸中，除色氨酸和甲硫氨酸仅有一个密码外，其余均有 2~6 个数目不等的遗传密码。编码同一氨基酸的多个密码子，其前两个核苷酸常相同，只有最后一个核苷酸存在差异。如编码精氨酸的共有 6 个密码子，其中 4 组 CGU、CGA、CGC、CGG 只有最后一个核苷酸不同，而另外两组密码 AGA 和 AGG 也是如此。如果突变发生在密码的最后一位，则其编码的氨基酸不会改变，这种突变称为同义突变。密码的简并性对于保持物种稳定具有重要意义。

5. **摆动性** 所谓摆动性是指 tRNA 分子上反密码的第 1 位碱基与 mRNA 分子上密码的第 3 位碱基在反向平行配对时，不是严格遵循碱基配对规律，但是其余两个碱基严格配对。例如，tRNA 反密码的第 1 位碱基为 I，则 mRNA 上密码第 3 位为 U、C 或 A 均可配对。常见的摆动配对关系如表 11-2 所示。

表 11-2　摆动配对

tRNA 反密码的第 1 位碱基	G		U		I		
mRNA 密码的第 3 位碱基	U	C	A	G	A	C	U

知识链接

遗传密码的破译

1954 年科普作家伽莫夫对破译密码首先提出了挑战，指出三个碱基编码一个氨基酸。 1961 年克里克等证明了关于遗传三联密码的推测。 1961 年美国生物化学家与遗传学家马歇尔·沃伦·尼伦伯格与他的学生马太建立和完善了大肠埃希菌的无细胞翻译系统，并在 1962 年破译出了第一个遗传密码 UUU，随即成功破译出前几个密码子。 1964 年，尼伦伯格又发明核糖体结合技术，在这一技术帮助之下，他得以完全破译遗传密码。 尼伦伯格因破解出遗传密码而获得 1968 年诺贝尔医学或生理学奖。

二、tRNA 与氨基酸活化及转运

tRNA 是转运氨基酸的工具。在蛋白质合成前，每种氨基酸需要与其特异的载体 tRNA 结合形成活化的氨基酸，才能被转运到核糖体进行蛋白质合成。氨基酸的活化反应式如下：

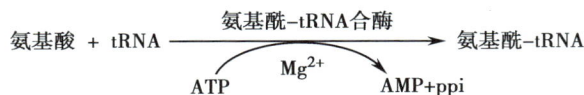

$$\text{氨基酸} + \text{tRNA} \xrightarrow[\text{ATP} \quad \text{Mg}^{2+} \quad \text{AMP+ppi}]{\text{氨基酰-tRNA合酶}} \text{氨基酰-tRNA}$$

上述反应在胞液中进行，由氨基酰-tRNA 合酶催化，ATP 供能，消耗 2 个高能键，最后使氨基酸的羧基与 tRNA 3'-末端羟基脱水缩合，形成氨基酸的活性形式——氨基酰-tRNA。

氨基酰-tRNA 合酶对底物氨基酸和 tRNA 的高度特异性，保证氨基酸与相应 tRNA 的结合，这是保证遗传信息准确编码蛋白质的关键步骤之一。

tRNA 反密码环最顶端 3 个相邻的核苷酸称为反密码子,可以识别 mRNA 上的遗传密码并与之反向互补配对。例如,tRNA 的反密码子为 UCG,可以识别并结合 mRNA 上的遗传密码 CGA,CGA 编码精氨酸,则该 tRNA 转运精氨酸,如图 11-1 所示。

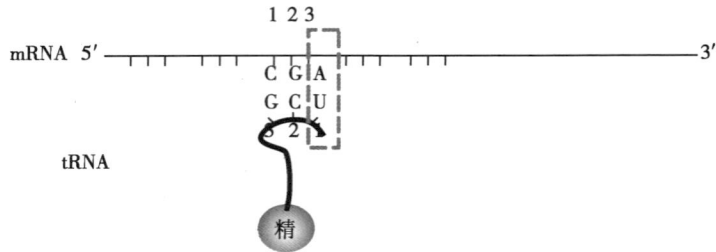

图 11-1　tRNA 携带相应氨基酸识别密码子

tRNA 可以通过反密码与 mRNA 上的密码配对,将其所携带的氨基酸"对号入座",按 mRNA 的密码编排顺序合成多肽链。

由于遗传密码的简并性决定了一种氨基酸可能有好几组不同的密码子,所以一种氨基酸可能和几种不同的 tRNA 特异结合而转运,但一种 tRNA 只能特异地转运某一种氨基酸。

三、rRNA 与核糖体

rRNA 分子与多种蛋白质共同组成核糖体(即核蛋白体),是蛋白质多肽链合成的场所,起"装配机"的作用。

核糖体模式图 1

原核生物和真核生物的核糖体均由大、小两个亚基构成。原核生物为 70S 的核糖体,由 30S 的小亚基和 50S 的大亚基构成;真核生物为 80S 的核糖体,由 40S 的小亚基和 60S 的大亚基共同组成。每个亚基均由 rRNA 及几十种蛋白质组合而成。原核及真核生物核糖体组成及结构模式图如图 11-2 所示。

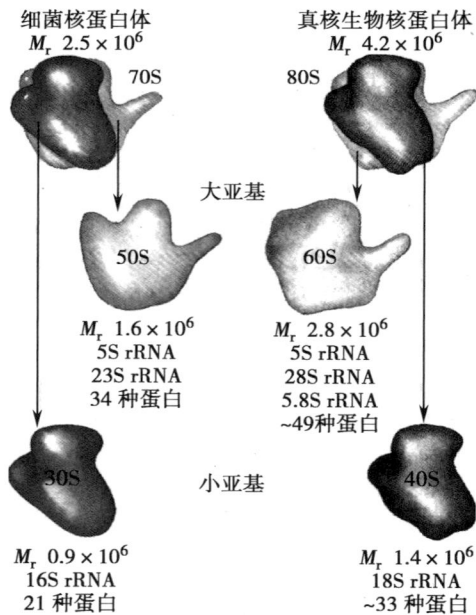

图 11-2　原核与真核生物核糖体组成与结构模式图

核糖体大、小亚基之间是 mRNA 的结合部位。原核生物核蛋白质体上有三个位点:P 位、A 位和 E 位。P 位又称给位或肽酰位,是肽酰 tRNA 结合的部位;A 位又称受位或氨基酰位,是结合氨基酰- tRNA 的部位;E 位即出位,是空载的 tRNA 脱落的部位。真核生物核糖体只有 P 位和 A 位,没有 E 位。翻译时原核生物核蛋白质体结构如图 11-3 所示。

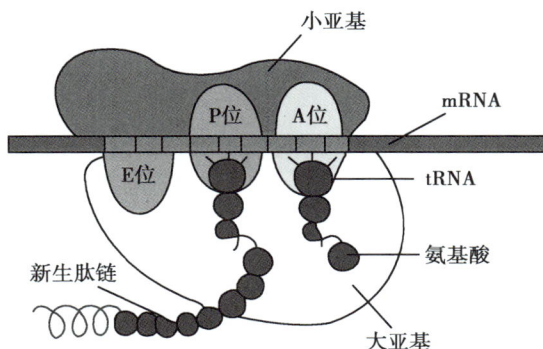

图 11-3　翻译时原核生物核糖体结构图

▶ 课堂活动

　　有些抗生素能结合 30S 的小亚基或 50S 的大亚基,从而抑制细菌蛋白质生物合成过程。 请问这些药物是否会妨碍人体细胞内蛋白质的生物合成过程?

四、酶类及蛋白质因子

(一)与蛋白质生物合成相关的酶

1. 氨基酰-tRNA 合酶　氨基酰-tRNA 合酶催化氨基酸的羧基与相应 tRNA 3′-末端的—OH 脱水形成氨基酰-tRNA。

2. 转肽酶　转肽酶即肽酰转移酶,是构成大亚基的某些 rRNA 所具有的活性,它不仅能催化核糖体 P 位上的氨基酰基或肽酰基向 A 位转移,还能催化该氨基酰基与 A 位上的氨基酸之间通过肽键相连。转肽酶的本质是核酶。

3. 转位酶　转位酶实际上是原核生物延长因子 EF-G(延长因子的一种)所具有的活性,可结合 GTP 并由其供能,使核糖体沿 mRNA 5′→3′方向移动相当于一组密码子的距离。

(二)蛋白质因子

　　无论原核生物还是真核生物蛋白质合成过程中均有多种蛋白质因子的参与,包括多种起始因子(initiation factor,IF)、延长因子(elongation factor,EF)和释放因子(releasing factor,RF),它们分别参与蛋白质生物合成的起始、延伸和终止等过程,有些还具有酶的活性。

　　另外,蛋白质生物合成还需要 Mg^{2+} 和 K^+ 的参与,ATP 和 GTP 作为供能物质。

点滴积累 ∨

1. 翻译的实质是将 mRNA 分子上 4 种核苷酸编码的遗传信息解读为蛋白质一级结构中 20 种氨基酸的排列顺序。

2. 蛋白质合成体系：三种 RNA、20 种编码氨基酸、三种酶、多种蛋白质因子及无机离子，还有 ATP 和 GTP 提供能量。

3. 遗传密码有 64 个，代表蛋白质合成的起始、终止信号及 20 种编码氨基酸。密码有方向性、连续性、简并性、通用性、摆动性等特点。

第二节　蛋白质生物合成过程

蛋白质的生物合成过程——翻译是一个连续的动态过程，分为三个阶段：①起始；②延长；③终止。通过此过程生成的是多肽链，需要经过一定的加工修饰后才能转变为有活性的蛋白质。现以原核生物为例介绍多肽链合成的基本过程。

一、翻译的起始——起始复合体的形成

翻译的起始阶段，在 Mg^{2+}、起始因子（IF_1、IF_2、IF_3）及 GTP 参与下，核糖体的大小亚基、mRNA 与甲酰甲硫氨酰-tRNA（fMet-tRNA^{fMet}）相互作用，形成起始复合体，如图 11-4 所示。

原核生物核
糖体各组分

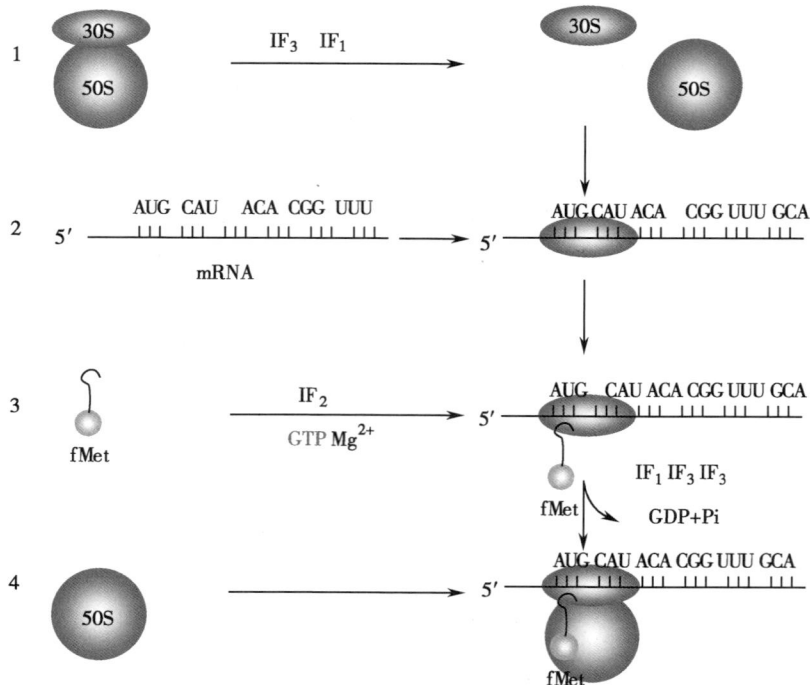

图 11-4　蛋白质合成中起始复合体的形成

此时,甲酰-甲硫氨酰 tRNA 结合于 P 位,A 位轮空。起始过程 GTP 转变为 GDP,消耗 1 个高能磷酸键。

真核生物翻译的起始与原核生物类似,只是起始因子更多更复杂,有 6 种之多;每种成分的结合顺序稍有不同。另外,真核生物翻译起始时,结合起始密码的是起始甲硫氨酰-tRNA(Met-tRNAi^{Met}),i 代表起始(initiator)。

ER-11-8

大、小亚基及 mRNA 的结合

二、肽链的延长——核糖体循环

肽链的延长是指起始复合物形成后,核糖体沿着 mRNA 分子 $5'→3'$ 移动,从 AUG 开始,将开放阅读框架编码区的信息翻译为多肽链中从 N→C 端氨基酸排列顺序的过程。此阶段由进位、成肽和转位三个连续的步骤循环进行,直至肽链合成终止,称核糖体循环或核蛋白体循环。

ER-11-9

多媒体动画
多肽链合成

(一)进位

进位也称为注册。氨基酰- tRNA 结合于 A 位上,该 tRNA 的反密码与 mRNA 分子上的密码识别并结合。此过程需要延长因子 EF-T 参与,GTP 水解生成 GDP 供能,消耗了 1 个高能磷酸键。

(二)成肽

在转肽酶的催化下,P 位上的氨基酰基或肽酰基转移到 A 位,与 A 位上氨基酰-tRNA 的氨基通过肽键相连,形成肽酰-tRNA。P 位留下的空载 tRNA,进入 E 位脱落。

真核生物的延长过程和原核生物基本相似,只是延长因子的种类不同。另外,由于真核生物核糖体没有 E 位,空载的 tRNA 直接从 P 位脱落。

(三)转位

转位也称移位,是指在转位酶的催化下,核糖体沿 mRNA $5'→3'$ 方向移动一组密码的距离。此过程需 EF-G、Mg^{2+} 和 GTP 的参与,GTP 水解生成 GDP,消耗 1 个高能磷酸键。转位结束,肽酰-tRNA 占据 P 位,A 位空出,以利于新的氨基酰-tRNA 进入 A 位,一次核糖体循环完成。

每循环一次,多肽链增加 1 个氨基酸残基,消耗 2 个 GTP。多次循环后,肽链由 N 端→C 端不断延长,直到终止密码出现。延长过程如图 11-5 所示。

三、肽链合成的终止

当核糖体移位至终止密码出现时,释放因子(RF_1,RF_2,RF_3)识别终止密码,并与核糖体结合,使 P 位上肽酰-tRNA 水解释放多肽链,再由 GTP 水解为 GDP 供能,使 mRNA、RF 和 tRNA 相继从核糖体上脱离,肽链合成终止,过程如图 11-6 所示。分离后的 mRNA 模板及各种蛋白质因子和其他组分都可被再利用。

ER-11-10

真核生物肽链合成终止与原核生物类似,只是原核生物有三种释放因子,在真核生物细胞内只发现一种释放因子。

翻译时核糖体与多肽链

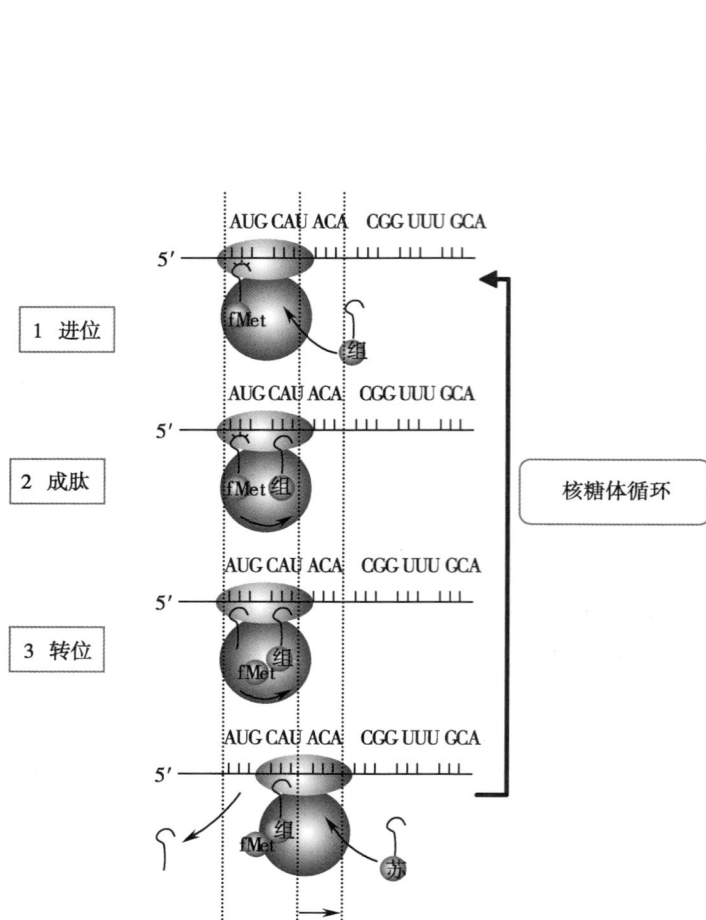

图 11-5 肽链的延长

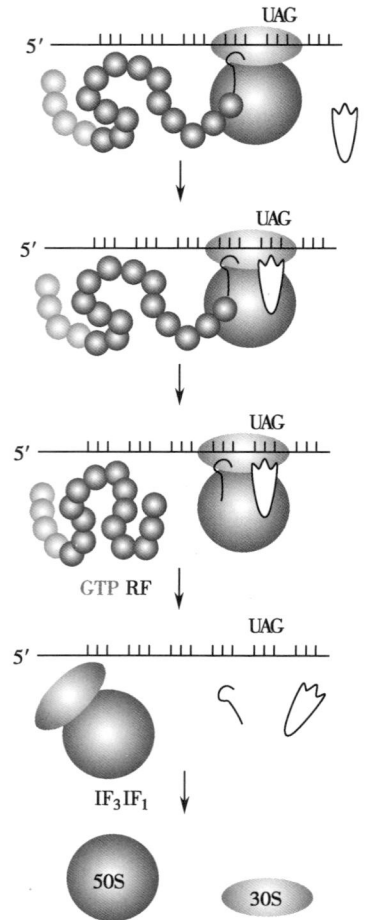

图 11-6 肽链合成的终止

▶▶ 课堂讨论

写出以下列 mRNA 为模板翻译得到的肽链。

5′…AUGCACGGUCGAGCAGUAGGGUAA…3′

无论原核细胞还是真核细胞,多肽链合成时常是多个(约 10～100 个)核糖体,先后与 mRNA 结合,并从起始密码开始沿 5′→3′方向读码移动,依次合成多条相同的多肽链,形成一条 mRNA 同时结合多个核糖体构成的聚合物,称为多聚核糖体或多聚核蛋白体,如图 11-7 所示。多聚核糖体的形成大大提高了蛋白质生物合成的效率。

真核生物核糖体及多聚核糖体

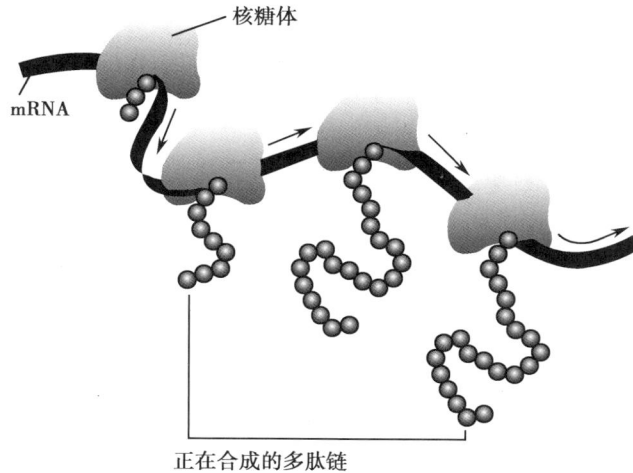

图 11-7　多聚核糖体结构

四、肽链合成后的加工修饰及靶向运输

翻译合成的多肽链必须正确折叠并经加工修饰后才能转变为有活性的蛋白质。蛋白质合成后还需要被输送到特定的部位才能发挥生物学功能。

（一）翻译后的加工修饰

目前所知的翻译后加工修饰主要包括以下几个方面：

1. **新生肽链的折叠**　新生肽链的 N 端在核糖体上一出现,肽链的折叠即开始,随着肽链的不断延长,逐步折叠成为天然的二级、三级结构。肽链的正确折叠除了由一级结构决定外,还需要分子伴侣的帮助才能形成正确的空间构象。分子伴侣是能帮助新生肽链折叠形成正确天然构象的一类蛋白质分子。

2. **去除 *N*-甲酰基或 *N*-甲硫氨酸**　新生肽链 N 端常为甲酰甲硫氨酸或甲硫氨酸,在肽链延伸过程中或合成后,可被细胞内的酶水解掉。

3. **个别氨基酸的修饰**　有些蛋白质内常出现共价修饰的氨基酸,如胶原蛋白前体中的羟脯氨酸、羟赖氨酸,是在多肽链合成后经羟化所形成的;不少酶的活性中心有磷酸化的丝氨酸、苏氨酸及酪氨酸,也是翻译后才经磷酸化形成的;多肽链内或链间二硫键的形成也属于个别氨基酸的修饰。

4. **多肽链的水解修饰**　有些多肽链需经水解后才有活性。例如,前胰岛素原(100 肽),先水解生成胰岛素原(86 肽),再水解掉 30 多个氨基酸残基构成的 C-肽后,才形成有活性的胰岛素。

5. **亚基的聚合**　寡聚蛋白常由多个亚基构成,每个亚基在折叠成三级结构后,通过非共价键缔合形成具有四级结构的蛋白质。

6. **辅基连接**　结合蛋白质的辅基也是翻译后加上去的。例如,血红蛋白 4 条多肽链各自与 1 分子血红素辅基结合后才形成有活性的血红蛋白。

（二）蛋白质合成后的靶向运输

所有靶向运输的蛋白质一级结构中都含有分选信号,可引导蛋白质运输到其靶部分。这些分选信号称作信号序列,可位于肽链的 N 端、C 端或中间区域。

转运到不同部位的蛋白质有不同的分选信号,运输方式也各不相同,下面简单列举几种定位不同的蛋白质的转运方式。

1. 分泌型蛋白质的转运　分泌到细胞外的蛋白质,其合成与转运是同时发生的。这类蛋白质的分选信号位于多肽链 N 端,常由十几个氨基酸残基构成,称为信号肽。信号肽合成后,被其识别颗粒(SRP)识别结合并引导多肽到内质网,多肽进入内质网内,在内质网内折叠成最终构象后,以"出芽"方式形成囊泡转移至高尔基复合体,在高尔基复合体被包装进分泌小泡转运至细胞膜,再分泌到细胞外。

2. 线粒体蛋白质的转运　定位于线粒体基质的蛋白质大部分由核基因组编码,在粗面内质网合成后,被转运到线粒体。这类蛋白质的多肽链 N 端有 20~35 个氨基酸残基的信号序列称为前导肽,通过信号识别结合到线粒体外膜,并在分子伴侣的帮助下进入线粒体基质并折叠成特定空间构象的功能蛋白质。

3. 其他蛋白质的靶向运输　定位于细胞核的蛋白质肽链内部有核定位序列,引导其由细胞质穿过核孔进入细胞核内;定位于内质网的蛋白质其肽链 C 端有滞留信号序列,使其合成后留在内质网;溶酶体蛋白有溶酶体靶向信号决定运输方向等。

点滴积累　∨

1. 多肽链合成过程分起始、延长、终止三个阶段。 延长阶段称核糖体循环,分为进位、成肽、转位三个循环进行的步骤, 每循环一次, 增加一个氨基酸残基, 消耗 2 个 GTP。
2. 多肽链合成后要经过一定的加工修饰才能变成有特定空间构象的活性蛋白质, 还必需在特定分选信号的帮助下运输到靶定部位才能发挥其生理学功能。

第三节　药物对蛋白质生物合成的影响

现在很多临床应用的药物是通过阻断病原微生物蛋白质合成的某个环节,引起其生长、繁殖障碍,发挥药理作用的。应用比较广泛的有抗生素、干扰素等,有些毒素能阻断真核生物蛋白质生物合成过程。

一、抗生素

抗生素是微生物在代谢过程中产生的,在低浓度下就能抑制其他种微生物生长甚至杀死他种微生物的化学物质。目前发现的抑制蛋白质生物合成的抗生素有多种,它们可分别抑制蛋白质合成的起始、进位、转肽及转位等各个环节,妨碍细菌的生长和繁殖。

四环素类药物,如金霉素等能与原核生物核糖体小亚基结合,阻止氨基酰-tRNA 进位。链霉素等能与原核生物核糖体小亚基结合,使其构象改变,引起读码错误,导致合成异常蛋白质。氯霉素等能与原核生物大亚基结合,抑制转肽酶的活性,从而阻止肽链延长。红霉素能作用于原核生物大亚基,抑制转位酶,妨碍转位,使肽链延长中断。

嘌呤霉素为氨基酰-tRNA 类似物,可进入 A 位,并在肽链延长过程中使形成的肽酰嘌呤霉素易从核糖体脱落,中断肽链合成。但它对真核和原核生物的蛋白质合成均有作用,在临床上不作为抗生素,适用于肿瘤治疗。

> **临床应用**
>
> 　　红霉素为大环内酯类抗生素,作用机制主要是与核糖核蛋白体的 50S 亚基相结合,抑制转位酶,影响核糖核蛋白体的移位过程,妨碍肽链增长,从而抑制细菌蛋白质的合成。 红霉素抗菌谱和青霉素相似,主要是对革兰阳性菌如金黄色葡萄球菌、溶血性链球菌、肺炎球菌、白喉杆菌、炭疽杆菌及梭形芽胞杆菌等,均有强大抗菌作用;对革兰阴性菌如脑膜炎双球菌、淋球菌、百日咳杆菌、流感杆菌、布氏杆菌、部分痢疾杆菌及大肠埃希菌等也有一定作用。

二、干扰素

干扰素是真核细胞被病毒感染后分泌的一类具有抗病毒作用的蛋白质。它从两个方面抑制病毒蛋白质的合成过程。一方面干扰素能通过一系列酶促反应使真核宿主细胞内蛋白质合成过程中所需的起始因子(eIF-Ⅱ)失活,从而抑制病毒蛋白质的合成;另一方面,干扰素能间接活化核酸内切酶 RNaseL,RNaseL 可水解病毒 mRNA,从而阻断病毒蛋白质合成。除此之外,干扰素还具有调节细胞生长分化、激活免疫系统等作用。基于以上原因,干扰素也是继胰岛素之后较早获批在临床广泛使用的基因工程药物。

三、毒素

有些毒素可通过干扰真核生物蛋白质合成过程而对其产生毒性作用。白喉毒素能使真核生物蛋白质合成延长阶段的延长因子失活,影响肽链延长使蛋白质合成中止。蓖麻毒素可作用于真核生物核糖体大亚基,阻碍其蛋白质合成。

点滴积累 ∨

　　抗生素、干扰素、某些毒素能分别从蛋白质生物合成的起始、延长阶段抑制细菌和病毒及真核生物蛋白质生物合成而产生药理或毒理作用。

复习导图

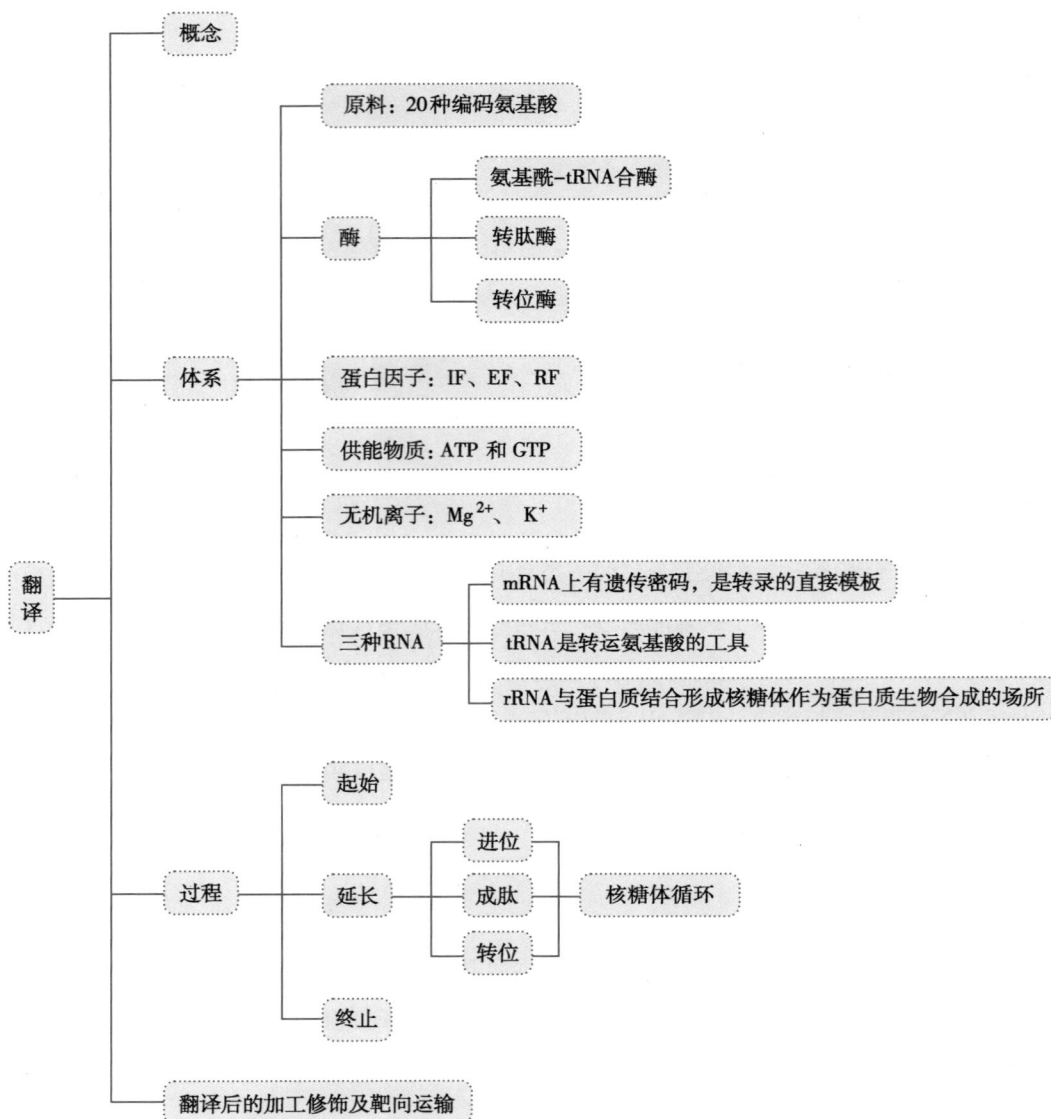

目标检测

一、选择题

（一）单项选择题

1. 蛋白质生物合成过程中除 ATP 外，还需要（ ）作为供能体

    A. CTP   B. ADP   C. GTP   D. UTP

2. 多肽链的合成过程称为（ ）

    A. 三羧酸循环   B. 核蛋白体循环

    C. 乳酸循环   D. 嘌呤核苷酸循环

3. 以 mRNA 为模板合成蛋白质的过程是（ ）

A. 复制 B. 转录 C. 翻译 D. 逆转录

4. 遗传密码共有( )

 A. 3 种   B. 20 种   C. 61 种   D. 64 种

5. 作为氨基酸转运工具的是( )

 A. mRNA   B. tRNA   C. rRNA   D. DNA

6. 起始密码是( )

 A. GUA   B. AUG   C. UAA   D. UAG

7. 能识别 mRNA 分子上的密码 UAC 的反密码是( )

 A. AUG   B. CAU   C. UGC   D. GUA

8. rRNA 的主要功能是( )

 A. 作为蛋白质生物合成直接模板

 B. 转运氨基酸的工具

 C. 参与构成核糖体,作为蛋白质生物合成的场所

 D. 遗传信息的载体

9. 每新生成一个肽键所消耗的高能键的个数为( )

 A. 1   B. 2   C. 3   D. 4

10. 蛋白质合成后的加工修饰不包括( )

 A. 肽键的形成   B. 亚基的聚合

 C. 辅基的连接   D. 新生肽链的折叠

（二）多项选择题

1. 参与蛋白质生物合成的物质有( )

 A. DNA   B. mRNA   C. tRNA

 D. 氨基酸   E. GTP

2. 遗传密码具有的特点有( )

 A. 方向性   B. 间断性   C. 无序性

 D. 简并性   E. 通用性

3. 下列是终止密码的有( )

 A. AUG   B. UAG   C. UGA

 D. CAU   E. UAA

4. 参与翻译的酶包括( )

 A. 转氨酶   B. 转肽酶   C. 转位酶

 D. 氨基酰-tRNA 合酶   E. 端粒酶

5. 肽链延长的三步依次为( )

 A. 进位   B. 脱氢   C. 成肽

 D. 硫解   E. 转位

二、判断改错题

1. 翻译合成的就是有活性的蛋白质。

2. 成肽是由转位酶催化的。

3. 蛋白质生物合成仅需 ATP 供能。

4. 翻译的过程为嘌呤核苷酸循环。

5. AUG 只代表甲硫氨酸。

三、简答题

1. 简述蛋白质生物合成体系都包含哪些物质。

2. 什么是多聚核糖体?

3. 三种 RNA 在蛋白质生物合成中各有何作用?

（晁相蓉）

第十二章

物质代谢的联系与调节

ER-12章PPT

导学情景 ∨ ··

情景描述

为了探讨大学生饮食行为与肥胖的关系，有人随机对某医科大学 400 名在校学生进行问卷调查和数理统计，发现肥胖大学生的饮食量、饮食习惯与肥胖发病率有着显著关系。肥胖的大学生除饮食量大之外，多数还比较喜欢汉堡、薯条、甜品、饮料等。

学前导语

体内各种营养物质的代谢是相互联系的，并可以相互转变，构成统一的整体。当摄入的糖及蛋白质超过体内能量消耗时，就可以转变为脂肪，导致甘油三酯升高，从而使人肥胖。本章我们将带领同学们学习糖、脂、蛋白质代谢之间的相互联系。

第一节　代谢途径间的联系

一、物质代谢的特点

物质代谢是生命的本质特征，是生命活动的物质基础。物质代谢包括合成代谢与分解代谢。生物体通过物质代谢实现与外界环境的物质交换、自我更新以及内环境相对稳定。体内不同的细胞既有共同的代谢途径，又有其自身特殊的结构、代谢与功能。体内物质代谢具有以下特点。

ER-12-1
扫一扫，知重点

（一）物质代谢的整体性

人体摄取的食物，均同时含有蛋白质、脂类、糖类、水、无机盐及维生素等，因此从消化吸收起一直到中间代谢、排泄，各种物质代谢都不是孤立存在、单独进行的，而是同时进行，彼此相互联系、相互转变、相互依存，构成了一个统一的整体。例如，糖类、脂类在体内分解代谢释放的能量可用于核酸、蛋白质等的生物合成，合成的酶蛋白作为生物催化剂还可以促进体内各种物质代谢的迅速进行。蛋白质在一定条件下也可以通过代谢释放能量，而蛋白质和脂类代谢程度取决于糖代谢进行的程度。当糖类和脂类供能不足时，蛋白质的分解就增强，而当糖代谢旺盛时，又可减少脂类的消耗。

（二）物质代谢的可调节性

正常情况下，机体各种物质代谢能适应内外环境不断的变化，有条不紊地进行。这是由于机体存在精细的调节机制，不断调节各种物质代谢的强度、方向和速度以适应内外环境的变化。代谢调节普遍存在于生物界，是生物的重要特征。

（三）物质代谢的组织特异性

由于各组织、器官的结构不同,所含有酶系的种类和含量各不相同,因而代谢途径及功能各异,各具特色。例如肝在糖、脂和蛋白质代谢上具有特殊的重要作用,是人体物质代谢的枢纽。脂肪组织的功能是储存和动员脂肪,含有脂蛋白、脂肪酶及特有的激素敏感甘油三酯脂肪酶(HSL)。而脑组织及红细胞因为不储存糖原,以葡萄糖作为唯一能源。

机体各组织、器官的代谢各具特色

（四）物质代谢途径的多样性

体内的物质代谢通常以由多个酶促反应组成的代谢途径进行,代谢途径包括直线反应、分支反应及循环反应等。

1. 直线反应　直线反应是指从起始物到终产物的整个反应过程中无代谢支路,如 DNA 的生物合成。

2. 分支反应　分支反应是指代谢物可通过某个共同中间产物进行代谢,产生两种或多种产物。如在细胞液中,由葡萄糖代谢产生丙酮酸,后者在无氧时被还原生成乳酸,在有氧时进入线粒体氧化脱羧生成乙酰 CoA,然后进入三羧酸循环彻底氧化分解生成 CO_2、H_2O 并释放能量;丙酮酸也可经转氨基作用生成丙氨酸,还可羧化成草酰乙酸。

3. 循环反应　循环反应的中间产物可反复生成,反复利用,使机体能经济高效地进行代谢变化,且循环反应可以从任一中间物起始或者终止,从而提高代谢变化的灵活性。如三羧酸循环、鸟氨酸循环等。

（五）各种代谢物均具有共同的代谢池

无论是体外摄入的营养物质或体内各组织的代谢物,只要是同一化学结构的物质,在进行中间代谢时就会不分彼此,参与到共同的代谢池中进行代谢。以血糖为例,无论是外源性食物中消化吸收的糖,肝糖原分解产生的葡萄糖,还是非糖物质通过糖异生转化生成的糖,都形成共同的血糖池,并通过有氧氧化或无氧酵解,释放能量供机体利用。

（六）ATP 是机体能量储存和利用的共同形式

糖、脂及蛋白质在体内分解释放出的能量,均储存在 ATP 的高能磷酸键中。生命活动如生长、发育、繁殖、运动等所涉及的蛋白质、核酸、多糖等生物大分子的合成,肌收缩,神经冲动的传导,以及细胞渗透压及形态的维持均直接利用 ATP。

物质代谢的研究方法

二、物质代谢的相互关系

（一）物质在能量代谢上的相互联系

糖、脂、蛋白质都可以在体内氧化供能。虽然它们在体内氧化分解的代谢途径各不相同,但乙酰 CoA 是共同的中间代谢物,三羧酸循环和氧化磷酸化是糖、脂、蛋白质最终彻底氧化分解的共同代谢途径。在能量供应上,三大营养素可以相互代替,并相互制约。一般情况下,糖是机体的主要供能物质,脂肪是机体储能的主要形式,而蛋白质是组成细胞的重要物质,通常并无多余的储存。由于糖、脂、蛋白质分解代谢有共同的通路,所以任何一种供能物质的代谢占优势,常能抑制和节约其他供能物质的降解。

（二）糖、脂、蛋白质和核酸代谢的相互联系

体内糖、脂、蛋白质和核酸等的代谢不是彼此独立，而是相互关联的。它们通过共同的中间代谢物即两种代谢途径汇合时的中间产物（如丙酮酸、乙酰辅酶 A 等）相互转变。当一种物质代谢障碍时可引起其他物质代谢的紊乱，如糖尿病时糖代谢的障碍可引起脂代谢、蛋白质代谢甚至水盐代谢的紊乱。糖代谢进行的程度决定了蛋白质和脂类代谢进行的程度。当糖和脂类不足时，蛋白质的分解就增强，当糖多时又可减少脂类的消耗。同时体内存在一系列的代谢调节机制，因而使各个代谢反应成为完整而统一的过程。

1. **糖代谢与脂代谢的相互联系**　当摄入的糖量超过体内能量消耗时，除合成少量糖原储存在肝及肌肉组织外，生成的柠檬酸及 ATP 可变构激活乙酰 CoA 羧化酶，使由糖代谢产生的乙酰 CoA 得以羧化成丙二酰 CoA，进而合成脂酸及脂肪，即糖可以转变为脂肪。这就是摄取不含脂肪的高糖膳食可使人肥胖及甘油三酯升高的原因。而脂肪绝大部分不能在体内转变为糖，这是因为脂酸分解生成的乙酰辅酶 A 不能转变为丙酮酸。

饥饿性酮症

尽管脂酸的分解产物之一甘油可以在肝、肾、肠等组织中异生为糖，但其量和脂肪中大量分解生成的乙酰辅酶 A 相比是微不足道的。此外，脂肪分解代谢的强度及顺利进行依赖于糖代谢的正常进行。当饥饿或糖供给不足或代谢障碍时，引起脂肪大量动员，导致脂酸进入肝 β-氧化生成酮体量增加，由于糖的不足，致使草酰乙酸相对不足，由脂酸分解生成的过量酮体不能及时通过三羧酸循环氧化，造成血酮体升高，产生高酮血症。

2. **糖与氨基酸代谢的相互联系**　体内蛋白质中的 20 种氨基酸，除生酮氨基酸（亮氨酸、赖氨酸）外，都可通过脱氨作用，生成相应的 α-酮酸。这些 α-酮酸可通过三羧酸循环及生物氧化生成 CO_2 和 H_2O 并释放出能量，也可转变成某些中间代谢物如丙酮酸，循糖异生途径转变为糖。同时糖代谢的一些中间产物也可氨基化成非必需氨基酸。由此可见，20 种氨基酸除亮氨酸及赖氨酸外均可转变为糖，而糖代谢中间产物仅能在体内转变成 12 种非必需氨基酸，其余 8 种必需氨基酸必须从食物摄取。因此食物中的蛋白质不能为糖、脂类所替代，而蛋白质却能替代糖和脂肪供能。

3. **脂类与氨基酸代谢的相互联系**　无论生糖、生酮氨基酸还是生糖兼生酮氨基酸分解后均生成乙酰辅酶 A，后者经还原缩合反应可合成脂酸进而合成脂肪，即蛋白质可以转变为脂肪。乙酰辅酶 A 也可合成胆固醇以满足机体的需要。此外，氨基酸也可作为合成磷脂的原料，如丝氨酸脱羧可变为胆胺，胆胺经甲基化可变为胆碱。丝氨酸、胆胺及胆碱分别是合成丝氨酸磷脂、脑磷脂及卵磷脂的原料。但脂类不能转变为非必需氨基酸，仅脂肪的甘油可通过生成磷酸甘油醛，循糖酵解途径逆行反应生成糖，转变为某些非必需氨基酸。但由于脂肪分子中甘油所占比例较少，所以氨基酸的实际生成量非常有限，不能代替食物蛋白质。

4. **核酸与糖、氨基酸代谢的相互关系**　氨基酸是合成核酸的重要原料，如嘌呤的合成需甘氨酸、天冬氨酸、谷氨酰胺及一碳单位为原料，嘧啶的合成需天冬氨酸、谷氨酰胺及一碳单位为原料。合成核苷酸所需的磷酸核糖由磷酸戊糖途径提供。此外，蛋白质合成的全过程几乎都需要核酸的参与，而核酸的生物合成又需要许多蛋白质因子的参与。

糖、脂肪、蛋白质代谢途径间的相互关系见图 12-1。

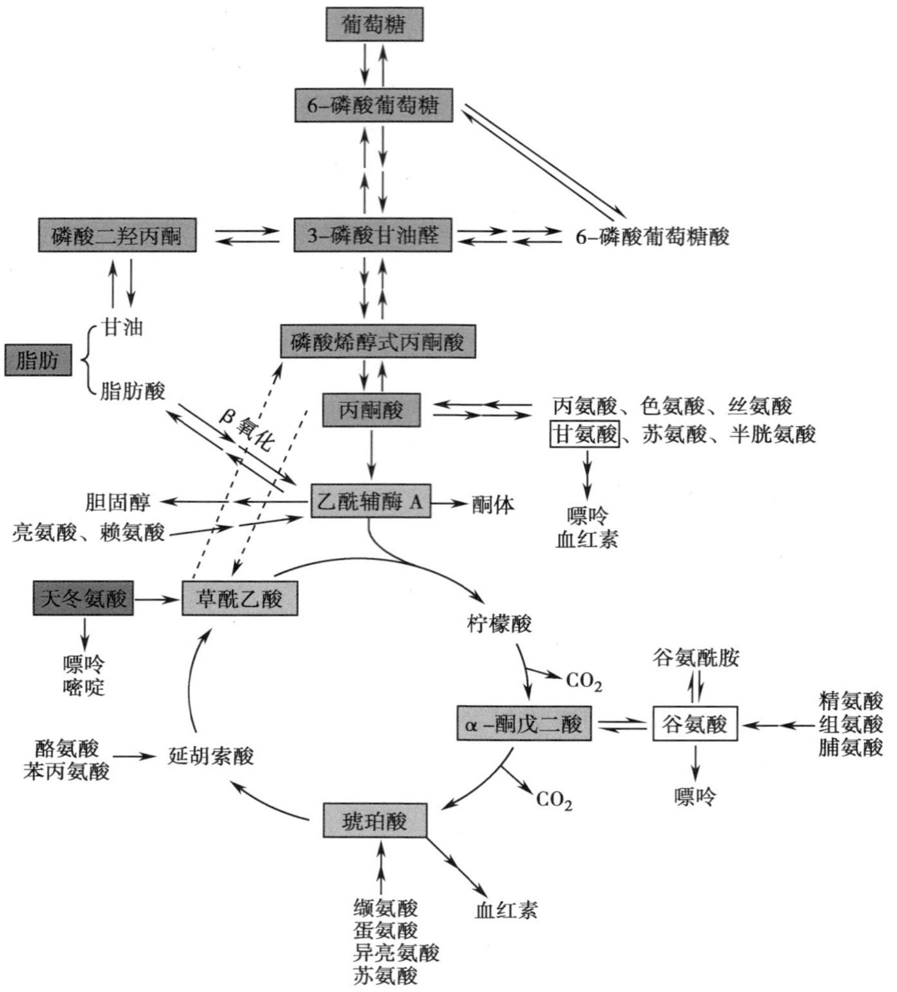

葡萄糖

6-磷酸葡萄糖

磷酸二羟丙酮　　3-磷酸甘油醛　　6-磷酸葡萄糖酸

甘油
脂肪
脂肪酸

磷酸烯醇式丙酮酸

丙酮酸　　丙氨酸、色氨酸、丝氨酸
甘氨酸、苏氨酸、半胱氨酸

嘌呤
血红素

β氧化

胆固醇
亮氨酸、赖氨酸　　乙酰辅酶 A　　酮体

天冬氨酸　　草酰乙酸　　柠檬酸

嘌呤
嘧啶

谷氨酰胺

精氨酸
组氨酸
脯氨酸

α-酮戊二酸　　谷氨酸

CO_2

嘌呤

酪氨酸
苯丙氨酸　　延胡索酸

琥珀酸

CO_2

缬氨酸
蛋氨酸
异亮氨酸
苏氨酸　　血红素

图 12-1　糖、脂肪、蛋白质代谢途径间的相互联系

点滴积累 ∨

1. 物质代谢的定义、特点。
2. 糖、脂、氨基酸、核苷酸代谢之间的相互联系。

第二节　物质代谢的调节控制

代谢调节是生物的重要特征,也是生物进化过程中逐步形成的一种适应能力,进化程度越高的生物其代谢调节方式越复杂。机体内各种物质代谢及代谢途径之所以能够井然有序、相互联系、相互协调地进行,来适应机体内外环境的不断变化,保持内环境的相对恒定,是因为受机体内一套精细的调节机制的调节。

高等动物的代谢调节可分三级水平,即细胞水平代谢调节、激素水平代谢调节和以中枢神经为主导的整体水平代谢调节。细胞水平代谢调节是基础,激素及神经对代谢的调节是通过细胞水平代谢调节实现的。

一、细胞水平的代谢调节

细胞水平代谢调节包括细胞内酶的隔离分布、酶活力调节和酶含量的调节。

（一）细胞内酶的隔离分布

代谢途径有关酶类常常组成酶体系,分布于细胞的某一区域或亚细胞结构中。例如:糖酵解酶系、糖原合成及分解酶系、脂酸合成酶系均存在于胞液中,三羧酸循环酶系、脂酸 β-氧化酶系则分布于线粒体,而核酸合成酶系绝大部分集中于细胞核内(表 12-1)。

表 12-1　某些代谢途径多酶体系在细胞内的分布

代谢途径	分布	代谢途径	分布
糖酵解	胞液	尿素合成	线粒体及胞液
糖原合成	胞液	血红素合成	线粒体及胞液
脂肪酸合成	胞液	蛋白质合成	内质网、胞液
三羧酸循环	线粒体	氧化磷酸化	线粒体
磷酸戊糖途径	胞液	脂肪酸氧化	线粒体
核酸合成	细胞核（主要）	水解酶	溶酶体
胆固醇合成	内质网、胞液		

酶在细胞内隔离分布,使有关代谢途径分别在细胞的不同区域内进行,这样不致使各种代谢途径互相干扰,同时有利于调节因素对不同代谢途径的特异调节。

（二）酶活力的调节

酶活力的调节是通过改变酶的分子结构,从而改变其活性来调节酶促反应的速度。分为变构调节和化学修饰调节两种。

1. 变构调节

(1)变构调节的定义:变构调节实质是一系列酶催化的化学反应,其速度和方向是由其中一个或几个具有调节作用的关键酶的活性所决定的。关键酶所催化的反应具有以下特点:它催化的反应速度慢,因此又称为限速酶(limiting velocity enzymes),它的活性决定整个代谢途径的总速度;这类酶催化单向反应或非平衡反应,因此它的活性决定整个代谢途径的方向;这类酶活性除受底物控制外,还受多种代谢物或效应剂的调节。见表 12-2 某些重要代谢途径的关键酶。

表 12-2　某些重要代谢途径的关键酶

代谢途径	关键酶	代谢途径	关键酶
糖有氧氧化 （第 2、3 阶段）	丙酮酸脱氢酶复合体 柠檬酸合酶 异柠檬酸脱氢酶 α-酮戊二酸脱氢酶复合体	糖异生	丙酮酸羧化酶 磷酸烯醇式丙酮酸羧激酶 果糖-1,6-二磷酸酶 葡萄糖-6-磷酸酶
糖原合成	糖原合酶	脂酸合成	乙酰辅酶 A 羧化酶
糖原降解	糖原磷酸化酶	胆固醇合成	HMG 辅酶 A 还原酶
糖酵解	己糖激酶 磷酸果糖激酶 丙酮酸激酶		

变构调节(allosteric regulation)也称别构调节,是指内源性、外源性小分子化合物与酶蛋白分子

活性中心以外的某一部位特异结合,引起酶蛋白分子构象变化,从而改变酶活性。被调节的酶称为变构酶或别构酶,使酶发生变构效应的物质,称为变构效应剂,能引起酶活性增加的为变构激活剂,引起酶活性降低的则为变构抑制剂。代谢途径中的关键酶大多是变构酶。

（2）变构调节的机制:变构酶通常是由两个以上亚基组成的具有一定构象的四级结构的聚合体。在变构酶分子中有的亚基能与底物结合,起催化作用,称为催化亚基;有的亚基能与变构效应剂结合而起调节作用,称为调节亚基。变构效应剂通过非共价键与调节亚基结合,引起酶的构象改变,从而影响酶与底物的结合,使酶的活性受到抑制或激活。有的变构效应剂与底物均结合在同一亚基上,只是结合的部位不同。

变构效应物可以是酶的底物,也可以是酶体系的终产物或其他小分子代谢物。它们在细胞内的浓度改变能灵活地反映代谢途径的强度和能量供求情况,并使关键酶构象改变影响酶活性,从而调节代谢的强度、方向以及细胞能量的供需平衡。变构调节的生理意义为:既可以使代谢物的生成不致过多,还可使能量得以有效利用。

2. 酶的化学修饰

（1）酶的化学修饰的定义:酶蛋白肽链上某些氨基酸残基在酶的催化下发生可逆的共价修饰,从而引起酶活性改变,这种调节称为酶的化学修饰(chemical modification),又称共价修饰调节。酶的化学修饰主要有磷酸化与脱磷酸化,乙酰化与脱乙酰化,甲基化与脱甲基化,腺苷化与脱腺苷化及SH 与—S—S—互变等方式,其中以磷酸化与脱磷酸化最为重要。

酶的化学修饰是快速调节的另一种重要方式。酶蛋白分子中丝氨酸、苏氨酸及酪氨酸的羟基是磷酸化修饰的位点。酶蛋白的磷酸化是在蛋白激酶的催化下,由ATP 提供磷酸基及能量完成的,而脱磷酸化则是由磷蛋白磷酸酶催化的水解反应。酶的磷酸化与脱磷酸化反应是不可逆的,分别由蛋白激酶及磷蛋白磷酸酶催化完成。

（2）酶的化学修饰特点:这类酶的绝大多数具有无活性(或低活性)和有活性(或高活性)两种形式。这两种形式,通过酶促化学修饰互相转变,且它们互变的正逆两向反应由不同的酶催化。酶的化学修饰是由酶催化引起的共价键的变化,发生迅速,且有多级酶促级联,故有放大效应,催化效率常较变构调节高。磷酸化与脱磷酸化是最常见的酶的化学修饰反应,消耗能量。肾上腺素或胰高血糖素对磷酸化酶的作用就是通过酶蛋白的修饰和变构使反应逐渐放大的。

变构调节与化学修饰调节只是调节酶活性的两种不同方式,而对某一具体酶而言,它可同时受这两种方式的调节,两者相辅相成,对细胞水平代谢调节的顺利进行及内环境的稳定具有重要意义。如磷酸化酶 b 既可受 AMP 及 Pi 的变构激活和 ATP 与 cAMP 的变构抑制,又可通过磷酸化酶 b 激酶的磷酸化共价修饰而被激活,或受磷蛋白磷酸酶的脱磷酸作用而失活。变构调节是细胞的一种基本调节机制,然而当效应剂浓度过低,不足以与酶分子全部调节亚基或部位结合时,就不能使所有酶发挥作用,故难以应急。当在应急情况下,少量激素的释放,即可通过一系列级联酶促化学修饰反应,迅速引起关键酶活性的级联放大及生理效应,以适应应激的需要。

（三）酶含量的调节

除通过改变酶的活性外,还可以通过改变酶的合成或降解以调节细胞内酶的含量,从而调节代谢的速度和强度。由于酶的合成或降解所需时间较长,消耗 ATP 量较多,通常要数小时甚至数日,属迟缓调节。

1. 酶蛋白合成的诱导与阻遏　酶的底物、产物、激素或药物均可以影响酶的合成。一般加速酶合成的化合物称为酶的诱导剂(inducer),减少酶合成的化合物称为酶的阻遏剂(repressor)。诱导剂和阻遏剂在酶蛋白生物合成的转录或翻译中发挥作用,以影响转录。底物、激素和药物可诱导酶的合成,而产物可阻遏酶的合成。例如,体内胆固醇可抑制肝细胞 β-羟-β-甲戊二酸单酰辅酶 A(HMG-CoA)还原酶的合成,可反馈抑制肝胆固醇的生物合成,使肝内胆固醇合成减少。

2. 酶蛋白降解　改变酶蛋白分子的降解速度也能调节细胞内酶的含量。细胞溶酶体蛋白水解酶影响酶蛋白的降解。此外,细胞内由多种水解酶组成的蛋白酶体可降解与泛素结合的蛋白酶。泛素诱导细胞周期蛋白的降解在细胞周期的调节中起重要作用。

二、激素与代谢调控

激素水平的代谢调节是通过激素的代谢信号来调节物质代谢,也是高等动物体内代谢调节的重要方式。不同激素作用于不同组织产生不同的生物效应表现出较高的组织特异性和效应特异性,这是激素作用的一个重要特点。激素之所以能对特定的组织或细胞发挥作用,是由于组织或细胞存在有特异识别和结合相应激素的受体(receptor)。当激素与靶细胞受体结合后,能将激素的信号跨膜(细胞膜)传入细胞内,转化为一系列细胞内的化学反应,最终表现出激素的生物学效应。

案例分析

案例

2013 年 8 月,科学家报道称, 2011 年 3 月日本大地震后数月出生的男孩比女孩数量要少得多。 靠近震中地区出生的婴儿更可能是女孩,而较远省市出生的婴儿则无性别差异。 最受损地区出生的男孩比预期的少了 2.2%。

分析

人绒毛膜促性腺激素是由胎盘的滋养层细胞分泌的一种糖蛋白,由 α 和 β 二聚体的糖蛋白组成。 研究表明, 压力情况下,胎儿会产生一种名为人绒毛膜促性腺激素的激素,它会伪装逃过母亲的免疫系统。 较弱的男性胎儿制造的人体绒毛膜促性腺激素较少,这意味着他们被攻击的风险更大。 所以,男孩的数量少于女孩。

知识链接

肾上腺素的作用

肾上腺素(adrenaline,epinephrine, AD)是肾上腺髓质的主要激素,它能使心肌收缩力加强、兴奋性增高,传导加速,心排血量增多。 对全身各部分血管的作用,不仅有作用强弱的不同,而且还有收缩或舒张的不同。 对皮肤、黏膜和内脏(如肾脏)的血管呈现收缩作用;对冠状动脉和骨骼肌血管呈现扩张作用等。 肾上腺素还可松弛支气管平滑肌及解除支气管平滑肌痉挛。 利用其兴奋心脏、收缩血管及松弛支气管平滑肌等作用,可以缓解心跳微弱、血压下降、呼吸困难等症状。

按激素受体在细胞的部位不同,可将激素分为两大类:

1. 膜受体激素　膜受体是存在于细胞表面质膜上的跨膜糖蛋白,膜受体激素包括胰岛素、生长激素、促性腺激素、促甲状腺激素、甲状旁腺素等蛋白质类激素,生长因子等肽类及肾上腺素等儿茶酚胺类激素。这些亲水的激素难以越过脂双层构成的细胞质膜。这类激素作为第一信使分子与相应的膜受体结合后,通过跨膜传递将所携带的信息传递到细胞内。然后通过第二信使将信号逐级放大,产生生物效应。

2. 胞内受体激素　胞内受体激素包括类固醇激素,前列腺素、甲状腺素、$1,25(OH)_2$-维生素 D_3 及视黄酸等脂溶性激素。这些激素可透过脂双层细胞质膜进入细胞。大部分受体与位于细胞核内的受体结合,有的激素与胞液中受体结合后再进入核内,引起受体构象改变,然后与 DNA 的特定序列即激素反应元件(hormone response element,HRE)结合,调节相应的基因转录,进而影响蛋白质的合成,从而对细胞代谢进行调节。

知识链接

甲状腺激素作用机制

甲状腺激素主要以结合形式在血中运输,运输载体为甲状腺素结合球蛋白。甲状腺激素主要通过甲状腺激素受体起作用。甲状腺激素受体(TR)位于细胞核内,可以与甲状腺激素结合后形成同二聚体;也可以与靶基因的甲状腺激素受体反应原件(TRE)结合,同时结合维甲酸 X 受体(RXR),形成异二聚体,促进基因表达,产生生物学效应,包括调节细胞代谢、促进生长发育。

三、整体水平的调节

当内外环境发生变化时,机体通过神经系统及神经体液对代谢进行调节。以饥饿及应激时调节最为常见。

(一)饥饿

1. 短期饥饿　一周以内的饥饿为短期饥饿。在不能进食 1~3 天后,肝糖原显著减少,血糖趋于降低,引起胰岛素分泌减少和胰高血糖素分泌增加,这两种激素的增减可引起一系列的代谢改变。

(1)脂肪动员加强,酮体生成增多:糖原耗尽后,机体逐渐从糖氧化供能为主转变为脂肪氧化供能为主。大部分组织细胞对葡萄糖的摄取利用减少,对脂肪动员释放的脂肪酸及脂肪酸分解的中间代谢物——酮体摄取利用增加。此时脂肪酸和酮体成为心肌、骨骼肌和肾皮质的重要能源,一部分酮体可被大脑利用。饥饿初期大脑仍以葡萄糖为主要能源,但脑对葡萄糖的利用亦有所减少。

(2)糖异生作用增强:饥饿两天后,肝糖异生明显增强,糖异生主要在肝脏,小部分在肾皮质。此时肝糖异生速度约为 150g 葡萄糖/天,其中 30%的葡萄糖来自乳酸,10%来自甘油,其余 40%来自氨基酸。肝是饥饿初期糖异生的主要器官,约占 80%,小部分(约 20%)则在肾皮质中进行。

（3）肌肉蛋白质分解加强：蛋白质分解加强略迟于脂肪动员增加。肌肉蛋白质分解的氨基酸大部分转变为丙氨酸和谷氨酰胺释放入血液循环，进入肝脏后可以作为糖异生的原料，也可氧化供能。

总之，饥饿时的主要能量来源是储存的蛋白质和脂肪，其中以脂肪提供能量为主。如此时输入葡萄糖，不但可减少酮体的生成，降低酸中毒的发生率，还可防止机体内蛋白质的消耗，这对不能进食的消耗性疾病患者尤为重要。

2. 长期饥饿　一周以上的饥饿为长期饥饿。长期饥饿时代谢的改变与短期饥饿不同：脂肪动员进一步加强，肝生成大量的酮体，脑组织利用酮体增加，超过葡萄糖；肌肉以脂肪酸为主要能源，以保证酮体优先供应脑组织；因蛋白质持续分解会危及生命，此时肌肉蛋白分解减少，肌释放出氨基酸减少，负氮平衡有所改善；乳酸和丙酮酸成为肝糖异生的主要来源；肾糖异生作用明显增强，每天约生成40g葡萄糖，占饥饿晚期糖异生总量一半，几乎和肝相等。

（二）应激

应激是机体受到应激信号（如创伤、剧痛、冻伤、缺氧、中毒、感染以及剧烈情绪激动等）刺激时所作出一系列反应的"紧张状态"。应激状态时，交感神经兴奋，肾上腺髓质及皮质激素分泌增多，血浆胰高血糖素及生长激素水平升高，而胰岛素水平降低，引起一系列生理、代谢改变。

1. 血糖升高　交感神经兴奋引起的肾上腺素及胰高血糖素分泌增加，均可激活磷酸化酶促进肝糖原分解；同时肾上腺皮质激素及胰高血糖素又可使糖异生加强，不断补充血糖；另外，肾上腺皮质激素及生长素使周围组织细胞对糖的利用量降低，使血糖升高。这对保证大脑、红细胞以葡萄糖为能源有重要意义。

2. 脂肪动员增强　血浆游离脂酸增加，成为心肌、骨骼肌及肾等组织主要的能量来源。

3. 蛋白质分解加强　肌释放的丙氨酸等氨基酸增加，同时尿素生成及尿氮排出增加，负氮平衡出现。

▶ **课堂活动**

为何糖尿病患者要避免情绪激动？

总之，应激时糖、脂类、蛋白质代谢特点是分解代谢增强，合成代谢受到抑制，血液中分解代谢中间产物如葡萄糖、氨基酸、游离脂酸、甘油、乳酸、酮体、尿素等含量增加。

点滴积累 ∨

1. 高等动物的代谢调节可分三级水平，即细胞水平代谢调节、激素水平代谢调节和以中枢神经为主导的整体水平代谢调节。

2. 酶活力的调节分为变构调节和化学修饰调节两种。

3. 激素水平的代谢调节是通过激素来调节物质代谢。

4. 饥饿及应激状态时物质代谢的整体水平调节。

复习导图

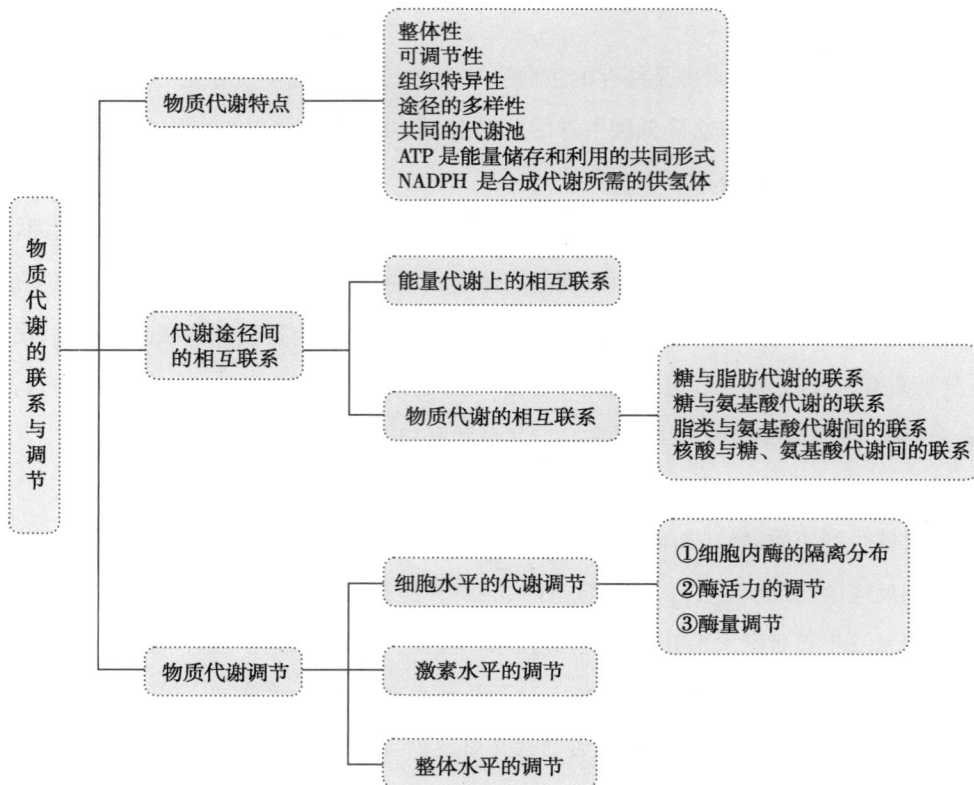

目标检测

一、选择题

（一）单项选择题

1. 物质代谢的特点不包括（　　）

　　A. 整体性　　　　　　B. 可调节性　　　　　C. 代谢池　　　　　D. 可逆性

2. 从（　　）角度看, 糖、蛋白质和脂肪这三大类物质可相互替代并相互制约。

　　A. 水分供应　　　　　B. 物质转换　　　　　C. 能量供应　　　　D. 氧的消耗

3. 当机体摄入的糖量超过体内能量消耗时, 多余的糖可大量地转变成（　　）

　　A. 无机盐　　　　　　B. 蛋白质　　　　　　C. 脂肪　　　　　　D. 维生素

4. 糖代谢的中间产物能转变成组成机体蛋白质的（　　）氨基酸

　　A. 20　　　　　　　　B. 必需　　　　　　　C. 非必需　　　　　D. 非编码

5. 从化学性质讲, 机体内分泌腺分泌的激素多属于（　　）

　　A. 含氮类物质　　　　B. 烷烃　　　　　　　C. 类固醇激素　　　D. 脂类

6. 长期饥饿时脑组织主要以（　　）为能源物。

　　A. 蛋白质　　　　　　B. 葡萄糖　　　　　　C. 脂肪　　　　　　D. 酮体

7. 机体活动主要的直接供能物是（　　）

A. 脂酸　　　　　　　　B. 葡萄糖　　　　　　　C. 甘油　　　　　　　D. ATP

8. 下列叙述中不正确的是(　　　)

A. 肝是机体物质代谢的枢纽　　　　　　　B. 通常情况下大脑以葡萄糖供能

C. 红细胞的能量主要来自糖酵解　　　　　D. 肝是机体进行糖异生的唯一器官

(二)多项选择题

1. 脑组织在正常情况及饥饿状态下可作为能源分别使用的物质有(　　　)

A. 蛋白质　　　　　　　B. 酮体　　　　　　　C. 脂肪

D. 葡萄糖　　　　　　　E. 脂酸

2. 在应激状态下机体内不会出现的情况是(　　　)

A. 脂肪分解增强　　　　B. 蛋白质合成加快　　　C. 血糖降低

D. 酮体增加　　　　　　E. 蛋白质分解加快

3. 短期饥饿时机体主要以(　　　)为能源物

A. 蛋白质　　　　　　　B. 水　　　　　　　　C. 脂肪

D. 葡萄糖　　　　　　　E. 糖原

二、判断改错题

1. 物质代谢是指生物体或细胞与环境之间不断进行的物质交换,但在物质交换的同时也包含能量交换。

2. 酶在细胞内的分布是随机的。

3. 酶含量的调节是机体内快速调节的重要方式。

4. 激素是由正常机体某些组织产生,能进行远距离调节的一类化学物质。

5. 变构调节就是变构剂与酶的调节部位进行非特异性结合,而改变酶的活性。

三、简答题

1. 简述物质代谢的特点。

2. 运用物质代谢相互联系的知识说明食物中的蛋白质不能由糖、脂肪替代,而蛋白质却能替代糖和脂肪供能。

3. 简述机体在饥饿(包括短期饥饿和长期饥饿)下的代谢变化。

四、实例分析题

矿工遇难,被困井下几天,试分析这种应激状态下肾上腺素如何影响血糖变化。

(张春蕾)

第十三章

肝的生物化学

▲

导学情景

情景描述

张先生，50岁，企业营销骨干，长期以来在工作中需陪客户喝酒。三个月前明显感觉肚子胀，腹部隐隐作痛，且伴有乏力、厌油、腹泻等，最近出现水肿、巩膜黄染、排黑便。经医院检查诊断为晚期的酒精性肝硬化，半年后去世。

学前导语

乙醇等物质在体内怎样进行代谢转变？肝脏发生疾病时为什么会出现黄疸？酒精性肝硬化又是如何形成的呢？要解决这一系列的问题，我们需学习肝的生物化学知识。

肝是人体内最大的实质性器官，同时也是体内最大的腺体。肝脏功能与它的组织结构和化学组成特点密不可分：肝有肝动脉和门静脉双重血液供应，又有肝静脉和胆道两条输出通道。肝具有丰富的肝血窦，在肝细胞内含有丰富的细胞器如内质网、线粒体、溶酶体和过氧化物酶体等。另外肝还含有丰富的酶系，有些甚至是肝所独有的。故肝具有复杂多样的生物化学功能。肝不仅在机体的糖类、脂类、蛋白质、维生素、激素等

物质代谢中处于中心地位，而且还具有分泌、排泄、生物转化等重要生理功能。因此，肝被称为"物质代谢中枢"。肝细胞分带示意图见图13-1。

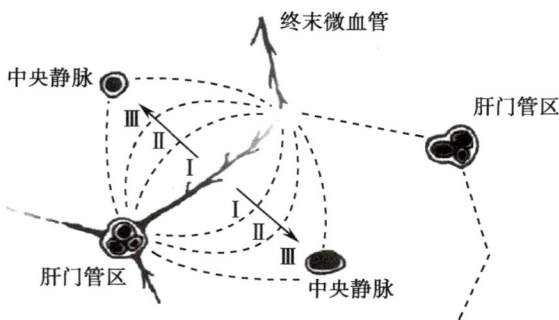

图 13-1　肝细胞分带示意图

第一节 肝在物质代谢中的作用

一、肝在三大物质代谢中的作用

（一）肝在糖代谢中的作用

正常情况下，机体主要依靠激素调节，使血糖的来源与去路处于动态平衡。血糖调节激素的靶器官主要是肝。在机体不同状态下，肝细胞可通过调节糖原的合成与分解、糖异生作用维持血糖浓度的恒定，确保全身各组织，特别是脑和红细胞的能量供应。肝细胞磷酸戊糖途径也很活跃，可为肝的生物转化提供足够的 NADPH。

（二）肝在脂类代谢中的作用

肝在脂类的消化、吸收、分解、合成及运输等代谢过程中均起重要作用。

肝细胞可合成并分泌胆汁酸，帮助脂类的消化和吸收。肝损伤或胆道阻塞时，可出现食欲缺乏、厌油腻和脂肪泻等症状。

肝不仅合成甘油三酯、胆固醇、磷脂等非常活跃，也是体内产生酮体的主要器官。另外许多载脂蛋白也由肝合成，当肝受损时，磷脂合成障碍可影响 VLDL 的合成和分泌，导致脂肪在肝中堆积形成脂肪肝。

（三）肝在蛋白质代谢中的作用

肝在蛋白质的合成、分解以及氨基酸代谢中起重要作用。

肝细胞可合成并分泌血浆蛋白质，除 γ-球蛋白外，几乎所有的血浆蛋白质均来自于肝，如清蛋白、凝血酶原、纤维蛋白原、多种结合蛋白质等。通过这些蛋白质的作用，肝对于维持血浆胶体渗透压、凝血作用、物质代谢、血压恒定等方面均起重要作用。

肝也是清理氨基酸代谢产物的重要器官，肝可通过鸟氨酸循环将有毒的氨合成无毒的尿素。其次，肝还可将氨转变成谷氨酰胺。另外，肝也是胺类物质的重要生物转化器官。

二、肝在激素和维生素代谢中的作用

（一）肝在维生素代谢中的作用

肝在维生素的吸收、储存、运输及转化等方面均起重要作用。

肝分泌的胆汁酸可促进维生素 A、D、E、K 的吸收。肝可储存多种维生素，如维生素 A、E、K、B_{13} 等，其中维生素 A 约占体内总量的 95%。肝可将胡萝卜素转化为维生素 A，还可将维生素 D_3 转变为 25-羟维生素 D_3。另外肝是很多 B 族维生素转化为相应辅酶或辅基最为活跃的器官。

ER-13-3

肝脏疾病时与代谢障碍或异常有关的临床表现及原因

（二）肝在激素代谢中的作用

多种激素在发挥其调节作用后，主要在肝中被分解转化，从而降低或失去生物活性，此过程称为激素的灭活。一些类固醇激素可在肝内与葡糖醛酸或活性硫酸结合失去活性。严重肝细胞损伤时,激素灭活能力降低,体内雌激素、醛固酮、抗利尿激素等水平升高,可出现男性乳房女性化、蜘蛛痣、肝掌及水、钠潴留等现象。

点滴积累 ∨

1. 血糖调节激素的靶器官主要是肝。 在机体不同状态下, 肝细胞可通过调节糖原的合成与分解、糖异生作用维持血糖浓度的恒定, 确保全身各组织, 特别是脑和红细胞的能量供应。

2. 肝细胞可合成并分泌胆汁酸, 帮助脂类的消化和吸收。 肝不仅合成甘油三酯、胆固醇、磷脂等非常活跃, 也是体内产生酮体的主要器官。 另外许多载脂蛋白也由肝合成。

3. 肝细胞可合成并分泌血浆蛋白质, 除 γ-球蛋白外, 几乎所有的血浆蛋白质均来自于肝。

4. 肝分泌的胆汁酸可促进维生素 A、D、E、K 的吸收, 并可储存多种维生素。

5. 多种激素在发挥其调节作用后, 主要在肝中被分解转化, 从而降低或失去生物活性, 此过程称为激素的灭活。

第二节　肝的生物转化作用

一、生物转化的概念及反应类型

（一）生物转化的概念

人体内存在许多既不能作为细胞的构建成分,又不能作为能源的物质,称为非营养物质。而非营养物质需经代谢转变,增强极性,提高水溶性,才能易于排出体外,这一过程称为生物转化作用。

非营养物质按其来源分为内源性和外源性两类。内源性物质包括体内代谢的产物或中间代谢物如胺类和胆红素等,以及有待灭活的激素和神经递质等。外源性物质系外界进入体内的异源性物质,如药物、毒物、环境污染物和食品添加剂等。

（二）生物转化反应的反应类型

肝的生物转化过程涉及的化学反应有氧化、还原、水解和结合反应。其中,氧化、还原和水解称为第一相反应,结合反应称为第二相反应。许多非营养物质经过第一相反应,极性增加,即可大量排出体外。但有的物质还需再进行第二相反应,须与葡糖醛酸和硫酸等极性更强的物质结合,以进一步提高溶解度才能排出体外。

1. 氧化反应　肝细胞中的微粒体、线粒体及胞质中含有不同的氧化酶系,可催化不同类型的氧化反应。

（1）加单氧酶系:加单氧酶系存在于肝细胞的微粒体中,可催化多种化合物羟化,不仅增加药物或毒物的水溶性,有利于排泄,而且还参与体内许多重要物质的羟化过程,如维生素 D_3、胆汁酸和类固醇激素等。反应式如下:

$$RH+NADPH+H^++O_2 \longrightarrow ROH+NADP^++H_2O$$

（2）单胺氧化酶系:此酶系存在于肝细胞的线粒体中,属于黄素酶类,可催化蛋白质腐败作用以及一些肾上腺素能药物的氧化脱氨基作用生成相应的醛类,后者进一步氧化为酸。反应式如下:

$$RCH_2NH_2 + O_2 + H_2O \longrightarrow RCHO + NH_3 + H_2O_2$$

（3）脱氢酶系:醇脱氢酶和醛脱氢酶存在于肝细胞的胞质和微粒体中,分别催化醇或醛氧化为相应的醛和酸。反应式如下:

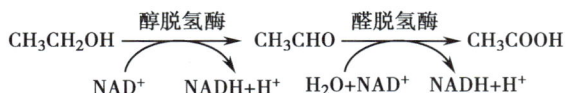

$$CH_3CH_2OH \xrightarrow[\text{NAD}^+ \quad \text{NADH+H}^+]{\text{醇脱氢酶}} CH_3CHO \xrightarrow[\text{H}_2O + \text{NAD}^+ \quad \text{NADH+H}^+]{\text{醛脱氢酶}} CH_3COOH$$

▶ **课堂活动**

生活中经常见到有的人一喝酒就脸红,有人说这种一喝酒就脸红的人是酒量小的表现。 这种说法对不对呢?

2. 还原反应　肝细胞微粒体中含有还原酶系,主要是硝基还原酶和偶氮还原酶,可催化硝基化合物和偶氮化合物还原为相应的胺类,反应时需 NADPH 或 NADH 提供氢。

喝酒脸红与酒量

几种重要的乙醇性肝损伤

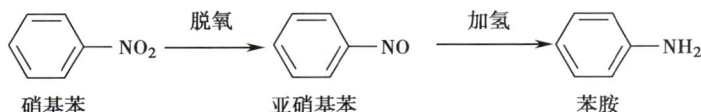

硝基苯　$\xrightarrow{\text{脱氧}}$　亚硝基苯　$\xrightarrow{\text{加氢}}$　苯胺

3. 水解反应　肝细胞微粒体及胞质中含有多种水解酶,有酯酶、酰胺酶、糖苷酶等,可催化酯类、酰胺类及糖苷类化合物水解。例如药物阿司匹林进入体内很快被酯酶水解,生成水杨酸和乙酸。

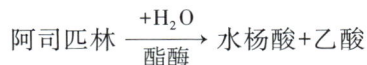

$$阿司匹林 \xrightarrow[\text{酯酶}]{+H_2O} 水杨酸 + 乙酸$$

4. 结合反应　第一相反应的产物可直接排出体外,也可进一步进行第二相反应,生成极性更强的化合物。肝细胞中含有催化进行结合反应的酶类。含有羟基、羧基、氨基的药物、毒物或激素均可与葡糖醛酸、硫酸和谷胱甘肽等进行结合反应或进行酰基化和甲基化。其中以与葡糖醛酸的结合最为普遍。

（1）葡糖醛酸结合反应:肝细胞微粒体中的葡糖醛酸基转移酶以尿苷二磷酸葡糖醛酸（UDPGA）为供体,催化葡糖醛酸基转移到醇、酚、胺及羧酸类化合物的羟基、羧基及氨基上,生成葡糖醛酸苷。苯酚的反应如下:

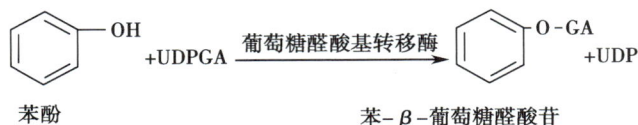

苯酚　+UDPGA　$\xrightarrow{\text{葡萄糖醛酸基转移酶}}$　苯-β-葡萄糖醛酸苷　+UDP

（2）硫酸结合反应：肝细胞胞质中的硫酸基转移酶可催化 3'-磷酸腺苷 5'-磷酸硫酸（PAPS）的硫酸基转移到醇、酚或芳香胺类等非营养物质上，生成硫酸酯。例如，雌酮转化为硫酸酯而灭活。反应如下：

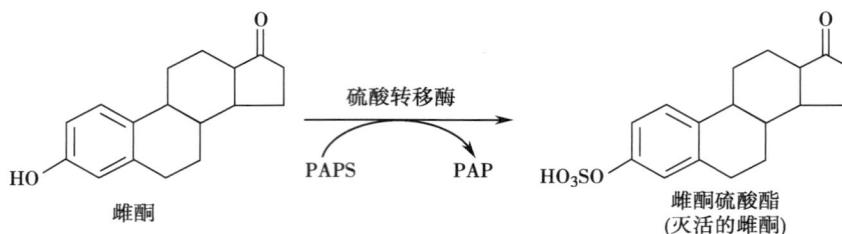

（3）乙酰基化反应：肝细胞胞质中的乙酰基转移酶以乙酰辅酶 A 为供体，催化乙酰基转移到含氨基或肼的非营养物质分子中与氨基或肼结合，形成相应的乙酰化衍生物而失活。如磺胺药在体内的转化，反应如下：

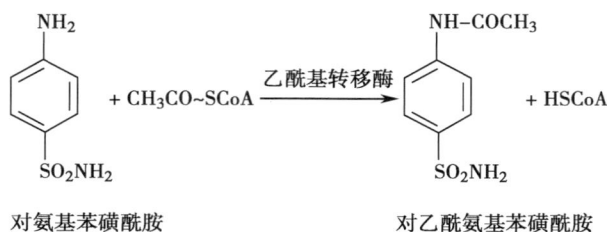

（4）甲基化反应：肝细胞中的各种甲基转移酶可以 S-腺苷甲硫氨酸（SAM）为供体，催化体内含有氨基、羟基、巯基的药物或某些活性物质甲基化而灭活。如儿茶酚胺和 5-羟色胺等。

二、生物转化的特点及影响因素

机体对于非营养物质的生物转化过程具有多样性和连续性，即一种物质在体内可进行多种生物转化反应，同时又是按照一定顺序进行的，而大多数物质经第一相反应后，还需进行第二相反应才能增大其溶解度排出体外。

生物转化可对体内大部分非营养物质进行转化，使其生物活性降低或丧失，或使有毒物质的毒性降低或消除，但有些非营养物质经过肝的生物转化后毒性反而增强，如苯并芘其本身没有直接的致癌作用，可经过生物转化后反而转变为直接致癌物。这体现了生物转化作用的解毒与致毒的双重性，因此，不能简单地将肝的生物转化作用称为"解毒作用"。

肝的生物转化作用受年龄、性别、营养、疾病、遗传等多种因素的影响。

年龄对生物转化作用的影响很明显。新生儿生物转化酶系发育不完善，对非营养物质的转化能力较弱，容易发生药物及毒物中毒。老年人生物转化能力正常，但其肝血流量及肾的廓清速率下降，导致老年人血浆药物的清除率降低，药物的半衰期延长。因此，临床上对新生儿和老年人的药物用量应较成人低，许多药物应慎用或禁用。

肝实质病变时,生物转化酶类的合成受到影响,使药物、毒物等的灭活速度下降,故对肝病患者用药应特别慎重。

遗传因素也可明显影响生物转化酶的活性。遗传变异可引起不同个体之间生物转化酶分子结构的差异或合成量的差异。

▶ 课堂活动

香喷喷的烧烤类食物是很多人喜爱的食品,你知道常吃烧烤的危害吗?

ER-13-6

常吃烧烤的危害

点滴积累 ∨

1. 生物转化可使非营养物质的溶解度增高,易于排出体外。 具有解毒和致毒的两重性。

2. 肝是生物转化的主要器官。

3. 生物转化分为第一相和第二相反应。 第一相包括氧化、还原和水解反应。 第二相指的是结合反应。

第三节　胆汁酸的代谢

胆汁酸是胆汁中的主要成分,按胆汁酸的结构可分为游离胆汁酸和结合胆汁酸两大类。游离胆汁酸包括胆酸、鹅脱氧胆酸、脱氧胆酸和少量石胆酸。这些游离胆汁酸分别与甘氨酸或牛磺酸结合可生成相应的结合胆汁酸。胆汁酸若按其生成部位与顺序分为初级胆汁酸和次级胆汁酸。初级胆汁酸包括胆酸、鹅脱氧胆酸及其与甘氨酸或牛磺酸结合的产物。次级胆汁酸包括脱氧胆酸、石胆酸及其与甘氨酸或牛磺酸结合生成的产物。

一、胆汁酸的生成及其肠肝循环

(一)初级胆汁酸的生成

在肝细胞内,胆固醇经胆固醇 7α-羟化酶的催化生成 7α-羟胆固醇,再经还原、羟化、侧链的缩短和加辅酶 A 等多步反应,生成初级游离胆汁酸,即胆酸和鹅脱氧胆酸。后者再与甘氨酸或牛磺酸结合生成初级结合胆汁酸,以胆汁酸钠盐或钾盐的形式随胆汁入肠。胆固醇 7α-羟化酶是胆汁酸合成的限速酶,受胆汁酸浓度的负反馈调节。甲状腺素可诱导该酶的 mRNA 合成,故甲状腺功能亢进时,血浆胆固醇含量降低。

(二)次级胆汁酸的生成

进入肠道的初级胆汁酸,在促进脂类物质的消化吸收后,在肠道细菌酶的作用下,去结合反应和脱羟基生成次级胆汁酸,即胆酸脱去 7α-羟基生成脱氧胆酸,鹅脱氧胆酸脱去 7α-羟基生成石胆酸。

(三)胆汁酸的肠肝循环

进入肠道的各种胆汁酸(包括初级、次级、游离型和结合型)约有95%以上可被肠道吸收,其余随粪便排出。被肠道吸收的胆汁酸经门静脉入肝,在肝细胞内,游离胆汁酸重新转变为结合胆汁酸,汇同新合成的结合胆汁酸重新随胆汁入肠,此过程称为胆汁酸的肠肝循环(图 13-2)。肝脏每天合成胆汁酸的量仅为 0.4～0.6g,但每天进行 6～13 次肠肝循环,从肠道吸收的胆汁酸总量可达 13～32g,借此循环机制可满足机体对胆汁酸的生理需求。

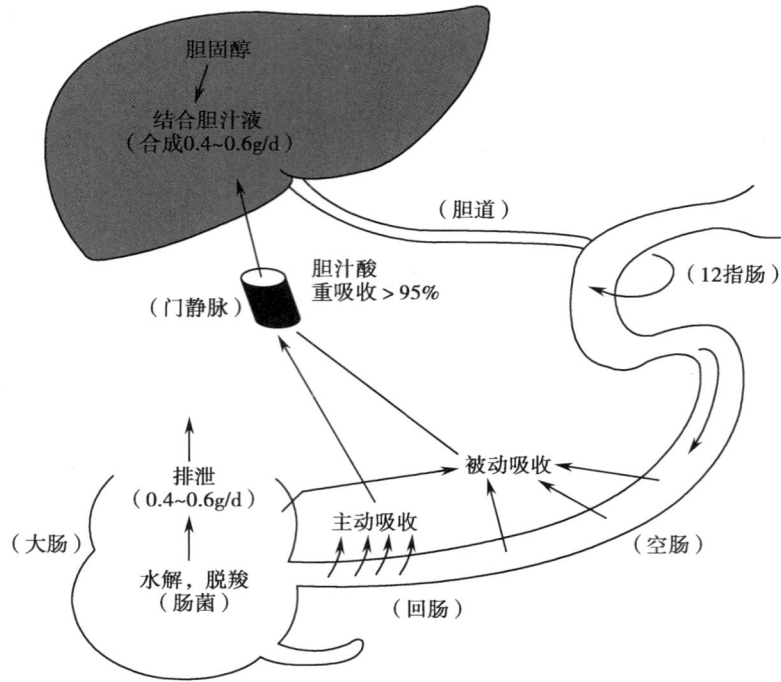

图 13-2　胆汁酸的肠肝循环

　　胆汁酸螯合剂为碱性阴离子交换树脂,是一类安全有效的降血浆总胆固醇和高密度脂蛋白中胆固醇的药物。常用的药有考来烯胺(消胆胺)、考来替泊(降胆宁)。由于胆汁酸螯合剂分子质量大,进入小肠后不被破坏和吸收,能与胆汁酸螯合,阻止胆汁酸的肝肠循环,使肝细胞胆固醇不断地被转化为胆汁酸,致使肝内胆固醇大量消耗,进而使得血浆总胆固醇和高密度脂蛋白中胆固醇水平逐渐降低。

　　胆汁酸合成总过程见图 13-3。

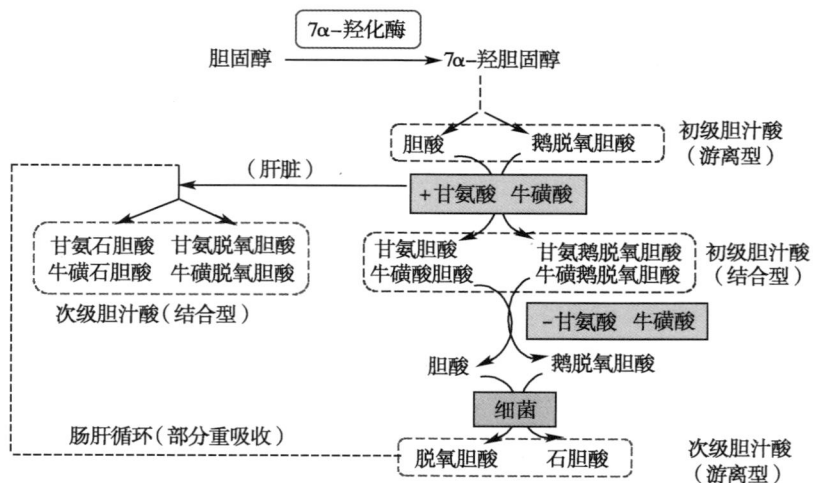

图 13-3　胆汁酸的生成及转化

二、胆汁酸的功能

（一）促进脂类物质的消化与吸收

胆汁酸分子内既含有亲水性的羟基和羧基，又含有疏水性的甲基和烃核，在其立体构型上两类基团位于环戊烷多氢菲核立体构型的两侧，构成亲水和疏水两个侧面，使其具有很强的界面活性，能降低油/水两相之间的界面张力，成为较强的乳化剂，能将脂类物质乳化成 $3\sim10\mu m$ 的细小微团，有利于消化酶的作用，促进了脂类的吸收。

（二）抑制胆汁中胆固醇的析出

人体内约99%的胆固醇随胆汁经肠道排出体外。由于胆固醇难溶于水，胆汁中的胆汁酸盐必须通过和卵磷脂协同作用，使胆固醇分散形成可溶性微团，才能通过胆道转运至肠道排出体外，而不致结晶沉淀析出。如肝合成胆汁酸的能力下降、消化道丢失胆汁酸过多或胆汁酸肠肝循环减少以及排入胆汁中的胆固醇过多（高胆固醇血症）等，均导致胆汁中胆汁酸和卵磷脂与胆固醇的比值下降（小于 10∶1），易发生胆固醇因过饱和而析出形成结石。

知识链接

胆结石分类

按胆石内所含成分可分三类：①胆固醇结石：由于胆汁中所含的胆固醇过多，溶解不掉而逐渐沉积，单发者居多，质地坚硬，呈圆形或椭圆形，结石内约含胆固醇98%。②胆色素结石：是我国最多见的一种结石，形状不定，质软易碎，剖面无核心或分层，称"东方型结石"。结石由胆色素、钙盐、细菌、虫卵等组成。③混合性结石：不论是胆色素结石或胆固醇结石，在结石形成后，又可以在原来的结石外面，再形成胆固醇或胆色素、钙盐的沉积，从而形成胆色素胆固醇混合性胆石。

点滴积累 ∨

1. 胆固醇是合成胆汁酸的原料，合成代谢的限速酶为胆固醇 7α-羟化酶。
2. 初级胆汁酸是胆固醇在肝中的代谢产物；次级胆汁酸是由初级胆汁酸在肠道中经肠道细菌酶催化产生。
3. 胆汁酸的生理功能是促进脂类物质的消化吸收，以及抑制胆汁中胆固醇的析出。

第四节　血红素的代谢

血红素是血红蛋白、肌红蛋白、细胞色素、过氧化物酶和过氧化氢酶等的辅基，是一种铁卟啉化合物。机体内各种细胞均可合成血红素，但其主要的合成器官是肝和骨髓。

一、血红素的合成代谢

（一）合成原料及部位

血红素合成的原料是甘氨酸、琥珀酰辅酶 A 和 Fe^{2+}，合成部位是线粒体及胞质。

（二）合成过程

血红素合成过程分为四个阶段。

1. δ-氨基-γ-酮戊酸的生成　在线粒体内琥珀酰辅酶 A 与甘氨酸在 ALA 合酶的催化下，缩合成 δ-氨基-γ-酮戊酸（ALA）。ALA 合酶是血红素合成代谢的限速酶，其辅酶为磷酸吡哆醛。

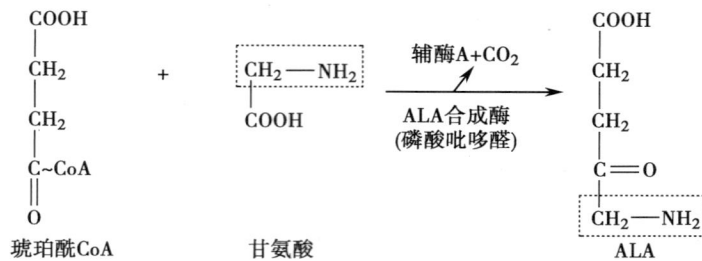

2. 胆色素原的生成　ALA 在线粒体生成后进入胞质中，经 ALA 脱水酶作用，2 分子 ALA 脱水生成 1 分子胆色素原（PBG）。

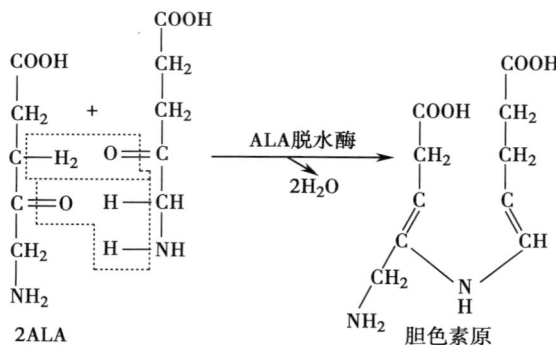

3. 尿卟啉原Ⅲ和粪卟啉原Ⅲ的生成　在胞质中，经尿卟啉原Ⅰ同合酶催化，4 分子胆色素原脱氨转化为线状四吡咯，后者经尿卟啉原Ⅲ同合酶催化生成尿卟啉原Ⅲ（UPGⅢ）。在 UPGⅢ脱羧酶催化下，UPGⅢ转变为粪卟啉原Ⅲ。

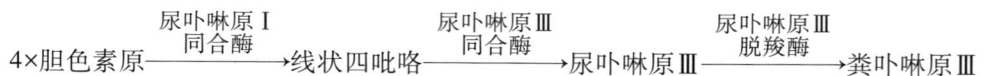

$$4 \times 胆色素原 \xrightarrow[\text{同合酶}]{\text{尿卟啉原Ⅰ}} 线状四吡咯 \xrightarrow[\text{同合酶}]{\text{尿卟啉原Ⅲ}} 尿卟啉原Ⅲ \xrightarrow[\text{脱羧酶}]{\text{尿卟啉原Ⅲ}} 粪卟啉原Ⅲ$$

4. 血红素的生成　粪卟啉原Ⅲ从胞质中扩散入线粒体，在粪卟啉原Ⅲ氧化脱羧酶和原卟啉原Ⅸ氧化酶的作用下，转变为原卟啉原Ⅸ，最后经亚铁螯合酶催化，与 Fe^{2+} 螯合为血红素。

在线粒体内血红素生成后转运至胞质中，在骨髓中有核红细胞和网状红细胞与珠蛋白结合生成血红蛋白（图 13-4）。

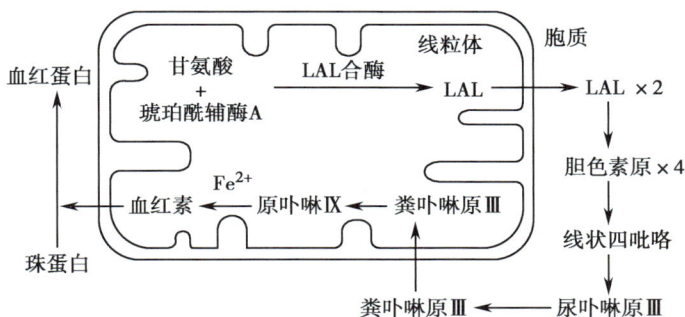

图 13-4 血红蛋白的生成

二、血红素的分解代谢

胆色素是血红素在体内分解代谢的主要产物,包括胆绿素、胆红素、胆素原和胆素等,主要随胆汁排出体外,其中胆红素位于胆色素代谢的中心,呈橙黄色,具有毒性。

(一)胆红素的生成

体内胆红素约80%以上来自于衰老红细胞破坏所释放的血红蛋白分解,其余来自造血过程中红细胞的过早破坏和含铁卟啉的酶类。

红细胞的平均寿命约为130天,衰老的红细胞被肝、脾、骨髓等单核吞噬系统细胞识别并吞噬,释放出血红蛋白。随后血红蛋白分解为珠蛋白和血红素,珠蛋白可分解为氨基酸再利用。血红素在微粒体上的血红素加氧酶催化下生成胆绿素,胆绿素进一步在胞质中的胆绿素还原酶催化下,被还原为胆红素(图 13-5)。胆红素具有亲脂疏水的性质,可以自由穿透细胞膜进入血液。过多的胆红素可与脑部基底核的脂类结合,干扰正常的脑功能,称为胆红素脑病或核黄疸。

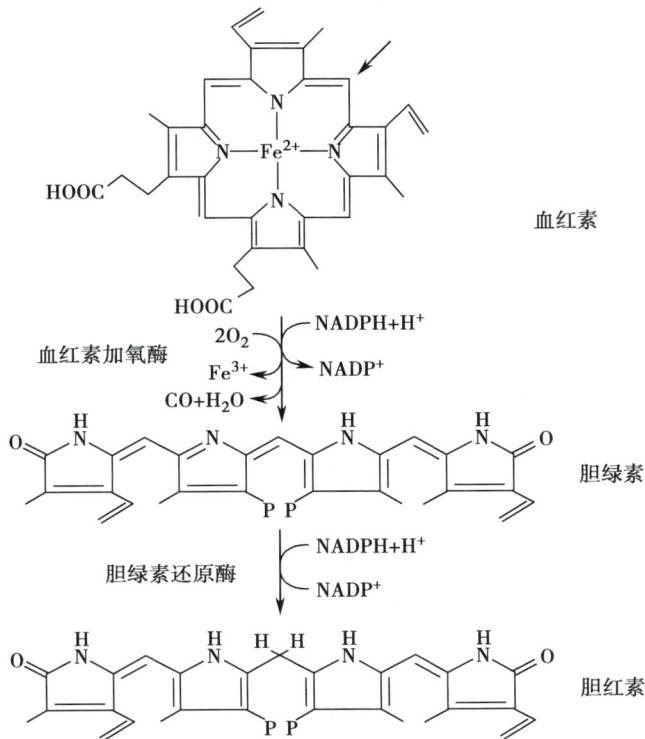

图 13-5 胆红素的生成过程

（二）胆红素的运输

胆红素生成以后释放入血,主要以胆红素-清蛋白复合体形式存在和运输,这种形式既提高了血浆对胆红素的运输能力,又限制了胆红素自由通透各种生物膜,避免了其对组织细胞的毒性作用。正常人血浆胆红素含量仅为 $3.4 \sim 17.1 \mu mol/L$,血液中有足量的清蛋白可与之结合,若清蛋白含量降低、结合部位被其他物质占据或降低胆红素对结合部位的亲和力,均可促使胆红素从血浆向组织细胞转移。某些有机阴离子如磺胺药、抗生素、利尿剂、胆汁酸等可竞争性地与清蛋白结合,使胆红素游离,因此有黄疸倾向的患者或新生儿生理黄疸期应慎用上述药物。

由于血液中的胆红素-清蛋白复合体并没有进入肝内进行结合反应,因此称为未结合胆红素。因其分子内有氢键存在,不能直接与重氮试剂反应,只有在加入乙醇或尿素等物质破坏氢键后才能与重氮试剂反应,生成紫红色偶氮化合物,故又称为间接胆红素。

知识链接

胆红素脑病

胆红素脑病又称核黄疸,是由于血中胆红素增高,主要是未结合胆红素增高,后者进入中枢神经系统,在大脑基底节、视丘下核、苍白球等部位引起病变,血清胆红素 $>342 \mu mol/L$ (20mg/dl)就有发生核黄疸的危险。主要表现为重度黄疸肌张力过低或过高,嗜睡、拒奶、强直、角弓反张、惊厥等。本病多由于新生儿溶血病所致,黄疸、贫血程度严重者易并发胆红素脑病,如已出现胆红素脑病,则治疗效果欠佳,后果严重,容易遗留智力低下、手足徐动、听觉障碍、抽搐等后遗症。

（三）胆红素在肝细胞中的转变

血液中胆红素以胆红素-清蛋白复合体的形式运输至肝后,与清蛋白分离,并被肝细胞摄取。在肝细胞的胞质中,胆红素与 Y 蛋白和 Z 蛋白两种配体蛋白结合,以胆红素-Y 蛋白或胆红素-Z 蛋白形式运至内质网。在内质网的 UDP-葡糖醛酸基转移酶(UGT)的催化下,由 UDP-葡糖醛酸提供葡糖醛酸基,胆红素与葡糖醛酸结合成葡糖醛酸胆红素。这种在肝内与葡糖醛酸结合转化的胆红素称为结合胆红素。因其可迅速、直接与重氮试剂发生反应,故又称为直接胆红素。其中未结合胆红素与结合胆红素的性质比较见表 13-1。

表 13-1　未结合胆红素与结合胆红素的性质比较

性质	未结合胆红素	结合胆红素
常用名称	游离胆红素	酯性胆红素
	间接胆红素	直接胆红素
	血胆红素、肝前胆红素	肝胆红素
与重氮试剂反应	缓慢、间接阳性	迅速、直接阳性
与葡糖醛酸结合	未结合	结合
溶解性	脂溶性	水溶性
透过细胞膜的能力	强	弱
经肾随尿排出	不能	能
对脑的毒性作用	大	小

（四）胆红素在肠道中的转化

结合胆红素随胆汁进入肠道后,在肠菌作用下,脱去葡糖醛酸基,并最终被还原成无色的胆素原。大部分胆素原随粪便排泄,在肠管下段被空气氧化为黄褐色的粪胆素,成为粪便的主要颜色。正常人每日排出总量为 40~280mg。

肠道中生成的胆素原有 10%~20% 被肠黏膜细胞重吸收并经门静脉入肝。其中大部分再次随胆汁排入肠道中,形成胆素原的肠肝循环。而只有小部分胆素原进入体循环入肾随尿排出,接触空气后被氧化为相应的尿胆素,成为尿的主要颜色来源。正常人每日排出总量为 0.5~4.0mg（图 13-6）。

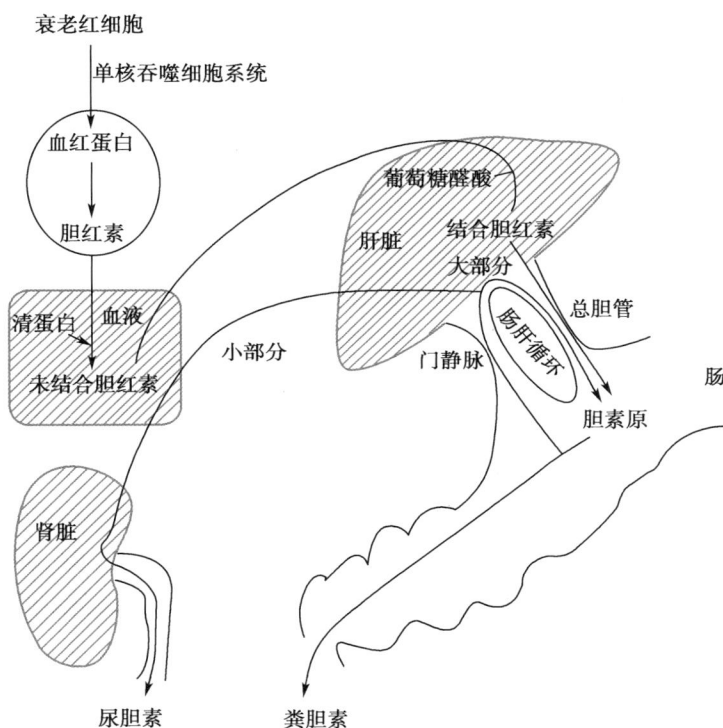

图 13-6　胆红素代谢及胆素原的肠肝循环

（五）血清胆红素与黄疸

正常人血清胆红素总量为 3.4~17.1μmol/L（0.2~1mg/dl）,其中约 4/5 是未结合胆红素,其余是结合胆红素。过量的胆红素可扩散入组织造成组织黄染,这一体征称为黄疸。当血清胆红素超过 34.3μmol/L 时,肉眼可见皮肤、黏膜及巩膜等组织黄染,临床上称为显性黄疸。若血清胆红素高于正常,但不超过 34.2μmol/L 时,肉眼观察不到黄染现象,称为隐性黄疸。

临床上根据黄疸发病的原因不同,将黄疸分为三类:

1. **溶血性黄疸**　溶血性黄疸又称为肝前性黄疸,常见于某些药物、某些疾病（恶性疟疾、过敏等）、输血不当、蚕豆病等多种因素导致红细胞大量破坏,生成过多的未结合胆红素,超过了肝脏的摄取、转化和排泄能力,引起未结合胆红素在血中显著升高而引起的黄疸。此时,血浆总胆红素、未结合胆红素含量增高,结合胆红素含量变化不大,尿胆红素阴性。由于肝对胆红素的摄取、转化、排泄增多,导致尿胆素原、粪胆素原均增加。

2. 肝细胞性黄疸 肝细胞性黄疸又称肝原性黄疸,常见于肝实质性疾病如各种肝炎、肝硬化和肝肿瘤等,由于肝细胞功能受损,使其摄取、转化和排泄胆红素能力降低所致的黄疸。此时,不仅由于肝细胞摄取胆红素能力减弱,造成血清未结合胆红素浓度升高,而且因肝细胞肿胀,造成毛细胆管阻塞,由于其与肝血窦相通,导致部分结合胆红素反流入血,引起血清结合胆红素浓度也增高。因结合胆红素可通过肾小球滤过,故尿胆红素呈现阳性。由于结合胆红素进入肠道减少,粪便颜色可变浅。

3. 阻塞性黄疸 阻塞性黄疸又称肝后性黄疸,常见于胆管炎、胆结石、肿瘤或先天性胆管闭锁等疾病。由于胆汁排泄通道受阻,使胆小管和毛细胆管内压力增高而破裂,导致结合胆红素反流入血,血清结合胆红素明显升高,尿胆红素呈阳性,胆管阻塞使肠道生成的胆素原减少。完全阻塞时,粪便因无胆素而变成灰白色或白陶土色。

三种类型黄疸血、尿、粪的实验室检查比较见表13-2。

表 13-2　三种类型黄疸血、尿、粪的实验室检查比较

项目	正常	溶血性黄疸	肝细胞性黄疸	阻塞性黄疸
血清总胆红素(μmol/L)	3.4~17.2	17.2~85.6	1.7~819.7	17.2~513.8
血清结合胆红素(μmol/L)	<3.4		↑	↑↑
血清未结合胆红素(μmol/L)	<13.7	↑↑	↑	
尿胆红素	−	−	++	++
尿胆素原	少量	↑	不一定	↓
尿胆素	少量	↑	不一定	↓
尿液颜色	浅黄	↑	↓或正常	↓或−
粪便颜色	正常	深	变浅或正常	完全阻塞时太陶土色

注:与正常情况比较,↑表示结果增加;↑↑表示结果大大增加;↓表示结果降低;+代表阳性;−代表阴性

案例分析

案例

小陈20天前到云南思茅出差,回家后出现畏寒、持续高热,查体:皮肤、巩膜黄染,脾肿大,实验室检查贫血,血液检查找到疟原虫。诊断为疟疾。根据病因,此黄疸是溶血性黄疸。请问患者血、尿、便的生化指标会如何变化?

分析

患者是溶血性黄疸,血中未结合胆红素增加,尿胆素增加,粪便颜色加深。

临床应用

蓝光治疗新生儿黄疸

新生儿黄疸又称新生儿高胆红素血症，有生理性和病理性两种情况。常见于新生儿早期尤其是早产儿。部分病理性黄疸可致中枢神经系统受损，产生胆红素脑病，故应积极采取治疗措施。蓝光照射是目前治疗新生儿黄疸的首选方法，蓝光照射患儿后，血液中的胆红素吸收光谱后发生光学反应，产生水溶性的产物，通过胆汁、尿液、粪便排出体外，从而降低血液中胆红素的浓度。此种治疗方法见效快，新生儿痛苦少，安全又经济。

点滴积累 ∨

1. ALA 合酶是血红素合成代谢的限速酶，其辅酶为磷酸吡哆醛。

2. 血红素分解的主要产物是胆色素，包括胆绿素、胆红素、胆素原和胆素。

3. 胆红素位于胆色素代谢的中心，呈橙黄色，具有毒性。过量的胆红素可扩散入组织引起黄疸。

4. 黄疸根据其发病原因分为溶血性黄疸、肝细胞性黄疸和阻塞性黄疸三类。

复习导图

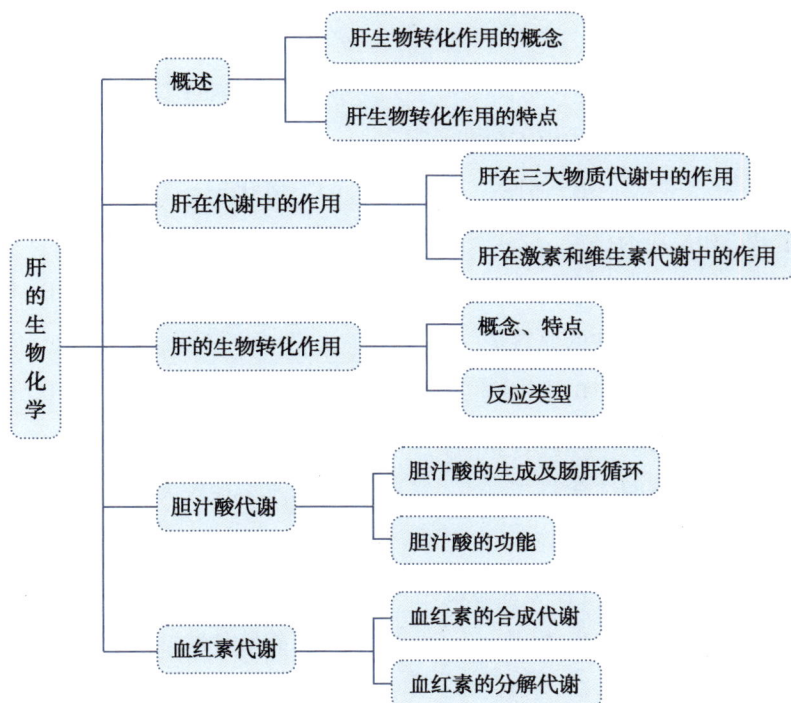

目标检测

一、选择题

（一）单项选择题

1. 关于肝脏的结构与功能,说法不正确的是（　　）

    A. 具有双重血液供应
          B. 存在两条输出通路

    C. 含有丰富的酶体系
          D. 不耗氧、依靠糖酵解供能

2. 肝脏在糖代谢中的作用,最主要的是（　　）

    A. 维持血糖浓度的相对恒定
          B. 使糖转变成营养物质

    C. 使血糖浓度降低
          D. 使血糖浓度升高

3. 人体进行生物转化最主要的器官是（　　）

    A. 肾
          B. 肝
          C. 肌肉
          D. 肺

4. 不属于胆色素的是（　　）

    A. 胆素
          B. 胆红素
          C. 血红素
          D. 胆绿素

5. 未结合胆红素是指胆红素与（　　）结合

    A. 清蛋白
          B. 球蛋白
          C. Z 蛋白
          D. Y 蛋白

6. 血液中胆红素的主要运输形式是（　　）

    A. 胆红素-清蛋白复合物
          B. 球蛋白

    C. 胆红素-Z 蛋白
          D. 胆红素-Y 蛋白

7. 肝脏生物转化的第一相反应中不包括（　　）

    A. 结合
          B. 还原
          C. 氧化
          D. 水解

8. 生物转化第二相反应为（　　）

    A. 结合反应
          B. 羧化反应
          C. 水解反应
          D. 氧化反应

9. 在体内可转变生成胆汁酸的原料是（　　）

    A. 胆汁
          B. 胆固醇
          C. 胆绿素
          D. 血红素

10. 下列关于结合胆红素的叙述错误的是（　　）

    A. 胆红素与葡糖醛酸结合
          B. 水溶性较大

    C. 易透过生物膜
          D. 可通过肾脏随尿排出

11. 在生物转化中最常见的一种结合物是（　　）

    A. 乙酰基
          B. 甲基
          C. 谷胱甘肽
          D. 葡糖醛酸

12. 溶血性黄疸时,不会发生（　　）

    A. 血中游离胆红素增加
          B. 粪胆素原增加

    C. 尿胆素原增加
          D. 尿中出现胆红素

（二）多项选择题

1. 胆色素包括（　　）

A. 胆固醇　　　　　　B. 胆红素　　　　　C. 胆素原

D. 胆素　　　　　　　E. 血红素

2. 下列对结合胆红素的说法错误的是(　　　)

A. 与血浆清蛋白亲和力小　　　　　　B. 与重氮试剂呈直接反应阳性

C. 水溶性小　　　　　　　　　　　　D. 正常时完全随尿液排出

E. 易透过生物膜

3. 关于胆汁酸的说法正确的是(　　　)

A. 由胆固醇生成

B. 是胆色素的成分

C. 能协助脂肪的消化吸收

D. 是乳化剂

E. 能经肠肝循环被重吸收

二、判断改错题

1. 正常人肝脏合成的血浆蛋白质最多的是球蛋白。

2. 肝细胞内胆红素的主要运输形式是胆红素-Y 蛋白。

3. 在肝细胞内胆红素转变成胆汁酸,最后排入肠道。

4. 一部分非营养性物质经生物转化作用,毒性反而升高。

5. 肝脏维持血糖浓度的恒定主要通过糖异生作用。

6. 所有生物转化反应均在肝细胞内进行。

7. 肝病患者适当服用些葡萄糖有利于其生物转化的进行。

8. 尿苷二磷酸葡糖醛酸来自糖代谢。

9. 血胆红素生成过多也可在尿中出现。

10. 胆汁酸通常是以胆盐的形式存在。

三、简答题

1. 试比较结合胆红素与未结合胆红素的区别。

2. 试解释阻塞性黄疸患者大便颜色变浅甚至呈陶土色的原因。

3. 简述胆汁酸的肠肝循环及生理意义。

4. 列表比较三种类型黄疸血液、尿液、粪便变化。

5. 简述消胆胺和降胆宁的作用机制。

四、实例分析题

1. 患者,男,近 5 年胆囊炎反复发作。今天外出吃饭后出现右上腹持续性疼痛 4 小时、阵发性加剧向右肩背放射;伴发热、恶心呕吐就诊,诊断为慢性胆囊炎急性发作。医生建议手术治疗,患者及家属担心切除胆囊后没有胆汁而不愿意手术。问:胆汁是胆囊生成的吗？ 胆汁的生理功能是什么？

2. 某患者出现黄疸,检查发现其血清未结合胆红素明显升高,尿胆红素为阴性,尿和粪便中胆素原明显增多。分析该患者出现黄疸的类型是什么?

（李玉白）

第十四章

血液的生物化学

ER-14 PPT

导学情景 ∨ ···

情景描述

临床上，通过检测患者的血液生化指标，如果 C-反应蛋白升高，再结合高热、皮疹、关节痛、肝脾大、神志改变、休克等临床症状，可诊断为败血症。它是指致病菌或条件致病菌侵入血循环，并在血中生长繁殖，产生毒素而发生的急性全身性感染。若侵入血流的细菌被人体防御功能所清除，无明显毒血症症状时则称为菌血症。败血症伴有多发性脓肿而病程较长者称为脓毒血症。败血症如未迅速控制，可由原发感染部位向身体其他部位发展，引起转移性脓肿。

学前导语

C-反应蛋白属于急性时相反应蛋白，人体内还有哪些急性时相反应蛋白？血液的组成成分还有哪些？它们的生理功能是什么？通过学习本章涉及血液的组成、血浆蛋白质等知识点，能够帮助大家较好地理解急性时相反应蛋白等与疾病的关系，更好地掌握血液的生物化学知识。

第一节　血液的组成

血液，是体液的重要组成部分。它在体内发挥着举足轻重的作用，包括运输、免疫、维持体内环境稳定等。它的化学成分复杂，且流经全身，并与各组织器官保持着密切的物质交换。正常生理情况下，血液中各种成分的含量相对恒定。因一些病理性原因，血液中某些特殊的化学成分含量会发生改变，而这种血液化学成分的变化，可以认为是机体的代谢情况变化。

ER-14-1 扫一扫，知重点

血液（全血）（blood）是由液态的血浆与混悬在其中的红细胞、白细胞、血小板等有形成分组成的。正常人血液的 pH 为 7.35~7.45，比重为 1.050~1.060，比重的大小取决于所含有形成分和血浆蛋白质的量，血液的黏度为水的 4~5 倍，37℃时的渗透压为 6.8 个大气压。

正常人血液化学成分可简要概括为下列三类（表 14-1）：

（1）水：正常人全血含水约 77%~81%，血浆中含水达 92%~93%。

（2）气体：氧、二氧化碳、氮等。

（3）可溶性固体：分为有机物与无机盐两大类。其中有机物包括：蛋白质（血红蛋白、血浆蛋白质及酶与蛋白类激素）、非蛋白含氮化合物、糖及其他有机物和维生素、脂类（包括类固醇激素）。无机物主要为各种离子如 Na^+,K^+,Cl^- 等。

表 14-1　正常成人血液的主要化学成分及正常值

化学成分	分析材料	参考值
血红蛋白	全血	男：120～160g/L 女：110～150g/L
总蛋白	血清	60～80g/L
清蛋白	血清	35～55g/L
球蛋白	血清	20～30g/L
纤维蛋白原	血浆	2～4g/L
NPN	全血	14.28～24.99mmol/L
尿素氮	血清	2.5～6.4mmol/L
氨	全血	6～35μmol/L
尿酸	血清	0.12～0.36mmol/L
肌酐	血清	0.05～0.11mmol/L
肌酸	血清	0.19～0.23mmol/L
氨基酸氮	血清	2.6～5.0mmol/L
总胆红素	血清	3.4～17.1μmol/L
葡萄糖	血清	3.89～6.11mmol/L
甘油三酯	血清	0.23～1.24mmol/L
总胆固醇	血清	2.8～6.0mmol/L
磷脂	血清	1.7～3.2mmol/L
酮体	血清	<33μmol/L
乳酸	全血	0.6～1.8mmol/L
Na^+	血清	135～145mmol/L
K^+	血清	3.5～5.5mmol/L
Ca^{2+}	血清	2.1～2.7mmol/L
Mg^{2+}	血清	0.8～1.2mmol/L
Cl^-	血清	100～106mmol/L
HCO_3^-	血清	22～27mmol/L
无机磷	血清	1.0～1.6mmol/L

注：因实验方法不同，数据会有差异

知识链接

血 液 制 品

　　人血液制品是指各种人血浆蛋白制品，包括人血白蛋白、人胎盘血白蛋白、静脉注射用人免疫球蛋白、肌内注射人免疫球蛋白、组胺人免疫球蛋白、特异性免疫球蛋白、乙型肝炎免疫球蛋白、狂犬病免疫球蛋白、破伤风免疫球蛋白、人凝血因子Ⅷ、人凝血酶原复合物、人纤维蛋白原、抗人淋巴细胞免疫球蛋白等。

　　血液制品的原料是血浆。人血浆中有92%～93%是水，仅有7%～8%是蛋白质，血液制品就是从这部分蛋白质分离提纯制成的。受技术水平的限制，血浆蛋白中仅有一部分能够得到利用。

一、蛋白质

（一）血红蛋白

血红蛋白是高等生物体内负责运载氧的一种蛋白质（缩写为 Hb 或 HGB），是使血液呈红色的蛋白。血红蛋白由四条链组成，两条 α 链和两条 β 链，每一条链有一个包含一个铁原子的环状血红素。氧气结合在铁原子上，被血液运输。血红蛋白的特性是：在氧含量高的地方，容易与氧结合；在氧含量低的地方，又容易与氧分离。血红蛋白的这一特性，使红细胞具有运输氧的功能。

血红蛋白占成熟红细胞湿重的 32%，干重的 97%。正常成年男性血液中血红蛋白含量为 120～160g/L，正常成年女性为 110～150g/L。血红蛋白的减少是指单位容积血液中血红蛋白低于正常值。临床上常通过检测血红蛋白含量来诊断有无贫血。

血红蛋白的
工作原理

（二）血浆蛋白质

血浆蛋白质（plasma protein）是血浆中多种蛋白质的总称，约占血浆重量的 7%～8%。血浆是浓的蛋白质溶液。按分离方法、来源或功能，可将血浆蛋白分为不同种类。常用的分离方法有盐析法和电泳法。迄今为止人们对血浆蛋白的了解还十分有限，只有很少一部分血浆蛋白被用于常规的临床诊断。

二、非蛋白质含氮物

血液中除蛋白质以外的含氮物质，主要是尿素（urea）、尿酸（uric acid）、肌酸（creatine）、肌酐（creatinine）、氨基酸、氨、肽、胆红素（bilirubin）等，这些物质总称为非蛋白含氮化合物，而这些化合物中所含的氮量则称为非蛋白氮（non-protein-nitrogen，NPN），正常成人血中 NPN 含量为 14.28～24.99mmol/L。这些化合物中绝大多数为蛋白质和核酸分解代谢的终产物，可经血液运输到肾随尿排出体外。

当肾功能障碍影响排泄时会导致其在血中浓度升高，这也是血中 NPN 升高最常见的原因。此外，当肾血流量下降，体内蛋白质摄入过多，消化道出血或蛋白质分解加强等也会使血中 NPN 升高，临床上将血中 NPN 升高称之为氮质血症。

尿素是体内蛋白质代谢的终产物,由血液运输到肾脏排出体外。血液尿素氮(blood urea nitrogen,BUN)占血液 NPN 总量的 $1/3 \sim 1/2$,所以临床上检测尿素氮的意义和测定 NPN 的意义大致相同,都能反映肾脏的排泄功能。血中尿素氮的浓度还受体内蛋白质分解情况的影响,当蛋白质分解加强(如糖尿病)时,尿素合成增加,血中浓度上升。

尿酸是人体内嘌呤代谢的主要终产物,也由肾脏排出。痛风症、体内核酸分解增多(如白血病、恶性肿瘤)或肾功能障碍时,均会出现血尿酸增高。

知识链接

应用须谨记:这 9 类药物可引起药物性痛风

痛风与饮食密切相关,大量摄取比如啤酒、海鲜、动物内脏、豆制品、浓茶等,往往会诱发痛风。但作为医生或药剂师,必须要知道,某些药物同样可能会引起高尿酸血症,进而导致继发性痛风。

1. 利尿剂　袢利尿剂、噻嗪类利尿剂,如呋塞米、氢氯噻嗪。

2. 小剂量阿司匹林。

3. 抗结核药物,如吡嗪酰胺和乙胺丁醇。

4. 免疫抑制剂,如环孢素。

5. 降压药物,如长期口服硝苯地平。

6. 大剂量服用烟酸。

7. 喹诺酮类。

8. 抗肿瘤药物,如环磷酰胺。

9. 左旋多巴。

肌酸是以甘氨酸、精氨酸和甲硫氨酸为原料在肝脏中合成的,随血液运至肌肉,在肌肉组织中合成磷酸肌酸,肌酸脱水或磷酸肌酸脱去磷酸即为肌酐。肌酸和肌酐均由尿排出体外。正常人血中肌酸为 $0.23 \sim 0.58$ mmol/L,肌酐约为 $0.09 \sim 0.18$ mmol/L。每日随尿液排出的肌酐量比较恒定。

ER-14-3

肌酐高的危害

血液中含有微量氨,正常人血氨为 $27 \sim 82 \mu$mol/L。人体内氨的来源是蛋白质代谢过程中由氨基酸脱氨生成,肾脏谷氨酰胺分解和肠道内细菌作用也是体内氨的来源。大部分氨在肝内通过鸟氨酸循环合成尿素,一部分用于酮酸的氨基化、合成谷氨酰胺和在肾内形成铵盐从尿中排出。血氨升高常见于重症肝病,尿素生成功能下降、门静脉侧支循环增强、先天性鸟氨酸循环的有关酶缺乏症。

ER-14-4

血氨增高引起肝性脑病的治疗

胆红素来源于含铁卟啉的化合物(血红蛋白、肌红蛋白、细胞色素、过氧化物酶和过氧化氢酶等),正常血浆中含量很少,总胆红素为 $3.4 \sim 17.1 \mu$mol/L,结合胆红素为 $0 \sim 6.8 \mu$mol/L。当总胆红素在 $17.1 \sim 34.2 \mu$mol/L 时,无肉眼可见的黄疸,为隐性黄疸。当超过 34.2μmol/L 时,肉眼可见巩膜变黄。黄疸是临床上重要症状之一。

三、不含氮的有机物

血浆中的葡萄糖、乳酸、酮体、脂类等含量与糖代谢和脂类代谢有密切关系。

四、无机盐

血浆中的无机盐主要以离子状态存在。阳离子主要有 Na^+、K^+、Ca^{2+}、Mg^{2+} 等，阴离子主要有 Cl^-、HCO_3^-、HPO_4^{2-} 等。这些离子在维持血浆渗透压、酸碱平衡和神经肌肉兴奋性等方面发挥重要作用。

案例分析

案例

某患者，女性，52岁，急诊入院，来时意识不清，口角有秽物残迹。 ICU 医护人员积极抢救该患者，心肺肾衰竭的表现未见明显改善。 多次复查 K^+ 浓度结果为 16.7~18.1mmol/L。 经主管医生介绍患者病情，家属说是老两口吵架，患者想不开，喝了大半瓶敌敌畏，还有小半瓶座果宝。

分析

座果宝是含 K^+ 的农药。 患者血钾经几次复查都非常高，结合病史，推断是农药所致。

点滴积累 ∨

1. 血红蛋白是高等生物体内负责运载氧的一种蛋白质（缩写为 Hb 或 HGB），是使血液呈红色的蛋白。

2. 血浆蛋白质（plasma protein）是血浆中多种蛋白质的总称，约占血浆重量的 7%~8%，是浓的蛋白质溶液。

3. 血液中除蛋白质以外的含氮物质，主要是尿素（urea）、尿酸（uric acid）、肌酸（creatine）、肌酐（creatinine）、氨基酸、氨、肽、胆红素（bilirubin）等，这些物质总称为非蛋白含氮化合物。

4. 血浆中的葡萄糖、乳酸、酮体、脂类等含量与糖代谢和脂类代谢有密切关系。

5. 血浆中的无机盐主要以离子状态存在。 阳离子主要有 Na^+、K^+、Ca^{2+}、Mg^{2+} 等，阴离子主要有 Cl^-、HCO_3^-、HPO_4^{2-} 等。

第二节　血浆蛋白质

一、血浆蛋白质的种类与分离方法

血浆蛋白质是血浆中最主要的固体成分，含量为 65~85g/L，血浆蛋白质种类繁多，功能各异。目前，已经研究的血浆蛋白质有 500 多种，其中分离出接近纯品者近 200 种。血浆中各种蛋白质的含量差别极大,多者每升达数十克,少的仅为毫克甚至微克水平。绝大多数血浆蛋白质由肝脏合成,如白蛋白、纤维蛋白原、部分球蛋白等,还有少量血浆蛋白质如免疫球蛋白和蛋白质类激素由其他组织细胞合成。用不同的分离方法可将血浆蛋白质分为不同的种类,详见表 14-2。

表 14-2 人血浆中分离出的一些重要蛋白质

血浆蛋白质	生物学功能
前清蛋白	参与甲状腺激素、视黄醇转运
清蛋白(白蛋白)	维持血浆渗透压及 pH
皮质激素传递蛋白	肾上腺皮质激素载体
甲状腺素结合蛋白	与甲状腺激素特异结合
铜蓝蛋白	具有亚铁氧化酶活性
结合珠蛋白	特异地与血红蛋白结合
脂蛋白	运输脂类
运铁蛋白	运输铁
血红素结合蛋白	具有血红素特异结合能力
免疫球蛋白	抗体活性
纤溶酶原	活化后具有分解纤维蛋白能力
纤维蛋白原	凝血因子

根据血浆蛋白中各种蛋白质分子的大小和表面电荷不同,在电场中的泳动速度不同将其分离,即电泳法。

醋酸纤维素薄膜电泳可将血浆蛋白质分成六条区带:清蛋白、α_1 球蛋白、α_2 球蛋白、β 球蛋白、纤维蛋白原和 γ 球蛋白。若以血清为试样进行醋酸纤维素薄膜电泳则可得到五条区带,即清蛋白、α_1 球蛋白、α_2 球蛋白、β 球蛋白和 γ 球蛋白(图 14-1)。

白蛋白能够增强人的免疫力和抵抗力吗?

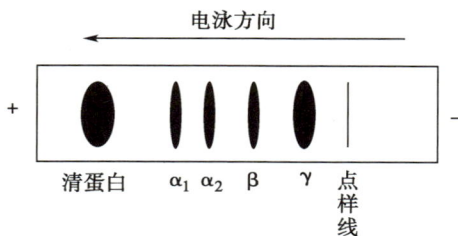

图 14-1 正常人血清蛋白醋酸纤维薄膜电泳图

根据血浆蛋白中各种蛋白质在不同浓度盐溶液中的溶解度不同而加以分离,即盐析法。用硫酸铵、氯化钠可将血浆蛋白质分为清蛋白、球蛋白及纤维蛋白原。清蛋白可被饱和硫酸铵沉淀,球蛋白和纤维蛋白原可被半饱和硫酸铵沉淀,纤维蛋白原又可被半饱和氯化钠沉淀。

▶ 课堂活动

蛋白质溶解度不同、分子大小不同、带电性质不同,请同学们思考可用于蛋白质的分离方法、操作流程和注意要点有哪些?

二、血浆蛋白质的功能

（一）维持血浆胶体渗透压

血浆胶体渗透压对水在血管内外的分布起着决定性的作用。正常人血浆胶体渗透压的大小取决于血浆蛋白质的摩尔浓度。由于清蛋白的分子量小，摩尔浓度高，且在生理 pH 条件下电负性高，能使水分子聚集在其分子表面，所以清蛋白能最有效地维持血浆胶体渗透压。由清蛋白产生的胶体渗透压约占总胶体渗透压的 75%~80%。

（二）维持血浆正常的 pH

正常血浆的 pH 为 7.35~7.45，而血浆蛋白质的等电点大多在 4.0~7.3 之间，所以在生理 pH 环境下，血浆蛋白质为弱酸，其中一部分可与 Na^+ 等形成弱酸盐，弱酸与弱酸盐组成缓冲对，参与维持血浆正常的 pH。

（三）运输作用

血浆蛋白质分子表面有众多的亲脂性结合位点，所以可结合运输脂溶性物质；此外血浆蛋白质还能和一些易被细胞摄取或易随尿液排出的小分子物质结合，防止它们从肾丢失。

（四）免疫作用

血浆中可发挥免疫作用的蛋白质有免疫球蛋白（抗体）和补体。抗原（病原菌等）刺激机体可产生特异性抗体，它能识别特异性抗原并与之结合成抗原抗体复合物，继而激活补体系统来杀伤抗原。

（五）催化作用

1. 血浆功能酶　主要在血浆中发挥催化作用，绝大多数由肝合成后分泌入血。如参与凝血和纤溶的一系列蛋白水解酶、铜蓝蛋白、肾素和脂蛋白脂肪酶等。

2. 外分泌酶　由外分泌腺分泌的酶，如唾液淀粉酶、胃蛋白酶、胰蛋白酶、胰脂肪酶、胰淀粉酶等。这些酶生理条件下很少逸入血浆，与血浆正常功能无直接关系，但血浆中这些酶的活性可反应相应腺体的功能状态，有助于临床上对相关疾病的诊断。如急性胰腺炎时，血浆淀粉酶活性升高。

3. 细胞酶　存在于细胞和组织中参与物质代谢的酶类，在细胞更新过程中可释放入血，但正常时血浆中含量甚微。这类酶大多数无器官特异性，有少部分可来源于特定器官，血浆中相应酶活性升高时，往往相关脏器细胞破损或细胞膜通透性升高。如肝炎时可检测到血浆中丙氨酸氨基转移酶活性升高，有助于对疾病的诊断和对预后的判断。

（六）营养作用

体内的某些细胞，如单核吞噬细胞系统，可吞饮血浆蛋白质，这些蛋白质被细胞内的酶消化分解为氨基酸后参与氨基酸代谢池，可用于合成组织蛋白，转变成其他含氮化合物、异生成糖或分解供能。

（七）凝血、抗凝血和纤溶作用

参与血液凝固的物质称为凝血因子，已知的凝血因子主要有 14 种，大多数凝血因子均为存在于血浆中的蛋白质，并以酶原的形式存在。当血管内皮损伤，血液流出血管时，凝血因子参与连锁酶促反应，使水溶性纤维蛋白原转变成凝胶状纤维蛋白，并聚合成网状，黏附血细胞，形成血凝块而止血。

在生理情况下,也可能发生血管内皮损伤、血小板活化和少量凝血因子激活,从而发生血管内凝血。血浆中存在的抗凝成分和纤溶系统,与凝血系统维持动态平衡,保证了血流的通畅。

纤溶过程包括纤溶酶原的激活和纤维蛋白的溶解。纤溶酶原由790个氨基酸残基组成,经蛋白酶水解为纤溶酶后,可特异性催化纤维蛋白或纤维蛋白原中由精氨酸或赖氨酸残基的羧基构成的肽键水解,产生一系列降解产物,使血凝块溶解,防止血栓形成。

三、疾病与血浆蛋白

(一)炎症、创伤

在急性炎症或某些组织损伤时,有些血浆蛋白质含量增高,有些会降低,这些血浆蛋白质被称为急性时相反应蛋白(acutephasereactants,APR)。急性时相反应蛋白包括 α_1-抗胰蛋白酶、α_1-酸性糖蛋白、结合珠蛋白、铜蓝蛋白、C4、C3、C-反应蛋白、纤维蛋白原、前白蛋白、白蛋白、转铁蛋白等。除后三者外,其他的血浆浓度在炎症、创伤、心肌梗死、感染、肿瘤等情况下显著上升,少则升高50%,多则升高1000倍。另外3种蛋白质:前白蛋白、白蛋白及转铁蛋白则出现相应的低下。急性时相反应是机体防御机制的一部分,其可能的机制是在机体受到损伤或炎症时释放某些小分子蛋白质,如细胞因子,导致干细胞中上述蛋白质的合成增加或减少。

当机体处于炎症或损伤状态时,由于组织坏死及组织更新的增加,血浆蛋白质相继出现一系列特征性变化,这些变化与炎症创伤的时间进程相关,可用于鉴别急性、亚急性与慢性病理状态。在一定程度上与病理损伤的性质和范围也有相关。

(二)风湿病

风湿病可表现急性或慢性炎症过程,包括多方面的变化。炎症主要累及结缔组织,但可伴有多系统的损害。患者血浆蛋白的异常改变主要包括急性炎症反应和由于抗原刺激引起的免疫系统增强的反应,其特征为:①免疫球蛋白升高,特别是 IgA,并可有 IgG 及 IgM 的升高;②炎症活动期可有 α_1-酸性糖蛋白、结合珠蛋白及 C3 成分升高。

(三)肝疾病

肝是合成大多数血浆蛋白质的主要器官,肝的库普弗细胞可参与免疫细胞的生成调节,因此肝疾病可以影响到很多血浆蛋白质的变化。在急性肝炎时,可以出现非典型的急性时相反应,如乙型肝炎活动期 α_1-抗胰蛋白酶增高,α_1-酸性糖蛋白大致正常,而结合珠蛋白常偏低,IgM 起病时即可上升,血清前白蛋白、白蛋白往往下降,特别血清前白蛋白是肝功能损害的敏感指标。肝硬化时可有以下特征:①IgG 出现弥散性的增高,以及 IgA 的明显升高;②α_1-抗胰蛋白酶是肝细胞损害的一个敏感指标,升高显著;③C-反应蛋白、铜蓝蛋白及纤维蛋白原轻度升高;④α_1-酸性糖蛋白、结合珠蛋白、C3 可由于肝细胞损害而偏低;⑤血清前白蛋白、白蛋白、α_1-脂蛋白及转铁蛋白明显降低;⑥α_1-巨球蛋白则可出现明显地增高。

(四)肾脏疾病

不少肾脏病变早期就可以出现蛋白尿,导致血浆蛋白质丢失,丢失的蛋白质与其分子量有关。小分子量蛋白质丢失最明显,而大分子量蛋白质因肝细胞代偿性地合成增加,绝对含量可升高。表现为血浆白蛋白含量明显下降,前白蛋白、α_1-酸性糖蛋白、α_1-抗胰蛋白酶及转铁蛋白含量降低;α_2-巨球蛋白、β-脂蛋白及结合珠蛋白多聚体增加;IgG 含量降低,而 IgM 可增加。

点滴积累 ∨

1. 血液由血浆和红细胞、白细胞、血小板等有形成分组成。

2. 血液的化学成分除水外,固体成分主要包括各类蛋白质(血红蛋白、血浆蛋白等)、非蛋白质含氮物、不含氮的有机物(脂类、糖、乳酸、酮体等)、无机盐等。 血浆蛋白质种类很多,常用电泳和盐析法将其进行分类。

3. 血浆蛋白质的功能包括:维持血浆胶体渗透压,维持血浆正常的 pH,运输作用,免疫作用,催化作用,营养作用,凝血、抗凝血和纤溶作用。

复习导图

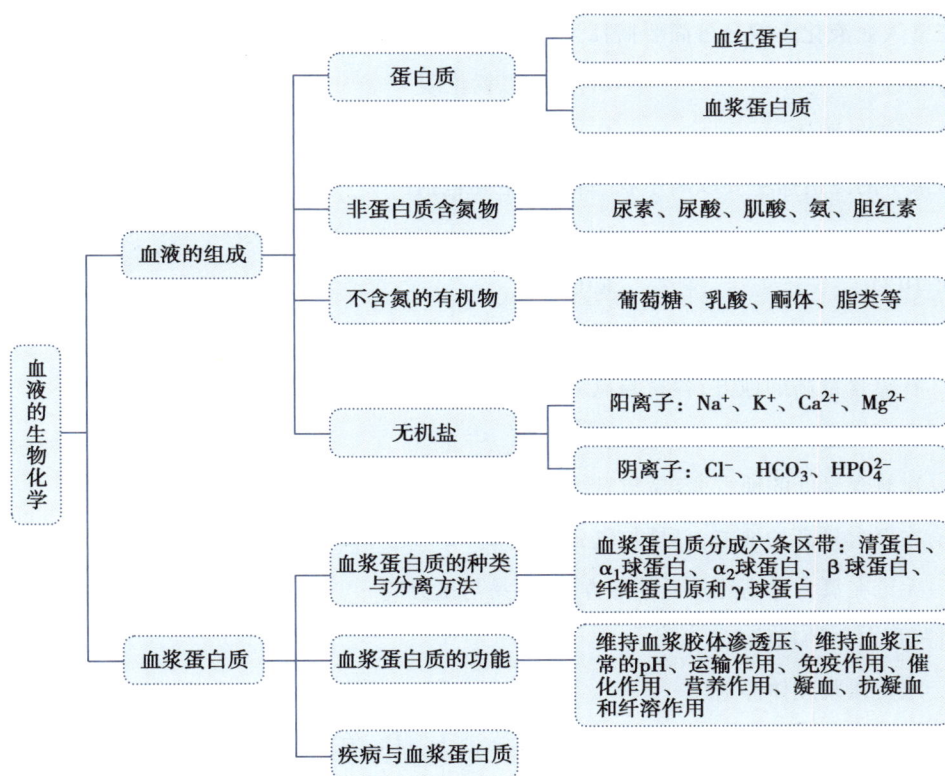

目标检测

一、选择题

(一)单项选择题

1. 正常人血中 NPN 含量为( )

   A. 8.24~14.28mmol/L   B. 10.28~14.28mmol/L

   C. 14.28~24.99mmol/L   D. 24.99~32.24mmol/L

2. 正常血浆中含量最多的阳离子和阴离子是( )

A. Na^+和HCO_3^-　　　　B. Na^+和HPO_4^{2-}　　　　C. Na^+和SO_4^{2-}　　　　D. Na^+和Cl^-

3. 正常成年男性血液中血红蛋白含量为（　　　）

A. 90～160g/L　　　　B. 120～140g/L　　　　C. 90～140g/L　　　　D. 120～160g/L

4. 正常人血中肌酸和肌酐分别为（　　　）

A. 0.23～0.58mmol/L，0.09～0.18mmol/L

B. 0.09～0.58mmol/L，0.18～0.23mmol/L

C. 0.09～0.18mmol/L，0.23～0.58mmol/L

D. 0.18～0.23mmol/L，0.09～0.58mmol/L

5. 血液中含有微量氨，正常人血氨为（　　　）

A. 20～82μmol/L　　　　B. 27～60μmol/L　　　　C. 27～82μmol/L　　　　D. 20～60μmol/L

（二）多项选择题

1. 正常人血液化学成分可简要概括为（　　　）

A. 水　　　　　　　　　B. 氧和二氧化碳　　　　　C. 氮

D. 可溶性固体　　　　　E. 脂肪

2. 血浆中的无机盐主要以离子状态存在，主要包括（　　　）

A. Na^+　　　　　　　　B. K^+　　　　　　　　　C. Cl^-

D. HCO_3^-　　　　　　E. Cu^{2+}

3. 血红蛋白的特性是（　　　）

A. 在氧含量高的地方，容易与氧结合

B. 在氧含量低的地方，容易与氧分离

C. 在氧含量低的地方，容易与氧结合

D. 在氧含量高的地方，容易与氧分离

E. 无论在氧含量高还是低的地方，都容易与氧分离

4. 血浆蛋白质的功能有（　　　）

A. 维持血浆胶体渗透压　　　　　　　B. 维持血浆正常的 pH

C. 运输作用　　　　　　　　　　　　D. 免疫、催化作用

E. 储能

5. 血液中除蛋白质以外的含氮物质，主要是（　　　）

A. 尿素、氨基酸　　　　B. 尿酸、胆红素　　　　C. 肌酸、肌酐

D. 肽、氨　　　　　　　E. 嘌呤、嘧啶

二、判断改错题

1. 正常人血液的 pH 为 6.35～6.45。

2. 正常成年男性血液中血红蛋白含量为 120～150g/L。

3. 正常成人血液中 NPN 含量为 14.28～24.99mmol/L。

4. 清蛋白的生物学功能是特异地与血红蛋白结合。

5. 清蛋白可以被半饱和硫酸铵沉淀。

三、简答题

1. 人血浆中分离出了哪些重要蛋白质,它们的主要生物学功能是什么?

2. 在临床或药剂工作中,因药物引起药物性痛风应该注意哪些?

（彭 坤）

第十五章

水盐代谢与酸碱平衡

导学情景 ∨

情景描述

　　患儿 1 岁半，腹泻 2 天伴呕吐入院。 患儿昨日起开始腹泻，排水样、蛋花汤样大便 10 余次/日，伴呕吐。 昨天至今进食极少，6 小时前起无尿。 查体 T 38℃，心率 130 次/分，呼吸 30 次/分，BP 60/30mmHg。 体重 10kg，精神萎靡，哭无泪，前囟明显凹陷，唇干燥，色樱桃红。 双肺呼吸音清，无杂音。 心音低钝，无杂音。 腹软稍胀，皮肤弹性极差，肠鸣音弱，四肢冷。 辅助检查：血钠 120mmol/L，血钾 2.9mmol/L，血气：$HCO_3^- 8mmol/L$。

学前导语

　　该病例属于小儿脱水。 脱水是水盐代谢紊乱的一种，又分为高渗性脱水、低渗性脱水和等渗性脱水。 通过学习本章内容，能够帮助大家较好地理解酸碱平衡的调节机制及酸碱平衡紊乱的原因，从而更好地掌握人体内水盐代谢与酸碱平衡知识。

第一节　水盐代谢

一、水和无机盐在体内的生理功能

（一）水的生理功能

　　水是人体含量最多，也是最重要的无机物，大部分水与蛋白质、多糖等物质结合，以结合水（bound water）的形式存在。水具有很多特殊的理化性质，是维持人体正常代谢活动和生理功能的必需物质之一。

　　1. **调节体温**　水的比热大，因而机体在代谢过程中产生的热能由体液吸收而体温变化却不大；水的蒸发热大，故蒸发少量汗液就能散发大量热量；水的流动性大，导热性强，通过体液交换和血液循环，将体内代谢产生的热运送到体表，再通过体表的散发或水的蒸发将热量释放到环境中去，从而使机体能维持均匀而恒定的温度。

扫一扫，知
重点

　　2. **运输作用**　机体所需的多种营养物质和许多代谢产物能溶于水中而运输，即使是某些难溶或不溶于水的物质（如脂类），也能与亲水性的蛋白质分子结合分散于水中形成胶体溶液，通过血液循环运输至全身。

　　3. **促进并参与物质代谢**　体内许多代谢物都能溶解或分散于水中，从而容易进行化学反应。

水的介电常数高,能促进各种电解质的解离,也能促进化学反应加速进行。水还直接参与体内物质代谢反应(水解、水化、加水脱氢等)。

4. 润滑作用 唾液有利于咽部湿润及食物吞咽,泪液能防止眼球干燥,关节滑液有助于关节活动,胸腔与腹腔浆液、呼吸道与胃肠道黏液都有良好的润滑作用。

5. 维持组织的形态与功能 体内的水除了以自由水的形式分布在体液中,还有相当一部分水以结合水的形式存在。结合水是指与蛋白质、核酸和蛋白多糖等物质结合而存在的水。它与自由状态的水不同,无流动性,因而对保持组织、器官的形态、硬度和弹性起到一定的作用。

（二）无机盐的生理功能

无机盐在人体的化学组成中含量并不多,总量约占体重的 $4\% \sim 5\%$,但种类很多,有些无机盐含量甚微,却具有很重要的生理功能,是组成人体组织不可缺少的原料,其主要生理功能如下:

1. 维持体液渗透压和酸碱平衡 Na^+、Cl^- 是维持细胞外液渗透压的主要离子,K^+、HPO_4^{2-} 是维持细胞内液渗透压的主要离子。体液电解质中的阴离子(如 HCO_3^-、HPO_4^{2-} 等)与其相应的酸类可形成缓冲对,构成维持体液酸碱平衡的重要缓冲物质。此外,K^+ 可通过细胞膜与细胞外液的 H^+ 和 Na^+ 进行交换,以维持和调节体液的酸碱平衡。

2. 维持神经肌肉的兴奋性 Na^+、K^+ 可提高神经肌肉的兴奋性,Ca^{2+}、Mg^{2+} 和 H^+ 可降低神经肌肉的兴奋性。低血钾患者常出现肌肉松弛、腱反射减弱或消失,严重者可导致肌肉麻痹、胃肠蠕动减弱、腹胀,甚至肠麻痹等症状;低血钙或低血镁者可出现手足抽搐。正常神经、肌肉兴奋性是各种离子综合影响的结果。

对于心肌,Ca^{2+} 与 K^+ 的作用恰好相反,Na^+、Ca^{2+} 使心肌兴奋性增高,而 K^+、Mg^{2+} 和 H^+ 使心肌兴奋性降低,故前两者和后三者离子间有拮抗作用。据此常用钠盐或钙盐治疗高血钾或高血镁对心肌所致的毒性作用。

3. 构成组织细胞成分 所有组织细胞中都有电解质成分。如钙、磷和镁是骨骼、牙齿组织中的主要成分;含硫酸根的蛋白多糖参与构成软骨、皮肤和角膜等组织。

4. 维持细胞正常的新陈代谢 某些无机离子是多种酶类的激活剂或辅助因子。如细胞色素氧化酶需要 Fe^{2+} 和 Cu^{2+};Cl^-、Br^- 及 I^- 可促进唾液淀粉酶对淀粉的水解;Ca^{2+} 参与凝血过程;糖类、脂类、蛋白质、核酸的合成都需要 Mg^{2+} 的参与等。

二、体液的含量和分布

成年人体液占体重 60% 左右,其中细胞内液占体重的 40%,细胞外液占体重的 20%。在细胞外液中血浆约占体重的 5%,细胞间液占 15%。而胃肠道消化液、汗液、尿液、渗出液等可以认为是细胞外液的特殊部分,这些特殊液体的大量丢失可影响体液的容量、渗透压和酸碱平衡。体液总量受年龄、性别和胖瘦等因素的影响而有很大的变动。年龄越小,体液占体重的百分比越大,各部分体液的分布与年龄有关(表 15-1)。

表 15-1　不同年龄正常人的体液分布（占体重%）

年龄	体液总量	细胞内液	细胞外液		
			总量	细胞间液	血浆
新生儿	80	35	45	40	5
婴儿	70	40	30	25	5
儿童（2~14 岁）	65	40	25	20	5
成年人	55~65	40~45	15~20	10~15	5
老年人	55	30	25	18	7

血浆占体重的 5%，是沟通人体内外环境和各部分体液之间的重要转运体系，也是特殊的细胞外液，对生命活动的维持极为重要。血容量急剧下降时将导致脑组织缺血缺氧，代谢废物在体内潴留，肾功能衰竭乃至休克。

细胞间液占细胞外液的很大部分，在体积上有很大的伸缩性，从而可在一定范围内调节血容量和细胞内液容量的恒定，以保证血液循环和细胞的正常功能。

电解质紊乱的主要症状

三、体液平衡及其调节

（一）水的平衡

1. 水的摄入　成人每天所需的水量为 2000~2500ml，主要来源有三方面：

（1）饮水：饮水量随个人习惯、气候条件和劳动强度的不同而有较大差别。成人一般每天饮水 1000~1500ml。

（2）食物水：成人每天随食物摄入的水量约为 1000ml。

（3）代谢水：糖、脂肪和蛋白质等营养物质在氧化过程中生成的水，称为代谢水。成人每天体内生成的代谢水约 300ml。

2. 水的排出　成人每天排出的水为 2000~2500ml。体内水的去路有四条：

（1）肺呼出：肺呼吸时以水蒸气形式排出部分水分，肺排出量取决于呼吸的深度和频率。一般成人每天由此挥发的水约 350ml。

（2）皮肤蒸发：皮肤排水有两种方式：①非显性出汗，即体表水分的蒸发。成人每天由此蒸发水 500ml。②显性出汗，为皮肤汗腺活动分泌的汗液。汗液是低渗溶液，故高温作业或强体力劳动大量出汗后，除失水外也有 Na^+、K^+、Cl^- 等电解质的丢失，此时在补充水分的基础上还应注意电解质的补充。

（3）消化道排出：各种消化腺分泌进入胃肠道的唾液、胃液、胆汁、胰液和肠液等消化液，平均每天约 8000ml，其中含有大量水分和电解质。正常情况下，这些消化液绝大部分被肠道重吸收，只有 150ml 左右随粪便排出。不同的消化液，水和电解质的含量不同，在呕吐、腹泻、胃肠减压、肠瘘等情况下，消化液大量丢失，会导致不同性质的失水、失电解质，故临床补液时应根据丢失消化液的性质决定其应补充的电解质种类。

（4）肾排出：正常成人每天尿量约为 1500ml，但尿量受饮水量和其他途径排水量的影响较大。成人每天约由尿排出至少 35~40g 左右的固体代谢废物，1g 固体溶质至少需要 15ml 水才能使之溶解，故成人每天至少需排尿 500ml 才能将代谢废物排尽，因此 500ml 尿量称为最低尿量。尿量少于 500ml 时则称为少尿，此时代谢废物将在体内潴留引起中毒。

正常成人每天水的进出量大致相等，为 2000~2500ml。儿童、孕妇和恢复期患者，需保留部分作为组织生长、修复的需要，故他们的摄水量略大于排水量。婴幼儿新陈代谢旺盛，每天水的需要量按千克体重计算比成人约高 2~4 倍，但因其神经、内分泌系统发育尚不健全，调节水、电解质平衡的能力较差，所以比成人更容易发生水、电解质平衡失调。

脱水与水中毒

（二）无机盐的平衡

1. 无机盐的摄入　人体通过每天的饮食摄入无机盐。NaCl 是主要摄入成分，盐的摄入量因个人的饮食习惯不同而有很大的差别。正常成人每天大约摄入食盐 8~15g，已远远超过机体的需要，一般不会缺乏。体内钠离子总量的 44%~50% 存在于细胞外液，血钠浓度为 130~150mmol/L。10%~20% 存在于细胞内液，35%~40% 存在于骨骼。

钾离子的摄入也依靠食物。食盐中含少量钾盐，肉类、水果、蔬菜等含钾量都比较丰富。正常人每日摄入量约 2~4g（50~100mmol/L），因此正常进食者一般不会缺乏钾离子。成人体内含钾总量约 110g，约 98% 存在于细胞内，细胞外液仅占 2% 左右。血浆中的钾正常浓度为 3.5~5.5mmol/L，凡低于 3.5mmol/L 的称为低血钾，高于 5.5mmol/L 的称为高血钾。细胞内外液中钾离子分布可因某些生理因素而变化。

一般饮食情况下，其他无机盐离子如 Cl^-、Ca^{2+}、Mg^{2+}、Fe^{2+} 等都能满足机体需要。

如何补钙？

2. 无机盐的排出　Na^+ 大约有 90%~95% 是通过肾脏排泄，少量由汗腺排出。排出量与进食量大致相等。肾脏调节钠的能力很强，进食过量的钠，则肾排出量增加。但如果完全停止钠盐的摄取，则肾脏的排钠量可降至很低甚至趋近于零。可总结为"多吃多排，少吃少排，不吃不排"。肾炎患者肾脏排钠功能降低，因此患者宜少进食盐。钠经肠道的排泄量很少，但严重腹泻时，可导致大量钠离子的丢失。

知识链接

低血钾与高血钾

低血钾：当机体内血钾浓度低于 3.5mmol/L 时，称为低血钾。钾的摄入不足、排除量增加、钾自细胞外大量移入细胞内，可导致低血钾。其主要表现为四肢软弱无力、倦怠、腹胀、心律失常等。

高血钾：当血钾浓度高于 5.5mmol/L 时，称为高血钾。钾摄入过多、排出障碍或细胞内的钾转运至细胞外均可引起高血钾。其主要表现为极度疲乏、肌肉酸痛、肢体湿冷、嗜睡等。

肾脏也是排钾的主要器官。钾由肾脏排出的量约 90%，其余 10% 由肠道排出，大量出汗也可排出少量钾。钾在肾小管的排出与钠的重吸收有关。在远曲小管通过 Na^+-K^+ 交换，保留钠、排出钾。

每日约有 2g 的钾随尿排出。即使不摄入钾,尿中仍要排出钾,因此肾脏排钾的情况不如钠严格,可总结为"多吃多排,少吃少排,不吃也排"。腹泻可以导致钾的丢失;注射胰岛素可以驱动 K^+ 进入细胞内,导致血钾降低。对于各种原因导致的低血钾,补钾是很重要的。补 K^+ 宜慢,K^+ 在各部分体液之间的平衡比水慢,大约需要 15 小时。

▶▶ **课堂活动**

结合上面所学的水盐平衡知识点,请提出日常生活中健康成年人在水盐摄入方面的建议。

(三)体液调节

人体每天都摄入和排出一定量的水和无机盐,使体液维持着正常渗透压和容积。血浆渗透压是调节水、电解质平衡的主要因素。当血浆渗透压发生变化时,机体可以通过神经和激素的调节使其恢复动态平衡。

1. 神经系统的调节　中枢神经系统在水、电解质平衡的调节上起着很重要的作用。当机体失水过多或饮食中食盐过多时,都可引起血浆和细胞间液的渗透压升高。减少盐的摄入,有预防和缓解高血压的作用。

2. 肾脏的调节　水和无机盐平衡的调节过程中,肾脏的功能状态占有很重要的地位。它通过肾小球的滤过作用、肾小管的重吸收作用以及远曲小管中的离子交换作用来调节水和无机盐的平衡。正常人每日约有 180L 水、1300gNaCl 和 35g K^+ 通过肾小球。通过肾小球的水、K^+、Na^+ 与 Cl^-,99% 以上被肾小管重吸收。生理尿量是 1000~2000ml。所以肾小管的重吸收作用对机体保存水和盐类是非常重要的。任何因素对通过肾脏的血流量或肾小球有效滤过压、通透性、滤过面积等发生影响时,均可使肾脏排出的水和盐类的量发生改变。

为什么会口渴?

3. 激素的调节　中枢神经系统除直接以产生口渴的感觉来调节饮水量以外,还可以通过激素的分泌控制肾脏的排泄功能,调节水和电解质的平衡。健全的肾功能是完成调节作用关键。调节水、盐平衡的主要激素是抗利尿激素和醛固酮。

(1)抗利尿激素:抗利尿激素(ADH)又称加压素,它是由下丘脑视上核和室旁核的神经细胞分泌的九肽激素,储存和释放于神经垂体后叶。当血浆晶体渗透压增高,循环血量减少,血压降低时,通过神经反射使神经垂体释放 ADH。ADH 的主要功能是增强肾远曲小管和集合管对水的通透性,从而促进水的重吸收,使尿量减少,以维持体液渗透压的相对恒定。如下丘脑发生病变时,ADH 分泌释放障碍,造成尿量显著增多,每日多达 10 L 以上,称尿崩症。除细胞外液的渗透压、血压和血容可调节 ADH 分泌外,兴奋、疼痛、麻醉、发热等皆可促进 ADH 的分泌,而寒冷则能抑制其分泌。抗利尿激素调节机制见图 15-1。

(2)醛固酮:醛固酮是肾上腺皮质球状带分泌的盐皮质激素。醛固酮的分泌受肾素-血管紧张素系统和血浆[Na^+]/[K^+]的影响。当血容量减少或血压下降时,肾小球入球小动脉血压降低;同时肾小球滤过率减小,经过肾远曲小管致密斑的 Na^+ 减少,两者都可使肾小球旁细胞分泌肾素。另外,全

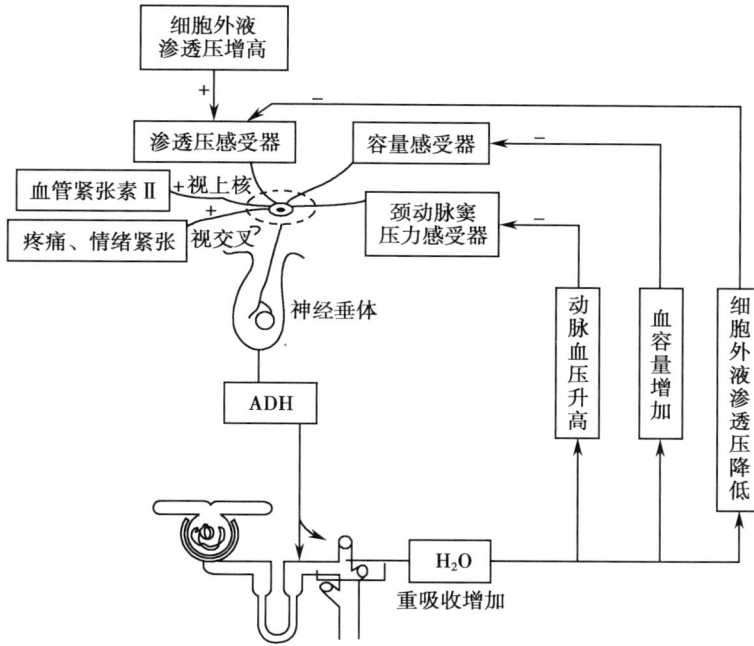

图 15-1 抗利尿激素调节机制

身血压下降,交感神经兴奋也能刺激肾小球旁细胞分泌肾素。肾素是一种蛋白水解酶,它催化血浆中血管紧张素原转变为血管紧张素,后者能促进醛固酮分泌。

醛固酮的主要功能是促进肾远曲小管及集合管上皮细胞分泌 K^+ 与 H^+ 以换回 Na^+,即"排钾保钠"。随着 Na^+ 重吸收的增强,同时伴有肌酐和水重吸收的增加,使得血容量及血压恢复。另外,当 $[Na^+]/[K^+]$ 比值下降时,醛固酮分泌增加,尿中排 K^+ 增多;当 $[Na^+]/[K^+]$ 比值增高,醛固酮却分泌减少,尿中排 Na^+ 增多。醛固酮的分泌与调节机制见图 15-2。

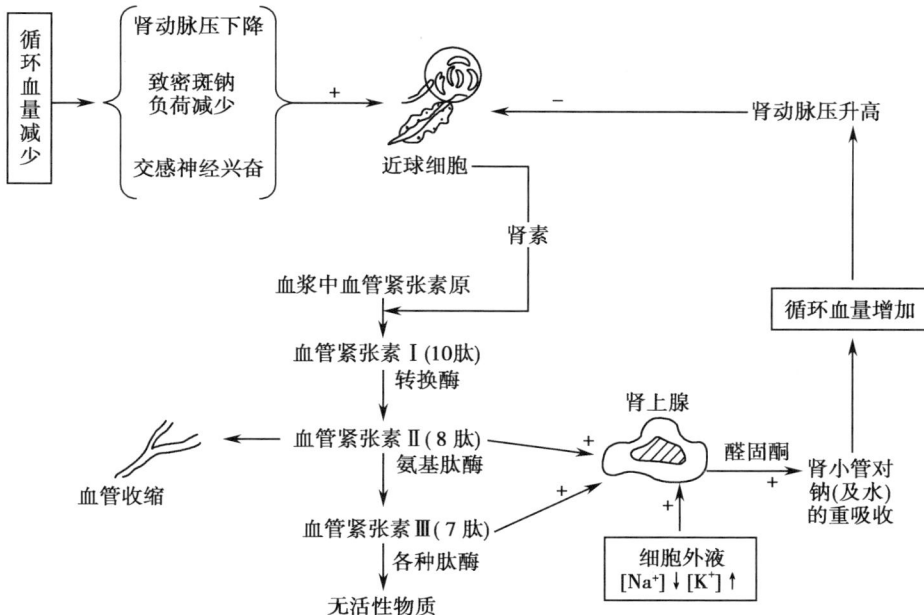

图 15-2 醛固酮的分泌与调节机制

案例分析

案例

50 岁中年男性，入院体检，血压 155/85 mmHg，心率 80 次/分，呼吸 18 次/分。双上肢肌力Ⅳ级，双下肢肌力Ⅱ级，病理反射阴性。实验室检查：血、尿、粪常规、血糖、血脂和肝肾功能以及甲状腺功能均正常，血磷酸肌酸激酶明显升高为 470U/L（正常范围：38 ~147U/L）（低血钾可导致横纹肌的损伤）；血钾 2.1mmol/L，血钠 147mmol/L，血氯 108mmol/L；24 小时尿钾 79.2mmol；血气分析 pH 7.44，标准碳酸氢根 27.1mmol/L（正常范围：22 ~26 mmol/L），碱剩余 3mmol/L，提示为代谢性碱中毒；血浆醛固酮 7.9ng/dl（低血钾可抑制醛固酮的分泌），血浆肾素活性 0.07ng/（ml·h），醛固酮肾素活性比值ARR=113。

分析

根据病史和检查结果，考虑原发性醛固酮增多症（增生型），于是给予患者多种降压药物联合治疗，出院 3 个月时随访血压和血钾均恢复正常。最后考虑诊断：原发性醛固酮增多症（增生型）。

四、水盐代谢紊乱

水盐代谢是在神经-体液-内分泌网络的调节下，保持水和氯化钠等无机盐的摄入量和排出量的动态平衡，并维持体内含量相对恒定。脱水和水肿是水盐代谢功能紊乱的两种情况。

（一）脱水

依据水与电解质丢失比例不同分为三种类型：

1. **高渗性脱水** 水的丢失量大于电解质的丢失量，体液呈高渗状态，又称此为缺水性脱水。

主要原因：①水的摄入量少；②水的排出量增多。如利尿剂、脱水剂应用。

调节途径：①因血浆 Na^+ 浓度增高，使醛固酮（ADS）分泌减少；②因血浆渗透压升高，使抗利尿激素（ADH）分泌增多；③细胞间液中的水补充血浆，进而细胞内的水进入细胞间液，最终形成细胞内脱水。

2. **低渗性脱水** 电解质丢失为主，体液渗透压下降，又称为缺钠性脱水。

主要原因：如呕吐、腹泻，使消化液大量丢失。大量出汗，大面积烧伤，反复抽放（胸）腹水，利尿剂应用等，引起水、电解质的丢失。在此基础上只补充水而未补充 Na^+ 时，发生低渗脱水。

调节途径：①因血浆含量降低，导致醛固酮分泌升高，肾重吸收 Na^+ 增多为主要调节；②血浆渗透压降低引起 ADH 分泌减少，肾回收水分减少；③细胞间液内"Na^+入血，水入细胞内"，造成细胞间液总量减少，直接引起血容量下降，皮肤弹性降低。

3. **等渗性脱水** 多发生在低渗性脱水的基础上又无水的补充时，造成体液内水、电解质等比例丢失，体液呈等渗状态，又称为混合性脱水。

主要原因：如丧失大量胃肠消化液（等渗液）的情况下，未补充水，又从皮肤和肺不断丢失水分，

造成体液中水及 Na^+ 都丢失。如只补充部分水或低渗盐水可能产生等渗脱水,等渗脱水既有细胞内脱水,有明显口渴,又有缺 Na^+ 性脱水造成的血容量降低。既有醛固酮分泌增高,也有 ADH 分泌增多,使肾重吸收 Na^+ 及水都增多。

(二)水肿

水肿是指体液过多,根据体液渗透压不同可以将体液过多分为三类:高渗体液过多,称为盐中毒,较少见;等渗体液过多,称为水肿;低渗性体液过多,称为水中毒。水肿较多见,是指细胞外液水潴留所致。例如,毛细血管血压增高,静脉端水回流不畅,是心源性或静脉阻塞性水肿的重要原因;通常肝、肾功能不良或营养不良导致血浆清蛋白含量降低,血管内胶体渗透压降低,水由毛细血管进入细胞间液或组织间液,是造成腹水和水肿的重要原因;肾性水肿是由于体内 Na^+ 潴留、血浆渗透压升高,ADH 不断分泌,使肾对水的重吸收增多,以致水潴留形成水肿。

点滴积累 ∨

1. 水的生理功能为:调节体温、运输作用、促进并参与物质代谢、润滑作用、维持组织的形态与功能。

2. 无机盐的生理功能:维持体液渗透压和酸碱平衡、维持神经肌肉的兴奋性、构成组织细胞成分、维持细胞正常的新陈代谢。

3. 成年人体液占体重 60% 左右,其中细胞内液占体重的 40%,细胞外液占体重的 20%。

4. 水的摄入包括:饮水、食物水、代谢水。 水的排除包括:肺呼出、皮肤蒸发、消化道排出、肾排出。

5. 无机盐的摄入:人体通过每天的饮食摄入无机盐,NaCl 是主要摄入成分,钾离子的摄入也依靠食物。 Na^+ 大约有 90% ~95% 是通过肾脏排泄,少量由汗腺排出。

6. 体液调节包括:神经系统的调节、肾脏的调节、激素的调节。

7. 脱水和水肿是水盐代谢功能紊乱的两种情况。

第二节 酸碱平衡

一、体内酸碱性物质的来源

体液中的酸碱物质主要来自物质分解代谢过程,部分来自食物、饮料及药物等。一般膳食情况下,正常人体内产生的酸性物质多于碱性物质。

(一)酸性物质的来源

人体酸性物质大多由代谢产生,少量来自食物、饮料等。根据酸性物质的性质,可分为挥发酸和固定酸两类。

糖、脂类和氨基酸分解代谢最终均产生 CO_2。成人在休息时每分钟产生 CO_2 约 200ml,每日产生 400~460L。CO_2 能溶于水在碳酸酐酶的催化下生成碳酸,H_2CO_3 不稳定可以再被分解为 CO_2 和

H_2O，CO_2 能通过肺呼出体外，所以称碳酸为挥发酸。

固定酸是指代谢产生的 β-羟丁酸、乙酰乙酸、乳酸、尿酸、磷酸和硫酸等不能挥发的酸性物质。这些酸性物质的总量相当于每日 $50\sim90$mmol 的 H^+。正常情况下，绝大多数酸性物质能继续进一步代谢生成 CO_2，但长期饥饿、激素分泌失调等原因可能引起酸性物质在体内生成过多或在体内积累而引起酸中毒。固定酸的另一个来源是食物及某些药物，如酒石酸、苯甲酸、NH_4Cl 等。

（二）碱性物质的来源

体内碱性物质主要来源于食物中的蔬菜、水果等，食物中含有的有机酸如柠檬酸、苹果酸、乳酸以及食用碱等均与 Na^+ 或 K^+ 结合，以盐的形式存在。当有机酸根被代谢氧化生成 CO_2 之后，剩下的 Na^+ 和 K^+ 转变成碱性的 $NaHCO_3$ 和 $KHCO_3$。

二、酸碱平衡的调节

体内酸碱平衡的调节主要通过血液的缓冲系统、肺对 CO_2 的排出和保留以及肾脏对碳酸氢盐的分泌和重吸收作用。

图-15-6

人体酸碱度是靠食物调节的吗？

（一）血浆缓冲系统在调节酸碱平衡中的作用

1. 血浆缓冲系统　血液沟通身体内外环境及各种组织细胞，代谢过程产生的酸性及碱性物质不断进出血液，但正常情况下，血浆 pH 保持在 $7.35\sim7.45$ 之间并无明显变化，原因是血浆中存在多种缓冲体系。血浆中的缓冲体系有碳酸氢盐缓冲体系、磷酸盐缓冲体系和蛋白质缓冲体系等。从全血总缓冲容量分析，碳酸氢盐缓冲体系约占 53%，其中血浆占 35%，红细胞占 18%；非碳酸缓冲体系的缓冲容量占 47%，其中血红蛋白及氧合血红蛋白缓冲体系占 34%，其余是血浆蛋白缓冲系和磷酸盐缓冲系。

2. 血液缓冲体系的缓冲作用　体内 $NaHCO_3/H_2CO_3$ 缓冲体系是开放系统。酸性物质进入血浆，可与 $NaHCO_3$ 作用，生成 H_2CO_3。因此强酸经缓冲后可被生成的弱酸所代替，血浆中 H^+ 浓度不致过多增加。此时生成的 H_2CO_3 部分可由血浆中其他缓冲系统的作用变成 HCO_3^-，部分分解成 CO_2 由肺呼出。因此这个系统对于固定酸所引起的 pH 改变的控制是十分有效的。

图-15-7

"酸性体质"诱发了肿瘤？

（二）肺在维持酸碱平衡中的作用

肺通过增加或减少 CO_2 的排出量，控制体内 H_2CO_3 浓度，这种控制受延髓的呼吸中枢和外周化学感受器（颈动脉窦和主动脉弓）的调节。血液中 PO_2、PCO_2 及 pH 的变化都能引起化学感受器的兴奋或抑制。延髓的呼吸中枢化学感受器主要接受 PCO_2 和 pH 变化的刺激，而且对血液中 PCO_2 的变化反应有一定限度。当血浆 PCO_2 增加或 pH 下降时，呼吸中枢兴奋，呼吸运动加深加速，将过多的 CO_2 排出体外，使血浆 H_2CO_3 浓度下降。肺只能通过保留或排出 CO_2 调节血浆 H_2CO_3 含量。

（三）肾脏对酸碱平衡的调节

肾脏对酸碱平衡的调节是较为彻底和根本性的。肾脏主要通过排出和回收酸性或碱性物质来

调节血浆 $NaHCO_3$ 含量。血浆 $NaHCO_3$ 浓度下降时,肾脏加强排出酸性物质和重吸收 $NaHCO_3$;血浆 $NaHCO_3$ 含量过高时,则增加碱性物质的排出量。肾脏通过 H^+-Na^+ 交换(图 15-3)、Na^+-H^+ 交换,K^+-Na^+ 交换和重吸收 HCO_3^-,调节体内 $NaHCO_3$ 绝对量和 HCO_3^-/H_2CO_3 比值。肾脏的调节速度比肺慢,但调节效果比肺彻底。每天从肾小球滤出的碳酸氢盐总量约为 5000mmol,但排出量仅为 4~6mmol,只占滤液量的 0.1%,表明肾脏对 $NaHCO_3$ 的重吸收能力很强。$NaHCO_3$ 的重吸收主要在肾近曲小管进行,约占重吸收总量的 80%~85%,其余部分在髓袢和远曲小管重吸收。

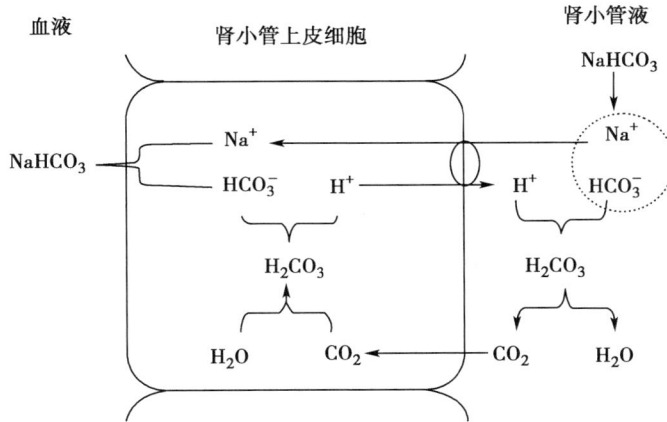

图 15-3　H^+-Na^+ 交换与 $NaHCO_3$ 的重吸收

磷酸盐缓冲系统是正常情况下原尿中最重要的缓冲系统。原尿中 Na_2HPO_4/ NaH_2PO_4 比值逐渐变小,尿中 NaH_2PO_4 逐渐增加,尿液变为酸性(图 15-4)。正常人普通膳食情况下,尿液的 pH 为 5.0~6.0。

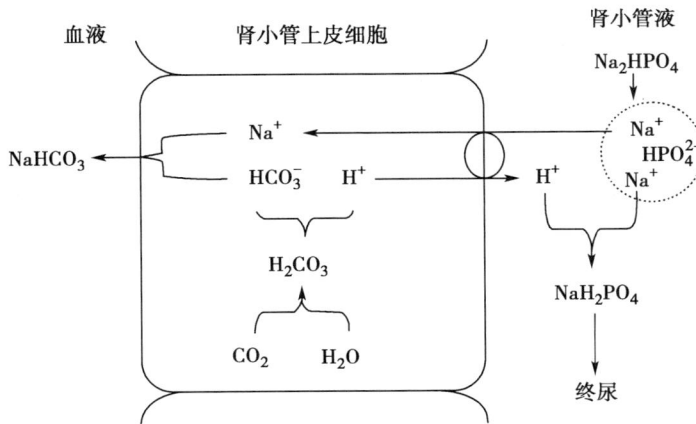

图 15-4　H^+-Na^+ 交换与尿液的酸化

肾脏回收 $NaCl$、Na_2SO_4 等盐中的 Na^+ 是通过 NH_4^+-Na^+ 交换进行的(图 15-5),肾远曲小管分泌 NH_3,在原尿中与 H^+ 结合生成 NH_4^+,与 Na^+ 交换,生成强酸的铵盐,经尿排出。

总之,体内酸碱平衡是通过血液缓冲体系、肺和肾脏的调节维持。进入血液的酸性或碱性物质,首先由血液的缓冲体系,特别是 $NaHCO_3$ 进行缓冲,将酸碱性较强的物质转变成酸碱性较弱的物质。

但是,这种缓冲作用势必引起 $NaHCO_3$ 或 H_2CO_3 含量和比值的变化。肺的呼吸作用可以调节血液 PCO_2 即 H_2CO_3 含量,但不能调节血液 $NaHCO_3$ 含量。肾脏则可通过 H^+、NH_4^+,K^+ 与 Na^+ 进行交换的形式,调节血浆 $NaHCO_3$ 含量。体内的酸碱物质来源过多或丧失过度,肺和肾脏的功能失调,都可导致体液酸碱平衡失调。

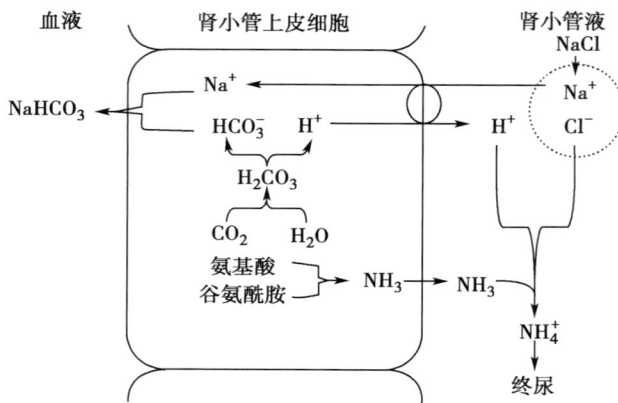

图 15-5　NH_4^+-Na^+ 交换和铵盐的排泄

案例分析

案例

某医院发现,新生儿室送检的血气分析 pH 均有不同程度的下降。 排查了 ICU、CCU、呼吸内科等科室,均没有找到答案。 经排查新生儿科,发现护士使用的抗凝剂肝素钙注射液(用 pH 试纸测试 pH 为 4 ~5);注射器直接连接的不是针头,而是皮针;新生儿抽血量较少,大约只有 1ml。

分析

因该护士用的肝素钙注射液,而不是肝素钠注射液或者肝素锂注射液,其 pH 本身较低;由于注射器直接连接的不是针头,而是皮针,有一段较长的软管,结果造成残留的抗凝剂太多;新生儿抽血量较少,同时剩余抗凝剂太多,其比例过大。

三、酸碱平衡紊乱

酸碱平衡紊乱是指体内酸性物质或碱性物质的绝对量或相对量过多、过少,人体一时不能调整或缺乏调节能力。如肺、肾功能障碍,体内电解质平衡紊乱等原因都可引起酸碱平衡失调。酸碱平衡失调时,必然影响血浆中 $NaHCO_3$ 和 H_2CO_3 的含量和比值。如果酸碱平衡失调是由于血浆 $NaHCO_3$ 原发性减少引起的,称为代谢性酸中毒;$NaHCO_3$ 原发性增加引起的,则称为代谢性碱中毒。H_2CO_3 原发性增加引起的,称为呼吸性酸中毒;H_2CO_3 原发性减少引起的,称为呼吸性碱中毒。经过体内的调节,血液 pH 仍然超出正常范围的称为失代偿性酸碱平衡紊乱,经调节后 pH 虽正常但缓冲体系的绝对值超出正常范围的称代偿性酸碱平衡紊乱。

（一）代谢性酸中毒

代谢性酸中毒是临床上最常发生的酸碱平衡紊乱，是由于血浆中 $NaHCO_3$ 含量原发性减少所致。

常见原因有：①非挥发性酸产生或食入过多，以致消耗过多的 $NaHCO_3$，如糖尿病酮症酸中毒、缺氧引起的乳酸中毒；②体内 $NaHCO_3$ 丢失过多，如腹泻、肠瘘、胆瘘或肠引流等，丢失大量的碱性肠液、胰液或胆汁；③高血钾、大面积烧伤引起大量血浆渗出等；④酸性代谢产物排出障碍，如肾功能衰竭时，肾小管分泌 H^+ 和 NH_4^+ 能力下降，引起酸性代谢产物在体内积聚；⑤血氯升高。

（二）呼吸性酸中毒

呼吸性酸中毒主要是由于肺的呼吸功能障碍，导致体内 CO_2 潴留，使血浆中 H_2CO_3 浓度原发性增高所致。

常见原因有：①呼吸道和肺部疾病，如哮喘、肺气肿、气胸等；②呼吸中枢受抑制，如使用麻醉药、吗啡、安眠药等过量；③心脏疾病、脑血管硬化。

（三）代谢性碱中毒

代谢性碱中毒是体内 H^+、Cl^- 丢失或碳酸氢盐积蓄所致。

常见原因有：①碱性药物摄入过多，超过肾脏排泄能力；②固定酸丢失过多；③血钾降低。当肾小管细胞内浓度过低时，K^+-Na^+ 交换减弱而 H^+-Na^+ 交换加强，使 $NaHCO_3$ 进入血液增加，可造成细胞外碱中毒，细胞内酸中毒；④血氯降低。如胃液丢失和补充 $NaCl$ 不足时，可引起体内氯缺少。此外，原发性醛固酮增多症或注射盐皮质激素过多等，都可以引起代谢性碱中毒。

（四）呼吸性碱中毒

肺呼吸过快，换气过度，CO_2 排出过多，使血浆 H_2CO_3 浓度减少。例如中枢神经疾病包括脑炎、脑肿瘤、脑膜炎，以及水杨酸中毒、高烧、癔病甚至大哭等都可能诱发呼吸性碱中毒。

点滴积累 ∨ ···

1. 水是生命所必需的因素，是构成体液的主要成分，是体内各种成分的溶剂，是许多生物化学反应的媒体。人体每天必须维持水的出入量平衡。

2. 体液分为血浆、细胞间液与细胞内液，各有其组成的特点，且可以互相进行交换，除主动转运以外，主要还是依靠渗透作用完成。晶体渗透压和胶体渗透压是体液转移的主要动力因素。

复习导图

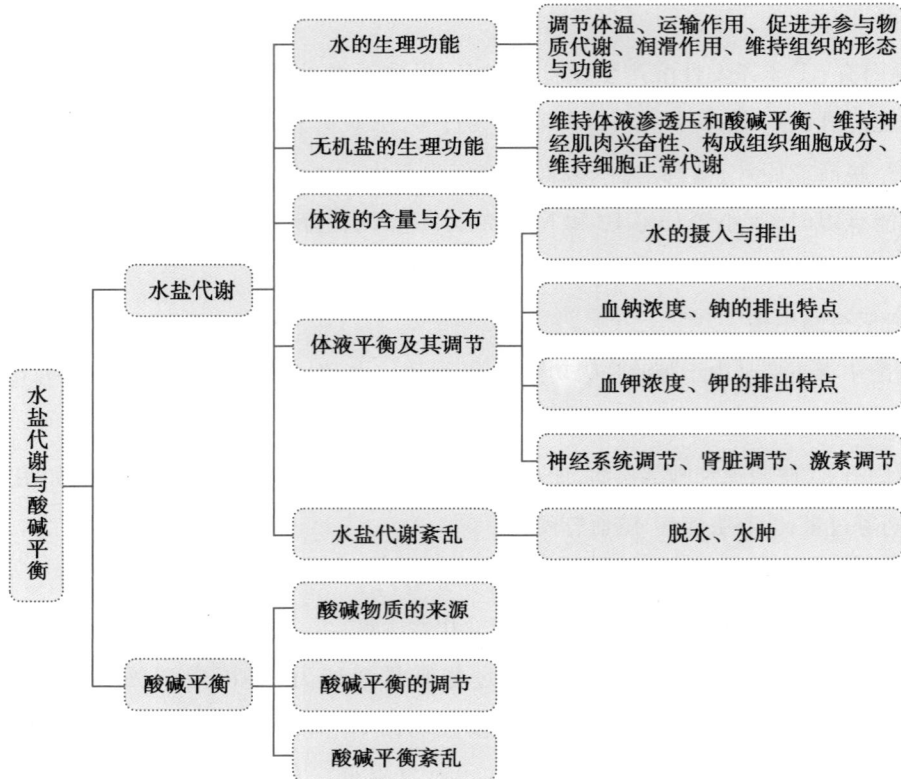

目标检测

一、选择题

（一）单项选择题

1. 成人每天所需的水量约为（　　）

    A. 2000～2500ml   B. 5000～7500ml   C. 1000～2500ml   D. 2500～5000ml

2. 血浆约占体重的比重是（　　）

    A. 20%   B. 15%   C. 8%   D. 5%

3. 血钠浓度为（　　）

    A. 90～130mmol/L   B. 130～150mmol/L   C. 150～180mmol/L   D. 90～180mmol/L

4. 血浆中的钾正常浓度为（　　）

    A. 1.5～3.5mmol/L   B. 5.5～7.5mmol/L   C. 3.5～5.5mmol/L   D. 1.5～7.5mmol/L

5. 维持细胞外液渗透压的主要离子是（　　）

    A. Na^+ 和 Cl^- B. K^+ 和 HPO_4^{2-} C. Na^+ 和 HPO_4^{2-} D. K^+ 和 Cl^-

（二）多项选择题

1. 水的生理功能包括(   )

    A. 调节体温   B. 运输作用   C. 促进并参与物质代谢

    D. 维持组织的形态与功能   E. 提供能量

2. 无机盐的生理作用包括(   )

    A. 维持体液渗透压和酸碱平衡   B. 维持神经肌肉的兴奋性

    C. 构成组织细胞成分   D. 维持细胞正常的新陈代谢

    E. 运输作用

3. 体液调节的方式包括(   )

    A. 肾脏的调节   B. 抗利尿激素调节   C. 醛固酮调节

    D. 神经系统的调节   E. 肝脏的调节

4. 脱水的类型包括(   )

    A. 高渗性脱水   B. 肾性水肿   C. 低渗性脱水

    D. 等渗性脱水   E. 腹水

5. 代谢性酸中毒的原因(   )

    A. 非挥发性酸产生或食入过多   B. 体内 $NaHCO_3$ 丢失过多

    C. 高血钾、大面积烧伤引起大量血浆渗出   D. 酸性代谢产物排出障碍

    E. 摄入大量碳酸饮料

二、判断改错题

1. 成人每天所需的水只能来源于饮水。

2. 钠的排出可总结为"多吃多排,少吃少排,不吃也排"。

3. 中枢神经系统只能通过产生口渴的感觉来调节饮水量。

4. 水盐代谢功能紊乱情况只有脱水。

5. 体液中的酸碱物质主要来源于食物、饮料及药物等。

三、简答题

1. 简述正常机体内的水平衡。

2. 简述正常机体内的无机盐平衡。

（彭 坤）

实验

实验一　酪蛋白的制备

【实验目的】

1. 掌握等电点沉淀法提取蛋白质的方法。

2. 熟练掌握离心机、酸度计、抽滤操作技术。

【实验原理】

牛奶中主要的蛋白质是酪蛋白,含量约为35g/L。酪蛋白是一些含磷蛋白质的混合物,等电点为4.7。利用等电点时蛋白质溶解度最低的原理,将牛奶的pH调至4.7时,酪蛋白就沉淀出来。用乙醇洗涤沉淀物,除去脂类杂质后便可得到纯酪蛋白。

【实验内容】

一、实验用品

1. 器材和设备

(1)设备:离心机、抽滤装置、酸度计、水浴锅。

(2)器材:离心管、滤纸、烧杯、玻璃棒、洗瓶。

2. 试剂

(1)95%乙醇。

(2)无水乙醚。

(3)0.2mol/L pH 4.7醋酸-醋酸钠缓冲液。

(4)乙醇-乙醚混合液:乙醇:乙醚=1:1(V:V)。

二、方法与步骤

1. 酪蛋白的粗提　100ml鲜牛奶加热至40℃。在搅拌下慢慢加入预热至40℃、pH 4.7的醋酸缓冲液100ml,用酸度计调pH至4.7。将上述悬浮液冷却至室温,离心15分钟(3000r/min)。弃去上清液,得酪蛋白粗制品。

2. 酪蛋白的纯化

(1)加10ml蒸馏水洗涤沉淀3次,离心10分钟(3000r/min),弃去上清液。

(2)在沉淀中加入30ml乙醇,搅拌片刻,将全部悬浊液转移至布氏漏斗中抽滤。用乙醇-乙醚混合液洗涤沉淀两次,最后用乙醚洗涤沉淀两次,抽干。

(3)将沉淀摊开在表面皿上,风干,得酪蛋白纯品。

3. 准确称重,计算含量和得率

$$含量(g\%)=酪蛋白(g)/100ml(牛奶)$$

$$得率=\frac{测得含量}{理论含量}\times100\%$$

式中理论含量为 3.5g/100ml 牛奶。

【实验检测】

1. 制备高产率纯酪蛋白的关键是什么?

2. 试设计另一种提取酪蛋白的方法。

(尚喜雨)

实验二　氨基酸双向纸层析

【实验目的】

1. 了解分配层析的原理。

2. 掌握纸层析法分离氨基酸的原理和步骤。

【实验原理】

纸层析是根据不同的氨基酸在固定相与流动相中分配系数不同,从而在滤纸上的移动速度不同的分离方法。溶质在滤纸上移动的速度以迁移率 R_f 值来表示,不同物质在某一溶剂体系及特定实验条件下,各有特征性的 R_f 值,R_f 值相差越大,越易分离,反之则不易分离。同一物质在不同溶剂中 R_f 值不同,当在某种溶剂中分不开的物质(实验图 2-1A),可以更换另一种合适的溶剂作第二向层析(实验图 2-1B),以达到分离的目的,这就是双向层析。

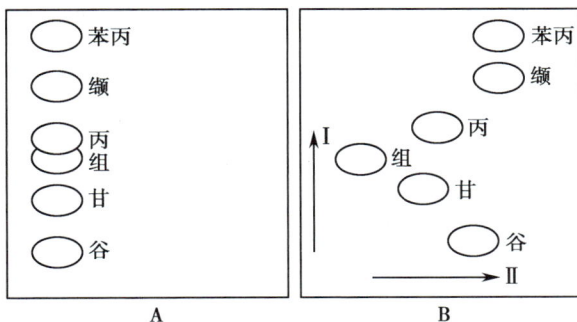

实验图 2-1　氨基酸电泳图
A. 氨基酸单向电泳图;B. 氨基酸双向电泳图

本实验利用碱性和酸性两种溶剂系统对六种氨基酸的混合液进行双向层析。碱性展开剂为第一向(滤纸纵向),酸性展开剂为第二向(滤纸横向)。同时对 6 种氨基酸的单一溶液作单向层析,求出 R_f 值以做比较。本实验中氨基酸在酸性展开剂中展开时,移动速度快,斑点易扩散,用滤纸横向可克服其易扩散的问题;在碱性展开剂中用滤纸的纵向,可加快氨基酸移动的速率,达到较好的分离效果。

【实验内容】

一、实验用品

1. 器材　层析缸(或磨口瓶)、电吹风机、喷雾器、层析滤纸 11.5cm×13cm、毛细吸管、橡皮筋(或棉线)。

2. 试剂

(1)单一氨基酸溶液:下列各种氨基酸 100mg 分别溶于 10ml 蒸馏水中。

苯丙氨酸、缬氨酸、组氨酸、丙氨酸、甘氨酸、谷氨酸。

(2)混合氨基酸溶液:上述各种氨基酸溶液各取等量混合,备用。

(3)展开剂(V/V)临用时配制。

第一向:正丁醇:12%NH_4OH:95%乙醇 = 10∶3∶3

第二向:正丁醇:88%甲酸:H_2O = 15∶3∶2

(4)氨基酸显色剂:称取 0.1g 水合茚三酮,溶于 70ml 无水乙醇中,再加入冰乙酸 21ml,混匀装入喷雾器中备用。

二、方法与步骤

1. 点样　取长方形层析滤纸一张,在纸的一端距边缘 1.5cm 处用铅笔画一条直线,在此线上每间隔 1.5cm 轻轻点一小点,共点七个小点,用毛细吸管将氨基酸样品分别点在这七个位置上(记住点样顺序),每种氨基酸点一次样,每点在纸上扩散的直径不超过 2mm,点样后用吹风机吹干点样点。点样量一般为 5~20μl。

另取同样大小层析滤纸一张,在距离滤纸一侧 1.5cm 处用铅笔轻点一小点,将混合氨基酸样品点在此处,共点样五次,每点样一次结束后用吹风机吹干,再进行下一次点样。

将上述两张滤纸分别卷成筒状,再用橡皮筋绑住,滤纸相衔接处应空出一段距离,不要重叠在一起。

2. 展开　将点好样的滤纸移入层析缸中(层析缸内事先加入第一向展开剂),盖上盖子。当溶剂前沿上升到距离纸上端 1cm 时,取出滤纸,立即用铅笔记下溶剂前沿的位置,用吹风机吹干滤纸,再将这张滤纸重新放入原层析溶剂中展开,待溶剂前沿与第一次展开时的溶剂前沿重合时,取出吹干,剪去层析溶剂未达到的那部分滤纸(沿着溶剂前沿剪),将滤纸摊开,倒转 90°,按滤纸的横向卷成筒状,同样固定之。再用上述方法在第二向展开剂中展开。

3. 显色　展开结束后,取出滤纸吹干。在滤纸上均匀地喷洒显色剂,再用吹风机吹干滤纸直至氨基酸呈色为止(吹风温度不宜过高,否则会导致斑点变黄)。根据斑点颜色与位置,判断混合氨基酸与单一氨基酸是否一致。

【实验结果】

1. R_f 值计算

$$R_f = \frac{原点到色斑中心的距离}{原点到溶剂前沿的距离}$$

2. 结果判断　用铅笔描出各层析斑点的轮廓,并计算各氨基酸的 R_f 值,并判断混合样品中有哪些氨基酸。

【实验注意】

1. 层析滤纸必须质地均匀,纯度高,无折痕。点样等过程需戴手套,不能用手触摸滤纸。

2. 点样点的大小与样品分离效果直接相关,因此应控制其直径不超过 0.5cm,且越小越好。

3. R_f 是纸层析结果中唯一的参数,因此,为了得到较好的重复性,在进行层析时,还应尽可能保持层析温度、时间、展开距离等实验条件的恒定。

【实验检测】

如何确定纸层析后的斑点是何种氨基酸?

（尚喜雨）

实验三　紫外分光光度法测定蛋白质含量

【实验目的】

掌握紫外分光光度法测定蛋白质含量的原理及方法。

【实验原理】

蛋白质吸收峰在 280nm 波长处。在此波长范围内,蛋白质溶液的光密度值(OD.280)与其浓度呈正比关系,可作定量测定。该法迅速、简便,不消耗样品,低浓度盐类不干扰测定。但本法易受嘌呤、嘧啶等吸收紫外光物质的干扰。

【实验内容】

一、实验用品

1. 器材　紫外分光光度计、刻度吸管、试管及试管架。

2. 试剂

(1)标准蛋白质溶液:1mg/ml 的牛血清蛋白溶液。

(2)待测蛋白质溶液。

二、方法与步骤

1. 标准曲线的绘制　按实验表 3-1 操作。

实验表 3-1　紫外分光光度法测定蛋白质含量的标准曲线绘制

加入物（ml）	1	2	3	4	5	6	7	8
标准蛋白质溶液	0	0.5	1.0	1.5	2.0	2.5	3.0	4.0
蒸馏水	4	3.5	3.0	2.5	2.0	1.5	1.0	0
蛋白质浓度（mg/ml）	0	0.125	0.25	0.375	0.50	0.625	0.75	1.0
	摇				匀			

选用光程为 1cm 的石英比色杯,在 280nm 波长处分别测定各管溶液的光密度值。以纵坐标为光密度值,横坐标为蛋白质浓度,绘出标准曲线。

2. 待测蛋白质溶液的测定　取待测蛋白质溶液 1ml,加入蒸馏水 3ml,混匀,按上述方法在 280nm 波长下测定光密度值,并从标准曲线上查出待测蛋白质的浓度。

【实验注意】

本法适合于测定与标准蛋白质氨基酸组成相似的蛋白质,对测定那些与标准蛋白质中酪氨酸和色氨酸残基含量差异较大的蛋白质,则有一定的误差。

【实验检测】

本法与双缩脲试剂法测定蛋白质含量相比,有何优点和缺点?

(尚喜雨)

实验四　SDS-PAGE 法测定蛋白质相对分子质量(电泳)

【实验目的】

1. 掌握垂直板型电泳法的基本原理与操作技术。

2. 熟悉 SDS-聚丙烯酰胺凝胶电泳法测定蛋白质相对分子质量的原理。

【实验原理】

SDS-聚丙烯酰胺凝胶电泳(SDS-PAGE)是以聚丙烯酰胺凝胶作支持物的一种电泳技术。SDS(十二烷基硫酸钠)是一种阴离子表面活性剂,加入到电泳系统中能使各种蛋白质-SDS 复合物都带上相同密度的负电荷,使电泳迁移率只取决于分子大小这一因素。根据标准蛋白质分子量的对数和迁移率所作的标准曲线,可求得未知物的分子量。

当蛋白质的分子量在 15 000~200 000 之间时,电泳迁移率与分子量的对数值呈直线关系,符合下列方程:$\lg Mr = K - b \times m_R$。

式中,Mr 为蛋白质的分子量;K 为常数;b 为斜率;m_R 为相对迁移率。在条件一定时,b 和 K 均为常数。

将已知分子量的标准蛋白质的迁移率与分子量的对数作图,可获得一条标准曲线。未知蛋白质在相同条件下进行电泳,根据它的电泳迁移率即可在标准曲线上求得分子量。

【实验内容】

一、实验用品

1. 器材和设备

(1)设备:垂直板电泳槽、直流稳压电泳仪、制胶装置、恒温水浴锅。

(2)器材:取样器、微量注射器、烧杯、大培养皿。

2. 试剂

(1)0.5mg/ml 的低分子量标准蛋白:称取标准蛋白 0.5mg,加入 1ml 1×样品稀释液溶解,再按每管 100μl 分装,贮存于-20℃冰箱中保存。

(2)30%凝胶贮液:称取丙烯酰胺(Acr)30g,N,N'-亚甲基双丙烯酰胺(Bis)0.8g,溶于重蒸水中,定容至100ml,过滤后置棕色试剂瓶中,4℃保存,1 个月内使用。

（3）分离胶缓冲液（Tris-HCl 缓冲液 pH 8.9）：取 1mol/L 盐酸 48ml，Tris 36.3g，用蒸馏水溶解后定容至 100ml。

（4）浓缩胶缓冲液（Tris-HCl 缓冲液 pH 6.7）：取 1mol/L 盐酸 48ml，Tris 5.98g，用蒸馏水溶解后定容至 100ml。

（5）10%SDS 溶液：称取 10g 的 SDS 定容于 100ml 蒸馏水中。SDS 在低温易析出结晶，用前微热，使其完全溶解。

（6）10%过硫酸铵（Ap）：称取 1g 过硫酸铵加蒸馏水至 10ml。现用现配，作为丙烯酰胺和双丙烯酰胺聚合反应的催化剂。

（7）TEMED（四甲基乙二胺）溶液：作为丙烯酰胺和双丙烯酰胺聚合反应的加速剂。

（8）电极缓冲液（Tris-甘氨酸缓冲液 pH 8.3）：称取 Tris 6.0g，甘氨酸 28.8g，SDS 1.0g，用无离子水溶解后定容至 1L。

（9）2×样品稀释液：SDS 500mg，巯基乙醇 1.0ml，溴酚蓝 4.0mg，甘油 3.0ml，Tris-HCl 缓冲液（pH 6.8）2.0ml，用蒸馏水最后定容至 10ml。此液配制样品时，样品若为固体，应稀释 1 倍使用；样品若为液体，则加入与样品等体积的原液混合即可。

（10）固定液：取乙醇 500ml，冰乙酸 100ml，用蒸馏水定容至 1000ml。

（11）染色液：称取考马斯亮蓝 R250 0.29g，加上述固定液 250ml，过滤后备用。

（12）脱色液：取乙醇 250ml，冰乙酸 80ml，用蒸馏水定容至 1000ml。

二、方法与步骤

1. 制板　将胶条、玻璃板、槽子洗净晾干；勿用手接触灌胶面的玻璃。将制胶玻璃板放入制胶槽中，用夹子夹紧，受力点在密封条位置，务必密封，以防漏胶。

2. 制胶　在小烧杯中，按实验表 4-1 的配方和顺序配制 10%浓度的分离胶和 5%浓度浓缩胶。总量应根据制胶装置的大小决定，本实验中分离胶约 45ml，浓缩胶约 15ml。

实验表 4-1　制胶配方表

试剂	10%分离胶	5%浓缩胶	试剂	10%分离胶	5%浓缩胶
蒸馏水	13.0ml	8.2ml	10% SDS	0.45ml	0.18ml
30%凝胶贮液	15ml	2.8ml	TEMED	0.03ml	0.018ml
分离胶缓冲液	16.8ml	–	10% Ap	0.15ml	0.09ml
浓缩胶缓冲液	–	4.5ml	合计	约45.0ml	约15.0ml

分离胶混匀后，用 5ml 取样器吸取凝胶液，加至长、短玻璃板间的缝隙内，约 8cm 高，用微量注射器取少许蒸馏水，沿长玻璃板板壁缓慢注入，3～4mm 高，以进行水封。约 30 分钟后，凝胶与水封层间出现折射率不同的界线，则表示凝胶完全聚合。倾去水封层的蒸馏水，再用滤纸条吸去多余水分。

浓缩胶混匀后，用 5ml 取样器吸取浓缩胶液，加到已聚合的分离胶上方，直至距离短玻璃板上缘约 0.5cm 处，轻轻将样品槽模板插入浓缩胶内，避免带入气泡。约 30 分钟后凝胶聚合，小心拔去样品槽模板,用窄条滤纸吸去样品凹槽中多余的水分。

3. 样品处理

(1)标准蛋白处理:取 0.1ml 标准蛋白溶液放入 Eppendorf 管中,密闭,插在泡沫架上,沸水浴加热 3 分钟,冷却至室温备用。

(2)待测样品处理:取 1mg 牛血清蛋白,加入 1ml 1×样品稀释液溶解,取 0.1ml 待测溶液放入 Eppendorf 管中,密闭,插在泡沫架上,沸水浴加热 3 分钟,冷却至室温备用。

4. 加样　
松开制胶槽上的夹子,取出中间夹有凝胶的玻璃板,放入电泳槽中,将电极缓冲液倒入电泳槽中,应没过玻璃板短板约 0.5cm 以上,即可准备加样。用微量注射器取 15µl 处理过的蛋白质溶液,小心地将样品通过缓冲液加到凝胶凹形样品槽底部。标准蛋白质溶液加在正中央的加样孔中,待测蛋白质溶液加在左右两边的加样孔中。注意要有间隔,并记住加样的位置。

5. 电泳　
电泳槽中加入缓冲液,接通电源,进行电泳。开始电流恒定在 10mA,当进入分离胶后改为 20mA,溴酚蓝距凝胶边缘约 5mm 时,停止电泳。

6. 染色　
取出玻璃板,用刀片轻轻将一块玻璃撬开移去,在胶板一端切除一角作为标记,将胶板移至大培养皿中染色。将染色液倒入培养皿中,使凝胶浸没,晃动盒子使反应均匀,染色 1 小时左右。

7. 脱色　
用蒸馏水漂洗数次,再用脱色液脱色,直到蛋白区带清晰,即用直尺分别量取各条带与凝胶顶端的距离。

8. 分析计算　
按下式计算相对迁移率:

$$相对迁移率 = 样品迁移距离(cm)/染料迁移距离(cm)$$

以每个标准蛋白的分子量对数对它的相对迁移率作图得标准曲线,量出待测蛋白的迁移率即可测出其分子量,这样的标准曲线只对同一块凝胶上的样品的分子量测定才具有可靠性。

【实验检测】

1. 在不连续体系 SDS-PAGE 中,当分离胶加完后,需在其上加一层水,为什么?
2. 样品液为何在加样前需在沸水中加热几分钟?

(尚喜雨)

实验五　血清总蛋白测定——双缩脲法

【实验目的】

1. 掌握双缩脲法测定血清总蛋白的原理。
2. 了解血清总蛋白测定的临床意义。
3. 学会基本实验操作,熟练使用 722 分光光度计。

【实验原理】

蛋白质等含有多个肽键的化合物,可以在碱性条件下与 Cu^{2+} 作用产生紫红色络合物。该反应与双缩脲在碱性溶液中与 Cu^{2+} 反应类似,故称之为双缩脲反应。

上述紫红色络合物在 540nm 波长处有吸收峰,其吸光度在一定浓度范围内和标本中蛋白质的浓度成正比。经与同样处理的蛋白质标准液比较,可计算出待测血清中蛋白质的含量。

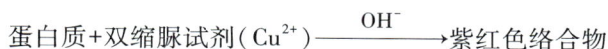

$$蛋白质+双缩脲试剂(Cu^{2+}) \xrightarrow[]{OH^-} 紫红色络合物$$

颜色深浅与蛋白质含量成正比。

【实验内容】

一、实验用品

1. 器材与设备　722 分光光度计或半自动生化分析仪、恒温水浴箱、微量加样器、试管。

2. 试剂　双缩脲试剂、标准血清(蛋白质 70g/L)、待测血清。

二、方法与步骤

1. 取 3 支试管,分别编号后,按实验表 5-1 加液。

实验表 5-1　加液配方表

加入物（ml）	空白管	标准管	测定管
蒸馏水	0.05ml	—	—
蛋白标准液	—	0.05ml	—
血清	—	—	0.05ml
双缩脲试剂	3ml	3ml	3ml

2. 将各管混匀,于 37℃ 水浴保温 10 分钟,取出。

3. 采用 722 分光光度计测定,选择波长 540nm,以双缩脲空白试剂调零,读取标准管吸光度(A_s)和测定管的吸光度(A_u)。

4. 按下面公式计算:

$$待测血清中总蛋白浓度\ C_u = \frac{A_u}{A_s} \times C_s(标准液浓度)$$

5. 正常参考范围:血清总蛋白:60~80g/L。

三、临床意义

1. 肝功能严重损伤时蛋白质合成障碍;严重烧伤、大出血或肾病综合征等疾病时蛋白质丢失增加;营养失调、低蛋白饮食或慢性消化性不良、长期消耗性疾病等的营养不良或消耗增加等均可导致血清总蛋白浓度降低。

2. 多发性骨髓瘤患者、呕吐、腹泻、高烧及外伤性休克导致的血浆浓缩均能导致血清总蛋白质浓度增高。

【实验注意】

1. 标准液及血清加液量较少,尽量不要沾在试管壁上,以免影响测定结果。

2. 加液后要注意混合均匀。

3. 准确把握反应时间。

4. 血清来自医院,实验过程中注意生物安全,不要将血清沾在手上或桌面上,如果污染要及时清除。

【实验检测】

1. 双缩脲法测定血清总蛋白的原理是什么?

2. 双缩脲空白试剂的作用是什么?

（晁相蓉）

实验六　酶的特异性

【实验目的】

酶的催化作用具有高度的特异性,即对底物有严格的选择性。本实验选用淀粉和蔗糖两种不同的底物,来验证淀粉酶催化的特异性。培养学生观察认识问题的能力。

【实验原理】

淀粉酶催化淀粉水解生成麦芽糖和少量葡萄糖。两者均属还原性糖,可使班氏试剂中 Cu^{2+} 还原成亚铜,生成砖红色的氧化亚铜(Cu_2O)沉淀。但淀粉酶不能水解蔗糖,后者不具有还原性,不能与班氏试剂产生颜色反应。本实验通过在不同溶液中加入班氏试剂共热,能否产生砖红色氧化亚铜沉淀,来观察唾液淀粉酶对两种底物是否均产生催化作用,从而验证酶的特异性。

【实验内容】

一、实验用品

1. **器材与设备**　试管、滴管、试管架、电热恒温水浴箱、沸水浴。

2. **试剂**

(1)1%淀粉溶液:取可溶性淀粉 1g,加 5ml 蒸馏水,调成糊状,再加 80ml 蒸馏水,加热并不断搅拌,使其充分溶解,冷却后用蒸馏水稀释到 100ml。

(2)1%蔗糖溶液:称取蔗糖 1g,加蒸馏水至 100ml。

(3)0.2mol/L Na_2HPO_4 溶液:称取 28.40g Na_2HPO_4 溶于 1000ml 蒸馏水中。

(4)pH 6.8 缓冲液:取 0.2mol/L Na_2HPO_4 溶液 772ml,0.1mol/L 柠檬酸溶液 228ml,混合后即成。

(5)班氏试剂:溶解结晶硫酸铜($CuSO_4 \cdot 5H_2O$)17.3g 于 100ml 热蒸馏水中,冷却后稀释至 150ml,此为第一液。取柠檬酸钠 173g 和无水碳酸钠 100g 加水 600ml,加热溶解,冷却后稀释至 850ml,此为第二液。将第一液缓慢倒入第二液中,混匀后即成。

二、方法与步骤

1. **稀释唾液的制备**　用清水漱口数次之后,含蒸馏水约 30ml,作咀嚼运动,数分钟后吐入烧杯中,用数层纱布过滤即得(内含淀粉酶)。

2. **煮沸唾液的制备**　取上述稀释唾液一半,放入沸水中煮沸 5 分钟即得。

3. 取 3 支试管,标号,按实验表 6-1 操作。

实验表 6-1　加液配方表

加入物（滴）	1	2	3
pH 6.8 缓冲液	20	20	20
1%淀粉溶液	10	10	–
1%蔗糖溶液	–	–	10
稀释唾液	5	–	5
煮沸唾液	–	5	–
将各管混匀,置37℃恒温水浴锅保温 10 分钟后取出			
斑氏试剂	20	20	20

将各管混匀,置沸水浴中煮沸 3~5 分钟,观察结果。

【实验注意】

1. 唾液要自然流出,不可混入唾沫。

2. 加入酶液后要充分摇匀。

【实验检测】

观察 3 支试管颜色各有何变化,解释其原因。

（刘观昌）

实验七　影响酶活性的因素

【实验目的】

1. 通过比较 pH、温度、抑制剂和激活剂对淀粉酶水解淀粉反应速度的影响,观察唾液淀粉酶在不同环境条件下的活性大小,理解环境因素与酶活性的关系。

2. 训练实验基本操作技能。

【实验原理】

唾液淀粉酶催化淀粉水解生成各种糊精和麦芽糖。

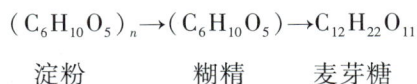

$$(C_6H_{10}O_5)_n \rightarrow (C_6H_{10}O_5) \rightarrow C_{12}H_{22}O_{11}$$
淀粉　　　糊精　　麦芽糖

淀粉与碘反应呈蓝色;分子大小不同的糊精,与碘反应分别呈蓝、紫、红等不同的颜色。麦芽糖不与碘呈色,只呈现碘液的淡黄色。因此,从颜色变化可了解淀粉水解程度。根据上述性质,可以用碘和斑氏试剂检查淀粉是否水解及其水解程度,间接判断淀粉酶是否存在及其活性高低。

【实验内容】

一、实验用品

1. **器材与设备**　试管、白反应板、恒温水浴箱、烧杯、滴管、酒精灯。

2. **试剂**

（1）1%淀粉:称取可溶性淀粉 1g,加少量水调成糊状,加入煮沸的 0.3%NaCl 溶液至 100ml。

（2）0.3%碘液：称取碘1g，碘化钾2g同溶于100ml蒸馏水中，置棕色瓶中保存。

（3）pH 5.0磷酸盐缓冲液：取0.2mol/L NaH$_2$PO$_4$溶液一定量，用NaOH试液调节pH至5.0，即得。

（4）pH 6.8磷酸盐缓冲液：取0.2mol/L KH$_2$PO$_4$溶液250ml，加0.2mol/L NaOH溶液118ml，用水稀释至1000ml，摇匀，即得。

（5）pH 8.0磷酸盐缓冲液：取K$_2$HPO$_4$5.59g与KH$_2$PO$_4$0.41g，加水使溶解成1000ml，即得。

（6）1%NaCl。

（7）1%CuSO$_4$。

（8）1%NaSO$_4$。

（9）稀释唾液的制备：用清水漱口数次之后，含蒸馏水约30ml，作咀嚼运动，数分钟后吐入烧杯中，用数层纱布过滤即得。

二、方法与步骤

1. 温度对酶活性的影响

（1）取试管两支，各加稀释唾液2ml，一管直接加热煮沸，另一管置冰水浴（0℃）中预冷5分钟，剩余唾液置37℃水浴中。

（2）另取试管3支，编号，按实验表7-1操作。

实验表7-1　加液配方表

试剂（滴）	1	2	3
1%淀粉溶液	20	20	20
唾液淀粉酶	10（加热煮沸）	10（37℃）	10（0℃）
混　　　匀			
水浴	37~40℃5分钟	37~40℃水浴5分钟	冰水浴5分钟

混匀各管，5分钟后取出，并向1、2两管中各加碘液1滴，比较两管颜色。从第3管中取出1滴，置反应板上，迅速加碘溶液1滴，观察反应；然后再将第3管放37~40℃水浴5分钟，取出试管加碘溶液1滴，观察颜色变化。

（3）结果分析：比较3支试管颜色有何差别，并解释原因。

2. pH对酶活性的影响

（1）取3支试管编号，按实验表7-2操作。

实验表7-2　加液配方表

试剂（滴）	1	2	3
1%淀粉液	20	20	20
唾液淀粉酶	20	20	20
缓冲液	30（pH=5）	30（pH=6.8）	30（pH=8.0）

混匀各管。

（2）结果观察

1）取一反应板，并在其 3 个小池中各加碘液 1 滴。

2）从以上 3 管中各取 1 滴溶液与碘液反应，观察所呈颜色。

3）将 3 管一同放入 37℃ 水浴中保温，每隔 1 分钟从每管中各取 2 滴溶液与反应板上的碘液混合，观察呈色反应。

4）待第 2 管取出的溶液与碘不呈颜色反应时，立即向每一试管中各加入碘液 5 滴，比较各管所呈颜色，并解释原因。

（3）结果分析：比较 3 支试管颜色有何差别，说明为什么？

3. 激活剂和抑制剂对酶活性的影响

（1）取试管 4 支，编号，按实验表 7-3 操作。

实验表 7-3　加液配方表

试剂（滴）	1	2	3	4
1%淀粉	20	20	20	20
1%NaCl	2	–	–	–
1%CuSO$_4$	–	2	–	–
1%Na$_2$SO$_4$	–	–	2	–
蒸馏水	–	–	–	2
稀释唾液	10	10	10	10

（2）结果观察：将各管混匀，置 37℃ 水浴中。取白瓷盘一个，预先加一排碘液（各小池加 1~2 滴），每间隔 2 分钟从 1 号管吸取保温液 1 滴，测碘反应，直至 1 号管不与碘呈色时，向各管加碘液 2 滴，摇匀观察结果。

（3）结果分析：比较 3 支试管颜色有何差别，并解释原因。

【实验注意】

1. 加入酶液后要充分摇匀，保证酶液与全部淀粉液接触。

2. 各试剂混合后马上取出做第一个试验；每次取溶液与碘反应后，必须将滴管洗净，才能再放入试管中取第二次。

【实验检测】

仔细观察、记录每一个实验项目结果并解释实验现象，得出唾液淀粉酶的最适温度、最适 pH、激活剂和抑制剂。

（刘观昌）

实验八　丙二酸对琥珀酸脱氢酶的竞争性抑制作用

【实验目的】

1. 掌握竞争性抑制作用的特点。

2. 观察丙二酸对琥珀酸脱氢酶的竞争性抑制作用。

【实验原理】

琥珀酸脱氢酶是三羧酸循环中重要的脱氢酶,其辅基为 FAD,在缺氧的情况下,可使琥珀酸脱氢生成延胡索酸,脱下的氢可将蓝色的甲烯蓝还原成无色的甲烯白。

$$琥珀酸+甲烯蓝 \xrightarrow[\text{无氧条件}]{\text{琥珀酸脱氢酶}} 延胡索酸+甲烯白$$

丙二酸的结构与琥珀酸相似,是琥珀酸脱氢酶的竞争性抑制剂。如增加琥珀酸的浓度,可减轻丙二酸的抑制作用。

【实验内容】

一、实验用品

1. 器材与设备　大白鼠、手术剪、镊子、磁盘、匀浆器、量筒、烧杯、纱布、滤纸、试管及试管架、恒温水箱、电热水浴锅。

2. 试剂　0.2mol/L 琥珀酸溶液、0.02mol/L 琥珀酸溶液、0.2mol/L 丙二酸溶液、0.02mol/L 丙二酸溶液、pH 7.4 的磷酸盐缓冲液、0.02%甲烯蓝、液体石蜡。

二、方法与步骤

1. 酶提取液的制备　去大白鼠的肝脏、心脏、肾脏,用冷水洗 3 次,加入磷酸盐缓冲液(pH 7.4)。在匀浆器中进行匀浆,然后用纱布过滤,用干净的烧杯收集过滤液备用。

2. 取试管 6 支,编号,按实验表 8-1 操作。

实验表 8-1　加液配方表

试剂	1	2	3	4	5	6
酶提取液(ml)	2	2	2	2	–	2(煮沸)
磷酸盐缓冲液(ml)	–	–	–	–	2	–
0.2mol/L 琥珀酸(滴)	8	8	8	–	8	8
0.02mol/L 琥珀酸(滴)	–	–	–	8	–	–
0.2mol/L 丙二酸溶液(滴)	–	–	8	8	–	–
0.02mol/L 丙二酸溶液(滴)	–	8	–	–	–	–
蒸馏水(滴)	8	–	–	–	8	8
甲烯蓝(滴)	3	3	3	3	3	3
计算[I]/[S]比值						
记录褪色时间(分钟)						

说明:加入试管 6 中的酶提取液预先在 100℃的水浴加热煮沸 5 分钟。

各管溶液立即混匀,沿试管壁加入液体石蜡约 0.5cm,各管置于 37℃的水浴中保温,切勿摇动试管,随时观察比较各试管颜色的变化,记录褪色时间。

【实验注意】

1. 酶提取液的制备应操作迅速,以防止酶活性降低。

2. 加入液体石蜡的作用是隔绝空气,以避免空气中的氧气对实验造成影响,因此加石蜡时试管壁要倾斜,注意不要产生气泡。

3. 37℃水浴保温过程中,不能摇动试管,避免空气中的氧气与溶液接触反应,使得还原型的甲烯白重新氧化成蓝色。

【分析讨论】

1. 酶提取液中有琥珀酸脱氢酶活性,在试管1中没有抑制剂,琥珀酸脱氢使甲烯蓝反应生成甲烯白。

2. 各管的褪色有明显的时间差别,褪色时间随[I]/[S]逐渐增大而增大。

3. 丙二酸对琥珀酸脱氢酶抑制作用的类型是竞争性抑制,可以通过增大底物浓度来减轻抑制程度。

4. 本实验中5号、6号试管的作用是做对照,5号试管和1号试管做对比,说明酶提取液中有琥珀酸脱氢酶的存在,6号试管中的酶提取液在100℃的水浴加热煮沸过,所以琥珀酸脱氢酶是失活的。

（刘观昌）

实验九　血糖的测定（GOD-POD 法）

【实验目的】

1. 了解分光光度计的基本工作原理。
2. 学会 GOD-POD 法进行血糖测定的基本方法和注意事项。

【实验原理】

葡萄糖氧化酶能催化葡萄糖氧化成葡萄糖酸,并产生过氧化氢（H_2O_2）。H_2O_2 在过氧物酶（POD）作用下分解为水和氧,并使无色的还原型4-氨基安替比林与酚偶联缩合成红色醌类化合物,即 Trinder 反应。红色醌类化合物的生成量与葡萄糖含量成正比。与同样处理的葡萄糖标准液进行比较,可计算出标本中葡萄糖含量。

$$葡萄糖+O_2+2H_2O \xrightarrow{POD} 葡萄糖酸+2H_2O_2$$

$$2H_2O_2+4\text{-}氨基安替吡啉+苯酚 \xrightarrow{GOD} 红色醌类化合物+2H_2O$$

【实验内容】

一、实验用品

1. **器材与设备**　水浴箱、分光光度计、微量加样器、吸量管、试管及试管架等。

2. **试剂**　推荐使用有批准文号的试剂盒,例如某试剂盒组成见实验表9-1。

实验表 9-1　某试剂盒组成

名称	规格	主要成分	浓度
酶试剂	20ml	葡萄糖氧化酶	≥1200U/L
		过氧化物酶	≥1200U/L
		4-氨基安替吡啉	0.8mmol/L
缓冲液	80ml	苯酚	3.5mmol/L
		磷酸缓冲液	100mmol/L pH 7.2
标准液	1ml		5.55mmol/L

工作液配制:根据标本量,临用时将酶试剂与缓冲液按体积比 1:4 混匀。

二、方法与步骤

1. 取试管 3 支,按实验表 9-2 操作。

实验表 9-2　葡萄糖氧化酶法测定血糖操作步骤

加入物（ml）	空白管	标准管	测定管
血清	–	–	0.02
葡萄糖标准液	–	0.02	–
蒸馏水	0.02	–	–
工作液	3.0	3.0	3.0

2. 混匀,置 37℃ 水浴中,保温 15 分钟,用分光光度计在波长 505nm、以空白管调零,分别读取标准管及测定管吸光度。

【结果计算】

$$待测血清葡萄糖含量\ mmol/L = \frac{测定管吸光度}{标准管吸光度} \times 葡萄糖标准液浓度(5.55mmol/L)$$

【参考范围】

空腹血糖:3.9~6.1mmol/L。

【实验检测】

1. 血糖测定常用于哪些疾病的诊断?

2. 分析葡萄糖氧化酶法测定血清葡萄糖的优缺点。

（徐轶彦）

实验十　糖代谢过程中无机磷利用的检测

【实验目的】

1. 理解发酵过程中无机磷的作用及磷酸化检查方法。

2. 掌握定磷法的原理及操作技术。

【实验原理】

酵母发酵糖产生乙醇和 CO_2 的过程中,糖利用反应体系中的无机磷,磷酸化成不同的有机代谢中间产物,使酵母发酵体系中无机磷的含量不断减少。无机磷可以与钼酸作用生成磷钼酸络合物,进而被 α-1,2,4-氨基萘酚磺酸钠还原成钼蓝,该化合物颜色的深浅与磷酸的量成正比,由此可对无机磷进行定量。

本实验通过定时定量测定反应体系中的无机磷,来观察发酵过程中酵母对无机磷的应用情况。

【实验内容】

一、实验用品

1. 器材与设备　恒温水浴箱、分光光度计、刻度离心管、研钵、吸量管、三角瓶（50ml）、试管和试管架。

2. 试剂

（1）蔗糖；5%三氯乙酸溶液。

（2）磷酸盐溶液：准确称取磷酸氢二钠（$Na_2HPO_4 \cdot 12H_2O$）60.35g 和磷酸二氢钾（$KH_2PO_4 \cdot 2H_2O$）10g 溶于水中，用水定容至 500ml，放冰箱中备用。

（3）标准磷酸盐溶液（含磷 25μg/ml）：先将磷酸二氢钾在 110℃烘箱中烘干 2 小时，在干燥器中冷却后，准确称取 0.0549g 用水溶解并定容至 500ml，放冰箱中备用。

（4）硫酸-钼酸铵溶液：3mol/L 硫酸和 2.5%钼酸铵溶液等体积混合。

（5）α-1,2,4-氨基萘酚磺酸钠溶液：称取 0.25gα-1,2,4-氨基萘酚磺酸钠、15g 亚硫酸氢钠和 0.5g 亚硫酸钠，用水溶解并定容至 100ml。临用时，加 3 倍水混匀。

3. 材料　新鲜啤酒酵母或活性干酵母。

二、方法与步骤

1. 制作标准曲线

（1）取 6 支试管编号后，按实验表 10-1 顺序加入试剂。

实验表 10-1　试剂加入顺序

编号	0	1	2	3	4	5
标准磷酸盐溶液（ml）	0	0.2	0.4	0.6	0.8	1.0
含磷量（μg）	0	5	10	15	20	25
蒸馏水（ml）	3.0	2.8	2.6	2.4	2.2	2.0
钼铵酸-硫酸混合液（ml）	2.5	2.5	2.5	2.5	2.5	2.5
α-1,2,4-氨基萘酚磺酸钠溶液（ml）	0.5	0.5	0.5	0.5	0.5	0.5
充分混匀后，37℃水浴保温 10 分钟						
A_{600}						

（2）混匀，置 37℃水浴中，保温 10 分钟，用分光光度计波长 600 nm、以空白管调零，测量 1~5 号的吸光度值。

（3）绘制标准曲线：以 A_{600} 为纵坐标，含磷量为横坐标，在坐标纸上绘制标准曲线。

2. 酵母发酵　取 1~3g 新鲜酵母和 1g 蔗糖放入研钵中，加入 3ml 磷酸盐缓冲液仔细研磨至糜，之后再加入 2ml 蒸馏水和 2ml 磷酸盐缓冲溶液，搅拌至匀浆，倒入 50ml 锥形瓶中，立即取出 0.5ml 均匀的悬浮液，加入盛有 3.5ml 三氯乙酸溶液的试管中，摇匀，作为待测试样 1。同时将锥形瓶加入 37℃水浴中保温培养，经常摇匀，每隔 30 分钟取出 0.5ml 悬液，并立即加入到盛有 3.5ml 三氯乙酸溶液的试管中，摇匀。共取三次，依次作为待测试样 2、3、4。将每个试样过滤后，得无蛋白滤液备用。

3. 无机磷的测定

取 5 支干燥洁净的试管,编号后按实验表 10-2 加入各种溶液。

实验表 10-2　加液配方表

编号	1	2	3	4	5
发酵时间(min)	0	30	60	90	–
无蛋白滤液(ml)	0.1	0.1	0.1	0.1	–
蒸馏水(ml)	2.9	2.9	2.9	2.9	2.9
钼铵酸-硫酸混合液(ml)	2.5	2.5	2.5	2.5	2.5
α-1,2,4-氨基萘酚磺酸钠溶液(ml)	0.5	0.5	0.5	0.5	0.5
充分混匀后,37℃水浴保温 10 分钟					
A_{600}					

从标准曲线上查出各试样的无机磷含量,以试样 1 的无机磷含量为 100%,计算酵母发酵 30、60 和 90 分钟后消耗无机磷的相对百分数。

4. 计算

$$无机磷的消耗量(\%)=\frac{试样\ 1-试样\ n\ 的无机磷含量}{试样\ 1\ 的无机磷含量}\times100\%$$

式中,试样 1 无机磷含量为 100%;n 为待测样编号。

【实验检测】

1. 影响实验结果准确度的因素有哪些?

2. 无机磷消耗的快慢反映糖代谢的快慢,其受哪些因素的影响?无机磷最终都转化为哪些有机磷?

（徐轶彦）

实验十一　酮体的生成与检测

【实验目的】

1. 熟悉酮体检测的方法及其异常的临床意义。

2. 验证肝是酮体生成的器官。

3. 了解组织匀浆的制作方法。

【实验原理】

肝脏可利用脂肪酸经 β-氧化生成乙酰 CoA 缩合成酮体。以丁酸作为底物与肝组织匀浆(内含合成酮体的酶系)保温后,即有酮体生成。酮体可与显色粉(亚硝基铁氰化钠等)产生紫红色物质;而经同样处理的肌肉匀浆则不产生酮体,故无显色反应。

【实验内容】

一、实验用品

1. **器材与设备**　试管及试管架、剪刀、恒温水浴箱、匀浆器、研钵、长颈漏斗、白色反应瓷板。

2. **试剂**

（1）0.9%NaCl溶液。

（2）洛克（Locker）溶液：NaCl 0.9g，KCl 0.042g，$CaCl_2$ 0.024g，$NaHCO_3$ 0.02g，葡萄糖0.1g，混合、溶解后加蒸馏水至100ml。

（3）0.5mol/L丁酸：取44.0g丁酸溶于0.1mol/L NaOH溶液中，并用0.1mol/L NaOH溶液稀释至1000ml。

（4）0.1mol/L磷酸盐缓冲液（pH 7.6）：准确称取 $Na_2HPO_4 \cdot 12H_2O$ 7.74g 和 $NaH_2PO_4 \cdot 2H_2O$ 0.897g，用蒸馏水稀释至500ml，精确测定pH。

（5）15%三氯醋酸溶液。

（6）显色粉：亚硝基铁氰化钠1g、无水碳酸钠30g、硫酸铵50g，混合后研碎。

3. **实验材料**

（1）肝匀浆和肌肉匀浆。

（2）动物：小鼠。

二、方法与步骤

1. **肝匀浆和肌肉匀浆的制备**　取小鼠1只，断头处死，迅速剖腹，取出全部肝脏和部分肌肉组织，分别置于研钵中，用剪刀剪碎，逐渐加入磷酸盐缓冲液（按重量：体积=1∶3），研磨成匀浆。

2. 取试管4支，编号，按实验表11-1操作。

实验表11-1　酮体的生成操作

加入物	1	2	3	4
洛克溶液（滴）	15	15	15	15
0.5mol/L丁酸（滴）	30	–	30	30
肝匀浆（滴）	20	20	–	–
肌匀浆（滴）	–	–	20	–
蒸馏水（滴）	–	30	–	20

3. 置37℃水浴箱中保温40~50分钟后，各管加入15%三氯醋酸20滴，摇匀混合，过滤（可用湿棉花代替滤纸），收集各管滤液于干净玻璃试管中。

4. 用干净吸管吸取各管滤液，加入白色反应瓷板小凹槽中（白色反应板上已加入一小匙显色粉）观察所产生的颜色反应并解释其原因。

【实验注意】

1. 处死小白鼠时一定使血液流尽，防止肝留有淤血影响实验结果。

2. 取肝脏和肌肉时要分别处理，手术剪刀镊子不得混用。

【实验结果】

记录各管颜色反应。

【实验检测】

1. 解释各管颜色反应。

2. 从实验结果中反映出酮体代谢组织的特点是什么？

（孙革新）

实验十二　血清总胆固醇含量测定

【实验目的】

1. 掌握血清总胆固醇测定的临床意义。

2. 熟悉血清胆固醇测定的基本操作步骤。

3. 学会临床血脂测定的方法。

【实验原理】

血清中的胆固醇约 1/3 为游离胆固醇，2/3 为与脂肪酸结合的胆固醇酯。胆固醇酯（CE）被胆固醇酯酶（CEH）水解生成游离胆固醇（FC）和游离脂肪酸（FFA），胆固醇在胆固醇氧化酶（COD）的氧化作用下生成 Δ^4-胆甾烯酮和 H_2O_2，然后 H_2O_2 在过氧化物酶（POD）的催化下，与 4-氨基安替比林（4-AAP）及酚（三者合称 PAP）反应，生成红色醌亚胺（Trinder 反应）。醌亚胺的最大吸收峰在 500nm 左右，吸光度与标本中的胆固醇含量成正比。

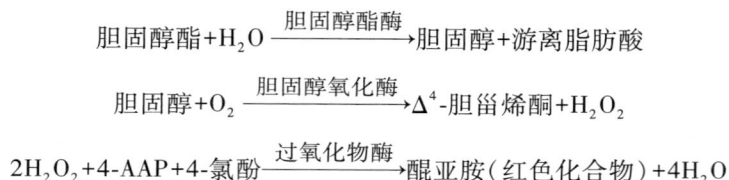

$$胆固醇酯 + H_2O \xrightarrow{\text{胆固醇酯酶}} 胆固醇 + 游离脂肪酸$$

$$胆固醇 + O_2 \xrightarrow{\text{胆固醇氧化酶}} \Delta^4\text{-}胆甾烯酮 + H_2O_2$$

$$2H_2O_2 + 4\text{-}AAP + 4\text{-}氯酚 \xrightarrow{\text{过氧化物酶}} 醌亚胺（红色化合物） + 4H_2O$$

【实验内容】

一、实验用品

1. 器材与设备　恒温水浴箱、722 型分光光度计、移液管、微量加样器、试管等。

2. 实验试剂

（1）试剂 R_1：胆固醇酯酶（CEH）≥1140U/L，胆固醇氧化酶（COD）≥1140U/L，过氧化物酶（POD）≥6000U/L。R_2：4-AAP 0.5mmol/L，酚 3.5mmol/L，磷酸缓冲液（pH 7.7）100mmol/L。临用前将试剂 1、2 混合。

（2）胆固醇标准液 5.17mmol/L（200mg/L）：精确称取重结晶胆固醇 200mg，用异丙醇配成 100ml 溶液，分装后，4℃保存。临用前取出 4ml，移入 100ml 容量瓶中，加异丙醇至刻度线。也可用定值的参考血清作标准。

二、实验步骤

手工法测定胆固醇含量按实验表 12-1 操作。

实验表 12-1　手工法测定血清总胆固醇操作

加入物（μl）	测定管	标准管	空白管
血清	10	–	–
胆固醇标准液	–	10	–
蒸馏水	–	–	10
混合试剂	1000	1000	1000

各管混匀后，37℃保温 5 分钟，用分光光度计比色，于 500nm 波长处以空白管调零，读出各管吸光度。

三、结果计算

$$血清\ TC(mmol/L) = \frac{测定管吸光度值}{标准管吸光度值} \times 胆固醇标准液浓度(mmol/L)$$

【实验注意】

每个步骤的加样一定要准确。

【实验检测】

1. 《中国成人血脂异常防治指南》（2016 版）提出的血脂异常标准是多少？

2. 高脂血症如何分型？

（孙革新）

实验十三　生物体中氨基转换作用测定技术

【实验目的】

1. 学会验证氨基移换反应及 ALT 酶活力的测定方法。

2. 熟悉 ALT 测定临床意义。

【实验原理】

在适宜的温度及 pH 条件下，ALT 催化丙氨酸与 α-酮戊二酸之间的氨基移换反应，生成丙酮酸及谷氨酸。丙酮酸与 2,4-二硝基苯肼反应，生成丙酮酸-2,4-二硝基苯腙，后者在碱性条件下，呈棕红色，颜色越深，表明酶活力越高。

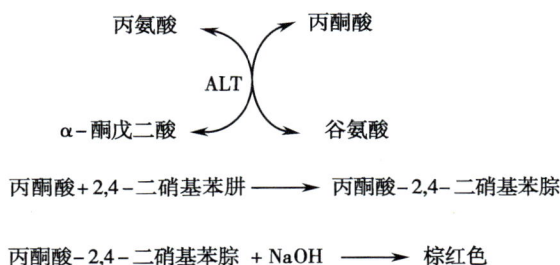

本实验通过以肝和肌肉组织匀浆作为标本进行比较，验证氨基移换反应及 ALT 酶活力的大小。

【实验内容】

一、实验用品

1. 器材与设备　实验动物(家兔或豚鼠)、5ml 注射器、剪刀、研钵、试管及试管架、滴管、漏斗、恒温水浴箱、脱脂棉。

2. 试剂

(1)pH 7.4 的 0.1mol/L 的磷酸盐缓冲液:取磷酸氢二钠(Na$_2$HPO$_4$)11.928g,磷酸二氢钾(KH$_2$PO$_4$)2.176g,溶于 1000ml 蒸馏水中。

(2)谷丙转氨酶基质液:称取丙氨酸 1.79g(或 L-谷氨酸 0.9g),α-酮戊二酸 29.2mg 于烧瓶中,加 pH 7.4 的 0.1mol/L 磷酸盐缓冲液 80ml,煮沸溶解后冷却,用 1mol/LNaOH 调节 pH 至 7.4,再用 pH 7.4 的 0.1mol/L 磷酸盐缓冲液在容量瓶内稀释至 100ml,混匀后加氯仿数滴,置冰箱中保存。

(3)2,4-二硝基苯肼溶液:称取 2,4-二硝基苯肼 19.8g,用 1mol/L HCl10ml 溶解后,加蒸馏水至 100ml,置棕色瓶中保存。

(4)0.4mol/L NaOH:称取 NaOH16g 溶于适量蒸馏水中,然后稀释至 1000ml。

(5)冰生理盐水。

二、方法与步骤

1. 将家兔或豚鼠注射空气针处死后,立即取出肝和肌组织,分别以冰生理盐水洗去血液。

2. 各取 10g 组织,分别剪碎,加 pH 7.4 缓冲液 10ml,添加少量细沙于研钵中研磨成匀浆后,再加入 pH 7.4 缓冲液 20ml 混匀,用脱脂棉过滤,分别制成肝浸液和肌肉浸液。

3. 取 3 支试管,分别编号,按实验表 13-1 操作。

实验表 13-1　加液配方表

加入物 ＼ 编号	1	2	3
基质液	1ml	1ml	1ml
肝浸液	3 滴	–	–
肌浸液	–	3 滴	–
生理盐水	–	–	3 滴
混匀,置 37℃水浴保温 20 分钟			
2,4-二硝基苯肼	10 滴	10 滴	10 滴
混匀,置 37℃水浴中保温 20 分钟			
0.4mol/L NaOH	5ml	5ml	5ml

4. 将上述各管混匀后,观察记录 3 管的颜色,并分析原因。

三、临床意义

1. ALT 是肝细胞损伤的灵敏指标,急性病毒性肝炎转氨酶阳性率为 80%~100%。

2. 慢性活动性肝炎或脂肪肝转氨酶轻度增高(100~200U),或属正常范围。

3. 肝硬化、肝癌时,ALT 有轻度或中度增高,提示可能并发肝细胞坏死,预后严重。

4. 某些化学药物如异烟肼、氯丙嗪、苯巴比妥、四氯化碳、砷剂等可不同程度地损害肝细胞,引起 ALT 的升高。

【实验注意】

1. 要用冰生理盐水洗净血液。

2. 研磨要均匀,彻底。

3. 三个管保温时间要准确、相等。

【实验检测】

1. 三支试管中颜色如何？说明原因,并分析哪支试管中转氨酶活性最高。

2. 实验过程中有两次 37℃水浴,其目的各是什么？

3. 说明它们在临床诊断中的意义。

4. 思考:为什么选择了肝和肌肉的组织作为标本？

实验十四　DNA 的分离与提取

【实验目的】

1. 了解从动物组织中提取基因组 DNA 的原理。

2. 学会用浓盐提取 DNA 并用有机溶剂沉淀得到 DNA 粗品的方法。

【实验准备】

1. **试剂**

(1)0.1mol/L 氯化钠-0.05mol/L pH 7.0 的柠檬酸钠缓冲溶液:先配制 0.05mol/L,pH＝7.0 的柠檬酸钠缓冲溶液,然后将氯化钠溶于此缓冲溶液中,使其最终浓度达到 0.1mol/L。

(2)10%氯化钠溶液、氯仿-异戊醇混合液(体积比 9∶1)、95%乙醇、无水乙醇。

2. **材料**　小牛胸腺。

3. **器材**　组织捣碎机、离心机、玻璃匀浆器。

【实验原理】

DNA 在生物体内与蛋白质形成复合物的形式存在,因此提取出脱氧核糖核酸蛋白(DNP)复合物后,必须将其中的蛋白质除去。小牛胸腺、鱼类精子和植物种子的胚等含有丰富的 DNA,可作为提取 DNA 的良好材料。动物和植物组织的脱氧核糖核蛋白可溶于水或浓盐溶液(如 1mol/L 氯化钠溶液),但在 0.14mol/L 盐溶液中的溶解度很低,而核糖核蛋白(RNP)则溶于 0.14mol/L 盐溶液中。利用这一性质可将脱氧核糖核蛋白与核糖核蛋白以及其他杂质分开,当核蛋白与氯仿一起振荡时,蛋白质变性而与核酸分开,核酸继续保留于水相中,再用乙醇将水相中的 DNA 沉淀出来。

为除去 DNA 制品中混杂的 RNA,可用核糖核酸酶处理。大部分多糖在用乙醇或异丙醇分级沉淀时即被除去,如需要还可以进一步通过柱层析或电泳加以纯化。

【实验方法】

1. 取新鲜(或冰冻)的小牛胸腺,除去血水和结缔组织,在冰浴上切成小块,称取 20g,加入 2 倍体积的 0.1mol/L 氯化钠-0.05mol/L pH 7.0 的柠檬酸钠缓冲溶液,于捣碎机上高速匀浆 5 分钟。

2. 组织用转速为 3000r/min 的离心机离心 15 分钟,将沉淀用 50ml 上述缓冲溶液洗涤 2 次,洗涤时用匀浆器研磨洗涤,每次如前述进行离心。

3. 向最后得到的细胞核沉淀中加入 6 倍体积的 10%氯化钠溶液,充分搅匀置于-20℃冰箱中过夜,以充分提取 DNP,溶液为黏稠状。

4. 将所得的半透明黏稠状液体,用滴管慢慢注入冷蒸馏水中,边加边轻轻搅动(NaCl 的最终浓度为 0.14mol/L),这时有白色丝状物——核蛋白析出,在-20℃冰箱中静置数小时,收集沉淀,将沉淀物再溶于 4 倍体积的 10%氯化钠溶液中,迅速搅拌以加速溶解。

5. 加入 1/2 体积的氯仿-异戊醇混合液,剧烈振荡 5 分钟左右,用转速为 3000r/min 的离心机离心 15 分钟,得 3 层:上层为含有 DNA 和 DNA 核蛋白的水层,下层为氯仿-异戊醇的有机溶剂层,变性蛋白质介于两层之间。

6. 吸出上面的水层,再用氯仿-异戊醇如前进行脱蛋白,直至界面处不再出现絮状的变性蛋白质为止。

7. 最后吸出上清液并将其注入两倍体积的无水乙醇中,用玻璃棒搅动白色纤维状 DNA 沉淀,沥干,用 95%乙醇洗涤,最后用少量无水乙醇洗涤。尽量沥干乙醇后,铺开在表面皿上。置于真空干燥器内干燥,即得白色纤维状的 DNA 钠盐。

【注意事项】

1. 由于 DNA 主要存在于细胞核中,为了便于提取 DNA,应严格控制胸腺破碎的条件,既要将细胞膜破碎,又要尽可能避免细胞核被破坏,导致 DNA 释放而被断裂。

2. 在用氯仿-异戊醇除去组织蛋白时,要剧烈振荡使蛋白变性。若振荡不够剧烈,蛋白质不能很好地被除去,则影响 DNA 制品的质量。

【实验结果】

1. 观察提取到的 DNA 颜色和性状。

2. 称取 DNA 粗品,并计算收率。

【实验检测】

如何防止大分子核酸在提取过程中被降解和断裂?

（李　霞）

实验十五　RNA 的分离与提取

【实验目的】

1. 了解从酵母中提取 RNA 的提取纯化原理。

2. 学会用稀碱法提取 RNA 并用酸性乙醇沉淀得到 RNA 粗品的方法。

【实验准备】

1. 试剂

(1)0.04mol/L 氢氧化钠溶液。

（2）95%的乙醇。

（3）无水乙醇。

（4）10%的硫酸。

（5）地衣酚-FeCl$_3$溶液：把100mg地衣酚（苔黑酚）溶于100ml浓盐酸中，然后加入100mgFeCl$_3$·6H$_2$O，使用前制备。

（6）氨水。

（7）5%的硝酸银。

（8）酸性乙醇溶液：将0.3ml浓盐酸加入到30ml乙醇中。

（9）定磷试剂2%钼酸铵溶液：钼酸铵2g溶于100ml10%硝酸溶液中。

2. 材料　酵母粉。

3. 器材　研钵、电子天平、离心管、离心机、布氏漏斗及抽滤瓶。

【实验原理】

酵母含RNA达2.67%~10.0%，而DNA含量仅为0.03%~0.51%，因此常以酵母为原料提取RNA。

提取RNA一般有苯酚法、去污剂法和盐酸胍法，其中苯酚法是实验室比较常用的方法。上述方法提取的RNA有生物活性。工业上常用稀碱法、浓盐法、氨法和自溶法等，这几种方法提取的为变性的RNA，其工艺简单，适于大规模操作。

本实验采用稀碱法，首先将酵母与稀碱液在研钵中研磨，使得RNA溶于稀碱中，再将碱性提取液加入到酸性乙醇中，可使核糖核酸沉淀出来。沉淀用硫酸水解，可测出核糖核酸的各种组分。

核酸分离纯化原则是保持核酸一级结构的完整性；排除蛋白质、脂类、糖类等其他分子的污染；无杂核酸分子的污染（比如纯化RNA分子时应无DNA分子）。

【实验方法】

1. RNA的提取

（1）将5g左右酵母悬浮于30ml 0.04mol/L氢氧化钠溶液中，并在研钵中研磨均匀。

（2）将悬浮液转移至150ml锥形瓶中，并用10ml 0.04mol/L氢氧化钠溶液分两次洗涤研钵。在沸水浴中加热30分钟后，冷却。

（3）冷却后，将溶液转移到离心管内，并平衡对应的离心管重量后，3000r/min离心15分钟，将上清液缓缓倾入30ml酸性乙醇溶液的离心管中。注意要一边搅拌一边缓缓倾入。

（4）待核糖核酸沉淀完全后，平衡对应的离心管重量后3000 r/min离心3分钟。弃去清液。

（5）用10ml 95%乙醇洗涤沉淀两次（每次洗涤需要平衡对应的离心管重量后3000r/min离心3分钟，并弃去洗涤液），再用10ml无水乙醇洗涤沉淀一次后，用无水乙醇将沉淀转移至布氏漏斗中抽滤。沉淀可在空气中干燥。干燥恒重后（每隔5分钟称重一次，相邻两次重量一致，为称量终点），记录重量。

2. RNA的检验　取一个干净的烧杯，称取0.5g左右RNA样品和10ml 10%的硫酸，加热水解

10 分钟。

（1）核糖的检验：取一支试管，加入 2ml 水解液和 0.5～1ml 地衣酚-FeCl$_3$ 溶液，混合并加热煮沸 1～2 分钟，观察溶液颜色的变化。

（2）嘌呤碱的检验：取一支试管，加入 2ml 水解液、1ml 5% 硝酸银溶液，再逐滴加入浓氨水至沉淀消失，然后加入 1ml 水解液，观察有无白色嘌呤碱的银化合物沉淀。

（3）磷酸的检验：取一支试管，加入 1ml 水解液和 1ml 定磷试剂，在沸水浴中加热，注意观察溶液颜色的变化。

【注意事项】

在低温下进行操作；减少物理因素对核酸的机械剪切力；防止过酸、过碱引起核酸降解，控制 pH 范围（pH 5～9），并要保持一定离子强度；防止核酸的生物降解，细胞内或外来的各种核酸酶能消化核酸链中的磷酸二酯键，破坏核酸一级结构。因此，所用器械和一些试剂需高温灭菌，提取缓冲液中需加核酸酶抑制剂。

【实验结果】

1. 观察提取到的 RNA 的颜色和形状。

2. 称取 RNA 粗品，并计算收率。

3. 记录嘌呤碱、核糖和磷酸的鉴定结果。

【实验检测】

1. 在提取 RNA 的过程中，为什么在沸水浴上加热 30 分钟？RNA 会被破坏吗？

2. 此实验是用什么方法提取 RNA？所提 RNA 是否有 DNA 混杂？

（李　霞）

实验十六　脂肪转化为糖的定性分析

【实验目的】

1. 了解生物体内脂肪转化为糖的基本过程。

2. 熟练掌握脂肪转化为糖的定性检验方法。

【实验原理】

植物细胞内脂肪酸 β-氧化分解为乙酰 CoA，乙酰 CoA 在体内生成乙醛酸、琥珀酸和苹果酸，由此可合成糖，该过程称为乙醛酸循环。油料植物种子萌发时存在着能够将脂肪转化为还原糖的乙醛酸循环。本实验以油料作物的种子及其黄化幼苗为材料，用斐林试剂检验黄化幼苗中还原糖的存在，定性地了解脂肪转化糖的现象。

【实训内容】

一、实验器材

研钵、白瓷点滴板、小烧杯、试管、水浴、智能生化培养箱。

二、实验试剂

1. 斐林试剂

试剂 A：将 34.5g $CuSO_4 \cdot 5H_2O$ 溶于 500ml 蒸馏水中，加入 0.5ml 浓 H_2SO_4 混匀。

试剂 B：将 125g 氢氧化钠和 137g 酒石酸钾钠溶于 500ml 水中，混匀。

临用时将试剂 A 与试剂 B 等量混合。

2. 碘试剂　将碘化钾 2g 及碘 1g，溶于 100ml 水中，混匀。

三、实验材料

1. 黄豆。

2. 黄豆的黄化幼苗（于 25℃暗室中培养 9 天左右）。

四、操作步骤

1. 取黄豆子 5 粒，黄化幼苗 5 棵。黄豆用剪刀剪碎，加适量蒸馏水研成浆状。黄化幼苗用剪刀剪碎，不加蒸馏水研成浆状。

2. 取两种浆状物少许，分别放入白瓷点滴板孔内，各加 1 滴碘试剂，观察有无蓝色产生。

3. 将余下的两种浆状物分别放入两个小烧杯中，各加 15ml 蒸馏水煮沸，冷却后过滤，取两种滤液各 1ml，分别放入两支试管中，每管加入 2ml 斐林试剂，放入沸水浴中煮 2~3 分钟，观察哪一管有砖红色沉淀出现。

【实验注意】

1. 注意观察并记录步骤 2 中，有蓝色产生的实验材料是哪个？请分析原因。

2. 注意观察并记录步骤 3 中，出现砖红色沉淀的试管是哪支？请分析原因。

【实验检测】

1. 本实验中，碘试剂的作用是什么？

2. 植物细胞内脂肪是怎样转化为糖的，试述其代谢过程？

参考文献

［1］李清秀．生物化学及技术．北京：人民卫生出版社,2013.

［2］王易振,何旭辉．生物化学．2 版．北京：人民卫生出版社,2013.

［3］姚文兵．生物化学．8 版．北京：人民卫生出版社,2016.

［4］何旭辉,吕士杰．生物化学．5 版．北京：人民卫生出版社,2014.

［5］王镜岩,朱圣庚,徐长法．生物化学．3 版．北京：高等教育出版社,2004.

［6］蔡太生,张申．生物化学．北京：人民卫生出版社,2015.

［7］查锡良,药立波．生物化学与分子生物学．8 版,北京：人民卫生出版社,2013.

［8］张又良,郭桂平．生物化学．北京：人民卫生出版社,2016.

［9］刘璎婷,付达华．医学生物化学．北京：人民卫生出版社,2012.

［10］施红．生物化学．9 版．北京：中国中医药出版社,2015.

［11］毕见州,何文胜．生物化学．2 版．北京：中国医药科技出版社,2013.

［12］刘观昌,马少宁．生物化学检验．4 版．北京：人民卫生出版社,2015.

［13］杨国珍,李兴．临床生物化学检验实验指导．北京：科学技术出版社,2012.

［14］黄诒森,侯筱宇．生物化学与分子生物学．3 版．北京：科学出版社,2012.

［15］陈电容,朱照静．生物制药工艺．2 版．北京：人民卫生出版社,2013.

［16］李玉白．生物化学．2 版．北京：化学工业出版社,2013.

［17］唐炳华．生物化学．北京：中国中医药出版社,2017.

［18］潘文干．生物化学．2 版．北京：人民卫生出版社,2009.

［19］吴梧桐．生物化学．2 版．北京：中国医药科技出版社,2010.

目标检测参考答案

第一章　绪　论

简答题(略)

第二章　蛋白质化学

一、选择题

（一）单项选择题

1. A　　2. B　　3. A　　4. D　　5. A　　6. B　　7. A　　8. A　　9. C　　10. C

11. C　　12. B

（二）多项选择题

1. BCDE　2. ABCDE　3. BE

二、判断改错题

1. ×　　以负离子形式存在

2. √

3. √

4. √

三、简答题(略)

四、实例分析题(略)

第三章　酶与维生素

一、选择题

（一）单项选择题

1. B　　2. A　　3. D　　4. D　　5. D　　6. B　　7. D　　8. C　　9. C　　10. A

11. B　　12. D

（二）多项选择题

1. ACD　2. AC　3. ABC　4. BCD　5. BC

二、判断改错题

1. × 底物浓度应高于酶的浓度,最好在 K_m 的 10~20 倍。

2. × 酶与底物作用时间越短,酶最适温度越高。

3. √

4. × 构成酶活性中心的必需基团在一级结构上可能相距甚远。

5. √

6. √

7. × K_m 是酶的特征常数,通常只与酶的结构、底物和反应环境有关,而与酶的浓度无关。

8. √

9. √

10. √

三、简答题(略)

四、实例分析题(略)

第四章 生 物 氧 化

一、选择题

(一)单项选择题

1. D 2. C 3. B 4. B 5. D 6. C 7. A 8. D 9. B 10. B

(二)多项选择题

1. ACE 2. ABC 3. CDE 4. ABC 5. ABCD

二、判断改错题

1. × 高能硫酯化合物如乙酰辅酶 A 不含磷酸基团。

2. √

3. × 2 个。

4. √

5. × 解偶联剂不阻断氢和电子在呼吸链中的传递,而是使 ADP 磷酸化成 ATP 受到抑制。

三、简答题(略)

四、实例分析题(略)

第五章 糖 代 谢

一、选择题

(一)单项选择题

1. A 2. A 3. A 4. A 5. D 6. B 7. D 8. D 9. B 10. C

11. D   12. D

（二）多项选择题

1. ABCDE   2. ABCE   3. ABCE   4. BCDE   5. ABCD

二、判断改错题

1. ×   糖酵解途径的反应场所在细胞液。

2. ×   只有生糖氨基酸可异生为糖。

3. √

4. √

5. ×   三羧酸循环一周可生成 3 分子 NADH,1 分子 $FADH_2$。

三、简答题（略）

四、实例分析题（略）

第六章　脂 类 代 谢

一、选择题

（一）单项选择题

1. D   2. D   3. B   4. A   5. A   6. D   7. B   8. B   9. B   10. C

11. D   12. C

（二）多项选择题

1. BCE   2. BCD   3. ABDE   4. AE   5. ABC   6. ABCE

二、判断改错题

1. ×   胞液。

2. √

3. ×   乙酰 CoA。

4. ×   比原来少两个碳原子的脂酰 CoA 和一分子乙酰 CoA。

5. ×   固定脂。

6. ×   糖脂不是血脂成分。

7. ×   酮体包括丙酮、β-羟丁酸、乙酰乙酸。

8. ×   脂肪酸改为脂酰 CoA。

9. √

10. √

三、简答题（略）

四、实例分析题（略）

第七章　氨基酸代谢

一、选择题

（一）单项选择题

1. D　　2. D　　3. C　　4. B　　5. A　　6. B　　7. D　　8. D　　9. C　　10. B

11. B　　12. A　　13. D　　14. C　　15. C

（二）多项选择题

1. AC　2. CE　3. AB　4. ABCDE　5. BCE

二、判断改错题

1. ×　非必需氨基酸人体也需要，只是体内能合成。

2. ×　动物蛋白质中必需氨基酸的种类和数量更多，和人体更接近，营养价值更高。

3. √

4. ×　合成尿素的过程是鸟氨酸循环。

5. ×　一碳单位的载体是四氢叶酸。

三、简答题（略）

四、实例分析题（略）

第八章　核 酸 化 学

一、选择题

（一）单项选择题

1. C　　2. A　　3. D　　4. A　　5. C　　6. C　　7. C　　8. D　　9. A　　10. B

（二）多项选择题

1. AC　2. ABC　3. ACD　4. ABD　5. BCD

二、判断改错题

1. √

2. ×　Watson 和 Crick 于 1953 年提出 DNA 反向平行的右手双螺旋结构模型。

3. ×　核酸的基本单位是核苷酸，它们之间通过 3′,5′-磷酸二酯键相互连接而形成多核苷酸链。

4. √

5. √

6. √　根据查戈夫法则，A＝T，G＝C，含氨基的碱基（腺嘌呤和胞嘧啶）总数等于含酮基的碱基（鸟嘌呤和胸腺嘧啶）总数，即 A+T＝C+G。所以 T＝A＝25%，G+C＝50%，G＝25%。

7. ×　在理化因素作用下，DNA 双螺旋的两条互补链松散而分开成为单链，从而导致 DNA 的理化性质及生物学性质发生改变的现象称为 DNA 的变性。DNA 变性后，紫外吸收增加，产生增色效应,即对 260nm 紫外光的光吸收度增加。同时黏度降低,旋光性下降,浮力密度升高,生物活性将丧失或改变。

8. √

9. √

10. ×　mRNA 是细胞内种类最多、但含量很低的 RNA,细胞中含量最丰富的 RNA 是 rRNA。

三、简答题(略)

四、实例分析题(略)

第九章　核苷酸代谢

一、选择题

(一)单项选择题

1. C　　2. A　　3. D　　4. D　　5. C　　6. C　　7. B　　8. C

(二)多项选择题

1. ABCD　2. BCE　3. ABD

二、判断改错题

1. √

2. √

3. ×　嘧啶核苷酸从头合成是先合成嘧啶环再与 PPRP 生成嘧啶核苷酸。

4. √

5. ×　Lesch-Nyhan 综合征是由于 HGPRT 基因缺陷导致嘌呤核苷酸补救合成途径障碍引起的。黄嘌呤氧化酶是尿酸生成过程中重要的酶类,抑制黄嘌呤氧化酶的活性可减少尿酸的生成,减轻痛风。

6. √

三、简答题(略)

四、实例分析题(略)

第十章　核酸的生物合成

一、选择题

(一)单项选择题

1. C　　2. A　　3. C　　4. A　　5. D　　6. B　　7. D　　8. C　　9. B　　10. C

(二)多项选择题

1. ADE　2. ABCE　3. ABC　4. ABD　5. ABC

二、判断改错题

1. × 在 E. coli 细胞中由 DNA 聚合酶 I 切除 RNA 引物。

2. √

3. √

4. √

5. × 青霉素不属于基因工程方法生产的药物。

三、简答题（略）

四、实例分析题（略）

第十一章 蛋白质的生物合成

一、选择题

（一）单项选择题

1. A   2. B   3. C   4. D   5. B   6. B   7. D   8. C   9. D   10. A

（二）多项选择题

1. BCDE   2. ADE   3. BCE   4. BCD   5. ACE

二、判断改错题

1. × 翻译合成的仅是多肽链,经加工修饰才能转变为有活性的蛋白质。

2. × 成肽是由转肽酶催化的。

3. × 蛋白质生物合成除需 ATP 供能外,还需 GTP。

4. × 翻译的过程为核糖体循环。

5. × AUG 在 5′末端出现还代表蛋白质生物合成的起始密码。

三、简答题（略）

第十二章 物质代谢的联系与调节

一、选择题

（一）单项选择题

1. D   2. C   3. C   4. C   5. A   6. D   7. D   8. D

（二）多项选择题

1. BD   2. BC   3. AC

二、判断改错题

1. √

2. × 酶在细胞内隔离分布,使有关代谢途径分别在细胞的不同区域内进行,这样不致使各种代谢途径互相干扰,同时有利于调节因素对不同代谢途径的特异调节。

3. × 通过改变酶的合成或降解以调节细胞内酶的含量,从而调节代谢的速度和强度。由于酶的合成或降解所需时间较长,属迟缓调节。

4. √

5. × 是指内源性、外源性小分子化合物与酶蛋白分子活性中心以外的某一部位特异结合,引起酶蛋白分子构象变化,从而改变酶活性。

三、简答题(略)

四、实例分析题(略)

第十三章 肝的生物化学

一、选择题

(一)单项选择题

1. D   2. A   3. B   4. C   5. A   6. A   7. A   8. A   9. B   10. C

11. D   12. D

(二)多项选择题

1. BCD   2. ACE   3. ACDE

二、判断改错题

1. × 正常人肝脏合成的血浆蛋白质最多的是清蛋白。

2. √

3. × 在肝细胞内胆固醇转变成胆汁酸。

4. √

5. × 肝脏维持血糖浓度的恒定主要通过糖原的合成与分解及糖异生作用。

6. × 人体内的生物转化反应主要在肝细胞内进行。

7. √

8. √

9. × 血胆红素不可在尿中出现。

10. √

三、简答题(略)

四、实例分析题(略)

第十四章 血液的生物化学

一、选择题

(一)单项选择题

1. C   2. D   3. D   4. A   5. C

（二）多项选择题

1. ABCD　　2. ABCD　　3. AB　　4. ABCD　　5. ABCD

二、判断改错题

1. ×　正常人血液的 pH 为 7.35~7.45。

2. ×　正常成年男性血液中血红蛋白含量为 120~160g/L。

3. √

4. ×　清蛋白的生物学功能是维持血浆渗透压及 pH。

5. ×　清蛋白可以被饱和硫酸铵沉淀。

三、简答题（略）

第十五章　水盐代谢与酸碱平衡

一、选择题

（一）单项选择题

1. A　　2. D　　3. B　　4. C　　5. A

（二）多项选择题

1. ABCD　　2. ABCD　　3. ABCD　　4. ACD　　5. ABCD

二、判断改错题

1. ×　成人每天所需的水可来源于饮水、食物水和代谢水。

2. ×　钠的排出可总结为"多吃多排，少吃少排，不吃不排"。

3. ×　中枢神经系统除直接以产生口渴的感觉来调节饮水量以外，它还可以通过激素的分泌控制肾脏的排泄功能，调节水和电解质的平衡。

4. ×　水盐代谢功能紊乱情况包括脱水和水肿两种情况。

5. ×　体液中的酸碱物质主要来自物质分解代谢过程，部分来自食物、饮料及药物等。

三、简答题（略）

生物化学课程标准

（供药学类、药品制造类、食品药品管理类、食品工业类专业用）

ER-课程标准